住房和城乡建设领域专业人员岗位培训考核系列用书

质量员专业基础知识
（装饰装修）

江苏省建设教育协会　组织编写

中国建筑工业出版社

图书在版编目(CIP)数据

质量员专业基础知识(装饰装修)/江苏省建设教育协会组织编写. —北京：中国建筑工业出版社，2016.10
住房和城乡建设领域专业人员岗位培训考核系列用书
ISBN 978-7-112-19771-2

Ⅰ.①质… Ⅱ.①江… Ⅲ.①建筑工程-质量管理-岗位培训-教材②建筑装饰-工程质量-质量管理-岗位培训-教材 Ⅳ.①TU712

中国版本图书馆CIP数据核字(2016)第213592号

本书作为《住房和城乡建设领域专业人员岗位培训考核系列用书》中的一本，依据《建筑与市政工程施工现场专业人员职业标准》JGJ/T 250—2011、《建筑与市政工程施工现场专业人员考核评价大纲》及全国住房和城乡建设领域专业人员岗位统一考核评价题库编写。全书共9章，内容包括：力学知识，工程识图，建筑构造、结构的基本知识与建筑防火，施工测量的基本知识，工程材料的基本知识，装饰工程施工工艺和方法，数据抽样、统计分析，施工项目管理的基本知识，国家工程建设相关法律法规。本书既可作为装饰装修质量员岗位培训考核的指导用书，又可作为施工现场相关专业人员的实用工具书，也可供职业院校师生和相关专业人员参考使用。

责任编辑：王砾瑶 刘 江 岳建光 范业庶
责任校对：李美娜 党 蕾

住房和城乡建设领域专业人员岗位培训考核系列用书
质量员专业基础知识（装饰装修）
江苏省建设教育协会 组织编写

*

中国建筑工业出版社出版、发行（北京西郊百万庄）
各地新华书店、建筑书店经销
北京红光制版公司制版
北京云浩印刷有限责任公司印刷

*

开本：787×1092毫米 1/16 印张：23½ 字数：567千字
2016年9月第一版 2016年9月第一次印刷
定价：**60.00**元
ISBN 978-7-112-19771-2
(28774)

版权所有 翻印必究
如有印装质量问题，可寄本社退换
（邮政编码100037）

住房和城乡建设领域专业人员岗位培训考核系列用书

编审委员会

主　任：宋如亚

副主任：章小刚　戴登军　陈　曦　曹达双
　　　　漆贯学　金少军　高　枫

委　员：王宇旻　成　宁　金孝权　张克纯
　　　　胡本国　陈从建　金广谦　郭清平
　　　　刘清泉　王建玉　汪　莹　马　记
　　　　魏傣燕　惠文荣　李如斌　杨建华
　　　　陈年和　金　强　王　飞

出版说明

为加强住房和城乡建设领域人才队伍建设，住房和城乡建设部组织编制并颁布实施了《建筑与市政工程施工现场专业人员职业标准》JGJ/T 250—2011（以下简称《职业标准》），随后组织编写了《建筑与市政工程施工现场专业人员考核评价大纲》（以下简称《考核评价大纲》），要求各地参照执行。为贯彻落实《职业标准》和《考核评价大纲》，受江苏省住房和城乡建设厅委托，江苏省建设教育协会组织了具有较高理论水平和丰富实践经验的专家和学者，编写了《住房和城乡建设领域专业人员岗位培训考核系列用书》（以下简称《考核系列用书》），并于2014年9月出版。《考核系列用书》以《职业标准》为指导，紧密结合一线专业人员岗位工作实际，出版后多次重印，受到业内专家和广大工程管理人员的好评，同时也收到了广大读者反馈的意见和建议。

根据住房和城乡建设部要求，2016年起将逐步启用全国住房和城乡建设领域专业人员岗位统一考核评价题库，为保证《考核系列用书》更加贴近部颁《职业标准》和《考核评价大纲》的要求，受江苏省住房和城乡建设厅委托，江苏省建设教育协会组织业内专家和培训老师，在第一版的基础上对《考核系列用书》进行了全面修订，编写了这套《住房和城乡建设领域专业人员岗位培训考核系列用书（第二版）》（以下简称《考核系列用书（第二版）》）。

《考核系列用书（第二版）》全面覆盖了施工员、质量员、资料员、机械员、材料员、劳务员、安全员、标准员等《职业标准》和《考核评价大纲》涉及的岗位（其中，施工员、质量员分为土建施工、装饰装修、设备安装和市政工程四个子专业）。每个岗位结合其职业特点以及培训考核的要求，包括《专业基础知识》、《专业管理实务》和《考试大纲·习题集》三个分册。

《考核系列用书（第二版）》汲取了第一版的优点，并综合考虑第一版使用中发现的问题及反馈的意见、建议，使其更适合培训教学和考生备考的需要。《考核系列用书（第二版）》系统性、针对性较强，通俗易懂，图文并茂，深入浅出，配以考试大纲和习题集，力求做到易学、易懂、易记、易操作。既是相关岗位培训考核的指导用书，又是一线专业岗位人员的实用工具书；既可供建设单位、施工单位及相关高职高专、中职中专学校教学培训使用，又可供相关专业人员自学参考使用。

《考核系列用书（第二版）》在编写过程中，虽然经多次推敲修改，但由于时间仓促，加之编著水平有限，如有疏漏之处，恳请广大读者批评指正（相关意见和建议请发送至JYXH05@163.com），以便我们认真加以修改，不断完善。

本书编写委员会

主　　编：刘清泉

副主编：高　枫　胡本国

编写人员：张云晓　袁高松　呆晓东　包建军
　　　　　顾正华　刘　勤

前 言

根据住房和城乡建设部的要求，2016年起将逐步启用全国住房和城乡建设领域专业人员岗位统一考核评价题库，为更好贯彻落实《建筑与市政工程施工现场专业人员职业标准》JGJ/T 250—2011，保证培训教材更加贴近部颁《建筑与市政工程施工现场专业人员考核评价大纲》的要求，受江苏省住房和城乡建设厅委托，江苏省建设教育协会组织业内专家和培训老师，在《住房和城乡建设领域专业人员岗位培训考核系列用书》第一版的基础上进行了全面修订，编写了这套《住房和城乡建设领域专业人员岗位培训考核系列用书（第二版）》（以下简称《考核系列用书（第二版）》），本书为其中的一本。

质量员（装饰装修）培训考核用书包括《质量员专业基础知识（装修装修）》、《质量员专业管理实务（装饰装修）》、《质量员考试大纲·习题集（装饰装修）》三本，反映了国家现行规范、规程、标准，并以国家质量检查和验收规范，不仅涵盖了现场质量检查人员应掌握的通用知识、基础知识、岗位知识和专业技能，还涉及新技术、新设备、新工艺、新材料等方面的知识。

本书为《质量员专业基础知识（装饰装修）》分册，全书共9章，内容包括：力学知识，工程识图，建筑构造、结构的基本知识与建筑防火，施工测量的基本知识，工程材料的基本知识，装饰工程施工工艺和方法，数据抽样、统计分析，施工项目管理的基本知识，国家工程建设相关法律法规。

本书既可作为装饰装修质量员岗位培训考核的指导用书，又可作为施工现场相关专业人员的实用工具书，也可供职业院校师生和相关专业人员参考使用。

目 录

第1章 力学知识 ... 1
1.1 平面力系 ... 1
1.1.1 力的基本性质 ... 1
1.1.2 力矩、力偶的性质 ... 4
1.1.3 平面力系的平衡方程及应用 ... 5
1.2 静定结构的内力分析 ... 7
1.2.1 单跨及多跨静定梁的内力分析 ... 7
1.2.2 静定平面桁架的内力分析 ... 11
1.3 杆件强度、刚度和稳定性的概念 ... 13
1.3.1 杆件变形的基本形式 ... 13
1.3.2 应力、应变的概念 ... 14
1.3.3 杆件强度的概念 ... 15
1.3.4 杆件刚度和压杆稳定性的概念 ... 15

第2章 工程识图 ... 17
2.1 投影及图样 ... 17
2.1.1 投影 ... 17
2.1.2 平面、立面、剖面图 ... 17
2.1.3 轴侧图、透视图 ... 19
2.2 制图的基本知识 ... 20
2.2.1 图纸幅面、规格 ... 20
2.2.2 图纸编排顺序 ... 22
2.2.3 图线、字体、比例、标注、符号 ... 22
2.2.4 定位轴线 ... 28
2.2.5 常用图例画法 ... 29
2.3 建筑施工图识图 ... 34
2.3.1 建筑工程图 ... 34
2.3.2 建筑施工图内容概要 ... 34
2.3.3 标准图 ... 34
2.3.4 建筑施工图的图示特点 ... 35
2.3.5 建筑施工图的识读目的 ... 35
2.3.6 建筑施工图的阅读方法 ... 35

2.3.7　建筑总平面图 ………………………………………………………… 36
　　　2.3.8　建筑平、立、剖面施工图的识读重点 …………………………… 36
　　　2.3.9　建筑详图 ……………………………………………………………… 37
　2.4　建筑装饰识图 …………………………………………………………………… 39
　　　2.4.1　设计文件概述 ………………………………………………………… 39
　　　2.4.2　方案设计图 …………………………………………………………… 39
　　　2.4.3　施工图设计 …………………………………………………………… 41
　　　2.4.4　识读图纸的方法 ……………………………………………………… 44
　2.5　建筑安装识图 …………………………………………………………………… 47
　　　2.5.1　电气安装识图的基础知识 …………………………………………… 47
　　　2.5.2　建筑电气专业施工图识读 …………………………………………… 50
　　　2.5.3　给水排水安装识图 …………………………………………………… 53
　　　2.5.4　图纸识读 ……………………………………………………………… 55
　2.6　建筑幕墙识图 …………………………………………………………………… 57
　　　2.6.1　幕墙的定义及分类 …………………………………………………… 57
　　　2.6.2　幕墙的性能 …………………………………………………………… 59

第3章　建筑构造、结构的基本知识与建筑防火 ……………………………… 62
　3.1　建筑结构的基本知识 …………………………………………………………… 62
　　　3.1.1　建筑的分类 …………………………………………………………… 62
　　　3.1.2　建筑物主要组成部分 ………………………………………………… 63
　　　3.1.3　建筑结构分类 ………………………………………………………… 64
　　　3.1.4　常见基础的一般结构知识 …………………………………………… 64
　　　3.1.5　钢筋混凝土受弯、受压、受扭构件的基本知识 ………………… 65
　　　3.1.6　现浇钢筋混凝土楼盖的基本知识 …………………………………… 72
　　　3.1.7　砌体结构的知识 ……………………………………………………… 76
　　　3.1.8　钢结构的基本知识 …………………………………………………… 79
　　　3.1.9　幕墙的一般构造 ……………………………………………………… 82
　3.2　民用建筑的装饰构造 …………………………………………………………… 88
　　　3.2.1　建筑装饰构造选择的原则与基本类型 ……………………………… 88
　　　3.2.2　室内楼、地面的装饰构造 …………………………………………… 90
　　　3.2.3　室内墙、柱面的装饰构造 …………………………………………… 109
　　　3.2.4　室内顶面的装饰构造 ………………………………………………… 119
　　　3.2.5　室内常用门窗的装饰构造 …………………………………………… 129
　　　3.2.6　建筑的外立面的装饰构造 …………………………………………… 145
　3.3　建筑防火的基本知识 …………………………………………………………… 149
　　　3.3.1　建筑设计防火 ………………………………………………………… 149
　　　3.3.2　室内装修防火设计与施工 …………………………………………… 150

第4章 施工测量的基本知识 ··· 154

4.1 标高、直线、水平等的测量 ··· 154
4.1.1 水准仪、经纬仪、全站仪、激光铅垂仪、测距仪的使用 ··· 154
4.1.2 水准、距离、角度测量的要点 ··· 158

4.2 施工测量的基本知识 ··· 163
4.2.1 建筑的定位与放线 ··· 163
4.2.2 墙体、地面、顶棚等装饰施工测量 ··· 164

4.3 建筑变形观测的知识 ··· 168
4.3.1 建筑变形的概念 ··· 168
4.3.2 建筑沉降、倾斜、裂缝、水平位移的观测 ··· 168

4.4 幕墙工程的测量放线 ··· 170
4.4.1 现场测量的基本工作程序 ··· 170
4.4.2 幕墙放线要点 ··· 171

第5章 工程材料的基本知识 ··· 173

5.1 无机胶凝材料 ··· 173
5.1.1 无机胶凝材料的分类及其特性 ··· 173
5.1.2 通用水泥的品种、主要技术性质及应用 ··· 176
5.1.3 装饰工程常用特性水泥的品种、特性及应用 ··· 177

5.2 砂浆 ··· 179
5.2.1 砌筑砂浆的分类、材料组成及主要技术性质 ··· 179
5.2.2 普通抹面砂浆、装饰砂浆的特性及应用 ··· 179

5.3 建筑装饰石材 ··· 181
5.3.1 天然石材的分类 ··· 181
5.3.2 天然饰面石材的品种、特性及应用 ··· 181
5.3.3 人造装饰石材的品种、特性及应用 ··· 187

5.4 木质装饰材料 ··· 188
5.4.1 木材的分类、特性及应用 ··· 188
5.4.2 人造板材的品种、特性及应用 ··· 189
5.4.3 木制品的品种、特性及应用 ··· 190

5.5 金属装饰材料 ··· 195
5.5.1 建筑装饰钢材的主要品种、特性及应用 ··· 195
5.5.2 铝合金装饰材料的主要品种、特性及应用 ··· 197
5.5.3 不锈钢装饰材料的主要品种、特性及应用 ··· 198

5.6 建筑陶瓷与玻璃 ··· 199
5.6.1 常用建筑陶瓷制品的主要品种、特性及应用 ··· 199
5.6.2 普通平板玻璃的规格和技术要求 ··· 201
5.6.3 安全玻璃、节能玻璃、装饰玻璃、玻璃砖的主要品种、特性及

　　　　应用 ··· 201
5.7　建筑装饰涂料与塑料制品 ··· 207
　　5.7.1　内墙涂料的主要品种、特性及应用 ································· 207
　　5.7.2　外墙涂料的主要品种、特性及应用 ································· 207
　　5.7.3　地面涂料的主要品种、特性及应用 ································· 208
　　5.7.4　建筑装饰塑料制品的主要品种、特性及应用 ······················· 209
5.8　装饰织物材料 ··· 210
　　5.8.1　装饰织物的分类 ·· 210
　　5.8.2　装饰织物的主要品种、特性及应用 ································· 210
5.9　建筑胶粘剂 ··· 212
　　5.9.1　胶粘剂的分类 ··· 212
　　5.9.2　胶粘剂的主要品种、特性及应用 ··································· 213
5.10　建筑防水材料 ··· 214
　　5.10.1　防水材料的分类 ··· 214
　　5.10.2　防水材料主要品种、特性及应用 ·································· 215

第6章　装饰工程施工工艺和方法 ··· 221

6.1　抹灰工程 ··· 221
　　6.1.1　内墙抹灰施工工艺流程 ·· 221
　　6.1.2　外墙抹灰施工工艺流程 ·· 223
6.2　门窗工程 ··· 223
　　6.2.1　木门窗制作、安装施工工艺流程 ··································· 223
　　6.2.2　铝合金门窗制作、安装施工工艺流程 ······························ 227
　　6.2.3　塑钢彩板门窗制作、安装施工工艺流程 ··························· 228
　　6.2.4　自动门安装施工工艺流程 ··· 229
　　6.2.5　防火卷帘安装施工工艺流程 ·· 230
　　6.2.6　玻璃弹簧门安装施工工艺流程 ····································· 232
　　6.2.7　旋转门安装施工工艺流程 ··· 233
6.3　楼地面工程 ··· 234
　　6.3.1　整体面层施工工艺流程 ·· 234
　　6.3.2　板块面层施工工艺流程 ·· 236
　　6.3.3　木、竹面层施工工艺流程 ··· 238
　　6.3.4　地毯施工工艺流程 ·· 239
　　6.3.5　橡胶地板施工工艺流程 ·· 241
　　6.3.6　地面石材整体打磨和晶面处理施工 ································· 243
6.4　顶棚（天花）工程 ·· 244
　　6.4.1　暗龙骨吊顶（轻钢龙骨）施工工艺流程 ··························· 244
　　6.4.2　明龙骨（铝合金龙骨）吊顶施工工艺流程 ························ 245
　　6.4.3　面层施工工艺流程 ·· 246

6.4.4 吊顶反支撑及钢架转换层施工工艺流程 ………………………………… 251
6.5 饰面工程 ……………………………………………………………………… 252
　　6.5.1 贴面类内墙、外墙装饰施工工艺流程 ………………………………… 252
　　6.5.2 涂饰类装饰施工工艺流程 ……………………………………………… 254
　　6.5.3 裱糊类装饰施工工艺流程 ……………………………………………… 256
　　6.5.4 定制GRG造型板装饰施工工艺流程 ………………………………… 257
　　6.5.5 墙柱面干挂罩面板装饰施工工艺流程 ………………………………… 258
　　6.5.6 墙柱面软（硬）包装饰施工工艺流程 ………………………………… 262
6.6 细部工程 ……………………………………………………………………… 264
　　6.6.1 防护栏杆（板）、扶手安装施工工艺流程 …………………………… 264
　　6.6.2 成品卫生间隔断安装施工工艺流程 …………………………………… 270
　　6.6.3 门窗套、窗帘盒、窗台板等装饰施工工艺流程 ……………………… 270
　　6.6.4 装饰线条施工工艺流程 ………………………………………………… 273
　　6.6.5 石膏装饰线条施工 ……………………………………………………… 277
6.7 幕墙工程 ……………………………………………………………………… 278
　　6.7.1 幕墙工程的概述 ………………………………………………………… 278
　　6.7.2 预埋件、连接件及龙骨的安装施工工艺流程 ………………………… 280
　　6.7.3 玻璃的安装施工工艺流程 ……………………………………………… 282
　　6.7.4 石材、金属面板的安装施工工艺流程 ………………………………… 285
　　6.7.5 幕墙的"三性"检验 …………………………………………………… 289
6.8 安装工程 ……………………………………………………………………… 290
　　6.8.1 室内给、排水支管施工 ………………………………………………… 290
　　6.8.2 卫生器具安装 …………………………………………………………… 293
　　6.8.3 照明器具和一般电器安装 ……………………………………………… 294
　　6.8.4 通风与空调工程的施工程序 …………………………………………… 297
　　6.8.5 精装修工程与水电、通风、空调安装的配合问题 …………………… 301

第7章 数据抽样、统计分析 ………………………………………………………… 303

7.1 数理统计的基本概念、抽样调查方法 ……………………………………… 303
　　7.1.1 数理统计的基本概念 …………………………………………………… 303
　　7.1.2 抽样的方法 ……………………………………………………………… 303
7.2 数理统计的基本方法 ………………………………………………………… 304
　　7.2.1 质量数据的收集方法 …………………………………………………… 304
　　7.2.2 质量数据统计分析的基本方法 ………………………………………… 305

第8章 施工项目管理的基本知识 ………………………………………………… 316

8.1 施工项目管理的内容及组织 ………………………………………………… 316
　　8.1.1 施工项目管理的内容 …………………………………………………… 316
　　8.1.2 施工项目管理的组织机构 ……………………………………………… 318

11

8.2 施工项目的目标控制 ·· 323
　　8.2.1 施工项目目标控制的任务 ·································· 324
　　8.2.2 施工项目目标控制的措施 ·································· 324
8.3 施工资源和现场管理 ·· 329
　　8.3.1 施工资源管理的方法、任务和内容 ···························· 329
　　8.3.2 施工现场管理的任务和内容 ·································· 331

第9章　国家工程建设相关法律法规 ·································· 333

9.1 《中华人民共和国建筑法》 ·· 333
　　9.1.1 从业资格的有关规定 ······································ 333
　　9.1.2 建筑安全生产管理的有关规定 ································ 337
　　9.1.3 建筑工程质量管理的有关规定 ································ 339
9.2 《中华人民共和国安全生产法》 ···································· 342
　　9.2.1 生产经营单位安全生产保障的有关规定 ························ 342
　　9.2.2 从业人员权利和义务的有关规定 ······························ 346
　　9.2.3 安全生产监督管理的有关规定 ································ 347
　　9.2.4 安全事故应急救援与调查处理的规定 ·························· 348
9.3 《建设工程安全生产管理条例》、《建设工程质量管理条例》 ············ 351
　　9.3.1 施工单位安全责任的有关规定 ································ 351
　　9.3.2 施工单位质量责任和义务的有关规定 ·························· 354
9.4 《中华人民共和国劳动法》、《中华人民共和国劳动合同法》 ············ 355
　　9.4.1 劳动合同和集体合同的有关规定 ······························ 355
　　9.4.2 劳动安全卫生的有关规定 ···································· 359

参考文献 ·· 361

第1章 力学知识

1.1 平面力系

1.1.1 力的基本性质

1. 刚体的概念

静力学的研究对象是刚体。所谓刚体是指在任何情况下都不发生变形的物体,即在力的作用下其内部任意两点的距离永远保持不变的物体。显然,这只是一个理想化的力学模型。实际上任何物体受力后或多或少都要发生变形,但工程中许多物体变形都非常微小。这些微小的变形对研究物体的平衡问题不起主导作用,可以忽略不计,因而可以把实际物体看作刚体,这样可以使问题研究大为简化。这种处理问题的方法是科学研究中重要的抽象化方法。例如研究飞机的平衡或飞行规律时,可以把飞机看作刚体。但是研究飞机的振动问题时,机翼等的变形虽然微小,就不能把飞机看成刚体了,而把它看成是变形体,这是材料力学的研究内容。

静力学中研究的物体只限于刚体,因此静力学又称为刚体静力学。

2. 力的概念

力是物体之间相互的机械作用。这种作用使物体的机械运动状态发生变化或使物体的形状发生改变,前者称为力的外效应或运动效应,后者称为力的内效应或变形效应。在静力学中只研究力的外效应。

实践表明,力对物体的作用效果取决于力的三个要素:(1) 力的大小;(2) 力的方向;(3) 力的作用点。因此力是矢量,且为定位矢量,如图1-1所示,用有向线段 AB 表示一个力矢量,其中线段的长度表示力的大小,线段的方位和指向代表力的方向,线段的起点(或终点)表示力的作用点,线段所在的直线称为力的作用线。

在静力学中,用黑斜体大写字母 F 表示力矢量,用白斜体大写字母 F 表示力的大小。在国际单位制中,力的单位是牛顿(N)或千牛(kN)。

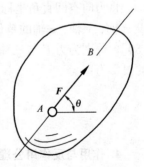

图1-1 力的三要素

力的作用点是物体相互作用位置的抽象化。实际上,两个物体接触处总占有一定的面积,力总是分布地作用在一定的面积上的,如果这个面积很小,则可将其抽象为一个点,即为力的作用点,这时的作用力称为集中力;反之,若两物体接触面积比较大,力分布地作用在接触面上,这时的作用力称为分布力。除面分布力外,还有作用在物体整体或某一长度上的体分布力或线分布力。

3. 力的投影

(1) 力在轴上的投影

如图 1-2 (a) 所示,设有力 F 与 x 轴共面,由力 F 的始端 A 点和末端 B 点分别向 x 轴作垂线,垂足为 a 和 b,则线段 ab 的长度冠以适当的正负号就表示力 F 在 x 轴上的投影,记为 F_x。如果从 a 到 b 的指向与 x 轴的正向一致,则 F_x 为正值,反之为负值。在数学上,力在轴上的投影定义为力与该投影轴单位矢量的标量积。力在轴上的投影是力使物体沿该轴方向移动效应的度量。设 x 轴的单位矢量为 e,力 F 与 x 轴正向间的夹角为 α,则力 F 在 x 轴上的投影为:

$$F_x = F \cdot e = F\cos\alpha \tag{1-1}$$

力在轴上的投影是代数量。当 $0° \leqslant \alpha < 90°$ 时,F_x 为正值;当 $90° < \alpha \leqslant 180°$ 时,F_x 为负值,当 $\alpha = 90°$ 时,F_x 为零。如图 1-2 (b) 所示,当 $90° < \alpha \leqslant 180°$ 时,可按式 (1-2) 计算 F_x:

$$F_x = F\cos\alpha = F\cos(180 - \beta) = -F\cos\beta \tag{1-2}$$

(2) 力在平面上的投影

如图 1-3 所示,由力 F 的始端 A 点和末端 B 点分别向 xy 平面作垂线,垂足为 a 和 b,则矢量 ab 称为力 F 在 xy 平面上的投影,记为 F_{xy}。

F_{xy} 是矢量,其大小为

$$F_{xy} = F\cos\alpha \tag{1-3}$$

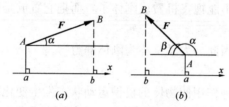
图 1-2 力在轴上的投影图

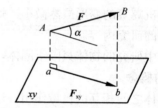
图 1-3 力在平面上的投影

将力向空间直角坐标系 $Oxyz$ 的三坐标轴上投影的方法有直接投影法和二次投影法。设 x 轴、y 轴、z 轴的单位矢量分别为 i、j、k,$\alpha \in [0, 180]$、$\beta \in [0, 180]$、$\gamma \in [0, 180]$,分别为力 F 与三轴正向的夹角,如图 1-4 所示,采用直接投影法得到力 F 在各轴上的投影为:

$$\begin{aligned} F_x &= F \cdot i = F\cos\alpha \\ F_y &= F \cdot j = F\cos\beta \\ F_z &= F \cdot k = F\cos\gamma \end{aligned} \tag{1-4}$$

4. 作用与反作用公理

力是物理之间的作用,其作用力与反作用力总是大小相等,方向相反,沿同一作用线相互作用于两个物体。

这个公理表明,力总是成对出现的,只要有作用力就必有反作用力,而且同时存在,又同时消失。

5. 力的合成与分解

作用在物体上的两个力用一个力来代替称力的合成。力可以用线段表示,线段长短表示力的大小，起点表示作用点，箭头表示力的作用方向。力的合成可用平行四边形法则，见图1-5所示F_1与F_2合成F_R。利用平行四边法则也可将一个力分解为两个力，如将F_R分解为F_1、F_2。但是力的合成只有一个结果，而力的分解会有多种结果。

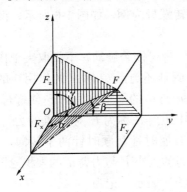 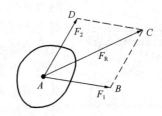

图1-4　力在空间坐标系上的投影　　　　图1-5　力的合成与分解

6. 载荷及载荷的分类

结构工作时所承受的主动外力称为荷载。引起结构失去平衡或破坏的外部作用主要有：直接施加在结构上的各种力，习惯上亦称为荷载，例如结构自重（恒载）、活荷载、积灰荷载、雪荷载、风荷载等；另一类是间接作用，指在结构上引起外加变形和约束变形的其他作用，例如混凝土收缩、温度变化、焊接变形、地基沉降等。

荷载可分为不同的类型：

（1）按作用性质可分为静荷载和动荷载。不使结构或结构构件产生加速度或所产生的加速度可以忽略不计的荷载称为静荷载，如结构自重、住宅与办公楼的楼面活荷载、雪荷载等。使结构或结构构件产生不可忽略的加速度的荷载称为动荷载。如地震、吊车设备振动、高空坠物冲击等产生的荷载都为动荷载。

（2）按作用时间的长短可分为永久荷载（或恒载）、可变荷载（或活荷载）及偶然荷载（或特殊荷载）三类。

永久荷载（或恒载）：在设计基准期内，其值不随时间变化或者变化可以忽略不计。如结构自重、土压力、预加应力、混凝土收缩、基础沉降、焊接变形等。

可变荷载（或活载荷）：在设计基准期内，其值随时间变化。如安装荷载、屋面与楼面活荷载、雪荷载、风荷载、吊车荷载、积灰荷载等。

偶然荷载（或特殊荷载）：在设计基准期内可能出现，也可能不出现，而一旦出现其值很大，且持续时间较短。如爆炸力、雪崩、撞击力、严重腐蚀、地震、台风等。

（3）按作用范围可分为集中荷载和分布荷载。若荷载的作用范围与结构的尺寸相比很小时，可认为荷载集中作用于一点，称为集中荷载。分布作用在体积、面积和线段上的荷载称为分布荷载。如铺设的木地板、地砖、花岗石、大理石面层等重量引起的荷载都是均布面荷载；建筑物原有的楼面或层面上的各种面荷载传到梁上或条形基础上，可简化为单位长度上的分布荷载称为线荷载。

（4）按荷载作用方向分类可分为垂直荷载和水平荷载。如结构自重、雪荷载为垂直荷载，而风荷载、地震水平作用产生的荷载为水平荷载。

1.1.2 力矩、力偶的性质

力不仅可以改变物体的移动状态，而且还能改变物体的转动状态。力使物体绕某点转动的力学效应，称为力对该点之矩。以扳手旋转螺母为例，如图 1-6 所示，设螺母能绕点 O 转动。

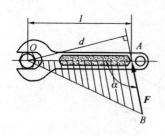

图 1-6 扳手旋转螺母

由经验可知，螺母能否旋动，不仅取决于作用在扳手上的力 F 的大小，而且还与点 O 到 F 的作用线的垂直距离 d 有关。因此，用 F 与 d 的乘积作为力 F 使螺母绕点 O 转动效应的量度。其中距离 d 称为 F 对 O 点的力臂，点 O 称为矩心。由于转动有逆时针和顺时针两个转向，则力 F 对 O 点之矩定义为：力的大小 F 与力臂 d 的乘积冠以适当的正负号，以符号 $m_0(F)$ 表示，记为

$$m_0(F) = \pm Fd \tag{1-5}$$

通常规定：力使物体绕矩心逆时针方向转动时，力矩为正，反之为负。

由图 1-6 可见，力 F 对 O 点之矩的大小，也可以用三角形 OAB 的面积的两倍表示，即

$$m_0(F) = \pm 2\triangle ABC \tag{1-6}$$

在国际单位制中，力矩的单位是牛顿·米（N·m）或千牛顿·米（kN·m）。

由上述分析可得力矩的性质：

(1) 力对点之矩，不仅取决于力的大小，还与矩心的位置有关。力矩随矩心的位置变化而变化；

(2) 力对任一点之矩，不因该力的作用点沿其作用线移动而改变；

(3) 力的大小等于零或其作用线通过矩心时，力矩等于零。

实验表明，力偶对物体只能产生转动效应，且当力越大或力偶臂越大时，力偶使刚体转动效应就越显著。因此，力偶对物体的转动效应取决于：力偶中力的大小、力偶的转向以及力偶臂的大小（图 1-7）。在平面问题中，将力偶中的一个力的大小和力偶臂的乘积冠以正负号（作为力偶对物体转动效应的量度），称为力偶矩，用 m 或 $m(F,F')$ 表示，如图 1-8 所示，即：

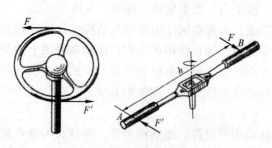

图 1-7 力偶的表现形式

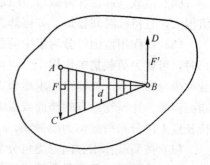

图 1-8 力偶矩

$$m(F) = F \cdot d = \pm 2\Delta ABC \tag{1-7}$$

力和力偶是静力学中两个基本要素。力偶与力具有不同的性质：

（1）力偶不能简化为一个力，即力偶不能用一个力等效替代。因此力偶不能与一个力平衡，力偶只能与力偶平衡；

（2）力偶对其作用在平面内任一点的矩恒等于力偶矩，与矩心位置无关。

经验表明：在同一平面内的两个力偶，只要两力偶的代数值相等，则这两个力偶相等。这就是平面力偶的等效条件。由力偶的等效性可知，力偶对物体的作用，完全取决于力偶矩的大小和转向。因此，力偶可以用一带箭头的弧线来表示，如图 1-9 所示，其中箭头表示力偶的转向，m 表示力偶矩的大小。

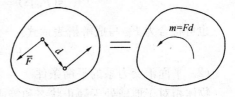

图 1-9　力偶的等效性

1.1.3　平面力系的平衡方程及应用

根据力系中各力作用线的位置，力系可分为平面力系和空间力系。各力的作用线都在同一平面内的力系称为平面力系。在平面力系中又可以分为平面汇交力系、平面平行力系、平面力偶系和平面一般力系。本节主要讨论平面汇交力系、平面力偶系、平面一般力系的合成与平衡问题。

1. 平面汇交力系的合成与平衡条件

（1）平面汇交力系的合成

1）几何法

设汇交于 A 点的汇交力系由 n 个力 F_1，F_2，$\cdots$，F_n 组成。根据力的三角形法则，将各力依次合成，即：$F_1 + F_2 = F_{R1}$，$F_{R1} + F_3 = F_{R2}$，$\cdots$，$F_{Rn}-1 + F_n = F_R$，F_R 为最后的合成结果，即原力系的合力。将各式合并，则汇交力系合力的矢量表达式为

$$F_R = F_1 + F_2 + \cdots + F_n = \sum F_i \tag{1-8}$$

以平面汇交力系为例说明简化过程，如图 1-10（a）所示，作用在刚体上的 4 个力 F_1、F_2、F_3 和 F_4 汇交于点 O，如图 1-10（b）所示。为求出通过汇交点 O 的合力 F_R，连续应用力三角形法则得到开口的力多边形 $abcde$，最后力多边形的封闭边矢量 ae 就确定了合力 F_R 的大小和方向，这种通过力多边形求合力的方法称为力多边形法则。改变分力的作图顺序，力多边形改变，如图 1-10（c）所示，但其合力 F_R 不变。

由此看出，汇交力系的合成结果是一合力，合力的大小方向由各力的矢量和确定，作用线通过汇交点。对于空间汇交力系，按照力多边形法则，得到的是空间力多边形。

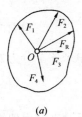 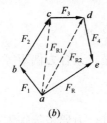 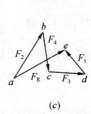

(a)　　　　　(b)　　　　　(c)

图 1-10　平面汇交力系几何法合成

2）解析法

汇交力系各力 F_i 在直角坐标系中的解析表达式为：

$$F_i = F_{ix}i + F_{iy}j \tag{1-9}$$

根据合力投影定理,有

$$F_{Rx} = \sum F_{ix}, \quad F_{Ry} = \sum F_{iy} \tag{1-10}$$

由合力的两个投影可得到汇交力系合力的大小和方向余弦

$$F_R = \sqrt{F_{Rx}^2 + F_{Ry}^2} \tag{1-11}$$

$$\cos(F_R, i) = \frac{F_{Rx}}{F_R}, \quad \cos(F_R, j) = \frac{F_{Ry}}{F_R} \tag{1-12}$$

也可将合力 F_R 写成解析表达式:

$$F_R = F_{Rx} i + F_{Ry} j \tag{1-13}$$

(2) 平面汇交力系的平衡条件

物体相对于地球处于静止状态和等速直线运动状态,力学上把这两种状态都称为平衡状态。

一般来说,作用在刚体上的力不止一个,我们把作用于物体上的一群力称为力系。根据牛顿第一定律,物体如不受到力的作用则必然保持平衡。但客观世界中任何物体都不可避免地受到力的作用,物体上作用的力系只要满足一定的条件,即可使物体保持平衡,这种条件称为力系的平衡条件。满足平衡条件的力系称为平衡力系。

作用于同一物体上的两个力大小相等,方向相反,作用线相重合,这就是二力的平衡条件。一个物体上的作用力系,作用线都在同一平面内,且汇交于一点,这种力系称为平面汇交力系。平面汇交力系的平衡条件是:

$$\sum F_x = 0; \quad \sum F_y = 0 \tag{1-14}$$

2. 平面力偶系的合成与平衡条件

(1) 平面力偶系的合成

设在同一平面内有两个力偶 (F_1, F_1') 和 (F_2, F_2'),它们的力臂各为 d_1 和 d_2,如图 1-11 (a) 所示。这两个力偶的矩分别为 m_1 和 m_2,求它们的合成结果。

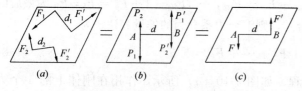

图 1-11 平面力偶系的合成

为此,在保持力偶矩不变的情况下,同时改变这两个力偶的力的大小和力偶臂的长短,使它们具有相同的臂 d,并将它们在平面内移转,使力的作用线重合,如图 1-11 (b) 所示。然后求各共线力系的代数和,每个共线力系得一个合力,这两个合力等值、反向、平行,距离为 d,构成一个与原力偶系等效的合力偶,如图 1-11 (c) 所示。

其力偶矩为

$$m(F, F') = F \cdot d = \sum_{i=1}^{n} m_i \tag{1-15}$$

由此可知:平面力偶系可以用一个合力偶等效代替,其合力偶矩等于原来各个分力偶的代数和。

(2) 平面力偶系的平衡条件

由平面力偶系的合成结果可知,力偶系平衡时,其合力偶矩等于零;反过来合力偶矩等于零,则平面力偶系平衡。因此平面力偶系平衡的必要和充分条件是:合力偶矩的代数

和等于零。即

$$\sum m_i = 0 \tag{1-16}$$

这就是平面力偶系的平衡方程。应用这个平衡方程可以求解一个未知量。

3. 一般平面力系的平衡条件

平面一般力系：指的是力系中各力的作用线在同一平面内任意分布的力系称为平面一般力系，又称为平面任意力系。平面一般力系通常可以简化为一个力和一个力偶共同作用的情况。平面一般力系的平衡条件是：所有各力在两个任选的坐标轴上的投影的代数和分别为零，以及各力对于任意一点之矩的代数和也等于零。即平面一般力系平衡的充分必要条件是力系的主矢和力系对任意点的主矩都等于零。其平衡方程为：

$$\left. \begin{array}{l} F'_R = \sqrt{(\sum F_{xi})^2 + (\sum F_{yi})^2} = 0 \\ M_O = \sum m_O(F) = 0 \end{array} \right\} \tag{1-17}$$

解析式，可表示为：

$$\sum F_{xi} = 0, \sum F_{yi} = 0, \sum m_O(F) = 0 \tag{1-18}$$

上述（1-18）方程为平面任意力系平衡方程的基本形式。

1.2 静定结构的内力分析

在工程实际问题中，往往遇到由多个物体通过适当的约束相互连接而成的系统，这种系统称为物体系统，简称物系。

当物系平衡时，组成该系统的每一个物体都处于平衡状态，若取每一个物体为分离体，则作用于其上的力系的独立平衡方程数目是一定的，可求解的未知量的个数也是一定的。当系统中的未知量的数目等于独立平衡方程的数目时，则所有的未知量都能由平衡方程求出，这样的问题称为静定问题。在工程结构中，有时为了提高结构的刚度和可靠性，常常增加多余的约束，使得结构中未知量的数目多于独立平衡方程的数目，仅通过静力学平衡方程不能完全确定这些未知量，这种问题称为超静定问题。系统未知量数目与独立平衡方程数目的差称为超静定次数。本节主要介绍静定问题部分。

1.2.1 单跨及多跨静定梁的内力分析

1. 内力的概念

构件受到外力作用而产生变形时，构件内部各质点间的相对位置将发生变化，同时，各质点间的相互作用力也发生了改变。这种由外力作用而引起的受力构件内部质点之间相互作用力的改变量成为附加内力，简称内力。

其特点是：内力随外力增加而增大，但有一定限度，超过这一限度，构件就会发生破坏。为了揭示在外力作用下构件所产生的内力，确定内力的大小和方向，通常采用截面法。一个物体受外力作用处于平衡状态，假想用一个平面把物体截为Ⅰ、Ⅱ两部分如图1-12所示，则截面上一定存在分布的内力系。由于整体是平衡的，截开的每一部分也必然是平衡的，每一部分原有的外力与截面上所暴露的内力组成平衡力系，利用静力平衡方程可求出内力。这样求出的内力实际上是内力的合力（力或力偶）。

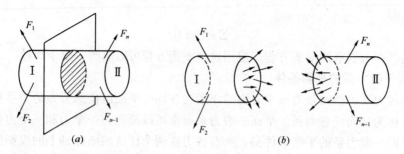

图 1-12 截面法

以拉杆为例,说明用截面法求受轴向拉(压)杆件内力的步骤。

第 1 步:截断。如果要求杆上任一横截面 $m-m$ 上的内力,用一假想平面从所求内力处将杆件截开为两部分,如图 1-13(a)所示。

第 2 步:取出。取出其中的任一部分(如左边部分)弃去另一部分,将原来作用在取出部分上的外力照样画出,如图 1-13(b)所示。

第 3 步:代替。弃去部分对保留部分的作用以作用在截面上的内力代替。根据共线力系的平衡条件可知,内力的合力作用线必与杆的轴线重合,该合力用 N 表示,其指向面为背离截面的方向,如图 1-13(b)所示。

第 4 步:平衡求解。因总体平衡,部分也应平衡,列出静力学平衡方程求解未知内力。由左段的平衡条件:

$$\Sigma X = 0 \quad N - P = 0$$

得:
$$N = P$$

结果为正,表明所设内力方向正确。取右段计算结果也一样,所得内力与由左段求得的大小相等,但方向相反,如图 1-13(c)所示。对于压杆,也可通过上述步骤求得任一横截面上的内力,但内力为负,表明内力的实际方向是指向截面。

由上述可见,直杆在轴向拉伸或压缩时,横截面上只有作用线与杆轴线重合的内力,这种内力称为轴力。轴力 N 的正负号规定为:背离截面为正,指向截面为负。

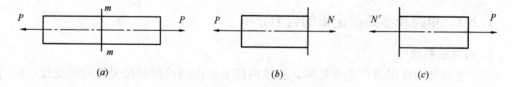

图 1-13 拉(压)杆件内力分析

2. 单跨静定梁

在外力因素作用下全部支座反力和内力都可由静力平衡条件确定的梁即为静定梁,静定梁是没有多余约束的几何不变体系,其反力和内力只用静力平衡方程就能确定,这是静定梁的基本静力特征。静定梁分有单跨静定梁和多跨静定梁两种。

由于所研究的主要是等截面的直梁,且外力为作用在梁纵向对称面内的平面力系,因此,在梁的计算简图中以梁的轴线为代表。静定梁是基本的结构形式,根据约束情况的不同，常见的静定梁有以下三种形式。

（1）简支梁：一端为固定铰支座，另一端为可动铰支座的梁，称为简支梁。如吊车大梁[图1-14(a)]，两支座间的距离称为跨度。

（2）外伸梁：当简支梁的一端或两端伸出支座之外，称为外伸梁。如火车轮轴[图1-14(b)]即为外伸梁。

（3）悬臂梁：一端为固定端、另一端自由的梁称为悬臂梁，如闸门立柱[图1-14(c)]。

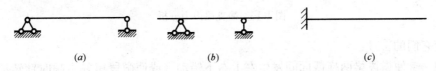

图1-14　单跨静定梁的常见形式

结构的内力反映其受力后结构内部的响应状态（产生应变及相应的应力）。梁结构的内力为梁（垂直杆轴的）横截面上分布的应力，可以用一个合力来表示。在梁结构的内力分析中，将这个合力分解成作用在横截面中性轴处的三个分量即轴力、剪力和弯矩。

横截面上应力在截面法线（梁轴）方向上的投影（或横截面上正应力）的代数和称为轴力。

横截面上应力在截面切线（垂直于梁轴）方向上的投影（或横截面上切应力）的代数和称为剪力。

横截面上应力（或横截面上切应力）对截面中性轴的力矩代数和称为弯矩。

为了研究梁在弯曲时的强度和刚度问题，首先应该确定梁在外力作用下任一横截面上的内力。一般采用截面法这一内力分析的普遍方法计算静定梁中任一指定截面上的内力。

图1-15（a）所示简支梁AB，承受两个集中力P作用，求$m-m$截面上的内力。

首先以整个梁为研究对象，画出受力图后，根据静力平衡方程可以确定支座反力R_A和R_B大小均为P，方向向上，然后按截面法，假想一平面在$m-m$截面处将梁截开，并在截断的横截面上加上剪力F_Q和弯矩M，它们是大小相等、方向相反的两对内力[图1-15(b)、(c)]。本来梁上的内力应该还有轴力，但是由于受弯杆件上的外力均垂直于轴线，$m-m$截面上的轴向力为零，在这里就不再表示出来。

由于梁AB处于平衡状态，所以截开后的左右两段仍应保持平衡。现以左段梁AC为研究对象，在该段梁上，作用有内力F_Q、M和外力P和R_A[图1-15(b)]。将这些内力和外力在y轴上投影，其代数和应为零，即$\Sigma F_Y=0$，由此得：

$$R_A - P - F_Q = 0$$

得：
$$F_Q = R_A - P = 0$$

若将左段梁上的所有外力和内力对$m-m$截面的形心取矩，其代数和应为零，即$\Sigma M_C=0$，由此得：

$$M + P(x-a) - R_A \times x = 0$$
$$\Rightarrow M = R_A \times x - P(x-a) = Pa$$

若取右段梁为研究对象[图1-15(c)]，利用平衡方程所求得截面$m-m$上的剪力F_Q和弯矩M在数值上与左段梁求得的结果相同，但方向相反。

为了使截面左右两段梁上分别求得的剪力和弯矩不但数值相等，而且符号也相同，我

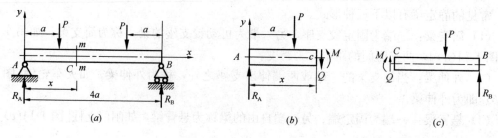

图 1-15 简支梁内力分析

们来规定它们的符号：

剪力——使微段梁两横截面间发生左上右下错动（或使微段梁发生顺时针转动）的剪力为正，反之为负 [图 1-16（a）]。

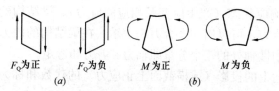

图 1-16 剪力、弯矩符号规定示意图

弯矩——使微段梁发生凸面向下弯曲（或使微段梁下侧纤维受拉）的弯矩为正，反之为负 [图 1-16（b）]。

多跨静定梁可看作是由若干个单跨静定梁顺序首尾铰接构成的静定结构。常见于桥梁、屋面檩条等。多跨静定梁有两种基本的形式，即阶梯式和悬跨式。

3. 多跨静定梁

（1）多跨静定梁的特点

若干根梁用铰相连，并用若干支座与基础相连而组成的结构，如图 1-17 桥梁简化结构。

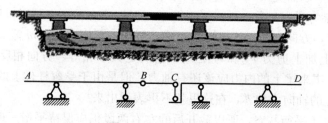

图 1-17 多跨梁简化

多跨梁从几何组成上，可分为基本部分和附属部分。

1）基本部分。不依赖其他部分的存在而能独立地维持其几何不变性的部分。如图 1-17 中 AB、CD 部分。

2）附属部分。必须依靠基本部分才能维持其几何不变形的部分。如 BC 部分。

为了表示梁各部分之间的支撑关系，把基本部分画在下层，而把附属部分画在上层，如图 1-18（b）所示，称为层叠图。

从传力关系来看，多跨静定梁的特点是作用于基本部分的荷载，只能使基本部分产生支座反力和内力，

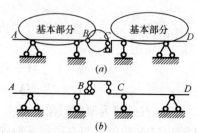

图 1-18 层叠图

附属部分不受力；而作用于附属部分的荷载，不仅能使附属部分本身产生支座反力和内力，而且能使与它相关的基本部分也产生支座反力和内力。

（2）受力分析

作用在基本部分上的力不传递给附属部分，而作用在附属部分上的力传递给基本部分，如图1-19所示。

下面是计算多跨静定梁和绘制其内力图的一般步骤：

1) 分析各部分的固定次序，弄清楚哪些是基本部分，哪些是附属部分，然后按照与固定次序相反的顺序，将多跨静定梁拆成单跨梁。

2) 遵循先附属后基本部分的原则，对各单跨梁逐一进行反力计算，并将计算出的支座反力按其真实方向标在原图上。在计算基本部分时应注意不要遗漏由它的附属部分传来的作用力。

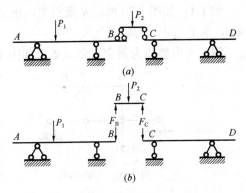

图1-19 多跨梁受力分析

3) 根据其整体受力图，利用剪力、弯矩和荷载集度之间的微分关系，再结合区段叠加法，绘制出整个多跨静定梁的内力图。

因此，计算多跨静定梁时应该是先附属后基本，这样可简化计算，取每一部分计算时与单跨静定梁无异。

下面是计算多跨静定梁和绘制其内力图的一般步骤：

1) 分析各部分的固定次序，弄清楚哪些是基本部分，哪些是附属部分，然后按照与固定次序相反的顺序，将多跨静定梁拆成单跨梁。

2) 遵循先附属后基本部分的原则，对各单跨梁逐一进行反力计算，并将计算出的支座反力按其真实方向标在原图上。在计算基本部分时应注意不要遗漏由它的附属部分传来的作用力。

3) 根据其整体受力图，利用剪力、弯矩和荷载集度之间的微分关系，再结合区段叠加法，绘制出整个多跨静定梁的内力图。

因此，计算多跨静定梁时应该是先附属后基本，这样可简化计算，取每一部分计算时与单跨静定梁无异。

1.2.2 静定平面桁架的内力分析

桁架是由一些杆件彼此在两端用铰链连接成几何形状不变的结构。工程上很多结构采用桁架这种结构形式，如桁梁桥、大空间屋架结构、石油钻井平台等。

桁架具有杆系结构、端部连接、受载后不变形的特点，工程上把几根直杆连接的地方称为节点。以基本三角形为基础，每增加一个节点，需要增加不在同一直线两根杆件，依次类推可得桁架称为平面简单桁架。

理想桁架的几个假设：桁架中各杆为刚性直杆；各杆在节点处系用光滑的铰链连接；所有外力作用在节点上。

桁架分析的目的是截面形状及尺寸设计、材料选取、强度校核。

桁架的计算就是二力杆内力的计算。平面简单桁架的计算有两种方法：节点法、截面法。

1. 节点法

假想将某节点周围的杆件割断，取该节点为考察对象，建立其平衡方程，以求解杆件内力的一种方法。

例 1-1： 如图 1-20 所示平面桁架，求 AC、AF、FE、FC 杆的内力。已知铅垂力 $F_C=$ 4kN，水平力 $F_E=$2kN。

解： 先取整体为研究对象，受力如图 1-21 所示。

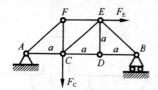
图 1-20 平面桁架

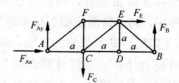
图 1-21 受力图

由平衡方程：

$$\sum F_x = 0, \ F_{Ax} + F_E = 0$$
$$\sum F_y = 0, \ F_{Ay} + F_B - F_C = 0$$
$$\sum M_A(F) = 0, \ -a \times F_E + 3a \times F_B - a \times F_C = 0$$

解得：

$$F_{Ax} = -2\text{kN}, \ F_{Ay} = 2\text{kN}, \ F_B = 2\text{kN}$$

取 A 节点为研究对象，如图 1-22 所示。

有：

$$\sum F_x = 0, \ F_{Ax} + F_{AC} + F_{AF} \cdot \cos 45° = 0$$
$$\sum F_y = 0, \ F_{Ay} + F_{AF} \cdot \sin 45° = 0$$

解得

$$F_{AF} = -2.83\text{kN}, \ F_{AC} = 4\text{kN}$$

取 F 节点为研究对象，受力图如图 1-23 所示。

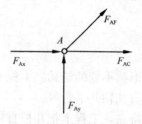
图 1-22 节点 A 受力图

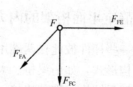
图 1-23 节点 F 受力图

$$\sum F_x = 0, \ F_{FE} - F_{FA} \cdot \cos 45° = 0$$
$$\sum F_y = 0, \ F_{FC} + F_{FA} \cdot \sin 45° = 0$$

解得

$$F_{FE} = -2\text{kN}, \ F_{FC} = 2\text{kN}$$

2. 截面法

用适当的截面将桁架截开,取其中一部分为研究对象,建立平衡方程,求解被切断杆件内力的一种方法。

例 1-2:如图 1-24 所示平面桁架,求 FE、CE、CD 杆内力。已知铅垂力 $F_C=4\text{kN}$,水平力 $F_E=2\text{kN}$。

解:整体分析,作受力分析,如图 1-25 所示。

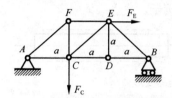

图 1-24 平面桁架

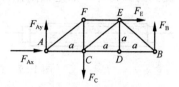

图 1-25 受力分析图

列平衡方程,有:

$$\Sigma F_x = 0, \quad F_{Ax} + F_E = 0$$

$$\Sigma F_y = 0, \quad F_{Ay} + F_B - F_C = 0$$

$$\Sigma M_A(F) = 0, \quad a \times F_E - 3a \times F_B + a \times F_C = 0$$

联立求解得:

$$F_{Ax} = -2\text{kN}, \quad F_{Ay} = 2\text{kN}, \quad F_B = 2\text{kN}$$

作一截面 $m-m$ 将三杆截断,取左部分为分离体,受力分析如图 1-26 所示。

由平衡方程:

$$\Sigma F_x = 0, \quad F_{CD} + F_{Ax} + F_{FE} + F_{CE}\cos 45° = 0$$

$$\Sigma F_y = 0, \quad F_{Ay} - F_C + F_{CE}\cos 45° = 0$$

$$\Sigma M_C(F) = 0, \quad -a \times F_{Ay} - a \times F_{FE} = 0$$

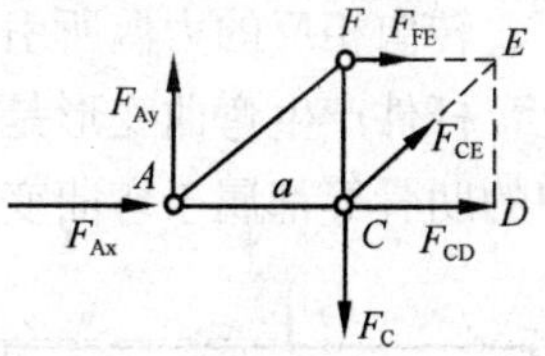

图 1-26 分离体受力分析图

联立求解得:

$$F_{CE} = 3.83\text{kN}, \quad F_{CD} = 2\text{kN}, \quad F_{FE} = -2\text{kN}$$

1.3 杆件强度、刚度和稳定性的概念

1.3.1 杆件变形的基本形式

进行结构的受力分析时,只考虑力的运动效应,可以将结构看作是刚体,但进行结构的内力分析时,要考虑力的变形效应,必须把结构作为变形固体处理。所研究杆件受到的其他构件的作用,统称为杆件的外力。外力包括载荷(主动力)以及载荷引起的约束反力(被动力)。广义地讲,对构件产生作用的外界因素除载荷以及载荷引起的约束反力之外,

还有温度改变、支座移动、制造误差等。

作用在杆上的外力是多种多样的，杆件相应产生的变形也有各种形式。经过分析，杆的变形可归纳为四种基本变形的形式，或是某几种基本变形的组合。

1. 拉伸或压缩（tension and compression）

当杆件受到沿轴线方向的拉力或压力作用时，杆件将产生轴向伸长或缩短变形。直杆两端承受一对大小相等、方向相反的轴向力是最简单的情况，如图 1-27 所示。实际上，理论力学中提到的二力杆，都是轴向拉伸或压缩的例子。

图 1-27　杆件拉伸和压缩变形

2. 剪切（shear）

这类变形是由大小相等、方向相反、作用线垂直于杆的轴线且距离很近的一对横力引起的，其变形表现为杆件两部分沿外力作用方向发生相对的错动，如图 1-28 所示。机械中常用的连接件如键、销钉、螺栓等均承受剪力变形。

3. 扭转（torsion）

这类变形是由大小相等，转向相反，两作用面都垂直于轴线的两个力偶引起的，变形表现为杆件的任意两横截面发生绕轴线的相对转动（即相对角位移），在杆件表面的直线扭曲成螺旋线，如图 1-29 所示。例如，汽车转向轴在运动时发生扭转变形。此外汽车传动轴、电机与水轮机的主轴等，都是受扭转的杆件。

4. 弯曲（bending）

这类变形是由垂直于杆件的横向力，或由作用于包含杆轴的纵向平面内的一对大小相等、转向相反的力偶所引起的，表现为杆的轴线由直线变为曲线，如图 1-30 所示。工程上，杆件产生弯曲变形是最常遇到的，如火车车辆的轮轴、桥式起重机的大梁、船舶结构中的肋骨等都属于弯曲变形杆件。

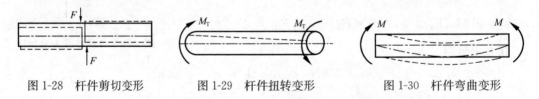

图 1-28　杆件剪切变形　　　图 1-29　杆件扭转变形　　　图 1-30　杆件弯曲变形

杆件同时发生两种以上基本变形的，称为组合变形。

1.3.2　应力、应变的概念

当材料在外力作用下不能产生位移时，它的几何形状和尺寸将发生变化，这种形变称为应变（Strain）。材料发生形变时内部产生了大小相等但方向相反的反作用力抵抗外力，定义单位面积上的这种反作用力为应力（Stress）。

按照应力和应变的方向关系，可以将应力分为正应力 σ 和切应力 τ，正应力的方向与应变方向平行，而切应力的方向与应变垂直，如图 1-31 所示。按照载荷作用的形式不同，应力又可以分为拉伸压缩应力、弯曲应力和扭转应力。

同截面垂直的称为正应力或法向应力，同截面相切的称为剪应力或切应力。应力会随着外力的增加而增长，对于某一种材料，应力的增长是有限度的，超过这一限度，材料就要破坏。对某种材料来说，应力可能达到的这个限度称为该种材料的极限应力。极限应力

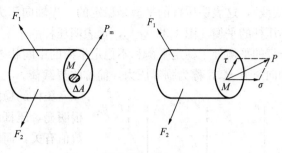

图 1-31 应力图

值要通过材料的力学试验来测定。将测定的极限应力作适当降低，规定出材料能安全工作的应力最大值，这就是许用应力。材料要想安全使用，在使用时其内的应力应低于它的极限应力，否则材料就会在使用时发生破坏。

一般情况下，内力并非均匀分布。截面上围绕 M 点取微小面积 ΔA（图 1-31），设 ΔA 上分布内力的合力为 ΔF_R，那么称

$$\frac{\Delta F_R}{\Delta A} = P_m$$

P_m 为 ΔA 上的平均应力，P_m 的大小及方向随 ΔA 的大小而改变。当所取的微面积趋于无穷小时，上述平均应力趋于一极限值，即

$$\lim_{\Delta A \to 0} \frac{\Delta F_R}{\Delta A} = P$$

P 称为 M 点的总应力。若将 P 分解为两个分量，一个沿界面法向方向为 σ，一个沿界面切线方向为 τ，则称 σ 为正应力，称 τ 为剪应力，显然有

$$P^2 = \sigma^2 + \tau^2$$

应力的单位为 Pa（帕），常用 $1\text{MPa} = 10^6 \text{Pa}$。

1.3.3 杆件强度的概念

构件满足强度、刚度和稳定性要求的能力称为构件的承载能力。

结构杆件在规定的荷载作用下，具有足够的抵抗破坏的能力，保证不因材料强度发生破坏的要求，称为强度要求。即必须保证杆件内的工作应力不超过杆件的许用应力，满足公式 $\sigma = N/A \leqslant [\sigma]$。

1.3.4 杆件刚度和压杆稳定性的概念

1. 杆件刚度

结构杆件应具有足够的抵抗变形的能力，在荷载作用下不至于发生过大的变形而影响使用即为刚度要求。即必须保证杆件的工作变形不超过许用变形，满足公式 $f \leqslant [f]$。梁的挠度变形主要由弯矩引起，叫弯曲变形。

2. 压杆稳定性

受压直杆存在三种类似的平衡状态。当轴向压力 P 小于某个数值 P_{cr} 时，无论什么干扰使其稍离平衡位置（图 1-32 虚线），只要干扰消除，压杆就会自动恢复到原平衡位置

(实线),这表明压杆的平衡是稳定的。当轴向压力 P 大于 P_{cr} 时,任何微小的扰动都会破坏压杆的平衡[图 1-32 (c)],这表明压杆的平衡是不稳定的。当轴向压力 P 等于 P_{cr} 时,压杆的平衡处于稳定平衡和不稳定平衡的中间状态,即临界状态。压杆处于临界状态时的轴向压力 P_{cr},称为临界压力,简称临界载荷。

压杆的稳定性是指压杆维持原有平衡形式的能力。很明显,压杆的平衡状态是否稳定,与轴向压力 P 的数值有关,而临界载荷,则是判断压杆稳定性的重要指标。压杆失去稳定平衡状态的现象称为失稳,或称为屈曲。失稳是构件失效形式之一。因此平衡状态稳定性的研究具有重要意义。

理论可证明,两端铰支约束的细长压杆临界力的计算公式(也称为欧拉公式)为:

$$P_{cr} = \frac{\pi^2 EI}{l^2}$$

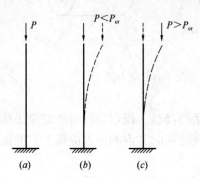

图 1-32 压杆的稳定性

式中,E 为压杆材料的弹性模量;I 为压杆横截面对中性轴的惯性矩;l 为压杆的长度。由此可知:压杆临界力与材料的弹性模量、惯性矩成正比,与压杆长度的二次方成反比。

第2章 工 程 识 图

工程图纸是工程招投标、设计、施工及审计等环节最重要的技术文件。图纸是工程师的语言,是一种将设计构思中的三维空间信息等价转换成二维、三维几何信息的表示形式。

工程识图是装饰质量员的一项基本功。要看懂图纸,必须了解投影的基本知识、基本的制图规范。装饰质量员应该了解工程图纸的种类,能较准确、快速地识别图纸所要表达的内容。本章主要以建筑室内装饰设计图为例介绍制图的基本概念、识图知识,以及深化设计的概念。

2.1 投 影 及 图 样

2.1.1 投影

物体在光线照射下,会在地面或墙面上产生影子,就是物体侧面的投影产生的外轮廓图形,同一物体如果照射的光线角度不同,产生的影子也不同,因此用不同角度的光线去照射物体就会产生不同的图形。所以,要识图必须先了解工程图是怎样画出来的,懂得制图的基本原理,从而识读建筑装饰图样。

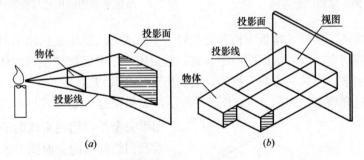

图 2-1 投影图的形成
(a) 中心投影;(b) 平行投影

假定光线可以穿透物体(物体的面是透明的,而物体的轮廓线是不透的),并规定在影子当中,光线直接照射到的轮廓线画成实线,光线间接照射到的轮廓线面成虚线,则经过抽象后的"影子"称为投影。投影通常分为中心投影和平面投影两类,见图 2-1、图 2-2。

2.1.2 平面、立面、剖面图

建筑图纸最普遍运用的就是用于正投影的平行投影图,如通常的平面、立面、剖面

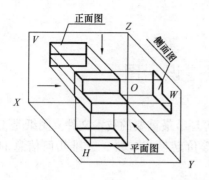 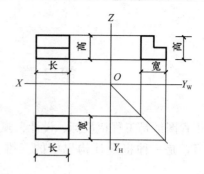

图 2-2 物体在三个投影面上的投影

图都是用平行投影法原理绘制的。在图 2-3 中，自 B 的投影应为地面平面图；自 C、D、E、F 的投影应为墙面立面图，A 的投影镜像图应为顶面平面图（镜像投影法原理见图 2-4）。

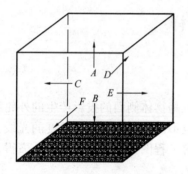 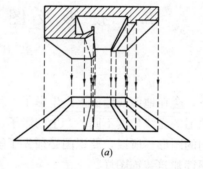

图 2-3 平面、立面投影方向　　图 2-4 吊顶平面图采用镜像投影法

而如果把墙体、梁柱、楼板等构造均在同一平面或立面图中表达出来时，我们也称之为水平剖面图或剖立面图。剖面图的定义是：假想用一个平面把建筑或物体剖开，让它内部的构造显示出来，向某一方向正投影，绘制出形状及其构造。

我们可以这样理解，如图 2-5、图 2-6 所示，如果把建筑墙体或楼板隐藏，其内部的图纸完全是我们通常认为的立面图，而通常我们绘制室内立面图时也会把墙体及楼板表现出来，可见我们通常所说的室内立面图就是剖立面图。对于我们通常所说的平面图也就是水平剖面图，也是一个道理。而吊顶（顶棚）平面图就是镜像投影的水平剖面图。剖切到部分的轮廓线应该用粗实线表示，没有剖切到但是在投射方向看到的部分用细实线表示。

对于构造节点图（详图），其实是一种放大的局部剖面图，在表达建筑构造或

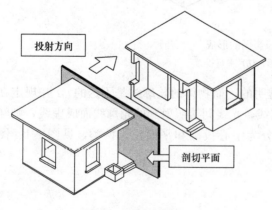

图 2-5 剖面图的形成

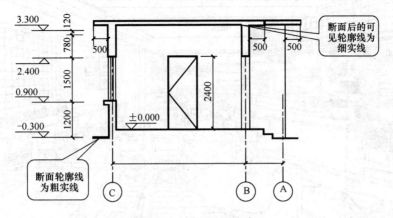

图 2-6 剖面图的试读

局部造型的细部做法时会采用。

2.1.3 轴侧图、透视图

平行正投影只是一种假想的投影图，虽然可以反映空间或建筑构件长、宽、高等准确的尺寸，但对于人通常的视觉感受来说直观性较差。作为补充还有一些三维投影图形，如轴测图（平行投影，远近尺寸相同，是一种抽象的三维图形）或透视图（中心投影，特征是近大远小。如人的正常视角或相机拍摄，根据透视原理绘制或建模设置）。三维图形较为逼真、直观，接近于人们通常的视觉习惯，见图 2-7～

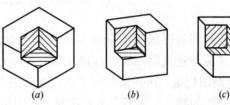

图 2-7 轴测图的种类
(*a*) 正等测；(*b*) 正三测；(*c*) 正面斜二测

图 2-10。轴测图或透视图在表达复杂构造或节点时有其独特的优势，能比较清楚地表达设计意图和正确地传递设计信息。

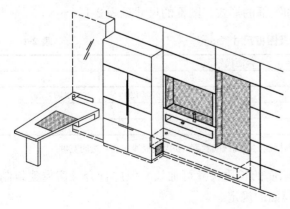

图 2-8 轴侧图示例

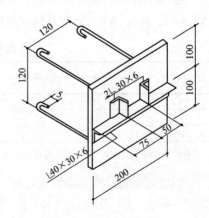

图 2-9 轴侧图的尺寸标注

图 2-10　某餐厅透视图

2.2　制图的基本知识

建筑装饰制图的制图标准参考《房屋建筑室内装修设计制图标准》GB/T 50244—2011、《房屋建筑制图统一标准》GB/T 50001—2010、《建筑制图标准》GB/T 50104—2010 等制图规范，可保证制图质量、提高制图效果，做到图面清晰、简明，并符合设计、施工、存档的要求。适用于各专业的工程制图及绘制的图样表现，也适用于所有的手工和计算机绘制方式，还适用于建筑装饰室内设计的各方案设计（扩初设计）和施工图阶段的设计图及竣工图。

2.2.1　图纸幅面、规格

1. 图纸幅面

建筑工程图纸幅面的尺寸是有明确规定的，其基本尺寸有五种，它们的代号分别为 A0、A1、A2、A3、A4。其幅面的尺寸和图框的形式、图框的尺寸见表 2-1。

图纸幅面及图框尺寸（mm）　　　　表 2-1

尺寸代号	幅面代号				
	A0	A1	A2	A3	A4
$b×l$	841×1189	594×841	42594	297×420	210×297
c	10			5	
a	25				

注：表中 b 为幅面短边尺寸，l 为长边尺寸，c 为图框线与幅面线间宽度，a 为图框线与装订边间宽度。

图纸的短边尺寸不应加长，A0~A3 幅面的长边尺寸可加长。但应符合《房屋建筑制图统一标准》GB 50001—2010 关于图纸幅面的规定。

建筑装饰装修设计图以 A1~A3 图幅为主，住宅装饰装修设计图以 A3 为主，设计修改通知单以 A4 为主。图纸以短边作为垂直边应为横式,以短边作为水平边应为立式。A0~A3 图纸宜横式使用;必要时,也可作立式使用。在一个工程设计中,每个专业所使用的图纸,不宜多于两种幅面,目录及表格所采用的 A4 幅面不受此限。

2. 标题栏与会签栏

图纸中应有标题栏、图框线、幅面线、装订边线。根据图纸的标题栏及装订边的位置,横式使用的图纸,按如图 2-11（a）、(b) 所示的形式进行布置;立式使用的图纸,按如图 2-11（c）、(d) 所示的形式进行布置。

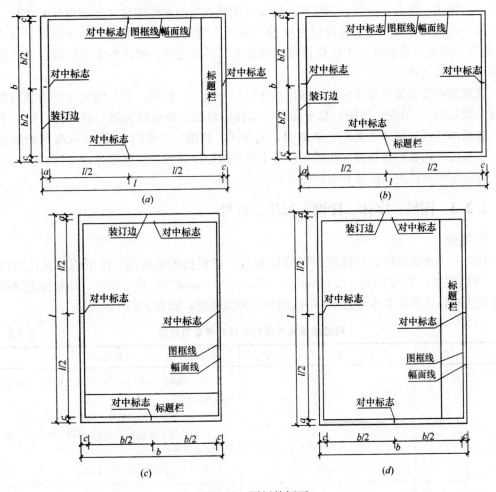

图 2-11 图纸的幅面
(a) A0~A3 横式幅面（一）;(b) A0~A3 横式幅面（二）;
(c) A0~A4 立式幅面（一）;(d) A0~A4 立式幅面（二）

标题栏的样式见图 2-12（横式幅面示意图）,签字栏应包含实名列和签名列,在计算

30~50	设计单位名称	注册师签章	项目经理	修改记录	工程名称区	图号区	签字区	会签栏

图 2-12 标题栏

机制图文件中使用电子签名和认证时,应符合国家有关电子签名法的规定。

2.2.2 图纸编排顺序

工程图纸应按专业顺序编排,应为封面、图纸目录、设计总说明、总图、建筑图、结构图、给水排水图、暖通空调图、电气图等。各专业的图纸,应按图纸内容的主次关系、逻辑关系进行分类排序。

建筑室内装饰装修设计图纸的编排顺序应按室内装饰装修设计专业图纸在前,各配合专业(给排水、暖通、电气、消防等)的设计图纸在后的原则编排。建筑设计专业按"建施"统一标准,建筑装饰室内设计专业按"饰施"统一标准,其他专业分别按"结施"、"电施"、"水施"等标注。图纸总目录应放在全套图纸之首,配合专业的图纸目录应放在相应专业图纸之首。

建筑室内装饰装修设计的图纸编排宜按设计(施工)说明、总平面图(室内装饰装修设计分段示意)、吊顶(顶棚)总平面图、墙体定位图、地面铺装图、各局部(区)平面图、各局部(区)顶棚平面图、立面图、剖面图、详图(大样图)、配套标准图的顺序排列。各楼层室内装饰装修设计图纸应按自下而上的顺序排列,同楼层各段(区)室内装饰装修设计图纸应按主次区域和内容的逻辑关系排列。

2.2.3 图线、字体、比例、标注、符号

1. 图线

建筑室内装饰装修设计图纸中图线的宽度一般根据图纸幅面、图纸内容及比例设置 3~4 种线宽度,如 0.1mm、0.18mm、0.25mm、0.5mm 等。每个图样,应根据复杂程度与比例大小,先选定基本线宽 b,再选用相应的线宽组,如表 2-2 所示。

房屋建筑室内装饰装修制图常用线型　　　　表 2-2

名称		线型	线宽	一般用途
实线	粗	——	b	1. 平、剖面图中被剖切的房屋建筑和装饰装修构造的主要轮廓线; 2. 房屋建筑室内装饰装修立面图的外轮廓线; 3. 房屋建筑室内装饰装修构造详图、节点图中被剖切部分的主要轮廓线; 4. 平、立、剖面图的剖切符号
	中粗	——	$0.7b$	1. 平、剖面图中被剖切的房屋建筑和装饰装修构造的次要轮廓线; 2. 房屋建筑室内装饰装修详图中的外轮廓线
	中	——	$0.5b$	1. 房屋建筑室内装饰装修构造详图中的一般轮廓线; 2. 小于 $0.7b$ 的图形线、家具线、尺寸线、尺寸界线、索引符号、标高符号、引出线、地面、墙面的高差分界线等
	细	——	$0.25b$	图形和图例的填充线

续表

名　称		线　型	线宽	一般用途
虚线	中粗	– – –	0.7b	1. 表示被遮挡部分的轮廓线； 2. 表示被索引图样的范围； 3. 拟建、扩建房屋建筑室内装饰装修部分轮廓线
	中	- - - - -	0.5b	1. 表示平面中上部的投影轮廓线； 2. 预想放置的房屋建筑构件
	细	- - - - - -	0.25b	表示内容与中虚线相同，适合小于0.5b的不可见轮廓线
单点长画线	中粗	— · —	0.7b	运动轨迹线
	细	— · — · —	0.25b	中心线、对称线、定位轴线
折断线	细	∽	0.25b	不需要画全的断开界线
波浪形	细	～～	0.25b	1. 不需要画全的断开界线； 2. 构造层次的断开界限； 3. 曲线形构件断开界限
点线	细	………	0.25b	制图需要的辅助线
样条曲线	细	⌒⌒	0.25b	1. 不需要画全的断开界线； 2. 制图需要的引出线（可带箭头）
云线	中	☁	0.5b	1. 圈出需要绘制详图的图样范围； 2. 标注材料的范围； 3. 标注需要强调、变更或改动的区域

　　在建筑装饰工程中为了清楚地表达不同的内容，规定了不同的线型代表了不同的意义。线型主要分实线、虚线、单点长画线、折断线、波浪线、点线、样条曲线、云线等。

　　对于计算机制图，通常事先设定用不同的图层及颜色把线型进行归类，如图层axie（轴线）用的单点长画线作为缺省图线；图层wall（墙体）的缺省图线是红的直线，如在打印时把红色的线宽设置为0.5mm，则打印成图时红色的线为0.5mm宽（包括其他图层的红色线也是这个宽度。但不包括已设定宽度的Pline线）。

　　在图纸绘制时还应注意图线不得与文字、数字或符号重叠、混淆，不可避免时，应首先保证文字的清晰。

2. 字体

　　图纸上所需书写的文字、数字或符号等，均应笔画清晰、字体端正、排列整齐；标点符号应清楚正确。文字的字高一般为3（3.5）mm、5mm、7mm、10mm、14mm等。图样及说明的汉字字体宜采用宋体、仿宋或黑体等常用字体，不应超过两种。大标题、封面、标题栏等处也可部分选用其他字体，但应易于辨认。图纸中表示数量的数字应采用阿拉伯数字书写，拉丁字母、阿拉伯数字与罗马数字的字高，应不小于2.5mm，小数点应采用圆点，齐基准线书写，例如0.01。

3. 比例

　　图样的比例，为图形与实物相对应的线性尺寸之比。比例的大小，是指其比值的大小，如1:50大于1:100，比例的符号为"："，比例以阿拉伯数字表示。比例宜注写在图名的右侧或下方。绘图所用的比例应根据图样的用途与被绘对象的复杂程度，从表2-3中选用，并应优先采用表中常用比例。工程图纸一般要求不能拿比例尺直接度量图纸，但应该按设定的比例绘制或设定，打印为正式图纸也应按原先设定的图纸幅图及比例打印。计算机制图里图形的比例建议在图纸空间里设置，不在模型空间里直接放大或缩小（scale）原图形。

常用及可用的图纸比例　　　　　　　　　　　　　　　表2-3

常用比例	1:1、1:2、1:5、1:10、1:20、1:30、1:50、1:100、1:150、1:200
可用比例	1:3、1:4、1:6、1:15、1:25、1:40、1:60、1:80、1:250、1:300

根据建筑室内装饰装修设计的不同部位、不同阶段的图纸内容和要求，绘制的比例宜在表2-4中选取。由于室内装饰装修设计中的细部内容多，故常使用较大的比例。但在较大规模的室内装饰装修设计中，根据要求要采用较小的比例。

建筑装饰图纸各部位常用图纸比例　　　　　　　　　　表2-4

比　例	部　位	图纸内容
1:200～1:100	总平面、总顶面	总平面布置图、总顶棚平面布置图
1:100～1:50	局部平面、局部顶棚平面	局部平面布置图、局部顶棚平面布置图
1:100～1:50	不复杂的立面	立面图、剖面图
1:50～1:30	较复杂的立面	立面图、剖面图
1:30～1:10	复杂的立面	立面放大图、剖面图
1:10～1:1	平面及立面中需要详细表示的部位	详图
1:10～1:1	重点部位的细部构造	节点图

4. 尺寸标注

建筑工程图纸的单位，除建筑总平面图及标高以米（m）为单位外，一般均以毫米（mm）为单位。图纸上图样尺寸一般不再标注尺寸单位。

（1）尺寸界线、尺寸线及尺寸起止符

尺寸标注一般包括尺寸界线、尺寸线、尺寸起止符和尺寸数字四个要素，如图2-13

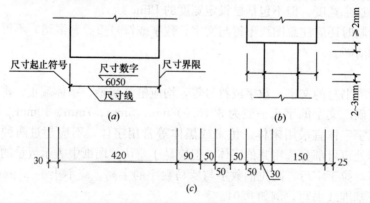

图2-13 尺寸标注
(*a*) 尺寸的组成；(*b*) 尺寸界线；(*c*) 尺寸数字的注写位置

所示。尺寸界线应用细实线绘制，一般应与标注长度垂直，其一端应离开图样轮廓线不应小于 2mm，另一端宜超出尺寸线 2~3mm。图线可用作尺寸界线，但不可以作为尺寸线。

尺寸起止符号可用中粗斜短线绘制，也可用黑色圆点绘制，其直径宜为 1mm。

对于圆弧或角度的尺寸标注，起止符号一般用三角箭头表示。对于坡度，通常用单箭头表示，箭头指向下坡方向。

(2) 尺寸的排列和布置

尺寸宜标注在图样轮廓以外，尺寸标注均应清晰，不宜与图线、文字及符号等相交或重叠。互相平行的尺寸线，较大尺寸应离图样轮廓线较远，如图 2-14 所示。

(3) 标高

标高是以某一水平面为基准面，此基准面作为零点起算至其他基准面（如楼地面、吊顶或墙面某一特征点）的垂直高度。标高数字应以米（m）为单位，标高精确至小数点后第三位。标高数字后面不标单位。零点标高注写成 ±0.000，正数标高不注"+"，负数标高应加注"-"。标高符号的

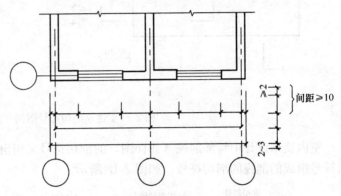

图 2-14 尺寸的排列

尖端应指至被注高度的位置。尖端一般应向下，也可向上，如图 2-15（a）所示。

表示建筑多个楼层的相对标高时，通常以建筑底层主要地坪完成面标高为相对标高的零点（±0.000）。同一位置表示建筑不同楼层的标高时，可把各个标高注写在同一个图样中，标注方法如图 2-15（b）所示。

建筑室内装饰设计的标高应标注该设计空间的相对标高，通常以本层的楼地面装饰完成面为 ±0.000 基准面（不累计各楼层的高度，即每一个楼层都有一个 ±0.000 的标高）。

室内装饰设计图纸里的标高符号通常用等腰三角形表示或者用 90° 对顶角的圆，标注吊顶（顶棚）标高时，也可采用 CH 符号表示，见图 2-16 所示。

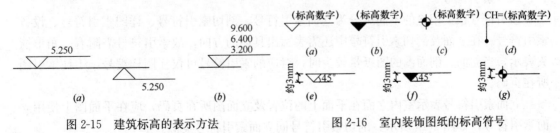

图 2-15 建筑标高的表示方法　　图 2-16 室内装饰图纸的标高符号

5. 常用符号

(1) 剖切符号

剖视的剖切符号应由剖切位置线及剖视方向线组成。

建筑剖立面的剖切符号如图 2-17（a）所示。室内装饰设计的剖立面图通常用图 2-17（b）所示的表达方法（国际统一和常用的剖切剖视方法）。剖视剖切符号不应与其他图线相接触。

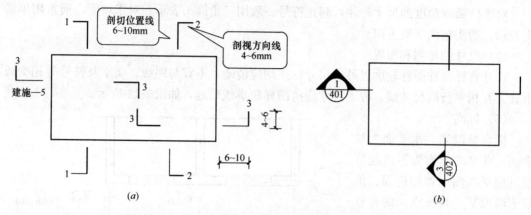

图 2-17 建筑剖切符号图例

室内装饰设计中局部剖视（如详图）的剖切符号采用由剖切位置线、投射方向线及索引符号组成的剖视的剖切符号，如图 2-18 所示。

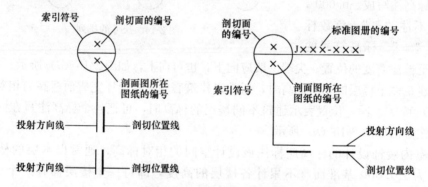

图 2-18 剖视的剖切符号
左图表示从左向右的剖切投影；右图表示从上向下方向的剖切投影

（2）索引符号

索引符号根据用途的不同可分为立面索引符号、剖切索引符号、详图索引符号、设备索引符号。在立面及剖切索引符号中还需表示出具体的方向，故索引符号需附有三角形箭头表示，当立面、剖面图的图纸量较少时，对应的索引符号可仅注图样编号，不注索引图所在页码。

立面索引符号表示室内立面在平面上的位置及立面图所在页码，应在平面图上使用立面索引符号，如图 2-19 所示。剖切索引符号同立面索引符号类似。

索引图样时应以引出圈将需被放大的图样范围完整圈出，由引出线连接详图索引符号。图样范围较小的引出圈以圆形细虚线绘制，范围较大的引出圈以有弧角的矩形细虚线绘制，如图 2-20 所示。范围较大的引出符号也可以用云线表示。

各类设备、家具、灯具的索引符号，通常用正六边形表示，六边形内应注明设备编号

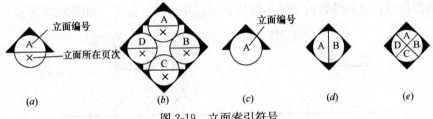

图 2-19 立面索引符号

及设备品种代号。如图 2-21 所示。

(3) 引出线符号

引出线其文字与水平直线前端对齐或为保证图样的完整和清晰,对符号编号、尺寸标注和一些文字说明。引出线应以细实线绘制,宜采用水平方向的直线,或与水平方向成 30°、45°、60°、90° 的直线再折为水平线。引出线起止符号可采用圆点绘制,也可采用箭头绘制,如图 2-22 所示。起止符号的大小应与本图样尺寸的比例相一致。

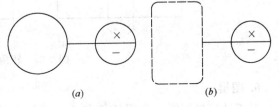

图 2-20 索引符号

(a) 范围较小的索引符号;(b) 范围较大的索引符号

(4) 其他符号

1) 对称符号:对于完全对称的图样,可在对称线上画上对称符号,只绘制一半图样即可。对称符号用细点画线绘制,在对称线上下各画两段水平的互相平行的线段表示,如图 2-23 (a) 所示,采用英文缩写为分中符号时,大写英文 CL 置于对称线一端,如图 2-23 (b) 所示。

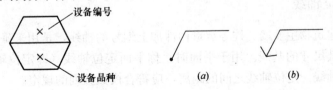

图 2-21 设备索引符号　　图 2-22 引出线起止符号

2) 连接符号:连接符号应以折断线表示需要连接的位置。两部位相聚过远时,折断线两端靠图样一侧应标注大写拉丁字母表示连接编号,两个被连接的图样必须用相同的字母连接,如图 2-24 所示。

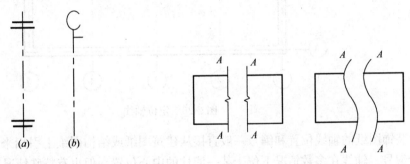

图 2-23 对称符号、中心线符号　　图 2-24 连接符号
(a) 对称符号;(b) 中心线符号(也可表示对称符号)

3) 转角符号：立面的转折用转角符号表示，并应加注角度。如图 2-25 所示。

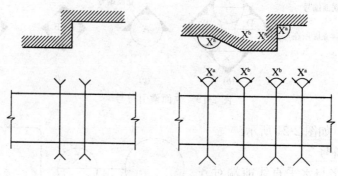

图 2-25 转角符号

6. 图层

对于计算机制图（常用软件有 AutoCAD、ArchiCad 等），还有一个图层的概念。图层是计算机制图文件中相关图形元素数据的一种组织结构，属于同一图层的实体具有统一的颜色、线型、线宽等属性。图层应能对不同用途及属性的图元进行合理的分类，每一个图层有自己的名称、缺省颜色、缺省线型。

利用图层可以对数据信息进行分类管理、共享或交换，以方便控制实体数据的显示、编辑、检索或打印输出。例如，可以将某一专业的设计信息可分类存放到相应的图层中，分别为专业内部和相关专业之间的协同设计提供方便。需注意的是，图层和线型颜色并不是越多越好。

2.2.4 定位轴线

定位轴线指建筑物主要墙、柱等承重构件加上编号的轴线，是用来确定房屋主要结构或构件的位置及其尺寸的基线。用于平面时，称平面定位轴线（即定位轴线）；用于竖向时，称竖向定位轴线。定位轴线之间的距离，应符合模数数列的规定。

定位轴线表示方法：定位轴线用细单点长画线绘制，定位轴线应编号。编号应注写在轴线端部的圆内。横向编号应用阿拉伯数字，从左至右顺序编写；竖向编号用大写拉丁字母，从下至上顺序编写。如图 2-26 所示。

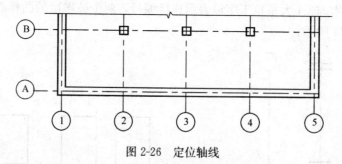

图 2-26 定位轴线

装饰图纸的轴线位置和编号一般直接从建筑图纸或结构图纸上引用来，也不需要重新进行编号。轴线在多数情况下位于某一墙柱的中心位置，但也有特殊情况（偏位）。

2.2.5 常用图例画法

常用建筑材料、装饰材料的图例画法，对其尺度比例不作具体规定。使用时，应根据图样大小而定，并应注意图例线应间隔均匀，疏密适度，做到图例正确，表示清楚，不同品种的同类材料使用同一图例时，应在图上附加必要的说明。

1. 常用建筑构件图例（表 2-5）

常用建筑构件图例　　　　表 2-5

序号	名称	图例	备注
1	墙体	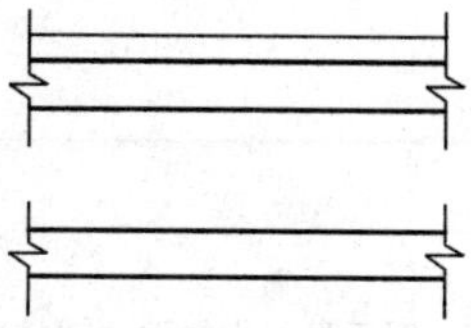	1. 上图为外墙，下图为内墙 2. 本图仅为基本形式，应加注填充图案或文字表示各种材料的墙体以示区别 3. 在平面图中，防火墙宜以特殊图案填充表示
2	隔断		1. 适用于到顶及不到顶的隔断 2. 宜加注文字或填充图案表示各种材料的轻质隔断
3	栏杆		
4	检查口		左图为可见检查口，右图为暗藏检查口（或不可见检查口）
5	楼梯	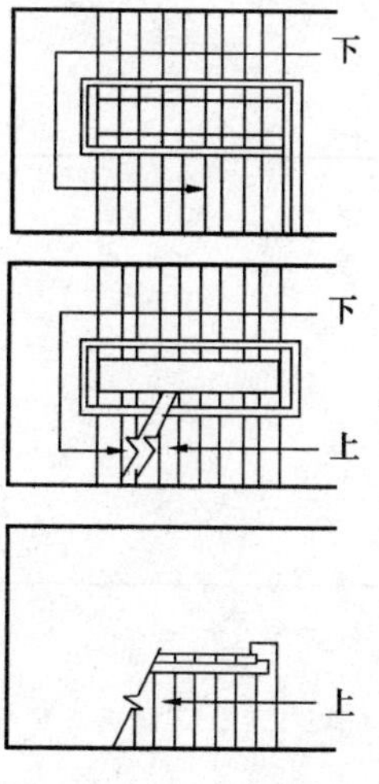	1. 上图为顶层楼梯平面，中图为中间层楼梯平面，下图为底层楼梯平面 2. 如设置靠墙扶手或中间扶手时，应在圈中进行表示
6	电梯	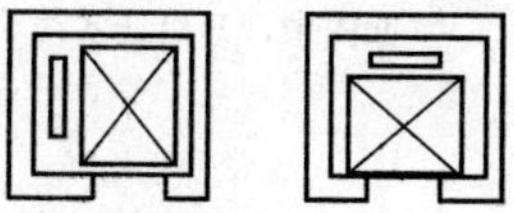	电梯应注明类型（用途），按照实际的平衡锤、导轨及门的位置进行绘制

续表

序号	名称	图例	备注
7	台阶	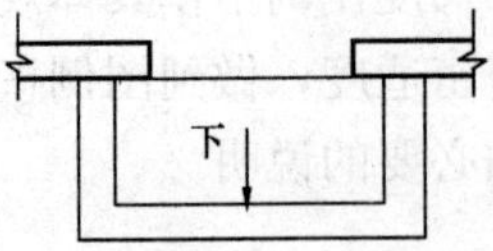	
8	坡道	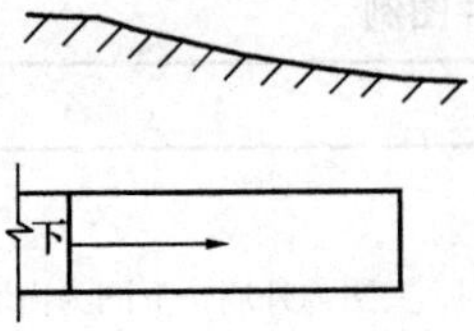	长坡道。注意应标注坡度
9	平面高差	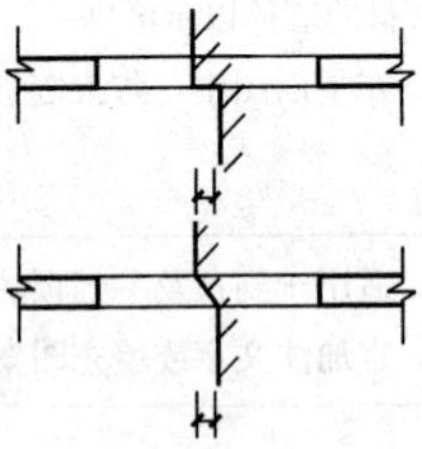	1. 用于高差小的地面或楼面交接处，并应与门的开启方向协调 2. 有高差部位宜标注标高
10	管道井	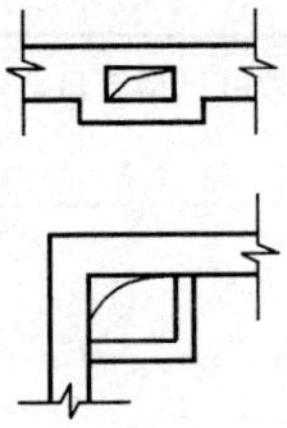	管道与墙体为相同材料时，其相接处墙身线应连通
11	空门洞	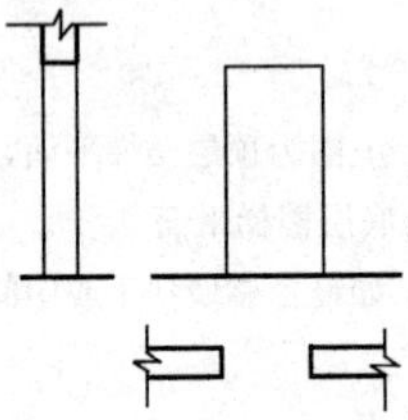	
12	单面开启单扇门（包括平开或单面弹簧）	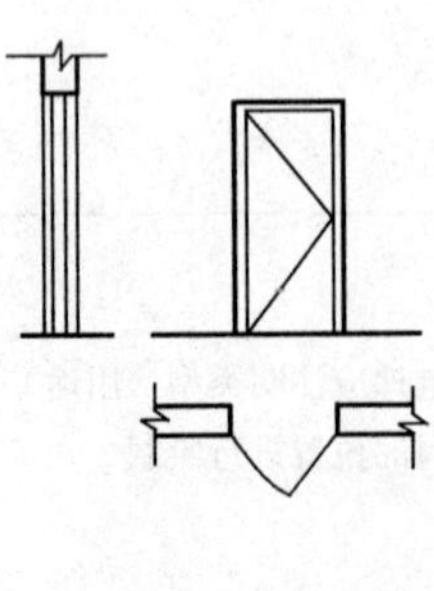	1. 门应进行编号，用 M 表示 2. 门的开启弧线宜绘出 3. 立面图中，开启线实线为外开，虚线为内开

续表

序号	名称	图例	备注
13	双面开启单扇门（包括双面平开或双面弹簧）	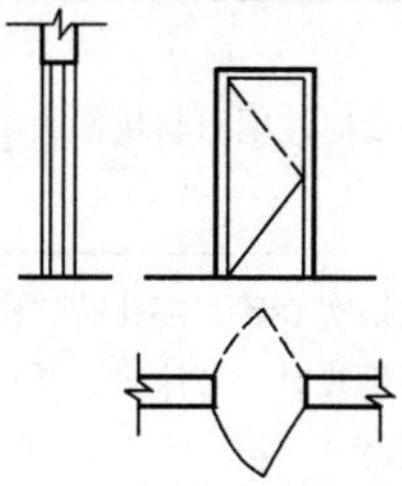	
14	单面开启双扇门（包括平开或单面弹簧）	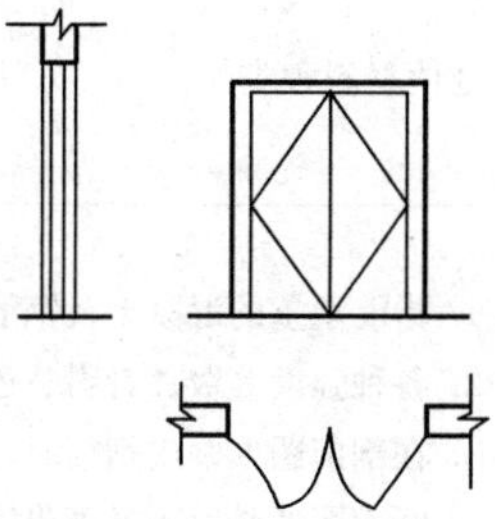	1. 门应进行编号，用 M 表示 2. 门的开启弧线宜绘出立面图中，开启线实线为外开，虚线为内开
15	双面开启双扇门（包括双西平开或双面弹簧）	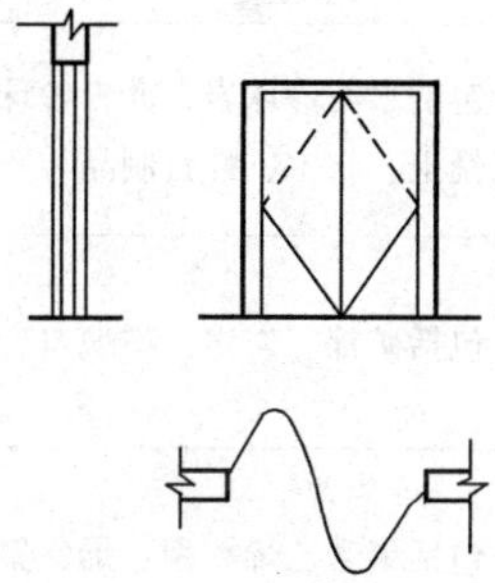	
16	单层外开平开门	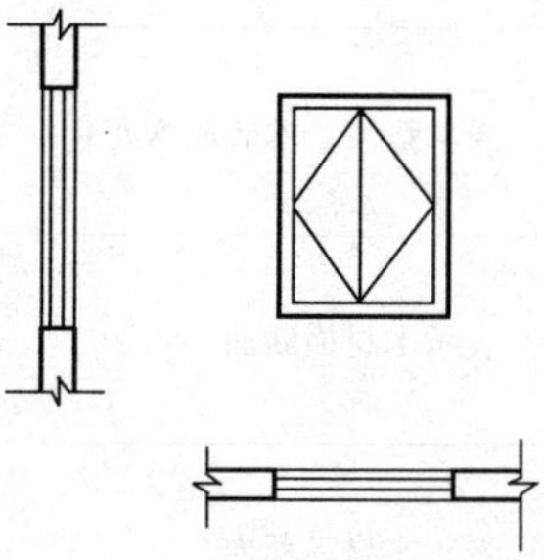	同理，单层内开平开窗的开启符号应为虚线表示

2. 常用的建筑装饰材料图例（表 2-6）

常用的建筑装饰材料图例　　表 2-6

序号	名称	图例	备注
1	夯实土壤	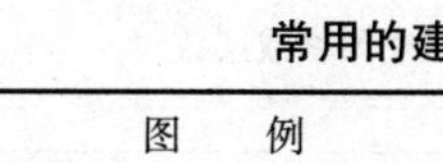	
2	石材	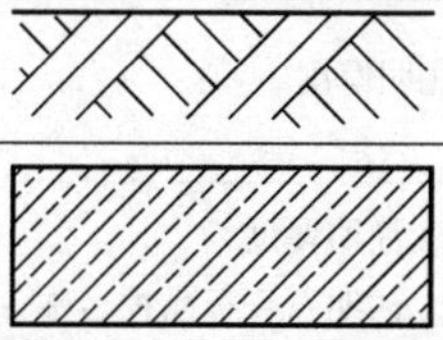	注明厚度

续表

序号	名称	图例	备注
3	毛石		必要时注明石料块面大小及品种
4	普通砖		包括实心砖、多孔砖、砌块等砌体。断面较窄不易绘出图例线时,可涂黑,并在备注中加以说明,画出该材料图例
5	轻钢龙骨板材隔墙		注明材料种类
6	混凝土		1. 指能承重的混凝土及钢筋混凝土 2. 各种强度等级、骨料、添加剂的混凝土 3. 在剖面图上画出钢筋时,不画图例线 4. 断面图形小,不易画出图例线时,可涂黑
7	钢筋混凝土		
8	多孔材料		包括水泥珍珠岩、沥青珍珠岩、泡沫混凝土、非承重混凝土、软木、蛭石制品
9	纤维材料		包括矿棉、岩棉、玻璃岩、床丝、木丝板、纤维板等
10	泡沫塑料材料		包括聚苯乙烯、聚乙烯、聚氨酯等多孔聚合物类材料
11	实木		表示垫木、木砖或木龙骨
			表示木材横断面
			表示木材纵断面
12	胶合板		注明厚度或层数
13	木工板		注明厚度
14	石膏板		1. 注明厚度 2. 注明石膏板品种名称

续表

序号	名称	图 例	备 注
15	金属	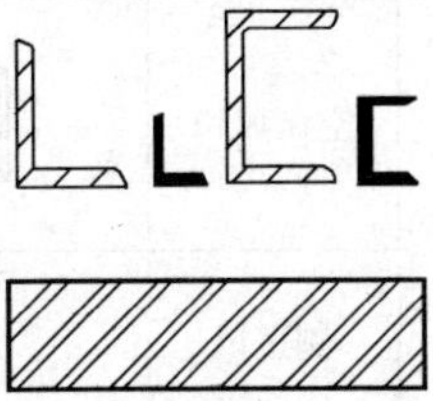	1. 包括各种金属,注明材料名称 2. 图形小时,可涂黑
16	普通玻璃	 (立面) 镜面	注明材质、厚度
17	地毯	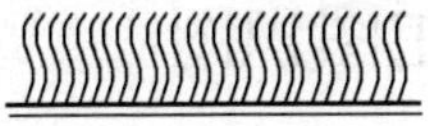	注明种类
18	防水材料		注明材质、厚度
19	窗帘	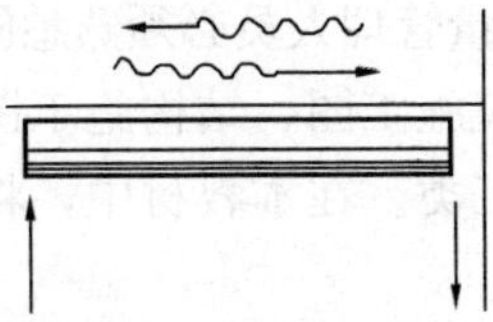	箭头所指方向为开启方向,注意窗帘有单双层之分

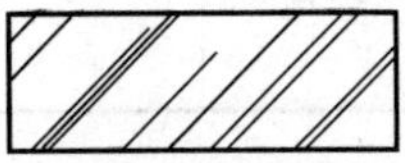

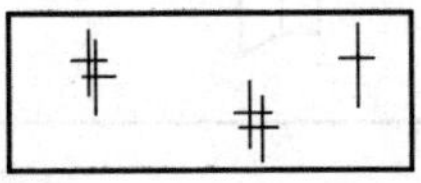

3. 常用的灯具、设备图库(表2-7)

常用的灯具、设备图库　　　　　表2-7

序号	名称	图 例	序号	名称	图 例
1	艺术吊灯	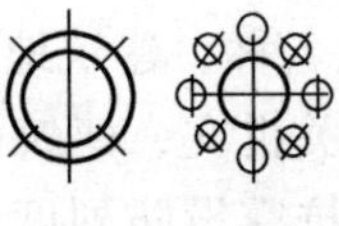	5	格栅射灯	 (单头) 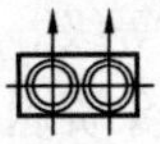(双头)
2	吸顶灯	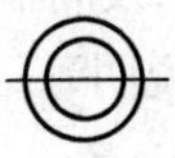	6	格栅荧光灯	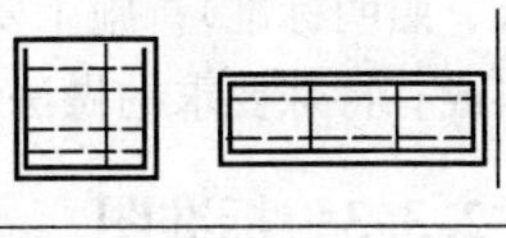
3	筒灯		7	暗藏灯带	
4	射灯	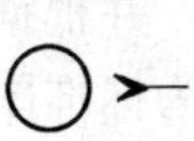	8	感温探测器	

续表

序号	名称	图例	序号	名称	图例
9	烟感探测器	S	12	空调风口	
10	消防自动喷淋头	⊙	13	侧送风 侧回风	
11	扬声器		14	防火卷帘	F

2.3 建筑施工图识图

2.3.1 建筑工程图

房屋建筑工程图是工程技术的"语言",它能够准确地表达建筑物的外形轮廓、尺寸大小、结构构造、装修做法等。故要求有关施工质量管理人员必须熟悉施工图的全部内容。

一套房屋建筑工程图,一般按专业分为建筑施工图、结构施工图、设备施工图（给水排水施工图、采暖通风施工图、电气施工图）三类。在本教材中,将主要介绍房屋建筑施工图的识读。

2.3.2 建筑施工图内容概要

建筑施工图简称"建施"。主要反映建筑物的规划位置、外形和大小、内外装修、内部布置、细部构造做法及施工要求等。建筑施工图包括首页（图纸目录、设计总说明、门窗材料表等）、总平面图、平面图、立面图、剖面图和详图。图纸目录包括每张图纸的名称、内容、图号等。设计总说明包括工程概况（建筑名称、建筑地点、建设单位、建筑占地面积、建筑等级、建筑层数）；设计依据（政府有关批文、建筑面积、造价以及有关地质、水文、气象资料）；设计标准（建筑标准结构、抗震设防烈度、防火等级、采暖通风要求、照明标准）；施工要求（验收规范要求、施工技术及材料的要求,采用新技术、新材料或有特殊要求的做法说明,图纸中不详之处的补充说明）。

2.3.3 标准图

1. 标准图

为了适应大规模建设的需要,加快设计施工速度、提高质量、降低成本,将各种大量常用的建筑物及其构、配件按国家标准规定的模数协调,并根据不同的规格标准,设计编绘成套的施工图,以供设计和施工时选用。这种图样称为标准图或通用图。将其装订成册即为标准图集或通用图集。

2. 标准图的分类

我国标准图有两种分类方法：一是按使用范围分类；二是按工种分类。

(1) 按照使用范围大体分为三类：

1) 经国家部委批准的，可在全国范围内使用；
2) 经各省、市、自治区有关部门批准的，在各地区使用；
3) 各设计单位编制的图集，供各设计单位内部使用。

(2) 按工种分类：

1) 建筑配件标准图，一般用"建"或"J"表示。
2) 建筑构件标准图，一般用"结"或"G"表示。

2.3.4 建筑施工图的图示特点

(1) 施工图中各图样，主要是用正投影绘制的。通常在 H 面做平面图，在 V 面做正、背立面图，在 w 面上做左、右侧立面和剖面图。在图幅大小允许情况下，将平面、立面、剖面放在同一张图纸上，以便阅读。如果图幅过小，平、立、剖面图可分别单独绘出。

(2) 房屋的形体较大，所以施工图都用较小比例绘制。构造较复杂的地方，可用大比例的详图绘出。

(3) 由于房屋的构、配件和材料种类较多，"国标"规定了一系列的图形符号来代表建筑构配件、卫生设备、建筑材料等，这种图形符号称为图例。为读图方便，"国标"还规定了许多标准符号。所以，阅读者应对图例和符号有所了解。

(4) 线形粗细变化。为了使所绘的图样重点突出、活泼美观，建筑上采用了很多线型，如立面图中室外地坪用 $1.4b$ 的特粗线，门窗格子、墙面粉刷分格线用细实线。

2.3.5 建筑施工图的识读目的

(1) 对新建工程建立整体概念，熟悉施工图中的主要尺寸及相互关系。
(2) 检查施工图中有无错误，各图之间有无矛盾，是否有漏项等。

2.3.6 建筑施工图的阅读方法

正确的看图方法是关键。实践经验告诉我们：看图的方法是"由外向里看，由大到小看，由粗到细看，先主体，后局部，图样与说明互相对着看，建施与结施对着看"。看图步骤如下：

(1) 先看目录。了解建筑性质，结构类型，建筑面积大小，图纸张数等信息。
(2) 按照图纸目录检查各类图纸是否齐全，有无错误，标准图是哪一类。把它们查全准备在手边以便可以随时查看。
(3) 看设计说明。了解建筑概况和施工技术要求。
(4) 看总平面图。了解建筑物的地理位置、高程、朝向及建筑有关情况，考虑如何进行定位放线。
(5) 看完总平面图，依次看平面图、立面图、剖面图，通过平、立、剖面图，在脑海中逐步建立立体形象。
(6) 通过平、立、剖形成建筑的轮廓以后，再通过详图了解各构件、配件的位置，及它们之间是如何连接的。

2.3.7 建筑总平面图

1. 总平面图的形成和作用

总平面图是假想人站在建好的建筑物上空，用正投影的原理画出的地形图，把已有的建筑物、新建的建筑物、将来拟建的建筑物以及道路、绿化等内容按与地形图同样的比例画出来的平面图。

总平面图是新建房屋施工定位，土方施工以及其他专业管线总平面图和施工总平面设计布置的依据。

房屋定位的方法有两种：一是根据原有建筑物定位放线，二是根据坐标系统定位放线。

2. 总平面图反映的内容

（1）表明建筑物的总体布局：根据规划红线了解拨地范围，各建筑物及构筑物的位置、道路、管网的布置等。

（2）确定新建建筑物定位方法：大型复杂建筑物或新开发的建筑群用坐标系统定位，中小型建筑物根据原有建筑物定位。

（3）表明建筑物首层地面的绝对标高、室外地坪标高、道路绝对标高，了解土方填挖情况及地面位置。

（4）用风玫瑰图表示当地风向和建筑朝向。中小型建筑也可用指北针。

（5）了解地形（坡、坎、坑），地物（树木、线干、井、坟等）。

2.3.8 建筑平、立、剖面施工图的识读重点

1. 建筑平面图的识读重点

看图时应该根据施工顺序抓住主要部位。如应先记住房屋的总长、总宽，几道轴线，轴线间的尺寸，墙厚，门、窗尺寸和编号，门窗还可以列出表来，可以提请加工。其他如楼梯平台标高，踏步走向，以及在砌砖时有关的部分应先看懂，先记住。其次再记下一步施工的有关部分。

往往施工的全过程中，一张平面图要看好多次。所以看图纸时先应抓住总体，抓住关键，一步步地看才能把图记住。

2. 建筑立面图的识读重点

屋顶平面图主要说明屋顶上建筑构造的平面布置。它包括如住宅屋顶上的排烟气道、通风通气孔道的位置，屋面上人孔、女儿墙位置、平屋顶要标志出流水坡向、坡度大小、水落管及集水口位置，有的还有前后檐的雨水排水天沟等。不同房屋的屋顶平面图是不相同的，由于屋顶形状、雨水排水方式（内落水或外落水）不同，平面布置也不一样。这些都要在看图中根据图上的具体情况来了解其内容。

拿到屋顶平面图后，先看它外围有无女儿墙或天沟，再看流水坡向，雨水出口及型号，再看出入孔位置，附墙的上屋顶铁爬梯的位置及型号。

3. 建筑立面图的识读重点

立面图是一座房屋的立面形象，因此主要的应记住它的外形，外形中主要的是标高，

门、窗位置，其次要记住装修做法，哪一部分有出檐，或有附墙柱等，哪些部分做抹面，都要分别记住。此外如附加的构造如爬梯、雨水管等的位置，记住后在施工时就可以考虑随施工的进展进行安装。

总之立面图是结合平面图说明房屋外形的图纸，图示的重点是外部构造，因此这些仅从平面图上是想象不出的，必须依靠立面图结合起来，才能把房屋的外部构造表达出来。

4. 建筑剖面图的识读重点

剖面图每层都以楼板为分界，主要表示房屋的内部竖向构造。通过看剖面图应记住各层的标高，各部位的材料做法，关键部位尺寸如内高窗的离地高度，墙裙高度。其他如外墙竖向尺寸、标高，可以结合立面图一起记就容易记住，这在砌砖施工时很重要。同时由于建筑标高和结构标高有所不同，所以楼板面和楼板底的标高必须通过计算才能知道。对于未标明的尺寸或标高，我们可在已看懂图纸的基础上，把它计算出来，这也是"看"应该懂得的一个方法。

2.3.9 建筑详图

从建筑的平、立、剖面图上虽然可以看到房屋的外形，平面布置、立面概况和内部构造及主要尺寸，但是由于图幅的限制，局部细节的构造在这些图上不能够明确表达出来，为了清楚地表达这些细节构造，对房屋的细部或构、配件用较大的比例（1∶20、1∶10、1∶5、1∶2、1∶1等）将其形状、大小、材料和做法，按正投影的画法详细地表示出来的图样，称建筑详图，亦称建筑大样图。

1. 详图的特点

（1）大比例：在详图上应画出建筑材料图例符号及各层次构造。如抹灰线。

（2）全尺寸：图中所画出的各构造，除用文字注写或索引外，都需详细注出尺寸。

（3）详说明：因详图是建筑施工的重要依据，不仅要大比例，还必须图例和文字详尽清楚，有时还引用标准图。

2. 详图的分类

常用的详图基本上可以分为三类，即节点详图、房间详图和构配件详图。

（1）节点详图

节点详图用索引和详图表达某一节点部位的构造、尺寸做法、材料、施工需要等。最常见的节点详图是外墙剖视详图，它将外墙各构造节点等部位，按其位置集中画在一起构成的局部剖视图。

（2）房间详图

房间详图是将某一房间用更大的比例绘制出来的图样，如楼梯详图，单元详图，厨厕详图。一般来说，这些房间的构造或固定设施都比较复杂。

（3）构配件详图

构配件图是表达某一构配件的形式、构造、尺寸、材料、做法的图样，如门窗详图、雨篷详图、阳台详图，一般情况下采用国家和某地区编制的建筑构造和构配件的标准图集。

下面主要介绍楼梯详图、墙身详图。

3. 墙身详图

(1) 学习墙身详图应具备的知识

1) 过梁：用于门窗上部，解决其荷载传至门窗两侧设置的承重构件。

2) 圈梁：围绕在砖混结构的内、外墙上连续设置的钢筋混凝土梁，要求闭合连通，以加强建筑物的整体性。

3) 泛水：凡屋面防水层与垂直屋面的凸出物交接处的防水处理称为泛水。

(2) 墙身详图的内容

外墙详图常用的是外墙剖面图。它是建筑剖面图的局部放大图。它表达房屋的屋面、楼层、地面和檐口构造、楼板与墙的连接、门窗顶、窗台和勒脚、散水等处构造的情况，是施工的重要依据。

多层房屋中，若各层情况一样时，可只画底层、顶层或加一个中间层来表示。画图时，往往在窗洞中间处断开，成为几个节点详图的组合。有的也可不画整个墙身详图，而是把各个节点的详图分别单独绘制。

(3) 墙身详图的阅读

阅读外墙详图时，首先应找到详图所表示的建筑部位，与平面图、剖面图或立面图对应来看。

看图时要由下向上或由上向下阅读。要一个节点一个节点阅读，了解各部位的详细构造尺寸做法，并应与材料做法表核对，看其是否一致。

第一节点：室内外地坪部分（包括勒脚、室内地面、室外地面、散水、台阶、防潮层）。由室外地坪至一层窗的低标高。

第二节点：窗套部分（包括室内窗台、室外窗台、过梁、圈梁、楼板）。由一层窗的顶标高至顶层窗的低标高。

第三节点：檐口部分（包括挑檐、女儿墙、屋顶构造层次、圈梁、屋面板、雨水板）。由顶层窗的顶标高至檐口顶部。

4. 楼梯建筑详图

(1) 学习楼梯建筑详图应具备的知识

1) 楼梯的组成：梯段板、楼梯梁、休息平台、栏杆。

2) 板式楼梯和梁板式楼梯：板式楼梯就是梯段踏步板直接支撑在两端的楼梯梁上。梁板式楼梯是梯段踏步板直接搁置在斜梁上，斜梁搁置在梯段两端的楼梯梁上。

3) 踏步尺寸：踏步宽度（踏面）$b=250\sim350$mm，踏步高（踢面）$h=120\sim175$mm，一般常取 150mm×300mm。

(2) 楼梯建筑详图的内容

1) 楼梯平面图

楼梯平面图的形成与建筑平面图相同，一般每一层都应画一张楼梯平面图，对于楼梯构造、梯段和踏步数量及大小都相同的中间层，可以只画出其中一层的楼梯平面图。通常画出底层楼梯平面图、标准层楼梯平面图和顶层楼梯平面图。

楼梯平面图中的尺寸，应注出定位轴线和编号，以确定其在建筑平面图中的位置，还应注出楼梯间的开间尺寸、进深尺寸、梯段的水平投影长度和宽度、踏步面的个数和宽度、平台宽度、楼梯井宽度等。此外，注出各层楼面、休息平台面及底层地面的标高。如有详图说明的节点应画出索引符号。

在底层楼梯平面图中，还应注出楼梯剖面图的剖切位置和投影方向。

2）楼梯剖视图

楼梯剖视图的形成与建筑剖视图相同，它主要表明各梯段、休息平台的形式和构造。楼梯剖视图绘制的比例与楼梯平面图的比例相同或选用更大的比例，绘制的内容是按在楼梯底层平面图中标明的剖切位置和剖视方向，画出剖切到楼地面、梯段、楼梯休息平台及墙身断面，画出可见的梯段、栏杆、扶手以及楼梯间可见墙身上的踢脚线、门、墙身转折线等。

楼梯剖视图的尺寸，应注出各层楼面、平台面、底层地面及楼梯间的门窗洞口等的标高，还应注出各楼层高，各梯段的高度、踏步个数和高度尺寸。

3）楼梯节点详图

楼梯节点详图主要表明栏杆、扶手及踏步的形状、构造与尺寸。

2.4 建筑装饰识图

2.4.1 设计文件概述

建筑工程设计文件，一般包括设计说明、设计图纸、计算书、物料表等。通常我们所说的设计图纸，往往是特指以图样、设计说明为主的设计文件。建筑工程图，一般包括各个专业的图纸，如建筑图、结构图、设备图（给水排水图、电气图、空调通风图、消防专业图等）、装饰图。

对于建筑装饰图纸，按不同设计阶段分为：概念设计图，方案设计图，初步设计图，施工设计图，变更设计图，竣工图等。一般的工程都会有方案设计和施工图设计两个阶段，技术要求高的工程项目可增加概念设计及初步设计阶段；而工程简单的装饰设计也可将方案设计和施工图设计合并，如家庭装饰装修设计。概念图（方案设计草图）设计阶段以"构思"为主要内容，方案设计图纸表达阶段以"表现"为主要内容，而施工图则以"施工做法"为主要内容。

设计文件应该保证其设计质量及深度，满足招投标、概预算、材料采购制作及施工安装等要求。国家建设主管部门在2008年更新了《建筑工程设计文件编制深度规定》，有助于保证各阶段设计文件的质量和完整性。对于建筑装饰装修设计图纸，江苏省住房城乡建设厅在2007年出版过《江苏省建筑装饰装修工程设计文件编制深度规定》。在实际操作中由于多方面客观原因，施工图深度往往达不到要求或与现场差异较大，有些部件产品如木制品、石材制品、幕墙门窗等还需进行工艺设计，所以一般装饰施工图均需进行深化设计才能满足测量放线、材料下单及施工安装的需要。

2.4.2 方案设计图

方案设计阶段，应根据设计任务书的要求和使用功能特点、空间的形态特征、建筑的结构状况等，运用技术和艺术的处理手法，表达总体设计思想，做到布局科学、功能合理、造型美观、结构安全工艺正确，并能达到能据以进行施工图设计和满足工程估算的要求。

方案设计文件一般包括以下内容：设计说明书、设计图纸（包括设计招标、设计委托、设计合同中规定的平面、立面及分析图、透视图等）、主要装饰材料表（或附材料样板）、业主要求提供的工程投资估算（概算）书。

方案设计图纸是方案设计文件的主要内容。图纸应包括主要楼层和主要部位的平面图、吊顶（顶棚）平面图、主要立面图等。也可根据业主的要求调整图纸的内容和深度。方案设计图纸深度的具体要求：

1. 平面图

（1）标明装饰装修设计调整后的所有室内外墙体、门窗、管井、各种电梯及楼梯、平台和阳台等位置；

（2）标明轴线编号，并应与原建筑图纸一致；

（3）标明主要使用房间的名称和主要空间的尺寸，标明楼梯的上下方向，标明门窗的开启方向；

（4）标明各种装饰造型、隔断、构件、家具、陈设、厨卫设施、非吊顶安装的照明灯具及其他饰品的名称和位置；

（5）标明装饰装修材料和部品部件的名称；

（6）标注室内外地面设计标高和各楼层、平台等处的地面设计标高；

（7）标注索引符号、编号、指北针（位于首层总平面图中）、图纸名称和制图比例等；

（8）根据需要，宜绘制本设计的区域位置、范围；宜标明对原建筑改造的内容；宜绘制能反映方案特性的功能、交通、消防等分析图。

2. 吊顶（顶棚）平面图

（1）吊顶平面图应以平面图为基础（如轴线、总尺寸及主要空间的定位尺寸），标明装饰装修设计调整后的所有室内外墙体、门窗、管井、天窗等的位置；

（2）标明吊顶装饰造型、吊顶安装的照明灯具、防火卷帘以及吊顶上其他主要设施、设备和饰品的位置；

（3）标明吊顶的主要装饰装修材料及饰品的名称；

（4）标注吊顶主要装饰造型位置的设计标高；

（5）标注图纸名称和制图比例以及必要的索引符号、编号。

3. 立面图

（1）应标注立面范围内的轴线和轴线编号，以及两端轴线间的尺寸；

（2）应绘制有代表性的立面、标明装饰完成面的地面线和装饰完成面的吊顶造型线。标注装饰完成面的净高以及楼层的层高；

（3）应绘制墙面和柱面的装饰造型、固定隔断、固定家具、门窗、栏杆、台阶等立面形状和位置，并标注主要部位的定位尺寸；

（4）应标注立面主要装饰装修材料和部品部件的名称；

（5）标注图纸名称和制图比例必要的索引符号、编号。

4. 剖面图

方案设计一般情况下可不绘制剖面图，对于在空间关系比较复杂、高度和层数不同的部位，应绘制剖面图。

2.4.3 施工图设计

建筑装饰设计施工图的表达一套完整的建筑装饰施工图的设计以图纸为主,其编排顺序为:封面;图纸目录;设计说明(或首页)图纸(平、立、剖面图及大样图、详图);工程预算书以及工程施工阶段的材料样板。对于装饰工程质量员,应熟悉施工图的主要内容及相关要求。施工图设计,整体及各部位的设计比方案设计或初步设计更为具体、明确、深入,尤其是增加了标准施工做法、细部节点构造等图纸。施工图设计图纸深度的具体要求:

1. 平面图

平面图所表现的内容主要有以下三大类:一是建筑结构及尺寸;二是装饰布局及结构及尺寸关系;三是设施与家具安放位置及尺寸关系。

(1)索引平面图:指在平面图中标注了立面索引符号图例的图纸,图面以表现建筑构造、设备设施及室内墙体、门窗、墙体固定装饰造型(木制品家具可不表示)为主。较简单的平面可把索引平面图与墙体定位图合并,同时需标注墙体的做法及尺寸。索引图还应标注建筑房间或部位的名称、门窗编号,如图2-27所示。

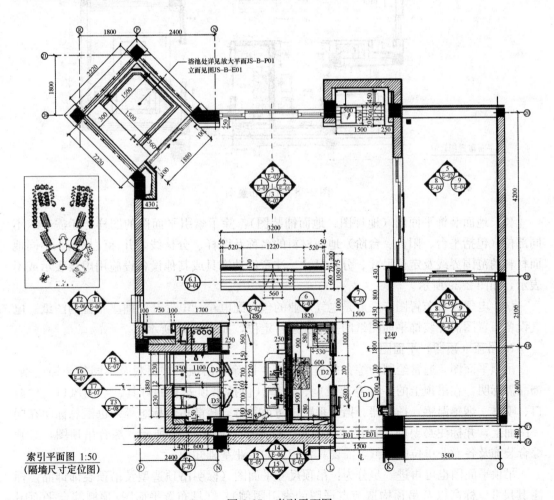

图2-27 索引平面图

（2）平面布置图（家具陈设布置图）：除了索引平面图的图样，还需表示所有的固定家具、活动家具、陈设品、地面家具上的相关设备设施并标注建筑空间名称及主要设备设施的名称。索引平面图和平面布置图可以合并，如图2-28所示。

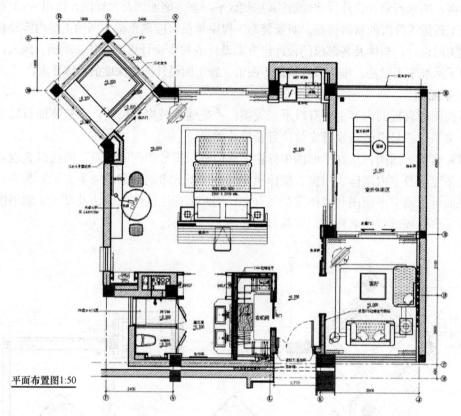

图2-28 平面布置图

（3）地面装饰平面图（地坪图、地面铺装图）：除了索引平面图的图样，还需表示不同部位（包括平台、阳台、台阶）地面材料的名称及图样、分格线，并标注标高、不同地面材料的范围界线及定位尺寸、分格尺寸。注意活动家具或其他设备设施用虚线表示或不表示，如图2-29所示。

（4）电气设备布置图：一般是电气专业的包含配电箱、电气开关插座布置的图纸。电气设备布置图需在装饰平面图纸的基础上进行定位，如图2-30所示。

2. 吊顶（顶棚）平面图

吊顶平面图，通常绘制为综合吊顶平面图，即除了吊顶装饰材料及不同的装饰造型、饰品需标明，在吊顶上的各种专业设施、设备（包括吊顶安装的灯具、空调风口、检修口、喷淋、烟感温感、扬声器、挡烟垂壁、防火卷帘、疏散指示标志等）也汇总标明在同一图面上，并标注必要的定位尺寸及间距、标高等，如图2-31所示。综合吊顶图，必须综合装饰及各专业单位的图纸，需要具备相关的专业基础知识。

吊顶平面图也可再进一步分为：吊顶尺寸平面图（标明吊顶造型及吊顶装饰饰品，标注其尺寸、标高以及吊顶构造节点详图的索引图例）；灯具布置平面图；顶棚综合平面图

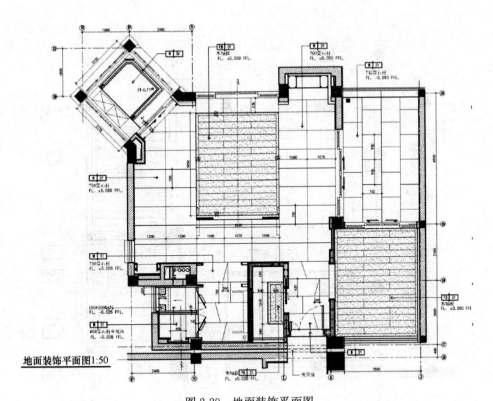

图 2-29 地面装饰平面图

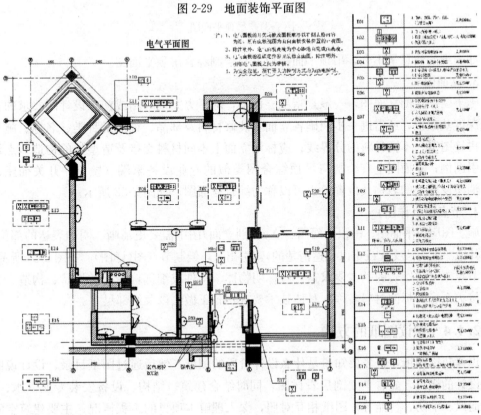

图 2-30 电气平面图

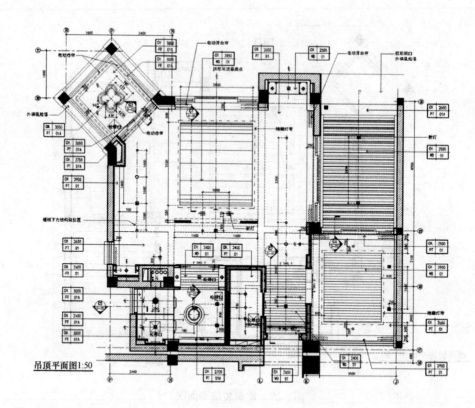

图 2-31 吊顶平面图

等。如图纸的信息量不大，吊顶平面图也可只绘制综合吊顶平面图。

3. 立面图

施工图设计的立面图，一般是指剖立面图，除了方案设计图或初步设计图要求的立面图纸深度基础上，还需进一步明确各立面上装修材料及部品、饰品的种类、名称、施工工艺、拼接图案、不同材料的分界线；应标注立面上不同材料交接及造型处的构造节点详图的索引图例；立面图上宜绘制与吊顶综合图类似的专业设备末端（壁灯、开关插座、按钮、消防设施）的名称及位置，也可以称为综合立面图。如图 2-32 所示。

4. 节点图（详图）

施工图应将平面图、吊顶平面图、立面（剖立面）图中需要更清晰、明确表达的部位（往往是其他图纸无法交代或难以表达清楚的）索引出来，绘制节点图（详图）。如图 2-33 所示。

节点图（详图）的基本要求是：应标明物体、构件或细部构造处的形状、构造、支撑或连接关系，并标注材料名称、具体技术要求、施工做法以及细部尺寸。

2.4.4 识读图纸的方法

识读装饰图纸，首先要知道是什么设计阶段的图纸，然后通过图纸目录、设计说明了解本设计的概况，先看平立剖后看详图，同时结合建筑、结构、设备安装专业（水、电、空调通风、消防、智能等）图纸相互对照，深入理解本项目的工程概况、主要建筑空间及关键部位的设计风格和功能、主要装饰材料和设备饰品的选型及通用的施工做法。

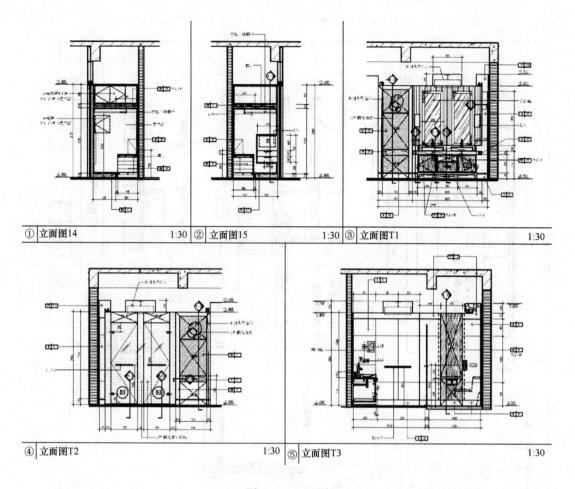

图 2-32 立面图

在装饰工程的所有图纸里,设计说明和平面布置图、吊顶平面图是基础,汇集了设计图纸最大的信息量。

1. 了解工程及设计概况

先看说明,并对照图纸目录,理清各部分图纸的关系。了解除了以平面、立面、详图为主的装饰施工图以外,还有哪些相关的设计文件,如物料表、材料样板、效果图等。对本项目设计概况、位置、标高、材料要求、质量标准、施工要点及新技术新材料等技术要求有一定的理解。

2. 分析主要建筑空间的平、立面详图

以平面布置图、吊顶平面图这两张图为基础,分别对应其立面图,熟悉其主要造型及装饰材料。平面、立面图看完一到两遍后再看详图。对于一个建筑室内空间或某个装饰造型,往往需要多张图纸才能完整的表达其做法及要求,而不同室内空间或某装饰造型之间又有相互联系,需要从整体(多张图纸)到局部(局部图纸)、从局部(局部图纸)到整体(多张图纸)看,需要反复对照着看找出其规律及联系,可以进一步加深图纸的理解。

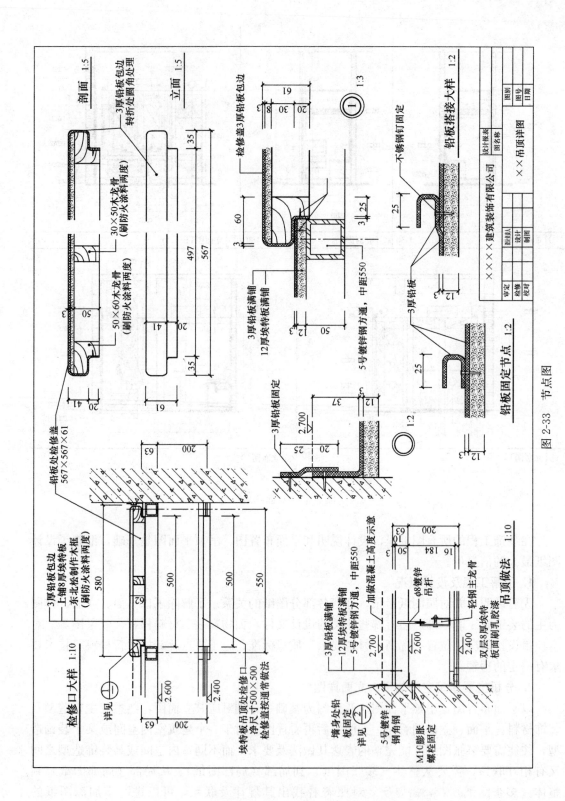

图 2-33 节点图

一般来说看图纸总能发现大大小小的问题，最常见的如平面功能不合理、某一部位的表达不清楚（造型、构造、尺寸、材料），或平面、立面或详图之间对同一部位表达相互矛盾（造型、构造、尺寸、材料），或者构造做法不合理。对于尺寸，应该从轴线、标高、总体尺寸、定位尺寸、细部尺寸几个方面加以考虑。对于各种问题应该用铅笔或色笔标识出来，以便在图纸答疑或深化过程中解决。

3. 装饰图纸与各专业图纸对照

装饰工程图纸与建筑图、结构图、给水排水、电气（强弱电）、空调通风、智能、消防等专业均有相互的联系，所有专业的图纸中以建筑图为基础。而各设备安装专业与装饰图纸之间的关系非常密切，不仅体现在隐蔽工程及内部构造上，设备末端或检修口与装饰饰面有直接的对应关系，很难绝对的区分是某个专业单方面的事情。各专业之间的图纸相互矛盾，必须想方设法解决，这是需要装饰设计单位与负责施工深化设计单位共同解决的技术问题。对于后期深化图纸，尽量做到有综合平面图、综合立面图、综合吊顶平面图，把各个专业的相互关系有机地联系起来，这样的图纸才能达到理想中的深度要求。

以上是识图的一般方法和步骤，识图只是施工员工作的第一步。施工员很多岗位职责、实操工作都与图纸有较多的联系，看懂图纸才能知道如何配合好施工。学会识图、熟悉图纸，加强对整个工程项目的理解，对于施工员各项工作的开展能收到事半功倍的效果。

除了以上图纸，还有工程变更设计图，是由设计单位或业主提出，并经业主或设计单位审查、协商并批准发出的图纸。变更设计图，应包括变更原因、变更位置、变更内容等。变更设计可采取图纸的形式也可采取文字说明的形式，通常是以图形为主配一些文字说明。

竣工图纸和施工图的制图深度应一致，内容应能与工程实际情况相互对应，完整的记录施工情况（主要包括饰面效果及施工做法、构造），并应满足工程决算、工程维护以及存档的要求，变更设计图也是竣工图纸的一部分。

除了设计单位出具的图纸，还有一类建筑（装饰）构造通用图集可以由设计单位在设计中选用部分节点做法，较权威且常用的通用图集为中国建筑标准设计研究院编制的"国家建筑标准设计图集"，如J502-1～3《内装修》、06J403-1《楼梯 栏杆 栏板（一）》、08J931《建筑隔声与吸声构造》等。

2.5 建筑安装识图

2.5.1 电气安装识图的基础知识

根据最新国家标准电气图形符号绘制的各种电气工程图是各类电气工程技术人员进行沟通、交流的共同语言。在设计、安装、调试和维修管理电气设备时，通过识图，可以了解各电器元件之间的相互关系以及电路工作原理，为正确安装、调试、维修及管理提供可靠的保证。要做到会看图和看懂图，首先应掌握识图的基本知识，即应当了解电气图的构成、种类、特点等，同时应掌握电气工程中常用的最新国家标准图形符号，了解这些符号的意义。其次，还应掌握识图的基本方法和步骤等相关知识。

1. 电气施工图的特点

(1) 建筑电气工程图大多是采用统一的图形符号并加注文字符号绘制而成的;

(2) 电气线路都必须构成闭合回路;

(3) 线路中的各种设备、元件都是通过导线连接成为一个整体的;

(4) 在进行建筑电气工程图识读时应阅读相应的土建工程图及其他安装工程图,以了解相互间的配合关系;

(5) 建筑电气工程图对于设备的安装方法、质量要求以及使用维修方面的技术要求等往往不能完全反映出来,所以在阅读图纸时有关安装方法、技术要求等问题,要参照相关图集和规范。

2. 电气施工图的组成

(1) 图纸目录与设计说明

包括图纸内容、数量、工程概况、设计依据以及图中未能表达清楚的各有关事项。如供电电源的来源、供电方式、电压等级、线路敷设方式、防雷接地、设备安装高度及安装方式、工程主要技术数据、施工注意事项等。

(2) 主要材料设备表

包括工程中所使用的各种设备和材料的名称、型号、规格、数量等,它是编制购置设备、材料计划的重要依据之一。

(3) 系统图

如变配电工程的供配电系统图、照明工程的照明系统图、电缆电视系统图等。系统图反映了系统的基本组成、主要电气设备、元件之间的连接情况以及它们的规格、型号、参数等。

(4) 平面布置图

平面布置图是电气施工图中的重要图纸之一,如变、配电所电气设备安装平面图、照明平面图、防雷接地平面图等,用来表示电气设备的编号、名称、型号及安装位置、线路的起始点、敷设部位、敷设方式及所用导线型号、规格、根数、管径大小等。通过阅读系统图,了解系统基本组成之后,就可以依据平面图编制工程预算和施工方案,然后组织施工。

(5) 控制原理图

包括系统中所用电气设备的电气控制原理,用以指导电气设备的安装和控制系统的调试运行工作。

(6) 安装接线图

包括电气设备的布置与接线,应与控制原理图对照阅读,进行系统的配线和调校。

(7) 安装大样图(详图)

安装大样图是详细表示电气设备安装方法的图纸,对安装部件的各部位注有具体图形和详细尺寸,是进行安装施工和编制工程材料计划时的重要参考。

3. 电气施工图的阅读方法

(1) 熟悉电气图例符号,弄清图例、符号所代表的内容。

电气符号主要包括文字符号、图形符号、项目代号和回路标号等。在绘制电气图时,所有电气设备和电气元件都应使用国家统一标准符号,当没有国际标准符号时,可采用国家标准或行业标准符号。要想看懂电气图，就应了解各种电气符号的含义、标准原则和使用方法，充分掌握由图形符号和文字符号所提供的信息，才能正确地识图。

电气技术文字符号在电气图中一般标注在电气设备、装置和元器件图形符号上或者其近旁，以表明设备、装置和元器件的名称、功能、状态和特征。

单字母符号用拉丁字母将各种电气设备、装置和元器件分为23类，每大类用一个大写字母表示。如用"V"表示半导体器件和电真空器件，用"K"表示继电器、接触器类等。

双字母符号是由一个表示种类的单字母符号与另一个表示用途、功能、状态和特征的字母组成，种类字母在前，功能名称字母在后。如"T"表示变压器类，则"TA"表示电流互感器，"TV"表示电压互感器，"TM"表示电力变压器等。

辅助文字符号基本上是英文词语的缩写，表示电气设备、装置和元件的功能、状态和特征。例如，"启动"采用"START"的前两位字母"ST"作为辅助文字符号，另外辅助文字符号也可单独使用，如"N"表示交流电源的中性线，"OFF"表示断开，"DC"表示直流等。

（2）针对一套电气施工图，一般应先按以下顺序阅读，然后再对某部分内容进行重点识读。

1) 看标题栏及图纸目录：了解工程名称、项目内容、设计日期及图纸内容、数量等。

2) 看设计说明：了解工程概况、设计依据等，了解图纸中未能表达清楚的各有关事项。

3) 看设备材料表：了解工程中所使用的设备、材料的型号、规格和数量。

4) 看系统图：了解系统基本组成，主要电气设备、元件之间的连接关系以及它们的规格、型号、参数等，掌握该系统的组成概况。

5) 看平面布置图：如照明平面图、插座平面图、防雷接地平面图等。了解电气设备的规格、型号、数量及线路的起始点、敷设部位、敷设方式和导线根数等。平面图的阅读可按照以下顺序进行：电源进线──→总配电箱干线──→支线──→分配电箱──→电气设备。

6) 看控制原理图：了解系统中电气设备的电气自动控制原理，以指导设备安装调试工作。

7) 看安装接线图：了解电气设备的布置与接线。

8) 看安装大样图：了解电气设备的具体安装方法、安装部件的具体尺寸等。

（3）抓住电气施工图要点进行识读

在识图时，应抓住要点进行识读，如：

1) 在明确负荷等级的基础上，了解供电电源的来源、引入方式及路数；

2) 了解电源的进户方式是由室外低压架空引入还是电缆直埋引入；

3) 明确各配电回路的相序、路径、管线敷设部位、敷设方式以及导线的型号和根数；

4) 明确电气设备、器件的平面安装位置。

（4）结合土建施工图进行阅读

电气施工与土建施工结合得非常紧密，施工中常常涉及各工种之间的配合问题。电气施工平面图只反映了电气设备的平面布置情况，结合土建施工图的阅读还可以了解电气设备的立体布设情况。

(5) 熟悉施工顺序，便于阅读电气施工图。如识读配电系统图、照明与插座平面图时，就应首先了解室内配线的施工顺序。

1) 根据电气施工图确定设备安装位置、导线敷设方式、敷设路径及导线穿墙或楼板的位置；

2) 结合土建施工进行各种预埋件、线管、接线盒、保护管的预埋；

3) 装设绝缘支持物、线夹等，敷设导线；

4) 安装灯具、开关、插座及电气设备；

5) 进行导线绝缘测试、检查及通电试验；

6) 工程验收。

(6) 识读时，施工图中各图纸应协调配合阅读

对于具体工程来说，为说明配电关系时需要有配电系统图；为说明电气设备、器件的具体安装位置时需要有平面布置图；为说明设备工作原理时需要有控制原理图；为表示元件连接关系时需要有安装接线图；为说明设备、材料的特性、参数时需要有设备材料表等。这些图纸各自的用途不同，但相互之间是有联系并协调一致的。在识读时应根据需要，将各图纸结合起来识读，以达到对整个工程或分部项目全面了解的目的。

2.5.2 建筑电气专业施工图识读

建筑电气施工图一般由设计说明、平面图、系统图及安装详图等组成。工程上的电气施工图按工程规模的大小、难易程度等的差异而有所不同，在建筑物内一般用平面图来表示。图中用符号和线条表示出电路的路径和电器的位置，上下楼层间的电路一般用向上或向下的专用符号来表示。再看电气施工图时，应有一个整体的概念，这样才能掌握好工程进度、质量和组织施工，以免影响工程材料的计算和施工进度。

1. 阅图注意事项

(1) 接受图纸必须按图纸目录清点数量是否齐全；

(2) 图纸内容变更手续是否齐全；

(3) 图纸审批手续是否齐全；

(4) 设计引用规范是否有效；

(5) 技术参数、标准、型号是否齐全正确；

(6) 阅图发现错误、疑问时应通过技术联系甲方或设计单位确认。

上述注意事项可以在扩初设计或施工交底的会议上一并解决。

2. 图纸识读

(1) 设计说明

对一个读图者来说，首先要看清楚图纸的设计说明，了解施工方法及要求。图纸和说明是电气设计工程师表达设计意图的两种工程语言，在电气施工中起指导作用。

设计说明主要标注图中交代不清，不能表达或没有必要用图表示的要求、标准、规范、方法等，一般说明在电气施工图纸的第一张上，常与材料表绘制在一起。

设计说明中通常指出施工中的如下一些问题：

1) 工程土建概况；

2) 设计内容；

3）供电情况；

4）电力负荷级别及设计容量；

5）线路敷设方法及要求；

6）安全保护措施（防雷、防火、接地或接零种类）；

7）典型房间的电气安装要求等。

(2) 设备材料表

一般工程中，电气部分的设备表和材料表会统一作为一张表格出现，附在说明的旁边。设备材料表是以表格形式列出工程所需的材料、设备名称、规格、型号、数量、要求等。以某综合楼电气专业施工图为例，其组成主要有：设备序号、设备图例、设备名称、设备型号（规格）、设备单位、设备数量以及备注（对设备主要用途和特殊要求的补充），如图2-34所示。

1）图例：图例是用表格形式列出图纸中使用的图形符号或文字符号的含义，以使读图者读懂图纸。

除统一图例外，专业图例各有不同表示，读图时应注意图例及说明，最好能够记住图例所代表的设备，以便后期阅读图纸时，能够更加快捷、高效，同时也利于后期阅读图纸时，能够顺利根据图例查找到该设备的名称及参数。

2）名称：应采用本行业通用术语表示，一般都比较精准，不易混淆，阅读时要注意每个字眼，一字之差就变为另外一种设备了。

3）设备型号（规格）：一般都标明了设备的主要参数，例如灯具的功耗，电线电缆的截面面积，开关的大小等。

4）备注（设备主要用途及特殊要求）：标明该设备用在何处、作何用途，有些设备还必须增补文字来更加明确的指向其特殊要求，例如：图2-34中的应急灯对其供电时间就做出了特殊要求。

序号	图例	名称及规格		单位	数量	备注
11	*	双管荧光灯	（自带蓄电池）	盏	48	供电时间大于8.0min
10	*	单管荧光灯	（自带蓄电池）	盏	49	供电时间大于6.0min
9		自带电源应急灯	2×10W	盏	29	供电时间大于6.0min
8		喷淋泵配电箱		台	1	
7		消火栓配电箱		台	1	
6		客房内照明箱		台	84	
5		排污泵动力箱	KBS10-3P	台	4	
4		消防电梯动力箱		台	1	
3		双电源互投配电箱	XLS9CK型XLS9C型	台	17	
2		照明配电箱	见系统图	台	17	
1		低压配电屏	GCS	台	14	

图2-34 设备材料表

(3) 配电系统图

电气主线图：

变（配）电所是联系发电厂与用户的中间环节，它起着变换与分配电能的作用。主要由变压器、高压开关柜（断路器）、低压开关柜（隔离开关、空气开关、电流互感器、计量仪表）、母线等组成。

变（配）电所的主结线（一次接线）是指由各种开关电器、电力变压器、互感器、母线、电力电缆、并联电容器等电气设备按一定次序连接的接受和分配电能的电路。它是电气设备选择及确定配电装置安装方式的依据，也是运行人员进行各种倒闸操作和事故处理的重要依据。用图形符号表示主要电气设备在电路中连接的相互关系，称为电气主结线图。电气主结线图通常以单线图形式表示。

主结线的基本形式有单母线接线、双母线接线、桥式接线等多种，本节配合例图只介绍建筑电气中常见的单母线接线。

1) 单母线不分段主结线

这种接线的优点是线路简单，使用设备少，造价低；缺点是供电的可靠性和灵活性差，母线故障检修时将造成所有用户停电。因此，它适用于容量较小、对供电可靠性要求不高的场合。单母线不分段主结线如图 2-35 所示。

2) 单母线分段主结线

它在每一段接一个或两个电源，在母线中间用隔离开关或断路器来分段。引出的各支路分别接到各段母线上。这

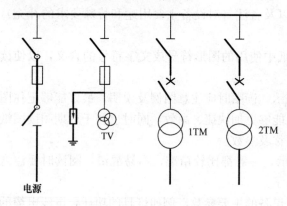

图 2-35　单母线不分段主接线

种接线的优点是供电可靠性较高，灵活性增强，可以分段检修。缺点是线路相对复杂，当母线故障时，该段母线的用户停电。采用断路器连接分段的单母线，可适用于一、二级负荷。采用这种供电方式注意保证两路电源不并联运行。单母线分段主结线如图 2-36 所示。

（4）平面图

在建筑电气施工图中，平面图通常是将建筑物的地理位置和主体结构进行宏观描述，将墙体、门窗、梁柱等淡化，而电气线路突出重点描述。其他管线，如水暖、煤气等线路则不出现在电气施工图上。

电气平面图是表示假想经建筑物门、窗沿水平方向将建筑物

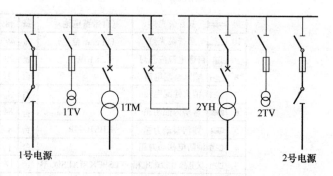

图 2-36　单母线分段主接线

切开，移去上面部分，从上面向下面看，所看到的建筑物平面形状、大小、墙柱的位置、厚度、门窗的类型以及建筑物内配电设备、照明设备等平面布置、线路走向等情况。根据平面图表示的内容，识读平面图要沿着电源、引入线、配电箱、引出线、用电器这样一个"线"来读。在识读过程中，要注意了解电源进户装置、照明配电箱、灯具、插座、开关等电气设备的数量、型号规格、安装位置、安装高度，表示照明线路的敷设位置、敷设方式、敷设路径、导线的型号规格等。

阅读时按下列顺序进行：
1) 看建筑物概况、楼层、每层房间数、墙体厚度、门窗位置、承重梁柱的平面结构。
2) 看各支路用电器的种类、功率及布置。

图中灯具标注的一般内容有：灯具数量；灯具类型；每盏灯的灯泡数；每个灯泡的功率及灯泡的安装高度等。

3) 看导线的根数和走向。

各条线路导线的根数和走向，是电气平面图主要表现的内容。比较好的阅读方法是：首先了解各用电器的控制接线方式，然后再按配线回路情况将建筑物分成若干单元，按"电源-导线-照明及其他电气设备"的顺序将回路连通。

4) 看电气设备的安装位置。

由定位轴线和图上标注的有关尺寸可直接确定用电设备、线路管线的安装位置，并可计算管线长度。

(5) 防雷接地图

防雷接地是为了消除雷电电流，而对建筑物、电气设备和设施采取的保护措施。对建筑物、电气设备和设施的安全使用是十分必要的。建筑物的防雷接地系列，一般分为避雷针和避雷线两种方式。电力系统的接地一般与防雷接地系统分别进行安装和使用，以免造成雷电对电气设备的损害。对于高层建筑，除屋顶防雷外，还有防侧雷击的避雷带以及接地装置等，通常是将楼顶的避雷针、避雷线与建筑物的主钢筋焊接为一体，再与地面上的接地体相连接，构成建筑物的防雷装置，即自然接地体与人工接地体相结合，以达到最好的防雷效果。

2.5.3 给水排水安装识图

1. 施工图常用图例和符号

图例及符号是工程图纸上用来表述语言的字符。设计人员只有利用各种统一规范的图例及符号去表现、标注工程各部位的名称、内容和要求等，才能绘制出一套完整的施工图纸；工程技术人员只有熟悉各种图例及符号，才能理解设计人员在图纸中所表达的内容和要求。

（1）标高

管道的安装高度用标高来表示，一般只用相对标高而不注明间距尺寸。立面图的标高符号与剖面图一样，在需要标注的地方作一引线。

在轴测图上，管道的标高一般标注在管线的下方。管道的相对标高一般以建筑物底层室内地坪为正负零，标高单位以米表示，标高数字一般注至小数点后第三位。

远离建筑物的室外管道标高，一般用绝对标高来表示。我国把青岛黄海平均海平面定为绝对标高的零点，其他各地标高都以它为基准来推算。

（2）尺寸标注及尺寸单位

管道施工图中注有详细尺寸，作为安装制作的主要依据，尺寸线用来指出所标注部位的尺寸。尺寸符号由四部分组成：尺寸界线、尺寸线、箭头（或起止线）和尺寸数字。应注意，管子或管件的真实大小以施工图所注尺寸数字为准，与图形的大小及绘制的准确度无关。

管道的尺寸数字在尺寸线的上面，以毫米为单位。

如果有些尺寸在施工图纸中没有注出来，可以根据图纸提供的比例尺把这些管线的尺寸量出来。

(3) 坡度和走向

坡度符号为"i"，标注时在坡度后面划一等号，在等号后面注上坡度值。坡向符号用箭头表示。

(4) 管线的表示方法

管线在施工图上的表示方法较多，有标编号和不标编号的，有标介质、温度压力和不标介质、温度压力和不标这些数据的，也有标管子编号和等级的。

2. 施工图组成

(1) 图纸目录

图纸是按照前后顺序编排，图纸目录作为图纸前后排列和清点图纸的索引。

(2) 设计说明

包括工程概况、设计依据、设计标准、主要技术数据、管材材质、施工要求等。

(3) 材料表

工程所需的各种设备和主要材料的名称、规格、型号、材质、数量、图例的明细表，作为建设单位设备订货和材料采购的清单。

(4) 平面图

平面图是最基本的图样，以建筑平面图为基础绘制而成，主要表达建筑物和设备的平面布置，管线的水平走向、排列和规格尺寸，以及管子的坡度和坡向、管径和标高，给水点的水平位置。包括给水平面图、排水平面图、屋顶水箱布置图。

平面图主要反映管道系统各组成部分的平面位置，因此房屋的轮廓线应与建筑施工图一致。

1) 卫生设备和器具的类型及位置

如洗脸盆、大便器、小便器、地漏等现成工业产品，还有厨房中的水池等现场砌筑的。

2) 给水排水管道平面位置

给水排水管道应包括立管、干管、支管，要注出管径，底层给水排水平面图中还有给水引入管和废污水排出管。一般给水管以每一个承接排水管的检查井为一个系统。

3) 图例和说明

4) 通常将图例和施工说明都附在底层给水排水平面图中。为了便于阅读图纸，常将各种管道及卫生设备等图例，选用的标准图集，施工要求和有关文字材料等用文字加以说明。

(5) 系统图

利用轴测作图原理，在立体空间反映管路、设备器具相互关系的全貌的图形，并标注管道、设备及器具的名称、型号、规格、尺寸、坡度、标高等内容。包括给水系统图和排水系统图。

1) 表示内容和方法

给排水系统图应表示出管道的空间布置情况，各管段的管径、坡度、标高以及附件在管道上的位置。

2) 管道系统的划分

一般按给水排水平面图中进出口系统不同，分别绘制出各管道的系统图。给水引入管或排水排出管的数量超过一根时，宜进行编号，其编号应与底层给水排水平面图编号相一致。

3) 房屋构件的位置

为了反映管道和房屋的联系，系统图中还要画出管道穿越的墙，地面、楼面、屋面的位置。一般用细实线画出地面和墙面，并加轴测图中材料图例线，用两条靠近的水平细实线画出楼面和屋面。

4) 标高和管径

室内工程应标注相对标高；室外工程宜标注绝对标高，当无绝对标高资料时，可标注相对标高。在给水系统中，标高以管中心为准，一般要注出引入管、横管、阀门及放水龙头，卫生器具的连接支管，各层楼地面及屋面，与水箱连接的各管道，以及水箱的顶面和地面等标高。

管径以 mm 为单位，铸铁管等管材，管径以公称直径 DN 表示（如 $DN15$）；

无缝钢管、焊接钢管、铜管不锈钢管，管径以 $D\times$壁厚表示（如 $D108\times4$、$D159\times4.5$ 等）；

钢筋混凝土（或混凝土）管、陶土管、耐酸陶瓷管、缸瓦管等管材，管径以内径 d 表示（如 $d230$、$d380$ 等）；

塑料管材，管径宜按产品标准的方法表示；

当设计均用公称直径 DN 表示管径时，应有公称直径 DN 与相应产品规格对照表。

(6) 大样详图

对于施工图中的局部范围，放大比例，表明尺寸及做法而绘制的局部详图。通常有设备节点详图、接口大样详图、管道固定详图、卫生设施大样图、卫生间布置详图等。

一般当平面图不能反映清楚某一节点图形时，需有放大和细化的详图才能清楚地表示某一部位的详细结构及尺寸。给排水施工图通常利用标准图集中选用的图作为详图。

2.5.4 图纸识读

给排水施工图分为室内给排水施工图和室外给排水施工图两部分。无论是室内给排水或室外给排水施工图，对所采用的设备、材料名称、规格、型号，安装时应达到的质量要求及施工时应使用的标准图集名称、代号、编号等，在施工说明中一般都有交代。施工说明中的主要设备图例见表 2-8。

(1) 室内与室外工程界限根据定额规定，按下列原则划分：

1) 首先按施工图的标注为依据划分；

2) 施工图未注明时，以室外进户管入口处阀门为界，室外给水管道与市政供水管，以水表井碰头点为界；

3) 无阀门时，以距外墙皮 1.5m 以内的管路划入室内；

4) 室内有加压泵房时，室内给水管与泵房工艺管道，以泵房外墙皮划界。

主要设备图例表　　　　　　　　　　　　　　　　　　　表 2-8

主 要 设 备 图 例

图例	名称	图例	名称
────	给水管道	⋈	闸阀
----	排水管道	◁	止回阀
— - —	热水/回水管道	●	截止阀
 ⊘ ▽	地漏	 ▬ ◐	室内消火栓
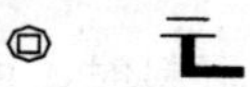 ⊙ ⊓	清扫口	 ⊘	压力表
⌐ ⌐	存水弯	⊸ ▽	喷头
⌷	伸缩节	⊢	放水龙头
⊢	检查口	○	检查井、阀门井
 ↑	通气帽	 ⌐	管堵
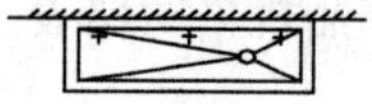 ▭	盥洗槽	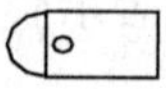 ⊏	蹲式大便器
 ⊢●⊣	延时自闭冲洗阀	 ⊠	污水池
▬	雨水口	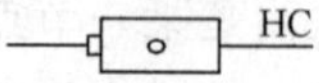 ─ HC	矩形化粪池
 ▶	水表井	 ⊽	立式小便器

（2）识读图纸一般按如下顺序：

1）要了解和熟悉给排水设计和验收规范中部分卫生器具的安装高度，以利于量裁和计算管道工程量；

2）查图纸目录，了解工程概况；

3）首先读设计说明，弄懂设计意图，掌握设计依据、室内生活给水、室内消防给水、室内排水、工程施工及验收等项目的要求和做法。另外还要弄清楚图例、图纸目录、主要设备及材料表的内容；

4）由平面图对照系统图阅读，一般按水的流向，由底层至顶层，逐层看图；先从平面图上查找管道的水平尺寸，再从系统图上查找管道的竖直尺寸；看图时从粗到细，从大到小，先看基本图例和说明，再看平面图、系统图和详图，同时注意和专业的关系；

5）弄清整个管路全貌后，再对管路中的设备、器具的数量，位置进行分析。

2.6 建筑幕墙识图

2.6.1 幕墙的定义及分类

1. 建筑幕墙定义

由支承结构体系与面板组成的，可相对主体结构有一定位移能力，不分担主体结构所受的作用的建筑外围护结构或装饰性结构。

以框式玻璃幕墙为例，必须具备以下条件：

(1) 幕墙必须由板材、横梁、立柱组成一个独立的分部结构；

(2) 幕墙应在主体结构的外部，并距主体一定距离，包封主体结构；

(3) 通过连接件或吊钩悬挂在主体结构上，相对于主体结构应有一定的位移。

固定玻璃窗面积再大，由于不具备上述条件，也不能称之为玻璃幕墙，砂浆粘结的外墙石材板装饰，既不是独立的结构，也无法相对于主体结构运动。也只能叫外装修而不是石材幕墙。

2. 分类

(1) 按面板材料分类：

玻璃幕墙：板材为玻璃板的建筑幕墙；

金属幕墙：板材为金属板材的建筑幕墙；

石材幕墙：板材为建筑石板的建筑幕墙；

组合幕墙：板材为玻璃、金属、石材等不同板材组成的建筑幕墙。

(2) 按施工方法分类：单元式幕墙、半单元式幕墙、构件式幕墙。

(3) 玻璃幕墙按照构造和安装施工方法分类见图2-37。

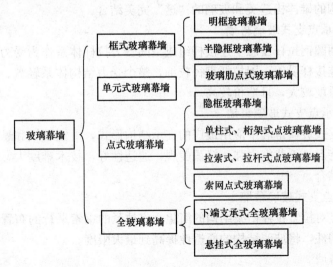

图2-37 玻璃幕墙按照构造和安装施工方法分类

1) 明框玻璃幕墙的特点

明框玻璃幕墙中金属框架的构件显露于玻璃面板外，玻璃面板采用镶嵌或压扣等机械方式固定在金属框内，金属一般为铝合金。由于玻璃面板镶嵌铝框中，由铝框承受作用在面板上面的风荷载、地震作用和自重，并将这些通过横梁和立柱传递到主体结构上，所以工作性能与隐框以及点支式幕墙相比较为可靠，使用寿命较长，且较易施工。

2) 隐框玻璃幕墙的特点

隐框玻璃幕墙是采用结构胶装配安装玻璃的幕墙。玻璃用硅酮结构密封胶缝固定在金属框上，金属框再通过机械方式连接在骨料上。所以玻璃外表面没有框料明露。同时隐框玻璃幕墙均采用镀膜玻璃，由于镀膜玻璃的单向透像特性，从外侧看不到框料，达到隐框的效果，形成大面积的全玻璃镜面。

3) 单元式玻璃幕墙

构件式玻璃幕墙是在现场依次安装立柱、横梁和玻璃面板的框式玻璃幕墙。它的优点是运输方便，运输费用低，缺点是要在现场逐渐安装，周期相对较长，精度难以确保。

单元式幕墙是在工厂将各构件预拼装成一定大小的安装单元然后运到现场进行安装的一种施工方法。单元组件已具备了这个单元的全部幕墙功能和构造要求。其高度要等于或大于一个楼层，运往工地后可直接固定在主体结构上。每个单元组件上、下（左、右）框对插形成组合杆，完成单元组件间接缝，终形成整幅幕墙。

4) 玻璃肋支承点支式玻璃幕墙

这种玻璃幕墙中玻璃面板将外部风压力和吸力传递给起梁作用的玻璃肋。其主要特点是通透性强，构造简洁。

5) 单柱式支承点支式玻璃幕墙

这种玻璃幕墙是用单根钢管、工字梁或方柱作为受力支承结构。其主要特点为构造简洁，占地面积小。

6) 桁架式支承点支式玻璃幕墙

这种玻璃幕墙使用各种桁架结构，如平行弦桁架、三角形桁架等作为受力支承结构。其特点是将钢结构的雄浑构造美和玻璃的"透"完美结合。

7) 拉杆式支承点支式玻璃幕墙

该类幕墙是用圆钢拉杆及悬空连接杆组成空间受力拉杆体系作为受力支承结构，其特点是拉杆受拉，连接杆受压。因拉杆直径较细，整个受力结构体系轻盈、飘逸，通透性较好，但安装调试难度较大，且造价较高。

8) 拉索式支承点支式玻璃幕墙

索杆式是点支式玻璃幕墙中应用最广的支承结构形式，由钢绞线和悬空连接杆张拉成空间索桁架。其特点是承载能力强，轻盈美观，通透性好，技术难度大，是高科技和现代建筑艺术的完美结合。

9) 索网支承点支式玻璃幕墙

该结构体系是对拉索拉杆桁架结构的简化，将拉紧的钢索平行的布置在玻璃接缝的后面，取消了部分构件，将玻璃结构的通透性提高到最大限度。

10) 全玻璃幕墙

全玻幕墙是一种全透明、全视野的玻璃幕墙，利用玻璃的透明性，追求建筑物内外空间的流通和融合。全玻幕墙是由玻璃肋和玻璃面板构成的玻璃幕墙。根据支承方式的不同，可以分为：下端支承式（坐地式）、吊挂式两种。

2.6.2 幕墙的性能

幕墙主要包括下列性能：

风压变形性能、雨水渗漏性能、空气渗透性能、平面内变形性能、保温性能、隔声性能、耐撞击性能。

1. 风压变形性能

风压变形性能系指幕墙在与其垂直的风压作用下保持正常功能，不发生任何损坏的能力。与幕墙风压变形有关的气候参数主要为风速值和相应的风压值（表2-9）。

风压变形性能分级值　　　　　　　　　　　　　　　　表2-9

计量单位	分 级				
	一级	二级	三级	四级	五级
kPa	≥5	<5, ≥4	<4, ≥3	<3, ≥2	<2, ≥1

风压变形性能要求：

在平均风速作用下，保证其正常功能不受影响，在阵风袭击下不受损坏，保证安全。

2. 雨水渗漏性能

雨水渗漏性能系指幕墙在风雨同时作用下，幕墙透过雨水的能力。与幕墙雨水渗漏性能有关的气候因素主要指暴风雨时的风速和降雨强度（表2-10）。

雨水渗漏性能分级值　　　　　　　　　　　　　　　表2-10

计量单位		分 级				
		一级	二级	三级	四级	五级
Pa	开启部分	≥500	<500 ≥350	<350 ≥250	<250 ≥150	<150 ≥100
	固定部分	≥2500	<2500 ≥1600	<1600 ≥1000	<1000 ≥700	<700 ≥500

雨水渗漏性能以作用在幕墙上的风荷载标准值除以2.25作为固定部分的设计值，可开部分与固定部分相对应。

规范规定，玻璃幕墙开启部分的雨水渗漏压力应大于250Pa，与之相对应固定部位的雨水渗漏压力应大于1000Pa。

3. 空气渗透性能

系指在风压作用下，其开启部分为关闭关态时的幕墙透过空气的性能。与幕墙空气渗透性能有关的气候参数主要为室外风速和温度（表2-11）。

空气渗透性能分级值　　　　　　　　　　　　　　　表2-11

计量单位		分 级				
		一级	二级	三级	四级	五级
m^3/m (10Pa)	开启部分	≤0.5	>0.05 ≤1.5	>1.5 ≤2.5	>2.5 ≤4.0	>4.0 ≤6.0
	固定部分	≤0.01	>0.01 ≤0.05	>0.05 ≤0.10	>0.10 ≤0.20	>0.20 ≤5.00

4. 保温性能

保温性能系指在幕墙两侧存在空气温度差的条件下，幕墙阻抗从高温一侧向低温一侧传热的能力，不包括从缝隙中渗透空气的传热和太阳辐射传热。幕墙保温性能用传热系数 K 也可用传热阻 R_0 表示（表 2-12）。

保温性能分级值　　　　　　　　　　　　　　　　　　　表 2-12

计量单位	分 级			
	一级	二级	三级	四级
传热系数 K [W/(m²·K)]	≤0.70	>0.70 ≤1.25	>1.25 ≤2.00	>2.00 ≤3.30
传热阻 R_0 [(m²·K/W)]	≤1.43	>1.43 ≤0.80	>0.80 ≤0.50	>0.50 ≤0.30

注：传热系数在稳定传热条件下，幕墙两侧空气温度差为1℃，单位时间通过单位面积的传热量，以 W/(m²·K) 计传热阻：传热系数的倒数值。

5. 隔声性能

隔声性能是指通过空气传到幕墙外表面的噪声，经幕墙反射、吸收及其他能量转化后的减少量（表 2-13）。

隔声性能分级值　　　　　　　　　　　　　　　　　　　表 2-13

计量单位	分 级			
	一级	二级	三级	四级
R (dB)	≥40	<40, ≥35	<35, ≥30	<30, ≥25

6. 平面内变形性能

在地震及大风作用下，建筑物各层之间产生相对位移时，幕墙构件就会产生水平的强制位移，幕墙平面内变形性能，表征幕墙全部构造在建筑物层间变位，强制幕墙变形后应予保持的性能。作为分级依据的相对位移量，用不导致构件损坏的位移量与幕墙层高之比（角变位值）表示（表 2-14）。

平面内变形性能分级值　　　　　　　　　　　　　　　　表 2-14

计量单位	分 级				
	一级	二级	三级	四级	五级
层间角变位值	>1/100	<1/100 >1/150	<1/150 >1/200	<1/200 >1/300	<1/300 >1/400

《玻璃幕墙工程技术规范》JGJ 102 规定，平面内变形性能以建筑物的层间相对位移值表示。在设计允许的相对位移范围内，玻璃幕墙不应损坏，平面内变形性能应按不同结构类型按弹性方法计算的位移控制值的 3 倍进行设计。

7. 耐撞击性能

耐撞击性能表征幕墙对冰雹、大风时飞来物、人的动作、鸟等的撞击外力的耐力,用撞击外力的运动量值分级(表2-15)。

耐撞击性能分级值　　　　表2-15

计量单位	分级			
	一级	二级	三级	四级
F (N·m/s)	$F \geqslant 280$	$280 > F \geqslant 210$	$210 > F \geqslant 140$	$140 > F \geqslant 70$

第3章 建筑构造、结构的基本知识与建筑防火

建筑装饰装修工程是建筑工程的一部分。质量员有必要了解建筑、结构的基础知识，即房屋建筑学的基本内容。由于涉及面较广，本章仅对建筑物的分类、组成作了介绍，对建筑结构的基本概念作了知识普及。而对于建筑装饰构造及防火要求，关系建筑使用者的安全、消防要求，不同的装饰构造与设计施工都有紧密的联系，是装饰工程质量员应该熟悉掌握的内容。

3.1 建筑结构的基本知识

3.1.1 建筑的分类

1. 建筑物

建筑包括建筑物和构筑物，一般特指建筑物。建筑物根据其使用性质，通常分为生产性建筑和非生产性建筑两大类。生产性建筑包括工业建筑（厂房、锅炉房、仓库等）、农业建筑（温室、粮仓等）；非生产性建筑统称为民用建筑。

民用建筑按其使用功能分为居住建筑（住宅、宿舍等）和公共建筑两大类。

公共建筑涵盖的范围很广，按其功能特征可分为：生活服务性建筑（餐饮、菜场）、文教建筑（学校、图书馆）、科研建筑、医疗建筑、商业建筑、办公建筑、交通建筑、体育建筑、观演建筑、展览建筑、通信广播建筑、旅馆建筑、园林建筑、宗教建筑等类别。不同类型的建筑在功能和体量上都有较大的差异，有些建筑可能同时具备两种或两种以上的功能，可以称之为综合性建筑。

2. 多层建筑和高层建筑

《民用建筑设计通则》GB 50352—2005 规定，除住宅建筑之外的民用建筑高度不大于24m 者为单层和多层建筑，大于24m 者为高层建筑（不包括建筑高度大于24m 的单层公共建筑）。建筑高度大于100m 的民用建筑为超高层建筑。

3. 建筑的设计使用年限

民用建筑的设计使用年限，也是建筑结构的设计使用年限。通常分为四类，见表3-1。

民用建筑的设计使用年限　　　　表3-1

类　别	设计使用年限（年）	示例
1	5	临时性建筑
2	25	易于替换结构构件的建筑
3	50	普通建筑和构筑物
4	100	纪念性建筑和特别重要的建筑

3.1.2 建筑物主要组成部分

不论是工业建筑还是民用建筑通常由基础（或地下室）、主体结构（墙、柱、梁、板或屋架等）、门窗、楼地面、楼梯（或电梯）、屋顶等六个主要部分组成，如图3-1所示。

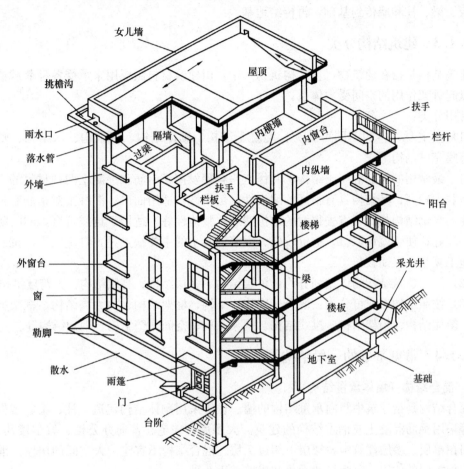

图 3-1 民用建筑物主要组成部分

房屋的各组成部分在不同的部位发挥着不同的作用：

（1）基础——基础是房屋最下部的承重构件；

（2）墙体（或柱）——墙体（或柱）是把屋盖、楼板、楼层活荷载、外部活荷载以及把自重传递到基础上。建筑的墙体有承重墙、非承重墙之分，但都具有分隔空间或起到围合、保护作用；

（3）楼、地面——由楼面和地面组成，既是水平承重构件又是竖向分割构件；

（4）楼梯——楼梯是上下层的交通联系构件，供人们上下楼层和紧急疏散之用；

（5）屋顶——屋顶是位于建筑物最顶端的承重、围护构件；

（6）门窗——门起到联系房间及建筑内外的作用，窗的主要作用是采光和通风。

另外还有一种特殊的建筑外围护结构——幕墙，建筑幕墙是指由金属构件与各种板材组成的悬挂在建筑主体结构上、不承担主体结构荷载与作用的建筑外围护结构。

建筑物除了上述六大主要组成部分之外，对不同使用功能的建筑，还有一些附属的构件和配件，如阳台、雨篷、台阶、散水、勒脚、通风道等。另外，为了生活、生产的需要，还要安装给排水系统，电气的动力和照明系统、采暖和空调系统、消防系统、智能通信系统和燃气系统等。房屋建筑的结构构造建成后，在外界荷载作用下，由屋顶、楼层，通过板、梁、柱和墙传到基础，再传给地基。

3.1.3 建筑结构分类

建筑结构是指在建筑物（包括构筑物）中，由建筑材料做成用来承受各种荷载或者作用，以起骨架作用的空间受力体系。

常用分类：

（1）按主要材料的不同可分为：混凝土结构、砌体结构、钢结构、木结构、塑料结构、薄膜充气结构等。

对于最常用的钢筋混凝土结构，其优点是合理发挥了钢筋和混凝土两种材料的力学特性，承载力较高；其结构具有很好的耐火性、可模性，适用面广；混凝土对钢筋有很好的防护性，与钢结构相比可省去很大的维护费用；整体性好，适用于抗震抗爆，同时防辐射性能也较好；便于就地取材，造价较低。钢筋混凝土的主要缺点是：自重较大、抗裂性能差、施工复杂、工期较长。

（2）按照建筑结构的体型划分为：单层结构、多层结构、高层结构、大跨度结构等。

（3）按照结构形式可分为：混合（墙体）结构、框架结构、剪力墙结构、框架剪力墙结构、筒体结构、桁架结构、拱式结构、网架结构、空间薄壁结构、钢索结构等。

3.1.4 常见基础的一般结构知识

1. 混合结构（墙体承重结构）

混合结构是指建筑中竖向承重结构的墙、柱等采用砌体结构建造，柱、梁、楼板、屋面板等采用钢筋混凝土或钢木结构的建筑。大多用在住宅、普通办公楼、教学楼建筑中。一般用在单层、多层建筑中，楼层不超过7层。混合结构不宜建造大空间的房屋。混合结构根据承重墙的位置，分为纵墙承重和横墙承重两种。

2. 框架结构

框架结构是利用梁、柱组成的纵横两个方向的框架形成的结构体系。主要优点是建筑平面布置灵活，可形成较大的建筑空间；主要缺点是侧向刚度较小，当层数较多时会产生过大的侧移，易引起非结构性构件破坏。在非地震区，框架结构一般不超过15层。

3. 剪力墙结构

剪力墙体系是利用建筑物的墙体做成剪力墙来抵抗水平力。剪力墙一般为厚度不小于140mm的钢筋混凝土墙。一般在30m高度范围内都适用。剪力墙的优点是侧向刚度大，缺点是剪力墙的间距小（3~8m），建筑平面布置不灵活，一般用于住宅或旅馆，不适用于大空间的公共建筑。

因高层建筑所要抵抗的水平剪力主要是地震引起，故剪力墙又称抗震墙。

4. 框架-剪力墙结构

是指在框架结构内设置适当抵抗水平剪切力墙体的结构。它具有框架结构平面布置灵活,有较大空间的优点,又具有侧向刚度较大的优点。一般用于10~20层的建筑。

5. 筒体结构

筒体结构是抵抗水平荷载最有效的结构体系,通常用于超高层建筑(30~50层)中。筒体结构可分为框架-核心筒结构、筒中筒结构和多筒结构。

6. 桁架结构

桁架是由杆件组成的结构体系。杆件只有轴向力,其材料的强度可得到充分发挥。此结构的优点是可利用截面较小的杆件组成截面较大的构件。单层厂房的屋架常选用桁架结构。

7. 拱式结构

拱式结构的主要内力为压力,可利用抗压性能良好的混凝土建造大跨度的拱式结构。拱式结构在体育馆、展览馆及桥梁中被广泛应用。

8. 网架结构

网架是由许多杆件按照一定规律组成的网状结构。可分为平板网架和曲面网架。网架结构的优点是:空间受力体系,杆件主要承受轴向力,受力合理,节约材料,整体性好,刚度大,抗震性能好。网架杆件一般采用钢管,节点一般采用球节点。

9. 空间薄壁结构

空间薄壁结构,也称壳体结构。它的厚度比其他尺寸(如跨度)小得多,所以称薄壁。它属于空间受力结构,主要承受曲面内的轴向压力,弯矩很小。本结构常用于大跨度的屋盖结构,如展览馆、俱乐部、飞机库等。结构多采用现浇钢筋混凝土,比较费工费时。

10. 钢索结构

钢索结构又称悬索结构,是比较理想的大跨度结构形式之一。在体育馆、展览馆及桥梁中被广泛运用。悬索结构的主要承重构件是受拉的钢索,钢索是用高强度钢绞线或钢丝绳制成。

3.1.5 钢筋混凝土受弯、受压、受扭构件的基本知识

1. 概述

钢筋混凝土受弯构件是指仅承受弯矩和剪力作用的构件。在工业和民用建筑中,钢筋混凝土受弯构件是结构构件中用量最大、应用最为普遍的一种构件。如建筑物中大量的梁、板都是典型的受弯构件。一般建筑中的楼、屋盖板和梁、楼梯,多层及高层建筑钢筋混凝土框架结构的横梁,厂房建筑中的大梁、吊车梁、基础梁等都是按受弯构件设计。受弯构件由于荷载作用引起的破坏有两种可能:一种是由弯矩引起的破坏,破坏截面与构件的纵轴线垂直,称为正截面破坏;另一种是由弯矩和剪力共同作用而引起的破坏,破坏截面是倾斜的,称为斜截面破坏(图3-2)。因此,在进行受弯构件设计时,需要进行正截面受弯承载力计算、斜截面受剪承载力计算。为了保证正常使用,还要进行构件变形和裂缝宽度的验算。除此之外,还需采取一系列构造措施,才能保证构件的各个部位都具有足够的抗力,才能使构件具有必要的适用性和耐久性。

所谓的构造措施,是指那些在结构计算中不易详细考虑而被忽略的因素,在施工方便和经济合理的前提下,采取的一些技术补救措施。

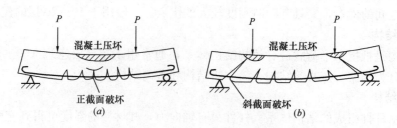

图 3-2 受弯构件的破坏形式
(a) 正截面破坏；(b) 斜截面破坏

实际工程中常见的梁，其横截面往往具有竖向对称轴[图 3-3(a)、(b)、(c)]，它与梁轴线所构成的平面称为纵向对称平面[图 3-3(d)]。

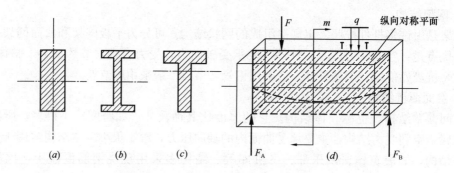

图 3-3 梁横截面的竖向对称轴及梁的纵向对称平面
(a)、(b)、(c) 梁横截面的竖向对称轴；(d) 梁的纵向对称平面

若作用在梁上的所有外力（包括荷载和支座反力）和外力偶都位于纵向对称平面内，则梁变形时，其轴线将变成该纵向对称平面内的一条平面曲线，这样的弯曲称为平面弯曲。按支座情况不同，工程中的单跨静定梁分为悬臂梁、简支梁和外伸梁三类。

在梁的计算简图中，梁用其轴线表示，梁上荷载简化为作用在轴线上的集中荷载或分布荷载，支座则是其对梁的约束，简化为可动铰支座、固定铰支座或固定端支座。梁相邻两支座间的距离称为梁的跨度。悬臂梁、简支梁、外伸梁的计算简图如图 3-4 所示。

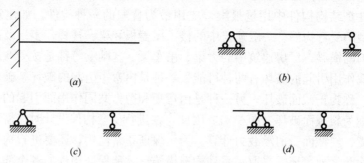

图 3-4 单跨静定梁的计算简图
(a) 悬臂梁；(b) 简支梁；(c)、(d) 外伸

2. 构造要求

（1）梁的截面形式及尺寸

梁的截面形式主要有矩形、T形、倒T形、L形、I形、十字形、花篮形等，如图3-5所示。为了方便施工，梁的截面尺寸通常沿梁全长保持不变。在确定截面尺寸时，要满足下述构造要求：对于一般荷载作用下的梁，当梁的高度不小于表3-2规定的最小截面高度时，梁的挠度要求一般能得到满足，可不进行挠度验算。

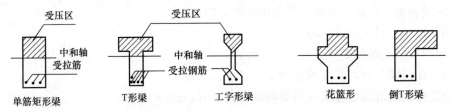

图3-5 梁的截面形式

梁的最小截面高度　　　　　　　　　　　　　　　表3-2

项次	构件种类		简支梁	连续梁	悬臂梁
1	整体肋形梁	次梁	$l/15$	$l/20$	$l/8$
		主梁	$l/12$	$l/15$	$l/6$
2	独立梁		$l/12$	$l/15$	$l/6$

按刚度要求，根据经验，梁的截面高跨比不宜小于规范规定所列数值。

从利用模板定型化考虑，梁的截面高度 h 一般可取 250mm、300mm、…、800mm、900mm、1000mm 等，$h \leqslant 800$mm 时取 50mm 的倍数，$h > 800$mm 时取 100mm 的倍数；矩形梁的截面宽度和 T 形截面的肋宽 b 宜采用 100mm、120mm、150mm、180mm、200mm、220mm、250mm，大于 250mm 时取 50mm 的倍数。梁适宜的截面高宽比 h/b，矩形截面为 2～3.5，T 形截面为 2.5～4。

梁的支承长度应满足纵向受力钢筋在支座处的锚固长度要求，梁伸入砖墙、柱的支承长度应同时满足梁下砌体的局部承压强度。一般当梁高 $h \leqslant 500$mm 时，支承长度 $a \geqslant 180$mm，$h > 500$m 时，$a \geqslant 240$mm；当梁支承在钢筋混凝土梁（柱）上时，其支承长度 $a \geqslant 180$mm。

（2）板的厚度

板的截面形式一般为矩形、空心板、槽形板、倒槽形板等，如图3-6所示。

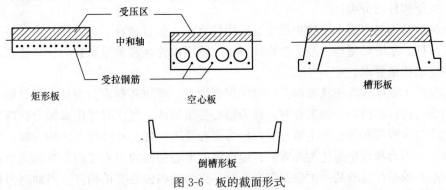

图3-6 板的截面形式

板的厚度应满足强度、刚度和抗裂等方面的要求。从刚度出发，板的最小厚度应满足表 3-3 的要求。当板的厚度与计算跨度之比值满足表 3-4 规定时，刚度基本满足要求。不需进行挠度验算。

按构造要求，现浇板的厚度不应小于规定的数值。现浇板的厚度一般取为 10mm 的倍数，工程中现浇板的常用厚度为 60mm、70mm、80mm、100mm、120mm。板的支承长度应满足板的受力钢筋在支座处的锚固长度要求：

1) 现浇板搁置在砖墙上时，其支承长度 a 应满足
$a \geqslant h$（墙厚）且 $a \geqslant 120$mm。

2) 预制板的支承长度应满足以下条件：
①搁置在砖墙上时，其支承长度 $a \geqslant 100$m；
②搁置在钢筋混凝土屋架或钢筋混凝土梁上时，$a \geqslant 80$ mm。

现浇混凝土板的最小厚度 表 3-3

板 的 类 别		最小厚度（mm）
单向板	屋面板	60
	民用建筑楼板	60
	工业建筑楼板	70
	行车道下的楼板	80
双向板		80
悬臂板	板的悬臂长度≤500	60
	板的悬臂长度>500	80

不需做挠度计算的最小板厚 表 3-4

项次	构件名称		板的种类		
			简支	连续	悬臂板
1	平板	单向	$l/30$	$l/35$	$l/12$
2		双向	$l/40$	$l/45$	$l/12$
3	肋形板		$l/20$	$l/25$	$l/12$

注：表中数值为板的厚度与计算跨度的最小比值。

3. 钢筋混凝土受压构件的基本构造

（1）受压构件的分类

受压构件是钢筋混凝土结构中最常见的构件之一，如框架柱、墙、拱、桩、桥墩、烟囱、桁架压杆、水塔筒壁等。与受弯构件一样，受压构件除需满足承载力计算要求外，还应满足相应的构造要求。

钢筋混凝土受压构件在其截面上一般作用有轴力、弯矩和剪力。当只作用有轴力且轴向力作用线与构件截面形心重合时，称为轴心受压构件；当同时作用有轴力和弯矩或轴向力作用线与构件截面形心轴不重合时，称为偏心受压构件。在计算受压构件时，常将作用在截面上的轴力和弯矩简化为等效的、偏离截面形心的轴向力来考虑。当轴向力作用线与截面的形心轴平行且沿某一主轴偏离形心时，称为单向偏心受压构件。当轴向力作用线

与截面的形心轴平行且偏离两个主轴时，称为双向偏心受压构件，如图 3-7 所示。

在实际工程中，由于混凝土材料的非均质性，钢筋实际布置的不对称性以及制作安装的误差等原因，理想的轴心受压构件是不存在的。在实际设计中，屋架（桁架）的受压腹杆、承受恒载为主的等跨框架的中柱等因弯矩很小而忽略不计，可近似地当作轴心受压构件，如图 3-8 所示。单层厂房柱、一般框架柱、屋架上弦杆、拱等都属于偏心受压构件，如图 3-9 所示。框架结构的角柱则属于双向偏心受压构件。

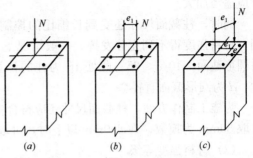

图 3-7 轴心受压与偏心受压
(a) 轴心受压；(b) 单向偏心受压；(c) 双向偏心受压

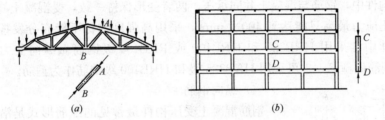

图 3-8 轴心受压构件实例
(a) 屋架受压腹杆；(b) 等跨框架中柱

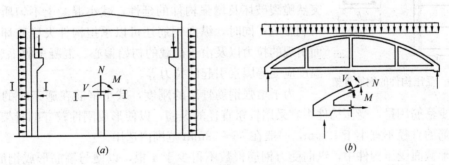

图 3-9 偏心受压构件举例
(a) 单层厂房柱；(b) 拱肋

(2) 截面形式及尺寸

钢筋混凝土受压构件截面形式的选择要考虑到受力合理和模板制作方便。轴心受压构件的截面形式一般为正方形或边长接近的矩形。建筑上有特殊要求时，可选择圆形或多边形。偏心受压构件的截面形式一般多采用长宽比不超过 1.5 的矩形截面。承受较大荷载的装配式受压构件也常采用工字形截面。为避免房间内柱子突出墙面而影响美观与使用，常采用 T 形、L 形、十字形等异形截面柱。

对于方形和矩形独立柱的截面尺寸，不宜小于 250mm×250mm，框架柱不宜小于 300mm×400mm。对于工字形截面，翼缘厚度不宜小于 120mm，因为翼缘太薄，会使构件过早出现裂缝，同时在靠近柱脚处的混凝土容易在车间生产过程中碰坏，影响柱的承载力和使用年限；腹板厚度不宜小于 100mm，否则浇捣混凝土困难，对于地震区的截面尺寸应适当加大。

同时，柱截面尺寸还受到长细比的控制。因为柱子过于细长时，其承载力受稳定控制，材料强度得不到充分发挥。一般情况下，对方形、矩形截面，$10/b \leqslant 30$，$10/h \leqslant 25$；对圆形截面，$10/d \leqslant 25$。此处 10 为柱的计算长度，b、h 分别为矩形截面短边及长边尺寸，d 为圆形截面直径。

为施工制作方便，柱截面尺寸还应符合模数化的要求，柱截面边长在 800mm 以下时，宜取 50mm 为模数，在 800mm 以上时，可取 100mm 为模数。

(3) 材料强度等级

混凝土强度等级对受压构件的抗压承载力影响很大，特别对于轴心受压构件。为了充分利用混凝土承压，节约钢材，减小构件截面尺寸，受压构件宜采用较高强度等级的混凝土，一般设计中常用的混凝土强度等级为 C25～C50。

在受压构件中，钢筋与混凝土共同承压，两者变形保持一致，受混凝土峰值应变的控制，钢筋的压应力最高只能达到 $400N/mm^2$，采用高强度钢材不能充分发挥其作用。因此，一般设计中常采用 HRB335 和 HRB400 或 RRB400 级钢筋做纵向受力钢筋，采用 HPB235 级钢筋做箍筋，也可采用 HRB335 级和 HRB400 级钢筋作为箍筋。

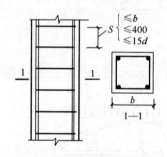

图 3-10 受压构件的钢筋骨架

(4) 纵向钢筋

钢筋混凝土受压构件最常见的配筋形式是沿周边配置纵向受力钢筋及横向箍筋，如图 3-10 所示。纵向受力钢筋的作用是与混凝土共同承担由外荷载引起的纵向压力，防止构件突然脆裂破坏及增强构件的延性，减小混凝土不匀质引起的不利影响；同时，纵向钢筋还可以承担构件失稳破坏时凸出面出现的拉力以及由于荷载的初始偏心、混凝土收缩、徐变、温度应变等因素引起的拉力等。

为了增强钢筋骨架的刚度，减小钢筋在施工时的纵向弯曲及减少箍筋用量，受压构件中宜采用较粗直径的纵筋，以便形成刚性较好的骨架。纵向受力钢筋的直径不宜小于 12mm，一般在 16～32mm 范围内选用。

矩形截面受压构件中，纵向受力钢筋根数不得少于 4 根，以便与箍筋形成钢筋骨架。轴心受压构件中，纵向钢筋应沿构件截面周边均匀布置，偏心受压构件中的纵向受力钢筋应布置在垂直于弯矩作用方向的两个对边。纵向受力钢筋的配置需满足最小配筋率的要求，同时为了施工方便和经济考虑，全部纵向钢筋的配筋率不宜超过 5%，此处所指的配筋率应按全截面面积计算。

当矩形截面偏心受压构件的截面高度 $h \geqslant 600mm$ 时，为防止构件因混凝土收缩和温度变化产生裂缝，应沿长边设置直径为 10～16mm 的纵向构造钢筋，且间距不应超过 500mm，并相应地配置复合箍筋或拉筋。为便于浇筑混凝土，纵向钢筋的净间距不应小于 50mm，对水平放置浇筑的预制受压构件，其纵向钢筋的间距要求与梁相同。

偏心受压构件中，垂直于弯矩作用平面的侧面上的纵向受力钢筋以及轴心受压构件中各边的纵向受力钢筋中距不宜大于 300mm。

(5) 箍筋

受压构件中，一般箍筋沿构件纵向等距离放置，并与纵向钢筋构成空间骨架，如图

3-10所示。箍筋除了在施工时对纵向钢筋起固定作用外,还给纵向钢筋提供侧向支点,防止纵向钢筋受压弯曲而降低承压能力。此外,箍筋在柱中也起到抵抗水平剪力的作用。密布箍筋还起约束核心混凝土改善混凝土变形性能的作用。

为了有效地阻止纵向钢筋的压屈破坏和提高构件斜截面抗剪能力,周边箍筋应做成封闭式;箍筋间距不应大于400mm及构件截面短边尺寸,且不应大于纵向钢筋的最小直径的15倍;箍筋直径不应小于纵向钢筋的最大直径的1/4,且不应小于6mm;当柱中全部纵向受力钢筋配筋率大于3%时,箍筋直径不应小于8mm,间距不应大于纵向钢筋的最小直径的10倍,且不应大于200mm;箍筋末端应做成135°弯钩且弯钩末端平直段长度不应小于箍筋直径的10倍;箍筋也可焊接成封闭环式;当柱截面短边尺寸大于400mm且各边纵向钢筋多于3根时,或当柱截面短边尺寸不大于400mm但各边纵向钢筋多于4根时,应设置复合箍筋,如图3-11(a)、(b)所示。

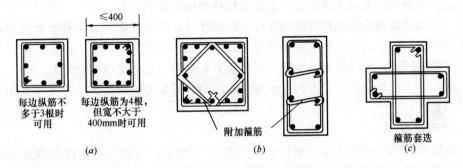

图 3-11 柱的箍筋形式
(a)普通箍筋;(b)复合箍筋;(c)十形截面分离式箍筋

对于截面形状复杂的柱,为了避免产生向外的拉力致使折角处的混凝土破损,不可采用具有内折角的箍筋,而应采用分离式箍筋,见图3-11(c)。

(6) 钢筋混凝土受扭构件

受扭是一种基本的受力形式,工程中钢筋混凝土构件的受扭有两种类型——平衡扭转和约束扭转。

1) 平衡扭转:扭矩大小直接由荷载静力平衡求出,与构件刚度无关对于平衡扭转,受扭构件必须提供足够的抗扭承载力,否则不能与作用扭矩相平衡而引起破坏。

2) 约束扭转:多发生在超静定结构中,产生扭转是因为相邻构件的变形受到约束,扭矩的大小与构件间的抗扭刚度比有关,扭矩的大小不是一个定值,计算时需要考虑内力重分布的影响。

实际上,结构中很少有扭矩单独作用的情况,大多为弯矩、剪力和扭矩同时作用,有时还有轴向力同时作用。

纯扭构件的破坏状况:

1) 适筋破坏箍筋和纵筋配置合适破坏时与临界斜裂面相交的钢筋先屈服,后混凝土压坏。具有延性破坏特征。破坏时的极限扭矩与配筋量有关。

2) 少筋破坏——箍筋和纵筋配置过少

钢筋不足以承担混凝土开裂后释放的拉应力。一旦开裂,钢筋就会被拉断,将导致扭转角迅速增大，构件破坏。具有受拉脆性破坏特征。破坏荷载和开裂荷载基本相等。受扭承载力取决于混凝土的抗拉强度。

3）超筋破坏

完全超筋破坏——箍筋和纵筋配置都过大，钢筋屈服前混凝土就压坏，具有受压脆性破坏特征。受扭承载力取决于混凝土的抗压强度。

部分超筋破坏——箍筋和纵筋的配筋量或强度相差过大，破坏时只有一部分钢筋达到屈服，具有较小的延性破坏特征。

设计中不容许采用少筋和完全超筋受扭构件，可以采用部分超筋构件，但不经济。一般情况下应采用适筋受扭构件。

3.1.6 现浇钢筋混凝土楼盖的基本知识

概念：所谓钢筋混凝土现浇楼盖是指在现场整体浇筑的楼盖。

特点：现浇楼盖的优点是整体刚性好，抗震性强，防水性能好，结构布置灵活，所以常用于对抗震、防渗、防漏和刚度要求较高以及平面形状复杂的建筑。但是，由于混凝土的凝结硬化时间长，所以施工速度慢，而且耗费模板多，受施工季节影响大。

形式：现浇楼盖按楼板受力和支承条件的不同，可分为肋形楼盖、井式楼盖和无梁楼盖三种形式。

1. 肋形楼盖

现浇楼盖的第一种形式是肋形楼盖，如图 3-12 所示。这种楼盖是现浇楼盖中使用最普遍的一种，既可用于楼盖和屋盖，也可用于筏形基础、挡土墙以及地下室的底板结构等。

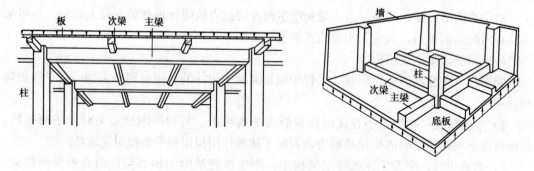

图 3-12 肋形楼盖

(1) 组成：肋形楼盖由板、次梁、主梁（有时没有主梁）组成。

(2) 板的支承及区格：板的四周支承在次梁和主梁上，形成四边支承板，一般将四周支承在主、次梁上的板称为一个区格。

(3) 板的分类：根据板区格两边的尺寸比例的不同，板可以分为单向板和双向板，肋形楼盖可分为单向板肋形楼盖和双向板肋形楼盖。

当 $l_2/l_1 \geqslant 3$ 时，按单向板计算。

当 $l_2/l_1 \leqslant 2$ 时，按双向板计算。

当 $2 < l_2/l_1 < 3$ 时，板仍显示出一定程度的双向受力特征，宜按双向板进行设计。

(4) 传力途径

不论板区格两边的尺寸比例如何，肋形楼盖的荷载传递途径都是"板→次梁→主梁→柱或墙"。

2. 井式楼盖

现浇楼盖的第二种形式是井式楼盖，如图 3-13 所示。

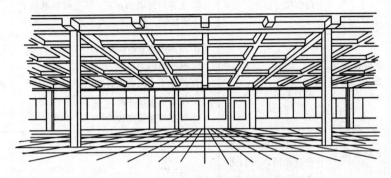

图 3-13 井式楼盖

(1) 组成特点：当房间平面形状接近正方形或柱网两个方向的尺寸接近相等时，由于建筑美观的要求，常将两个方向的梁做成不分主次的等高梁，相互交叉，形成井式楼盖。

(2) 适用范围：这种楼盖可少设或取消内柱，能跨越较大的空间，适用于中小礼堂、餐厅以及公共建筑的门厅。

(3) 优点和缺点：能跨越较大的空间，能很好地满足建筑美观要求，但用钢量和造价较高。

3. 无梁楼盖

现浇楼盖的第三种形式是无梁楼盖，如图 3-14 所示。

(1) 组成特点：当柱网尺寸较小而且接近方形时，可不设梁而将整个楼板直接与柱整体浇筑或焊接形成无梁楼盖。

(2) 传力途径：荷载将由板直接传至柱或墙。

(3) 特点：这种楼盖的特点是房间净空高，通风采光条件好，支模简单，但用钢量较大。

图 3-14 无梁楼盖

(4) 应用范围：常用于厂房、仓库、商场等建筑以及矩形水池的池顶和池底等结构。

4. 结构布置

(1) 布置要求

使用要求：柱网尺寸与梁系布置首先应满足使用要求。梁格布置应力求规整，梁系尽可能连续贯通，梁的截面尺寸尽可能统一，主梁布置方案对比分析见表 3-5。

主梁布置方案对比分析 表3-5

方案	布置原因	布置特点	优　点	缺　点
主梁沿横向布置	为增加建筑物的侧向刚度	主梁横向布置，主梁和柱可形成横向框架	1. 有利于提高房屋横向刚度； 2. 各榀横向框架与纵向次梁形成空间结构，因此房屋整体刚度较好； 3. 主梁与外墙面垂直，不会限制纵墙上窗子的高度，有利于室内采光	室内净空一般会有所减少
主梁沿纵向布置	横向柱距大于纵向柱距较多	主梁沿纵向布置，主梁承受荷载大	1. 沿纵向布置跨度小； 2. 减小了内力； 3. 减小了主梁截面高度； 4. 增加了房屋净高； 5. 楼盖顶棚采光较均匀	这样布置将限制纵墙上开窗
只有次梁无主梁	中间有走道的房屋	利用中间纵墙承重，此时，可仅布置次梁而不设主梁		

经济角度：柱网尺寸是5～8m；次梁跨度是4～6m；板的跨度是1.7～2.5m，一般不宜超过3m。

过梁的设置：在混合结构中，（主次）梁的支承点应避开门窗洞口，否则，应增设钢筋混凝土过梁。

（2）主梁的布置：主梁沿横向布置，如图3-15（a）所示。主梁沿纵向布置，如图3-15（b）所示。无主梁，中间墙承重，如图3-15（c）所示。

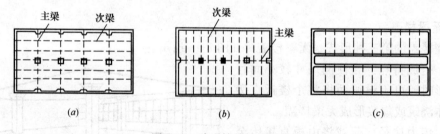

图3-15　肋形楼盖结构布置

5. 计算简图选取

现浇肋形楼盖的板、次梁及主梁进行内力分析时，必须首先确定结构计算简图。

结构计算简图的内容：包括结构计算模型和荷载图示。结构计算模型的确定要考虑影响结构内力、变形的主要因素，忽略次要因素，使结构计算简图尽可能符合实际情况并能简化结构分析。

结构计算模型应注明：结构计算单元，支承条件、计算跨度和跨数等；荷载图示中应给出荷载计算单元，荷载形式、性质，荷载位置及数值等。如图3-16所示。

（1）支承条件

板的支承条件：次梁为板的铰支座，板带可简化为一支承在次梁上的多跨连续板。

次梁的支承条件：主梁为次梁的铰支座，次梁可视为支承在主梁上的多跨连续梁。

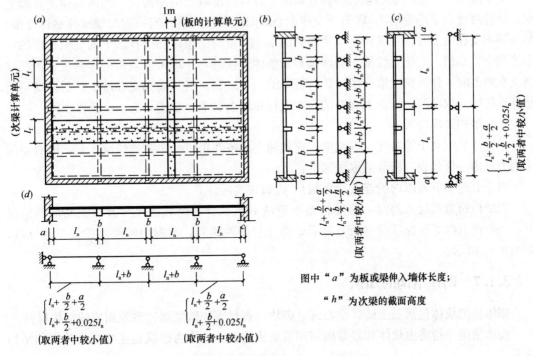

图 3-16 单向板肋梁楼盖计算简图

主梁的支承条件：主梁若支承在砖柱上，支承应视为铰支；主梁若与钢筋混凝土柱现浇在一起，其计算简图应根据梁柱线刚度比确定，也就是说如果主梁的线刚度比柱的线刚度大很多，大到梁柱线刚度比≥5时，柱对主梁的转动约束不大，则主梁可视为铰支于柱上的连续梁，否则梁柱将形成框架结构，主梁应按框架横梁计算。

(2) 梁板计算跨度

确定计算简图的第二个问题是确定梁板的计算跨度。所谓计算跨度是指计算内力时所采用的跨长，即计算简图中支座反力之间的距离。

按弹性方法计算内力时，多跨连续梁和板的计算跨度一般取相邻两支座中心间的距离；对于边跨，当一端简支时，因支承长度较大，还应另求，然后二者中取小值作为计算跨度。板、次梁、主梁的计算跨度取值方法详见图 3-17。

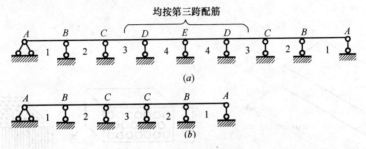

图 3-17 连续梁板计算简图

按塑性方法计算内力时，多跨梁、板的计算跨度应由塑性铰的位置确定。

对于连续梁，当两端与梁柱整体连接时，计算跨度取梁的净跨度；当两端搁支在墙上时，计算跨度取梁净跨的 1.05 倍与支座中心线间距中较小值。当一端与梁或柱整体连接，另一端搁支在墙上时，计算跨度取梁净跨的 1.025 倍与梁净跨和梁在墙上的支承长度的一半之和中较小值。对于连续板，当两端与梁整体连接时，计算跨度取板的净跨度；当两端搁支在墙上时，计算跨度取板的净跨与板厚的一半之和；当一端搁支在墙上，另一端与梁整体连接时，取净跨分别加上板厚的一半或板在墙上支承长度的一半，取其较小值。

(3) 结构计算跨数

结构计算中对于等跨度、等刚度、荷载和支承条件相同的多跨连续梁、板，所有中间跨内力可由一跨代表，跨数的取法如下：

对于五跨和五跨以内的连续梁（板），跨数按实际计算。

当结构跨数超过五跨时，跨度相差不超过 10%、且各跨截面尺寸及荷载相同的情况下，一般按五跨等跨连续梁（板）计算，即除每侧两跨外，所有中间跨均按第三跨计算，如图 3-17 所示。

3.1.7 砌体结构的知识

砌体是把块体包括黏土砖、空心砖、砌块、石材等和砂浆通过砌筑而成的结构材料。

砌体结构是指将由块体和砂浆砌筑砌筑而成的墙、柱作为建筑物主要受力构件的结构体系。

1. 砌体的组成材料

(1) 砖的种类和规格

烧结普通砖：以黏土、页岩、煤矸石或粉煤灰为主要原料焙烧而成的实心或孔隙率不大于规定值且外形尺寸符合规定的砖，如图 3-18 所示。

烧结普通砖标准砖的规格为 240mm×115mm×53mm（图 3-18），可砌成 120mm、240mm、370mm 等不同厚度的墙，依次称为半砖墙、一砖墙、一砖半墙等。

烧结多孔砖：以黏土、页岩、煤矸石或粉煤灰为主要原料焙烧而成的空洞率不小于 25%，孔的尺寸小而数量多，主要用于承重部位的砖。分为 P 型砖（240mm×115mm×90mm）与 M 型砖（190mm×190mm×90mm），以及相应的配砖。

此外，用黏土、页岩、煤矸石或粉煤灰为主要原料焙烧而成空洞较大、空洞率大于 35% 的烧结空心砖，多用于砌筑围护结构，如图 3-19 所示。

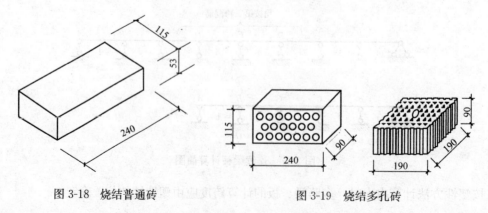

图 3-18　烧结普通砖　　　　　　图 3-19　烧结多孔砖

多孔砖与实心砖相比，可以减轻结构自重、节省砌筑砂浆、减少砌筑工时，此外其原料用量与耗能亦可相对减少。

蒸压砖：以石灰和砂或粉煤灰为主要原料，蒸压养护而成的实心砖，尺寸同烧结普通砖。

蒸压砖可用于工业与民用建筑的墙体和基础。不得用于长期受热200℃以上、受急冷急热和有酸性介质侵蚀的建筑部位，MU15和MU15以上的蒸压灰砂砖可用于基础及其他建筑部位，蒸压粉煤灰砖用于基础或用于受冻融和干湿交替作用的建筑部位必须使用一等砖和优等砖。

砖的强度等级：

块体强度等级用"MU"表示，单位为MPa，是根据其抗压强度而划分的。

烧结普通砖、烧结多孔砖的强度等级分为五级：MU30、MU25、MU20、MU15和MU10。

蒸压灰砂砖和蒸压粉煤灰砖的强度等级分为四级：MU25、MU20、MU15和MU10。

空心块材的强度等级是由试件破坏荷载值除以受压毛面积确定的，在设计计算时不需要再考虑孔洞的影响。

(2) 砌块

定义：以普通混凝土或轻骨料混凝土为原料，规格尺寸比砖大的人造块材。

系列中主规格的高度大于180mm而又小于350mm的称作小型砌块，高度为360～900mm的称为中型砌块，高度大于900mm的称为大型砌块，使用中以中小型砌块居多。

砌块的强度灯具分为四级：MU20、MU15、MU10、MU5。

(3) 石材

按容重分为：重质岩石、轻质岩石。质岩石抗压强度高、耐久性好、导热系数大。轻质岩石抗压强度低、耐久性差、易于开采、导热系数小。

按加工后的外形规则程度分：料石和毛石。

强度等级用边长70mm的立方体试块的抗压强度表示，分为MU100、MU80、MU60、MU50、MU40、MU30、MU20七级。

(4) 砂浆

砂浆的作用：将单个的块材粘结成整体、促使构件应力分布均匀；填实块体之间的缝隙，提高砌体的保温和防水性能。不同类型对比分析见表3-6。

不同类型砂浆对比分析　　　表3-6

砂浆品种	塑化剂	和易保水性	强度	耐久性	耐水性
水泥砂浆	无	差	高	好	好
混合砂浆	有	好	较高	较好	差
非水泥砂浆	有	好	低	差	无

水泥砂浆（水泥、砂、水）：强度高、防潮性能好，用于受力和防潮要求高的墙体中；

非水泥砂浆（石灰或黏土、砂、水）：强度低，耐久性差，用于强度要求低的砌体或临时性建筑；

混合砂浆（水泥、塑化剂、砂、水）：和易性好、保水性好，广泛采用。

砂浆的特性：

流动性：指在自重或外力作用下砂浆流动的性能（流动性用标准锥体沉入砂浆的深度测定）。

保水性：指新拌砂浆在存放、运输和实用过程中能够保持其中水分不致很快流失的能力（以"分层度"表示）。

砂浆的强度等级：

按龄期28d的立方体（边长70.7mm）测得的抗压强度极限值划分，用"M"表示，分为：M15、M10、M7.5、M5、M2.5五级（验算施工阶段新砌筑的砌体强度时，可按砂浆强度为零来确定砌体的强度）。

对于砌体所以砂浆，总的要求是：砂浆应具有足够的强度，以保障砌体结构物的强度；砂浆应具有适当的保水性，以保障砂浆硬化所需要的水分；砂浆应具有一定的可塑性，即和易性应良好，以便于砌筑，提高功效，保证质量和提高砌体强度。

砌体结构所用块体材料和砂浆，除考虑承载力要求外，还应根据建筑对耐久性、抗冻性的要求及建筑物全部或个别部位正常使用时的客观环境要求来决定。

2. 砌体的种类

根据砌体中是否配置钢筋，砌体可分为无筋砌体和配筋砌体两大类。无筋砌体房屋抗震性能和抗不均匀沉降能力较差。

按照砌体中所采用块体种类的不同，可以将砌体分为砖砌体、砌块砌体和石砌体等。

块体在砌体中排列的关键是错缝搭接、避免通缝。

（1）砖砌体

在房屋建筑中，砖砌体长用作一般单层和多层工业与民用建筑的内外墙、柱、基础等承重结构以及多高层建筑的围护墙与隔墙等自承重结构等。

实心砖砌体墙常用的砌筑方法有一顺一丁（砖长面与墙长度方向平行的为顺砖，砖短面与墙长度方向平行的则为丁砖）、三顺一丁或梅花丁，如图3-20所示。

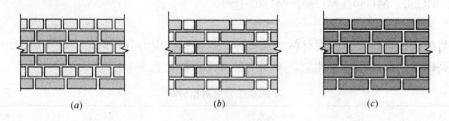

图3-20 烧结多孔砖
(a) 一顺一丁；(b) 梅花丁；(c) 三顺一丁

（2）砌块砌体

砌块墙面应事先做排列设计。排列设计就是把不同规格的砌块在墙体中的安放位置用平面图和立面图加以表示。

排列要求：错缝搭接、内外墙交接处和转角处应使砌块疲敝搭接、优先采用大规格的砌块并使主砌块的总数量在70%以上，尽量减少砌块的规格（允许使用极少量的砖）。

(3) 石材砌体

由天然石材和砂浆砌筑而成的整体材料为石砌体。常用于砌筑挡土墙、承重墙或基础。石砌体的类型有料石砌体、毛石砌体和毛石混凝土砌体（因地制宜，在产石地区适用）。

(4) 配筋砌体

在砖柱或墙体的水平灰缝内配置钢筋网片称为横向配筋砌体；在竖向灰缝内或预留的竖槽内配置纵向钢筋，并浇筑混凝土，形成组合砖砌体，也称为纵向配筋砌体，如图 3-21 所示。

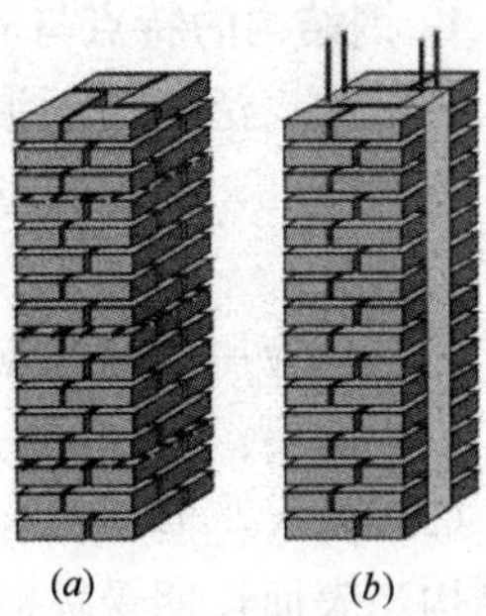

组合砖砌体可分为外包式组合砖砌体和内嵌式组合砖砌体。

外包式组合砖砌体是在砖砌体外侧配置一定厚度的钢筋混凝土面层或钢筋砂浆面层，以提高砌体的抗压、抗弯和抗剪能力。

内嵌式组合砖砌体是由砖砌体和内嵌在砌体里的钢筋混凝土构造柱组成，如图 3-22 所示。

图 3-21 配筋砌体
(*a*) 横向配置钢筋网；
(*b*) 纵向配置钢筋的组合砌体

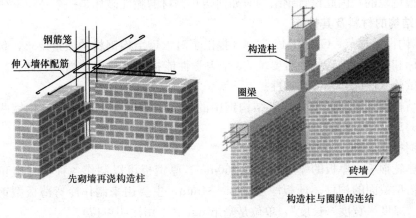

图 3-22 组合砖砌体

(5) 墙板

墙板的尺寸高度一般为房屋层高，宽度一般为房屋的开间或进深。

采用墙板作为内墙或外墙，可减轻砌筑墙体繁重的体力劳动，加快建设速度，提高工业化进程。

3.1.8 钢结构的基本知识

用 H 型钢、工字钢、槽钢、角钢等热轧型钢和钢板组成的以及用冷弯薄壁型钢制成的承重构件或承重结构统称为钢结构，如钢梁、钢屋架、钢网架、钢楼梯、室内吊顶钢结构转换层等都是最常见的钢结构。

钢结构建筑的最大优点是自重轻，钢结构建筑的自重只相当于同样钢筋混凝土建筑自重的三分之一，自重轻就使得在有限的基础条件下，能够将建筑盖的更高，所以钢结构普遍应用于超高层建筑中。

1. 钢结构的特点与应用

与最为广泛应用的混凝土结构相比，钢结构有如下的特点：强度高重量轻；质地均匀、各向同性；施工质量好、工期短；密闭性好；用螺栓连接的钢结构，易拆卸，适用于移动结构。

钢结构应用的注意点：

（1）防腐：钢材的耐腐蚀性较差，需采取防腐措施；

（2）防火：钢结构有一定的耐热性但不防火，温度达到 450～650℃时强度急剧下降。钢结构当表面长期受辐射热不小于 150℃或在短期内可能受到火焰作用时，应采取有效的防护措施。

（3）防失稳：由于钢材强度大、构件截面小、厚度薄，因而在压力和弯矩等作用下带来了构件甚至整个结构的稳定问题。在设计中考虑如何防止结构或构件失稳，是钢结构设计的一个重要特点。

（4）防脆断：当钢材处于复杂受力状态且为承受三向或二向同号应力时，当钢材处于低温工作条件下或受有较大应力集中时，钢材均会由塑性转变为脆性，产生突然的脆性破坏，这是很危险的。因此设计钢结构时如何防止钢材的脆性破坏是一个必须重视的问题。

2. 钢结构的材料及其性能

《钢结构设计规范》GB 50017—2003 提出了对承重结构钢材的质量要求，包括 5 个力学性能指标和碳、硫、磷的含量要求。5 个力学性能指标是指抗拉强度、伸长率、屈服强度、冷弯试验（性能）和冲击韧性。

承重结构用钢材主要包括碳素结构钢中的低碳钢和低合金高强度结构钢两类，包括 Q235、Q345、Q390、Q420 四种。

常用钢材的规格：

（1）热轧钢板，厚板的厚度为 4.5～60mm。厚钢板可以制作各种板结构和焊接组合工字形或箱型截面的构件。薄板厚度 0.35～4mm，主要用来制作冷弯薄板型钢。钢板的符号是"—厚度×宽度×长度"，单位是毫米 mm（不用注明单位）。

（2）热轧型钢。有等边角钢、不等边角钢、普通槽钢、普通工字钢、钢管、H 型钢和部分 T 形钢。

等边角钢的符号为"L 边长×厚度"，槽钢的符号为"[型号"，型号表示槽钢截面高度。工字钢的符号为"I 型号"，型号表示工字钢的高度。钢管的符号为"D 外径×厚度"。单位均是毫米 mm（不用注明单位），如图 3-23 所示。

（3）冷弯薄壁型钢。是由钢板经冷加工而成的型材。截面种类很多，有角钢、槽钢、Z 形钢等。冷弯薄壁型钢目前在我国的轻型建筑钢结构中常用到。

3. 钢结构的连接

钢结构的连接方法，以前用过销钉、铆钉连接，现在已不推荐在新建钢结构上使用。钢结构的连接方式最常用的有两种：焊缝连接和螺栓连接。

（1）焊缝连接

焊缝连接是当前钢结构的主要连接方式，手工电弧焊和自动（半自动）埋弧焊是目前应用最多的焊缝连接方法。

与螺栓连接相比具有的优点是：构造简单（不需额外的连接件）、截面无削弱（不需

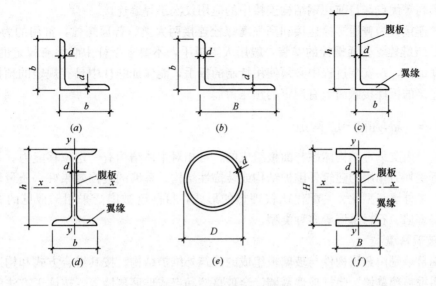

图 3-23 热轧型钢截面

钻孔)、比较经济（省工省料）；另外焊接结构的密闭性较好，刚度和整体性较大。

焊缝连接的不足之处：受焊接时的高温影响，易导致材质变脆；焊缝易存在各种缺陷，从而导致构件内产生应力集中而使裂纹扩大；由于焊接结构的刚度大，个别存在的局部裂纹易扩展到整体；焊接后由于冷却时的不均匀收缩构件因为焊接残余应力的影响导致部分截面提前进入塑性，降低受压时构件的稳定临界应力；焊接后由于不均匀胀缩使得构件产生焊接残余变形，使得钢板或型钢发生凹凸变形等。

由于焊缝连接存在以上不足之处，需要在设计、制作、安装时采取必要的措施。根据《钢结构工程施工质量验收规范》GB 50205—2001 的规定，对焊缝质量应进行检查和验收。

对材料选用、焊缝设计、焊接工艺、焊工技术和加强焊缝检验等五方面的工作予以注意，焊缝容易脆断的事故是可以避免的。钢板的焊缝连接与螺栓连接如图 3-24 所示。

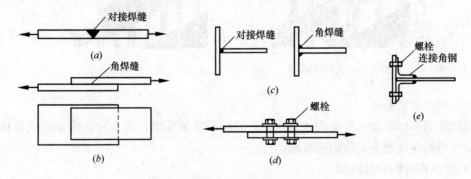

图 3-24 钢板的焊缝连接与螺栓连接
(a) 焊缝对接连接；(b) 焊缝搭接连接；(c) 焊缝 T 形连接；(d) 螺栓搭接连接；(e) 螺栓 T 形连接

(2) 螺栓连接

螺栓连接由于安装时省事省力，所需安装设备简单、对施工工人的技能要求不及对焊工的要求高等优点，目前在钢结构连接中的应用仅次于焊缝连接。

螺栓连接分为普通螺栓连接和高强度螺栓连接两大类。普通螺栓，常用的为 Q235 钢制作的 C 级螺栓。普通螺栓的安装一般用人工扳手，不要求螺杆中必须有规定的预拉力。而高强度螺栓，在安装过程中必须使用特制的扳手，能保证螺杆中具有规定的预拉力，从而使被连接的板件接触面上有规定的预压力。

3.1.9 幕墙的一般构造

幕墙是由支承重结构体系与面板组成的，可相对主体结构有一定位移能力、不分担主体结构所受外力作用的建筑外围护结构或装饰性结构。幕墙的装饰效果好、质量轻、安装速度快，是外墙轻型化、装配化比较理想的形式，目前已被广泛采用。常见的有玻璃幕墙、金属幕墙、石材幕墙等多种类型。

1. 玻璃幕墙

玻璃幕墙是由金属构件与玻璃板组成的建筑外维护结构。按其组合方式和构造做法的不同有明框玻璃幕墙、隐框玻璃幕墙、全玻幕墙和点式玻璃幕墙等。按施工方法的不同可分为元件式幕墙和单元式幕墙两种。元件式幕墙（图 3-25）是用一根根元件（立柱、横梁等）连接并安装在建筑物主体结构上形成框格体系，再镶嵌或安装玻璃而成的；单元式幕墙（图 3-26）是在工厂中预制并拼装成单元组件，安装时将单元组件固定在楼层梁或板上，组件的竖边对扣连接，下一层组件的顶与上一层组件的底对齐连接而成。组件一般为一层楼高度，也可以有 2~3 层楼高。

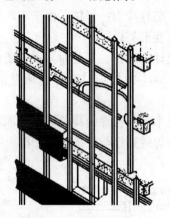
图 3-25 元件式幕墙

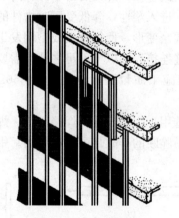
图 3-26 单元式幕墙

（1）明框玻璃幕墙

明框玻璃幕墙是金属框架构件显露在外表面的玻璃幕墙，由立柱、横梁组成框格，并在幕墙框格的镶嵌槽中安装固定玻璃。

1）金属框的构成及连接

金属框可用铝合金及不锈钢型材构成。其中铝合金型材易加工，耐久性好、质量轻、外表美观，是玻璃幕墙理想的框格用料。

金属框由立柱（竖梃）、横梁（横档）构成。立柱采用连接件连接于主体结构的楼板或梁上。连接件上的螺栓孔一般为长圆孔，以便于立柱安装时调整定位。上、下立柱采用内衬套管用螺栓连接,横梁采用连接角码与立柱连接(图3-27)。

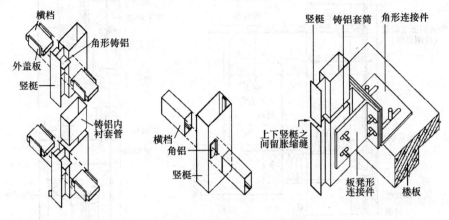

图 3-27 金属框组合示意图

2) 玻璃的安装

明框玻璃幕墙常见的玻璃安装形式如图 3-28 所示。

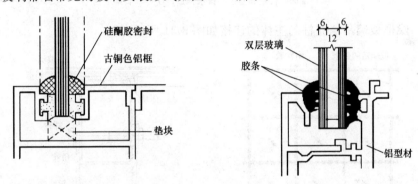

图 3-28 玻璃安装示意图

3) 玻璃幕墙的内衬墙和细部构造

玻璃幕墙的面积较大,考虑保温、隔热、防火、隔声及室内功能等要求,在玻璃幕墙背面一般要另设一道内衬墙,内衬墙可按隔墙构造方式设置,一般搁置在楼板上,并与玻璃幕墙之间形成一道空气层。考虑幕墙的保暖隔热问题,可用玻璃棉、矿棉一类轻质保暖材料填充在内衬墙与幕墙之间,如果再加铺一层铝箔则隔热效果更佳。为了防火和隔声,必须用耐火极限不低于 1h 的绝缘材料将幕墙与楼板,幕墙与立柱之间的间隙堵严,如图 3-29 (a) 所示。当建筑设计不考虑设衬墙时,可在每层楼板边缘设置耐火极限不小于 1h,高度(含楼层梁板厚度)不小于 0.8m 的实体构件。对于在玻璃、铝框、内衬墙和楼板外侧等处,出现凝结水(寒冷天气时),可将幕墙的横档做成排水沟槽,并设滴水孔。此外,还应在楼板侧壁设一道铝制挡水坡,把凝结水引至横档中排走,如图 3-29 (b) 所示。

(2) 隐框玻璃幕墙

隐框玻璃幕墙是将玻璃用硅酮结构胶粘结与金属附框上,以连接件将金属附框固定于幕墙立柱和横梁所形成的框格上的幕墙形式。因其外看不见框料,故称为隐框玻璃幕墙

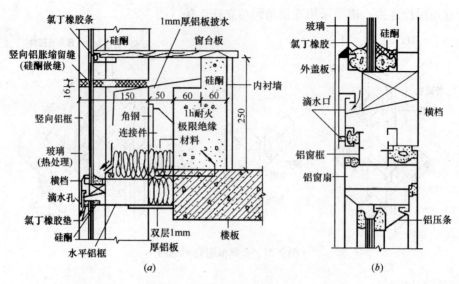

图 3-29 玻璃幕墙细部构造
(a) 幕墙内衬墙和防火、排水构造；(b) 幕墙排水孔

(图 3-30)。隐框玻璃幕墙立柱与主体的连接如图 3-31 所示。

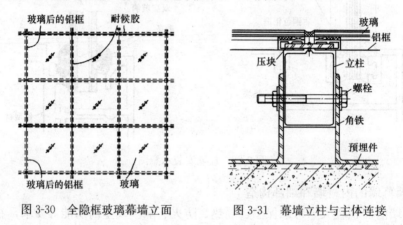

图 3-30 全隐框玻璃幕墙立面　　图 3-31 幕墙立柱与主体连接

(3) 全玻幕墙

全玻幕墙是由玻璃板和玻璃肋制作的玻璃幕墙。全玻幕墙的支承系统分为悬挂式、支承式和混合式三种，如图 3-32 所示。全玻幕墙的玻璃在 6m 以上时，应采用悬挂式支承系统。

图 3-33 为全玻幕墙面玻璃与肋玻璃相交部位安装构造示意图。

图 3-34 为悬挂式全吊夹固定构造节点。

(4) 点式玻璃幕墙

点式玻璃幕墙是用金属骨架和玻璃肋形成支撑受力体系，安装连接板或钢爪，并将四角开圆孔的玻璃用螺栓安装于连接板或钢爪上的幕墙形成。其支承结构示意图如图 3-35 所示，节点构造如图 3-36、图 3-37 所示。

 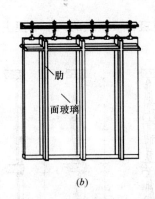 

图 3-32　全玻幕墙的支撑系统

(a) 面玻璃和肋玻璃都由上部结构悬挂肋为玻璃；(b) 面玻璃由上部结构悬挂金属立柱；
(c) 不采用悬挂设备，肋玻璃和面玻璃均在底部支承肋为玻璃

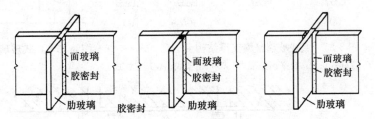

图 3-33　面玻璃与肋玻璃相交部位处理

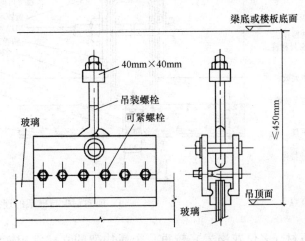

图 3-34　吊夹固定构造节点

2. 金属幕墙

金属幕墙是金属构架与金属板材组成的，不承担主体结构荷载与作用的建筑外围护结构。金属板一般包括单层铝板、铝塑复合板、蜂窝铝板、不锈钢板等。

金属幕墙构造与隐框玻璃幕墙构造基本一致。图 3-38 为饰面铝板与立柱和横梁连接构造。

3. 石材幕墙

石材幕墙是由金属构架与建筑石板组成的，不承担主体结构荷载与作用的建筑外围护结构。

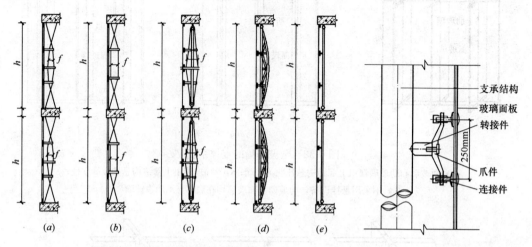

图 3-35 点式玻璃幕墙支撑结构　　　图 3-36 点式玻璃幕墙节点构造
(a) 拉索式；(b) 拉杆式；(c) 自平衡桁架式；(d) 桁架式；(e) 立柱式

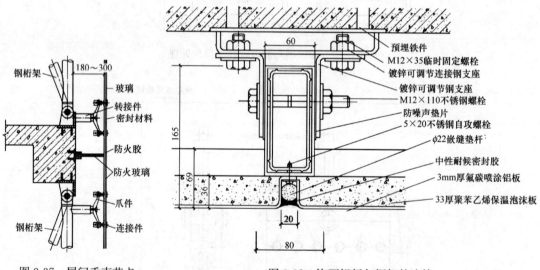

图 3-37 层间垂直节点　　　图 3-38 饰面铝板与框架的连接

石材幕墙由于石材（多位花岗岩）较重，金属构架的立柱常用镀锌方管、槽钢或角钢，横梁常采用角钢。立柱和横梁与主体的连接固定于玻璃幕墙的连接方法基本一致。石材幕墙的连接方式有以下几种。

(1) 钢销式连接

应用于非抗震地区及 6 度、7 度设防地区的幕墙，幕墙高度不宜大于 20m，石板面积不宜大于 $1.0m^2$，钢销和连接板采用不锈钢，连接板截面尺寸不宜小于 $40mm \times 40mm$。石材上的钢销孔每边不少于两个，钢销孔的深度为 22~33mm，孔径为 7~8mm，钢销直径为 5~6mm，钢销长度宜为 20~30mm。

钢销式连接的做法如图 3-39 所示。

(2) 通槽式连接

通槽式连接应用范围广，不受限制，石材的通槽宽度宜为 6~7mm，不锈钢支撑板厚度不宜小于 3mm，铝合金支撑板厚度不宜小于 4mm。图 3-40 为通槽式连接的做法。

(3) 短槽式连接

每块石材上下边应各开 2 个短平槽，长度不应小于 100mm，槽深不宜小于 15mm，槽的宽度宜为 6~7mm，不锈钢支撑板厚度不宜小于 3mm，铝合金支撑板厚度不宜小于 4mm。短槽两端距石板边缘不应小于板厚度的 3 倍，且不应小于 85mm，也不应大于 180mm。图 3-41 为短槽式连接的做法。

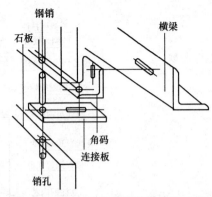

图 3-39 钢销式石材幕墙构造连接示意图

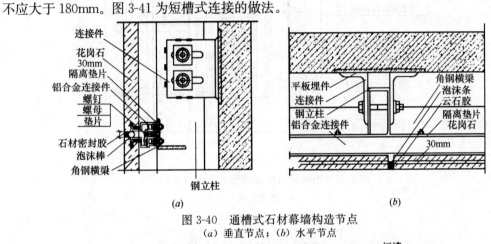

图 3-40 通槽式石材幕墙构造节点
(a) 垂直节点；(b) 水平节点

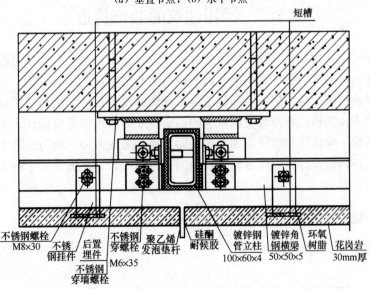

图 3-41 短槽式石材幕墙构造节点
(a) 水平节点；

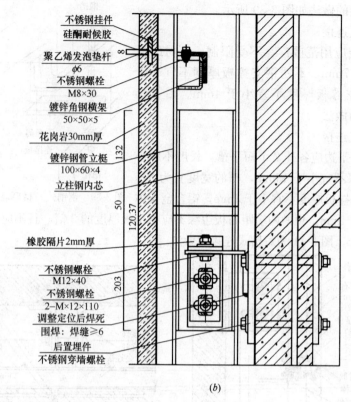

图 3-41 短槽式石材幕墙构造节点（续）
(b) 垂直节点

3.2 民用建筑的装饰构造

建筑装饰构造是指建筑物除主体结构部分以外，使用建筑材料及其制品或其他装饰性材料进行装饰装修的构造做法。建筑装饰装修构造与建筑、艺术、结构、材料、设备、施工、经济等方面密切配合。建筑装饰构造是实现装饰设计目标、满足建筑物使用功能、美观要求及保护主体结构在各种环境因素下的稳定性和耐久性的重要保证。若构造处理不合理，不但会直接影响建筑物的使用和美观，而且还会造成人力、物力的浪费，甚至存在安全问题。所以在构造设计中应综合多方面的因素分析比较，在满足基本的美观的基础上选择合理的构造方案。

3.2.1 建筑装饰构造选择的原则与基本类型

1. 建筑装饰构造选择的原则

（1）功能性

建筑装饰的基本功能是满足使用方面的要求、保护主体结构免受损害及对装饰的立面、空间进行美化、装饰装修。在选择或设计何种装饰构造时，应根据建筑物的类型、使用性质、主体结构所用材料的特性、装饰部位、环境条件等各种可能性因素，合理的确定饰面构造处理的目的性。如立面装饰除了考虑美观及装饰效果，还必须考虑环境的温湿度影响、是否需弥补墙体本身某些方面的不足（保温隔热、隔声吸声减振、碰撞等）。如考虑装饰材料的维修是否考虑可装配拆卸的功能，在某些医疗空间对灰尘、病菌、微生物是否需要控制或处理，都是在装饰构造选择时需要考虑的问题。对于装饰以外的其他专业，如给排水、电气、通风空调、智能、消防等机电设备安装的正常使用及维护也是功能性的一方面，都会影响我们对装饰构造的选择。

（2）安全性

《建筑装饰装修工程质量验收规范》GB 50210—2001里明确指出，建筑装饰装修工程设计必须保证建筑物的结构安全。当涉及主体和承重结构改动或增加荷载时，必须由原结构设计单位或具备相应资质的设计单位核查有关原始资料，对既有建筑结构的安全性进行核验、确认。对于建筑结构以外的水、暖、电、燃气也有安全方面的要求，严禁未经设计确认和有关部门批准擅自拆改。

与建筑主体结构比较，建筑装饰工程在安全方面的风险相对较小。但建筑装饰构造毕竟与人接触更为紧密，其安全性不可忽视，实际发生的安全问题的危害面往往会大于建筑主体结构。无论是墙面、吊顶、地面、楼梯栏杆等部位，对于构造都有一定的强度、刚度、牢固方面的要求。特别是墙面、吊顶与主体结构的连接构造，如果装饰构造本身设计不合理，材料的强度、连接件刚度等不能达到安全、牢固的要求就会出现质量安全事故，如幕墙工程的板块部件、室内外饰面板或饰面砖的脱落、吊顶坍塌或部件脱落。装饰构造应考虑在不同环境、条件下，应选用合理、可靠的构造做法。需要说明的是，环保性能与安全性能往往是息息相关的，也可以把环保问题说成是一种隐形的安全问题。

（3）可行性（工艺要求）

装饰工程的构造选择，应通过施工把合适的装饰材料、相应的构造做法做出来。需要经过理论与实践的检验，须考虑装饰施工的可行性，力求施工方便、易于制作，从季节条件、场地条件以及技术条件的实际出发。这对于工程的质量、工期和造价都有重要意义。同时装饰构造不应拘泥于传统构造做法，可以另辟捷径巧妙的构造设计来达到我们的目的。

（4）经济性

不同建筑、不同使用对象、不同性质、不同功能及不同装修标准对于装饰装修的效果都有很大的不同，需要合理兼顾技术合理性与经济性，尽量通过巧妙的构造设计或者其他处理方法达到较少的造价来实现较好的装饰效果。

2. 建筑装饰构造的基本类型

装饰构造因饰面材料、加工工艺及使用环境及部位的不同会有较大的差异。如地面需要承受楼地面的各种荷载，通常有平整、坚固、耐磨、耐污、防水、防起翘、防滑、防磕绊、隔声、弹性、不起尘等要求；吊顶构造为悬吊结构，内部隐藏大量管道设备或安装有各种设备末端，其构造通常有吊杆固定牢固、饰面板的安全牢固、防坠落、隔声、吸声、排布各种管线和设备末端、检修的要求；而室内墙面或立面装饰构造更为复杂，首先装饰材料众多且造型多变另外其功能要求及美观方面往往发挥较大的作用，除了起到保护墙体的作用，其构造通常还有安装牢固、防脱落、防水防潮、保温隔热、隔声吸声、易清洁等要求。

建筑装饰构造主要分为饰面构造（覆盖式构造）与配件构造两部分。

（1）饰面构造

饰面构造即覆盖式构造，是覆盖在建筑物构件的外表面起保护和美化构件并满足建筑物有关使用功能要求的构造。饰面构造还可以分为三类：

1）罩面类

包括涂料、抹灰及一些整体面层的粘结构造。涂料罩面是将涂料喷刷于基层表面，并与其粘结形成整体而坚韧的保护膜；抹灰罩面是将由胶凝材料、细骨料和水（或其他溶液）拌制成的砂浆抹于基层表面。整体面层如水泥砂浆地面、石膏板整体吊顶等。

2）贴面类

包括铺贴、胶结、卡压钉嵌贴面。铺贴的饰面材料一般为用水泥砂浆或胶粘剂作胶结材料的瓷砖、马赛克、小块石板面；胶结的饰面材料一般为材质较软的墙纸、墙布等；钉嵌的饰面材料通常为各种木板、石膏板、金属板材或软硬包，可以钉在基层上或用装饰压条固定。

3）卡压嵌、挂钩类

挂钩类通常为饰面板或饰面砖的构造做法，通常如石材板、较厚重的瓷砖、木饰面板。

（2）装配配件构造

配件构造即装配式构造，是将建筑装饰装修工程中使用的成品或者半成品，在施工现场安装就位的装饰构造。包括：塑造与浇铸型，如GRG、石膏花式、金属花式；加工与拼装型，如木橱柜、木门窗；搁置与砌筑型，如一些花格、窗套或轻质墙体。

以上是装饰构造的一般分类方法，在具体装饰构造中往往是多种构造类型组合在一起的，应根据不同的设计要求、功能要求、工艺要求及经济性确定合理的装饰构造。

3.2.2 室内楼、地面的装饰构造

1. 楼地面装饰装修构造概述

（1）楼地面装饰的设计原则

其一是满足基本的使用功能要求，其二是创造一定的视觉效果。

1）基本使用功能要求

①基本使用条件要求

楼地面应表面平整、光洁，有必要的强度、耐磨损性和耐冲击性。首层地面有一定的防潮性能。楼面应有防渗漏的性能。

②隔声要求

建筑隔声包括隔绝空气传声和隔绝撞击声两个方面。对于撞击声的隔绝，基本原理就是要减小影响下层结构的振动能量。常见的隔声措施有三种：一是采用弹性垫层处理，也称浮筑楼层；二是采用空气夹层处理；三是采用弹性面层。对于整个楼层的隔声而言，还可以利用楼板下的吊顶处理增加隔声效果。

③吸声要求

一般来说，表面致密光滑、刚性较大的楼地面层，如磨光石材、水泥、瓷砖等对声波反射的能力较强，基本上不具备吸声能力。而各种软质弹性楼地面材料吸声能力较强（例

如,化纤地毯的平均吸声系数可以达到55%左右)。

④弹性要求

对于某些专业性较强的场所,如舞台、健身房、体育馆等地面,其地面饰面层的弹性会提出更加具体的特殊要求。

⑤热工性能要求

楼地面采用热导率较小的材料时,如木地面、橡胶材料、地毯等,人们在寒冬时还能减少脚下冰冷的感觉。

⑥其他特殊功能要求

某些特殊用途的房间还会对楼地面装饰提出特殊要求,例如浴室、厨房、卫生间等对地面的防水要求,化学试验室对楼地面的耐酸碱性要求,冷库、太阳房对地层的高保温要求,电台播音室对楼地面的高隔声要求,计算机房对楼地面的防静电要求,其他还有防滑、防尘、防菌、防射线等特殊功能要求。

2) 建筑装饰功能要求

楼地面装饰是室内环境设计的重要组成部分,在室内设计时要紧密结合室内空间的形态,家具陈设、交通流线及建筑的使用性质等因素,综合计划其色彩环境、质感效果和纹理结构。还要与墙面、顶棚装饰统一考虑其关联性,互相补充,而不是将楼地面自成体系单独设计。

(2) 室内楼地层的组成

楼地面一般由基层、垫层和面层三部分组成,如图3-42、图3-43所示。

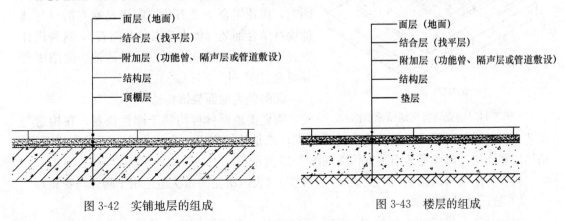

图3-42 实铺地层的组成　　　图3-43 楼层的组成

1) 基层

要求基层要坚固、稳定。地面的基层多为素土或加入石灰、碎砖的夯实土。施工时要求分层夯实,一般每铺300mm厚应夯实一次。楼面的基层是楼板。

2) 垫层

垫层位于基层之上、面层之下,是承受和传递面层荷载的构造层。楼层的垫层,还具有隔声和找坡的作用。

3) 面层

又称"表层"或"铺地",是楼面的最上层。应具有耐磨、不起尘、平整、热工、隔声、防水、防潮等性能。

(3) 室内楼地面分类

楼地面根据构造方法和施工工艺的不同来分类，可分为整体地面、块材地面、木地面和人造软质制品地面等。例如，现浇水磨石地面属于整体地面，而预制水磨石板材地面则属于块材地面。

2. 常用楼地面装饰装修构造

(1) 板块材楼地面构造做法

板块材地面是指用胶结材料将预加工好的板块状地面材料（如大理石板、花岗石板、陶瓷质地砖、陶瓷锦砖、水泥花砖等）用铺砌或粘贴的方式，使其与基层连接固定所形成的地面。

1）砖楼地面

采用陶瓷地砖、陶瓷马赛克、缸砖等板块材料铺设的面层，统称为砖楼地面。陶瓷地砖类楼地面通常有：

①陶瓷地砖

是由黏土或其他非金属原料，经成型、高温烧制而成，具有表面致密光滑、质地坚硬、耐磨、耐酸碱、防水性能好，抗折性能强等特点。陶瓷地砖多用于中、高档的楼地面工程。

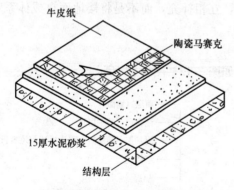

图3-44 陶瓷马赛克铺贴示意图

②陶瓷马赛克

是由高温烧制而成的小型块材地面材料。它的最小规格尺寸仅为10mm×10mm。由于它的尺寸范围很广，所以可以用它拼出许多精美的造型图案，拼花组合千变万化。陶瓷马赛克的可与其他块材结合铺装（如大理石、花岗石），这种设计方式被广泛用于酒店、餐厅、游泳池、洗浴中心等商业空间（图3-44）。

③陶瓷类地面装饰构造

陶瓷类地面材料均属于刚性块材，在构造与工艺上要解决的问题一是平整度和线形规则，二是粘结牢固。为此构造上要求有找平层、粘结层和面层。陶瓷类地面装饰构造如图3-45所示。

陶瓷类地面构造做法归纳见表3-7、表3-8（表内所注的做法也适用于陶瓷马赛克）。

2）缸砖楼地面（图3-46）

缸砖是高温烧成的小型块材，它有不同色彩，多用红棕色，其形状为正方形、六角形、八角形等。尺寸一般为100mm×100mm、150mm×150mm。广泛用于潮湿的地下室、卫生间、试验室、屋顶平台、有侵蚀性液体及荷载较大的工业车间。

3）钛金不锈钢覆面地砖

钛金不锈钢覆面地砖是当代科技高度发展的产物，它是由镜面不锈钢板用多弧离子氮化钛镀膜和掺金离子镀层加工而成。耐各种摩擦，不易磨损。钛金不锈钢覆面地砖有方砖、条砖、钻石形、框形、满天星形等多种形状，并有金黄色、七彩色、宝蓝色等多种色彩。能产生金碧辉煌、豪华高贵的装饰效果，但价格昂贵（约500～900元/m²），多用于星级宾馆、豪华酒店、高级娱乐场所、总统贵宾房间、特等首饰珠宝商店、国际会议厅等超豪华建筑之中。

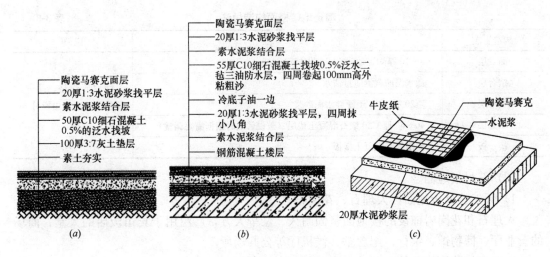

图 3-45 陶瓷马赛克楼地面构造
(a) 地面做法示意图；(b) 楼面（有防水要求）做法示意图；(c) 铺设构造示意

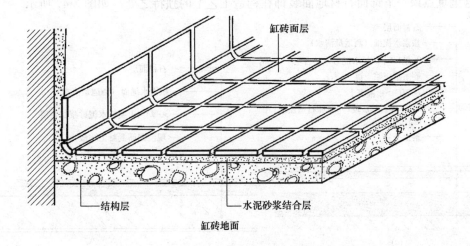

图 3-46 缸砖楼地面示意图

陶瓷地砖地面构造做法　　　　　　　　　表 3-7

构造层次	做　　法	说　明
面　层	8~10厚陶瓷地砖，干水泥擦缝	地砖规格、品种、颜色及缝宽见工程设计，要求缝宽1:1水泥砂浆勾平缝
结合层	撒水泥面（洒适量清水）	
找平层	≥20厚1:3干硬性水泥砂浆	
结合层	刷素水泥浆一道（内掺建筑胶）	
垫　层	60厚C10混凝土垫层 150厚卵石灌M2.5混合砂浆或150厚3:7灰土	
基　土	素土夯实	

陶瓷地砖楼面构造做法 表 3-8

构造层次	做　　法	说　明
面　层	8～10 厚陶瓷地砖，干水泥擦缝	铺地砖规格、品种、颜色及缝宽均由设计人员定
结合层	撒水泥面（洒适量清水）	
找平层	≥20 厚 1：4 干硬性水泥砂浆	
填充层	40～60 厚 C20 细石混凝土垫层（敷设管线时根据需要调整）	
楼　板	现浇钢筋混凝土楼板	

（2）石材板地面

1）天然石材板地面：大理石、花岗石

大理石和花岗岩铺设的楼地面坚固耐久、豪华大方，广泛用于宾馆饭店的大堂、商场的营业厅、博物馆、银行、纪念堂、候机厅等公共场所。

饰面石材装饰构造及工艺：

由于地面石材与陶瓷类地砖均属刚性块材，所以在构造和施工工艺之间有大同小异之处。这里重点谈一下饰面石材地面装饰在构造工艺上的独特之处。如图 3-47 所示。

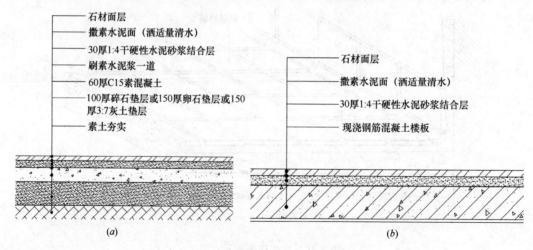

图 3-47　大理石、花岗岩楼地面构造
(a) 地面做法；(b) 楼面做法

①找平层

找平层的作用是控制标高，控制平整度和粘结层。材料质量比为 1：（3～4）的干硬性水泥砂浆，找平层厚度一般为 20～30mm，找平层施工前，要清理结构层并刷素水泥浆一道。

②选板、铺贴

大理石板在铺贴之前一定要进行选板、编号放置，以保证接缝处色彩纹理的协调过渡。石板面层缝宽度不应大于 1mm。

③后期处理

板材铺贴完毕后次日，用与面材板同颜色的素水泥浆抹缝，然后用干净锯末将面层擦净、擦亮。

2）人造石材板地面

人造石材的表面色彩和纹理或模仿天然石材或自行设计均很美观大方，富于装饰性。其中，微晶石就是人造石材中一种新型美观的装饰板材。微晶石板材表面华贵典雅、色泽艳丽，具有耐磨损、耐风化、耐高温、不褪色、无放射性污染及良好的电绝缘等性能，其各项理化、力学性能指标，均优于天然石材。

由于微晶石与水泥砂浆的膨胀系数（表3-9）有很大差异，如果采用一般的石材湿贴工艺做法，会因水泥砂浆固化时产生过大应力而导致板材开裂，铺设微晶石地面板材时，应特别注意铺贴时的水泥砂浆的配比和粘贴方式。

各种材质热膨胀系数对比表　　　　表3-9

类　别	微晶石	混凝土	花岗石	水　泥	水泥砂浆
热膨胀系数（$\times 10^{-7}$/℃）	00.0	100	100	122	122

注：以天标牌微晶石饰面板为例。

砂浆厚度为20～30mm，并将砂浆分割成小于等于300mm×300mm的方格（用不小于20mm×20mm的木条置放砂浆中，待面层板试铺砂浆敲实后将木条取出），如图3-48所示。

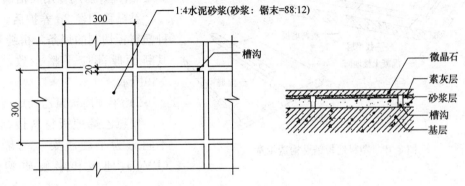

图3-48　人造石材板地面构造

（3）镭射玻璃楼地面

镭射玻璃是以钢化玻璃为基材，以全息光栅材料为饰面，通过特种工艺合成加工而成。尺寸一般为500mm×500mm、600mm×600mm、600mm×1000mm；厚度一般为12～24mm厚。镭射玻璃具有强度高、花色多、光泽好、防潮、防滑、耐磨、耐老化，在各种光源照射下，会产生七彩光等特点，适用于高级舞厅、豪华宾馆、游艺厅、科学馆等公共建筑楼地面局部点缀。

（4）粘贴式塑胶楼地面

粘贴式塑胶楼地面是由塑料和橡胶两种材料分别制成的建筑用地板材料铺设的地板。塑胶地不仅具有独特的装饰效果，而且还有脚感舒适、不易粘灰、噪声小、防滑、耐磨、自熄火、绝缘性好、吸水性小、耐化学腐蚀等特点，也没有水泥基地板的冷、硬、潮、脏等缺陷。多用于住宅、医院、商场、学校，排练场、幼儿园等室内地面。

1）软质聚氯乙烯地板

①规格及特点

板材软质聚氯乙烯地板多为正方形，标准尺寸为300mm×300mm、400mm×400mm以及600mm×600mm等，厚度1.2～3.0mm不等。卷材软质聚氯乙烯地板每卷长度多为

20m，幅宽1000~2000mm厚度，厚度2.0~3.0mm不等。

②构造及工艺

软质聚氯乙烯的施工工艺主要有粘贴和焊接两种。

a. 基层

软质聚氯乙烯地板对基层的要求，既要有一定的强度，又要光滑、平整。目前，主要应用的是水泥砂浆基层。

b. 粘结层

粘贴层的材料是胶粘剂。常用的有溶剂型氯丁橡胶胶粘剂、202双组分氯丁橡胶胶粘剂、聚醋酸乙烯胶粘剂、聚氯酯胶粘剂、环氧树脂胶粘剂等。

c. 面层铺贴

粘贴面层前应将板面画出切割线，板的边缘应裁割成平滑板口，两板拼合的坡口角度约成55°。试铺好后用专用胶粘贴。

粘贴稳固经2d养护后，用同种塑料板切割的焊条，拼缝焊接，其断面厚薄应平整一致，如图3-49所示。

2) 半硬质聚氯乙烯地板

聚氯乙烯地板材料根据组成不同分为半硬质聚氯乙烯塑料（PVC）地板和半硬质塑料地板砖。

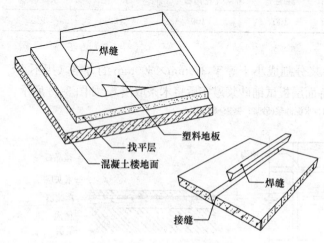

图3-49 塑料地板铺贴构造示意

①规格与特点

半硬质聚氯乙烯塑料（PVC）地板和半硬质塑料地板砖均为半硬质材料，平面尺寸一般为300mm×300mm，厚度为1.5mm、2mm、2.5mm、3mm不等。

半硬质聚氯乙烯（PVC）塑料地板多用于办公室、图书馆、酒吧、饭店、剧院、实验室、船舶、各种控音室、报告厅、防尘车间及住宅的室内地面等。

半硬质塑料地砖适宜于室内地面铺设，是高层建筑、轮船、火车等地板较为理想的装饰材料，其使用于医院、疗养院、幼儿园等处，更显出它的优越性。

②构造及工艺

a. 基层

基层平整度要求同软质聚氯乙烯的基层要求。

b. 粘贴层

应根据不同的铺贴地点选用相应的胶粘剂（表3-10），如象牌PVA胶粘剂，适宜于铺贴两层以上的塑料地板。

c. 面层铺贴

质量控制的关键一是粘贴牢固，不得有脱胶、空鼓现象；二是接缝顺直，避免错缝发生；三是表面平整、干净、不得有凹凸不平及破损或污染。

常用胶粘剂的特点 表 3-10

胶粘剂名称	性 能 特 点
氯丁胶	需双面涂胶，速干、初粘力大，有刺激性挥发气体，施工现场要防毒、防燃
202胶	速干，粘结强度大，可用于一般耐水、耐酸碱工程，使用双组分要混合均匀，价格贵
JY-7	需双面涂胶，速干、初粘力大，低毒，价格相对较低
水乳性氯丁胶	不燃，无味，无毒，初粘力大，耐水性好，在较潮湿基层也能施工，价格低廉
405 聚氨酯胶	固化后有较强的粘结力，可用于防水、耐酸碱工程，初粘力差，粘结时须防止位移
6101 环氧胶	有很强的粘结力，一般用于地下室、地下水位高或人流量大的场合，粘结时预防胺类固化剂对皮肤的刺激
立时得胶	粘结效果好，速度快

(5) 地毯类地面构造

地毯是一种高级的地面材料，具有隔热保温、吸声隔声、色泽艳丽、舒适柔软等特点，广泛用于宾馆、酒店、住宅及各类建筑中。

1) 地毯的种类

地毯基本上分为纯毛地毯、混纺地毯及化纤地毯三大类。

①羊毛地毯：也叫纯毛地毯，具有纤维长、拉力强、手感好、光泽好的优点。其重量一般在 $1.6\sim2.6kg/m^2$，是宾馆客房、餐厅、舞台等地面的高级装饰材料。

②混纺地毯：是以羊毛纤维与合成纤维混纺后编织而成的地毯。合成纤维的掺入，可显著改善地毯的耐磨性。

③化纤地毯：是采用合成纤维为面材制成的地毯。是目前品种最多，应用最广的中、低档地毯品种。

2) 地毯的铺设（图 3-50）

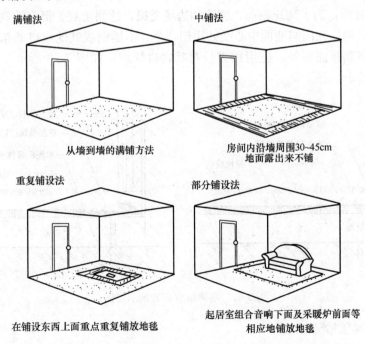

图 3-50 地毯的铺设形式

地毯的铺设方法分为固定与不固定两种。

地毯铺设的固定办法有两种：一种是用倒刺板固定，另一种用胶粘结固定。如果采用倒刺板固定，一般是在地毯的下面，加设一层垫层。垫层有波纹状的海绵垫和杂毛毡垫二种。波纹垫是由泡沫塑料制成，厚度在10mm左右，加设垫层增加了地毯地面的柔软性、弹性和防潮性，并易于铺设。

① 整体式地毯用倒刺板条固定

a. 基层的要求：应具有一定强度和平整度。

b. 木卡条固定地毯：地毯木卡条倒刺板（图3-51）一般采用五合板或加厚三合板和金属钉制成。采用木卡条（倒刺板）固定地毯式，应沿房间四周靠墙脚10～20mm处，将卡条用水泥钢钉固定于基层上。图3-52所示为常见的木卡条和金属卡、压条示例。

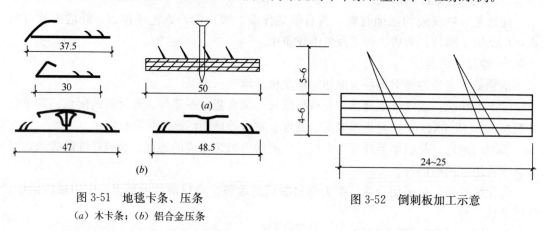

图3-51 地毯卡条、压条
（a）木卡条；（b）铝合金压条

图3-52 倒刺板加工示意

c. 收边的处理：为了防止踢起、翘边和边缘受损，达到美观、挺直的效果。地毯铺至门口、门洞处，均应在门洞地面中心线处用铝合金、不锈钢或其他收口条扣牢地毯。地毯铺至墙边除用倒刺板固定外，应用踢脚板对其收口处理，如图3-53所示。不同情况下的收边外观见图3-54、图3-55。

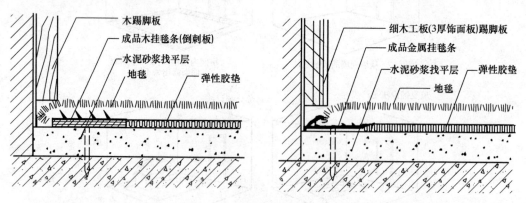

图3-53 踢脚板收口处理示意图

② 整体式地毯粘贴固定

用于粘贴铺设的地毯，一般应具有较密实和一定厚度的基底层，常见的有塑胶、橡胶

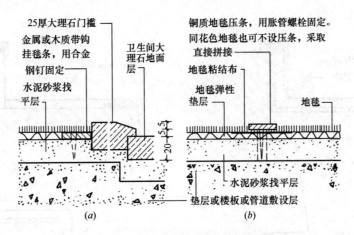

图 3-54 地毯收边处理（一）
(a) 卫生间门槛与地毯；(b) 不同地毯连接

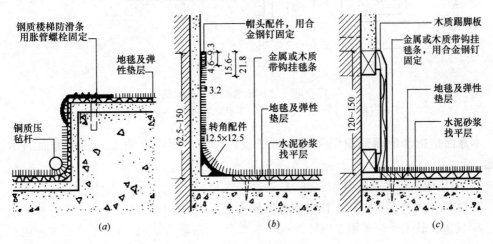

图 3-55 地毯收边处理（二）
(a) 楼梯防滑条；(b) 地面墙面接头；(c) 踢脚板

和泡沫塑基底层，不同的胶底层，对耐磨性影响较大。

用胶粘固定地毯，一般不放垫层，把胶直接刮在基层上，然后将地毯铺粘固定即可。

③ 楼梯地毯的铺设构造

地毯楼梯装饰构造一般有三种形式：一是卡棍式固定，二是粘结固定式，三是卡条固定式（图 3-56）。

a. 卡棍式固定：在每一踏步上用 φ20 不锈钢压毯棍在梯阶根部将地毯压紧并穿入紧固件圆孔，拧紧调节螺钉。

b. 粘结固定：主要是用于使用胶背地毯（白带海面衬底）。可将胶粘剂涂抹在踢脚板和踏板上，适当晾置后再将地毯进行粘贴并赶平压实。

c. 卡条固定：将倒刺板条定在楼梯踏面之间阴角的两边。倒刺板距阴角之间留 15mm 的缝隙，倒刺板的抓钉爪顶倾向阴角。

(6) 木地面构造

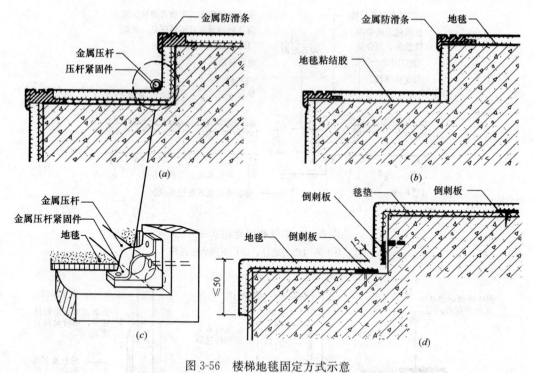

图 3-56 楼梯地毯固定方式示意
(a) 压杆固定；(b) 粘结固定；(c) 卡棍配件；(d) 卡条（倒刺板）固定

木地面是指楼地面的面层采用木板铺设，在其上面再涂油漆、打蜡饰面的木板楼地面。

1) 木质地面的基本类型

① 木质地面有多种形式，按材质分有软木地面、硬木地面。

a. 软木：软木地面多用于室外景观中的露台、花园、凉亭、人行步道以及室内要求安静和温暖的房间。

b. 硬木：硬木地面广泛用于住宅、宾馆、健身房、体育馆的比赛场、剧院舞台等建筑的楼地面。

② 木楼地面结构构造形式不同，有架空式、实铺式和粘贴式楼地面等（图 3-57）。

a. 架空式木地板：主要是指通过地垄或砖墩的支撑，使地面的搁栅架空搁置，地面下有足够的空间便于通风，以保持干燥，防止搁栅腐烂损坏。

b. 实铺式木地板：是将木搁栅直接固定在结构基层上。实铺式木地板用于地面标高已达到设计要求的场合。

c. 粘贴式木楼地面：是由粘结材料将木板条直接粘贴在水泥砂浆或混凝土基层上，并经刨光、打磨、油漆、打蜡成活。

③ 按照基层的不同，木地面又可分作木基层木地板和水泥砂浆基层木地板两类。

④ 按其使用的材质，木地面又可分为实木地板和复合木地板。实木地板是采用优质木材经加工处理制成的木地板，资源耗费较大。复合木地板是一种新型的地面装饰材料，系以优质木材为面层板，用阻燃型胶合板为底层，采用胶粘热压复合而成。

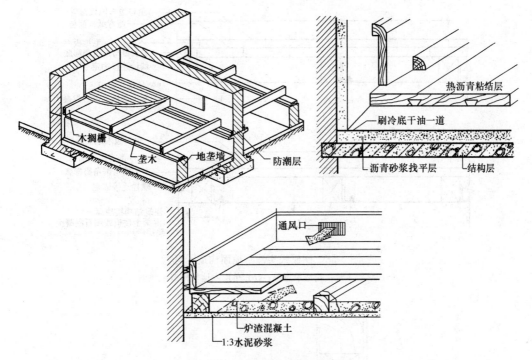

图 3-57　木楼地面结构构造形式

2）木地板的装饰构造

① 实铺式木地面

实铺式木地面指在实体基层上铺设的木地面，例如在钢筋混凝土楼板上或混凝土基层上直接做木地面。

实铺式木地面有搁栅式与粘贴式两种方法。

a. 搁栅式实铺木地面

木搁栅（木龙骨）式实铺木地面是指在地面的混凝土结构层上，以实铺木搁栅架空面层的构造方式。这种地面的面层板可分为单层或双层铺钉，如图 3-58 所示。

单层面层板做法是在固定的木搁栅上铺钉一层长条形硬木面板即可。双层做法是在木搁栅上先铺钉一层软质木毛板，然后在其上再铺一层硬木面板。双层做法承载力大，耐冲击性好，弹性也较大，是体育馆、健身房、舞台木地面的基本做法。

搁栅式实铺木地面构造工艺如下。

基层，防潮层：将地层的混凝土结构清理干净以后，一般要经过找平和防潮处理。找平可用质量比为 1∶3 的水泥砂浆或细石混凝土，厚度依结构层的状况为 20～50mm，同时设置搁栅固定点。对于预制预应力空心楼板或首层基底，可以通过垫层混凝土或豆石混凝土找平层，预埋镀锌钢丝或铁件。预埋方法如图 3-59 所示也可用膨胀螺栓固定铁件（钢角码），如图 3-60 所示。对于现浇钢筋混凝土楼板，可用预埋镀锌钢丝或铁件，预埋件中距为 800mm。

木搁栅：木搁栅是木楼地面的支撑骨架，起着固定和架空面层板的作用，其断面尺寸一般为 50mm×50mm 或 50mm×70mm，中距 400mm。为了木搁栅的稳定和增强整体性，

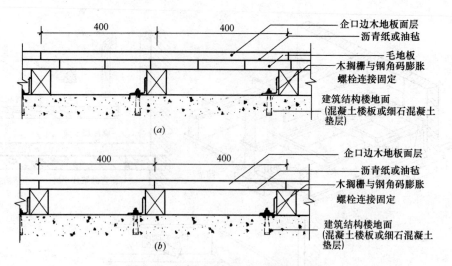

图 3-58 搁栅式实铺木地面构造示意
(a) 双层木地板构造示意图；(b) 单层木地板构造示意图

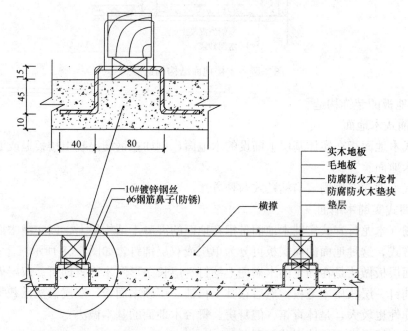

图 3-59 实铺木地板构造示意图

除了用钢丝等与基层固定点紧固外，在搁栅之间还要加设 50mm×50mm 断面横撑，中距 1200mm。为使木搁栅达到设计标高，必要时可以在搁栅下加木垫块，中距为 400mm。木搁栅和垫块应在使用前进行防腐处理，目前应用较多的防腐方式是涂刷氟化钠防腐剂。为了保证木搁栅层通风干燥，通常在木地板与墙面之间留有 20～30mm 的空隙，以利于通风防潮。也可在踢脚板或木地板上，设通风洞或通风箅子，如图 3-61 所示。

铺毛板：毛地板的铺设方向与面层地板的形式及铺设方法有关。当面层采用条形地板或硬木拼花地板以席纹方式铺设时，毛地板宜斜向铺设，与木搁栅的角度为 30°或 45°。当面层采用硬木拼地板且是人字纹图案时,则毛地板宜与木搁栅成90°垂直铺设。毛板还可以采用整张的细木工板或中密度板等材料。

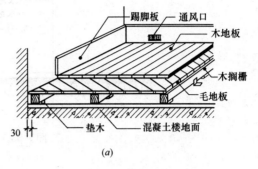

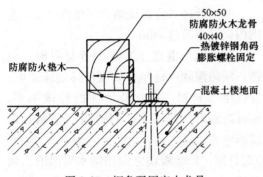

图3-60 钢角码固定木龙骨

图3-61 实铺木地板构造示意
(a) 铺实木板条毛地板;(b) 铺细木工板毛地板

铺面板:面板一般用铁钉固定。对于长条形面板的铺设方向,原则上顺光线方向铺设,面板铺至墙体立面时,应预留8～12mm的胀缩缝。用踢脚板覆盖收边。

面板的拼缝形式。主要有平口缝、裁口缝和企口缝等几种。如图3-62所示。

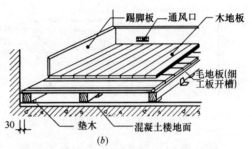

图3-62 木地板的拼缝形式
(a) 企口;(b) 裁口;(c) 平口;(d) 搭口

对于一些物理性能要求较高的木地面,还要在基层和面层之间添加一些保温、隔声材料,如干炉渣、膨胀珍珠岩、膨胀蛭石、矿棉毡,厚度为40mm,如图3-63所示,可以减小人在地面上行走时所产生的空鼓声。

b. 粘贴式实铺木地面

粘贴式实铺木地面是在钢筋混凝土楼板上做好找平层,然后用粘结材料将木板直接贴上(图3-64)。由于受找平基层平整度的影响,这种做法一般不适宜铺设长形面板,而多用于铺成拼花形式面板。

② 复合木地板

复合木地板面层有非常丰富的装饰色调和多种纹理的木纹面,很适合家居装饰及会议室、办公室、高洁净度试验室等公共建筑的地面铺设。

复合地板地面的构造工艺多通过板材本身槽榫间的胶接,直接敷铺于地面上,包括以下步骤。

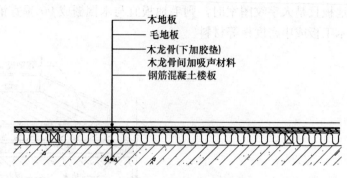

图 3-63 隔声楼面示意

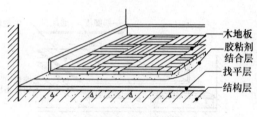

图 3-64 粘贴式木地板构造示意

基层处理：应保证地面平整度在 2m 范围内误差不超过 3mm。

当地面为混凝土、砖面等材料时，应铺一层防潮隔声地垫，如聚乙烯泡沫薄膜、波纹纸等材料，以弥补地面的轻微不平，还可防潮湿、降噪声，同时也会增加行走踩踏时的柔软之感。

铺贴地板块与基层面之间不需要胶、钉子或螺钉固定。地板块之间用防水聚醋酸乙烯粘结。浮铺到墙体等立面时，应预留 8~13mm 的缝隙，以防止其遇潮湿天气膨胀，这一点十分重要。

铺设面积较大（地板长块方向超过 8m 或宽度方向超过 8m）时要用过渡扣板。走廊通道每 10m 左右也要用过渡扣板。对较大空间如大厅或大报告厅等，每 100m² 左右也要用过渡扣板分隔，如图 3-65 所示。

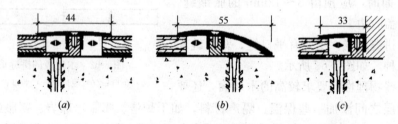

图 3-65 地板收口配件
(a) 过渡扣板；(b) 地板收口扣板；(c) 贴靠扣板

③ 架空式木地面

架空式木地面主要用地面标高与设计要求标高相差较大、希望装饰施工后在同一地面上形成较大的标高变化，如舞台、比赛场地等场合。另外，在建筑上为减少回填土方量，或者由于管道设备的架空和维修，需要有一定的敷设空间时，通常也采用架空式木地面。

架空式木地面的构造组成，如图 3-66 所示。主要有地垄墙（或砖墩）垫木、搁栅、剪刀撑及毛地板、面层板几个部分，其中毛地板与面层板的材料规格与铺钉方式与搁栅式实铺地面基本相同，下面只介绍其他部分的构造与工艺。

a. 地垄墙：一般采用砖砌筑，其厚度应根据架空的高度及使用条件来确定。垄墙与垄墙之间的间距，一般不宜大于 2m。在地垄墙上，要预留通风孔洞，使每道垄墙之间的架空层及整个木基层架空空间与外部之间均有良好的通风条件。一般垄墙上应在砌筑时留 120mm×120mm 的孔洞，外墙应每隔 3～5m 开设 180mm×180mm 的孔洞，并加封钢丝网罩。

b. 垫木：在地垄墙（或砖墩）与格栅之间，一般用垫木连接，垫木的厚度一般为 50mm。垫木与地垄墙的连接，通常用 8 号钢丝绑扎的方法，钢丝应预先埋设在地垄墙砌体中。垫木与砖砌体接触面应做防腐处理。

c. 木搁栅、剪刀撑木搁栅的作用主要是固定和承托面层。其断面尺寸的选择应根据地垄墙（或砖墩）的间距来确定。木搁栅的布置，是与地垄墙或砖墩成垂直方向安放，其间距一般为 400mm 左右，在铺设找平后与垫木钉牢。在架空式木基层中设置剪刀撑是一种增强整个地面的刚度、保证地面质量的构造措施。剪刀撑布置于木搁栅之间，其方法如图 3-67 所示。为了防腐，架空式木地面所用的垫木、木搁栅、剪刀撑、毛地板等木构件使用前均应进行防潮处理。

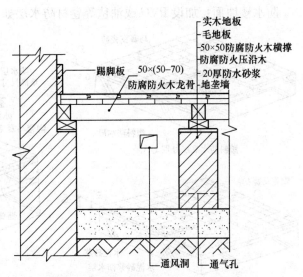

图 3-66 空铺木地板构造（常用于首层示意）

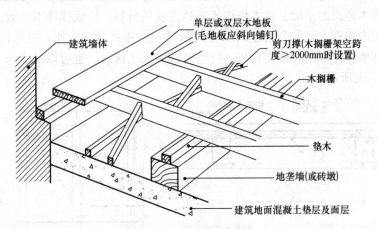

图 3-67 剪刀撑示意图

3. 其他楼地面构造

一些专用的地面形式及材料用来满足不同功能的需要，如防水楼地面、弹性楼地面、弹簧木地板、活动夹层地板楼地面、发光楼地面等。

（1）防水楼地面

处理方法：

1）铺设防水水泥砂浆防水层。

2) 铺贴油毡或 PVC 卷材防水层。

构造要求：

1) 防水层上卷至墙面不小于 100mm；
2) 浴室内防水层上卷至墙裙或顶棚。

防水楼地面：加设 PVC 或油毡等卷材防水层如图 3-68 所示。

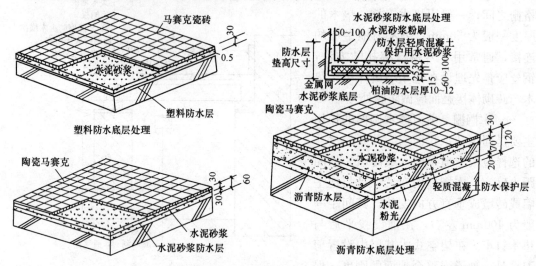

图 3-68 楼地面防水层做法

(2) 弹性木地面和弹簧木地面

某些专业性较强的木楼地面，如舞台、舞厅、练功房、比赛场等，弹性要求较高，可在搁栅式实铺木地面的基础上将木垫块换成弹性软质材料，构成弹性木地面。

弹性木地面构造上可分为衬垫式和弓式两类。衬垫式做法简便，可选用橡胶、软木、泡沫塑料或其他弹性好的材料作衬垫。衬垫可以做成块状的，也可以做成与木搁栅通长的条形，如图 3-69 所示。

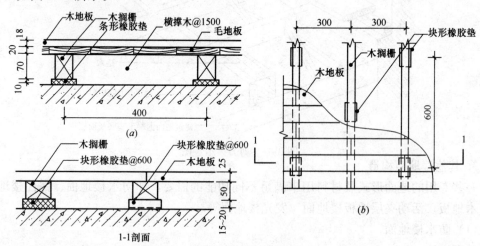

图 3-69 衬垫式弹性木楼地面构造示意
(a) 条形橡胶垫；(b) 块形橡胶垫

弓式有木弓和钢弓两种。这种地面的弹性实现主要依靠其扁担木弓或钢弓的弹性，如木弓式弹性地面，是利用木弓承托搁栅，木弓下设通长垫木，用螺栓或钢筋固定于结构层。木弓长1000～1300mm，高度根据弹性要求和材质并通过试验确定。木弓两端放置金属圆管作活动支点，上面再布置搁栅，最后铺钉毛板、油纸、面板，如图3-70所示。

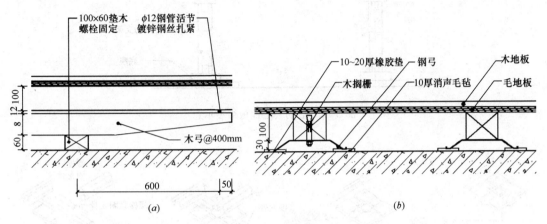

图3-70　弓式弹性木楼地面构造示意
(a) 钢弓式；(b) 木弓式

弹性木地面在构造上应注意周边与墙体和踢脚线要留出一定空隙，以保证其能自由振动，变形。如图3-71所示。

(3) 活动夹层地板楼地面

活动夹层地板楼地面又称"装配式地板"是由各种不同规格。不同型号和材质的面板配以龙骨、橡胶条和可供调节的金属支架等组成，如图3-72所示。

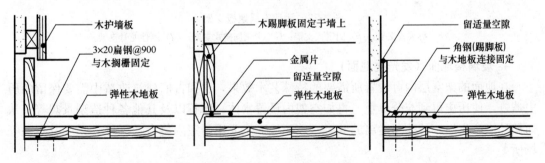

图3-71　弹性地面踢脚板的三种形式

活动夹层地板具有易安装调试，清理维修简便，其下可敷设管道和各种导线并可随意开启检查，迁移等特点，并且有特定的防静电、防辐射等功能，广泛适用于计算机房，仪表控制室、通讯中心、多媒体教室、医院等室内楼地面。活动地板构造简单，典型板块尺寸为457mm×457mm、600mm×600mm、762mm×762mm。支架有拆装式支架、固定式支架、卡锁搁栅式支架和刚性龙骨支架四种，如图3-73所示。活动夹层地板安装应尽可能与其他地面保持一致高度或留有一定的过渡空间。

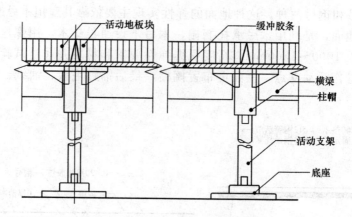

图 3-72 活动夹层地板组装示意

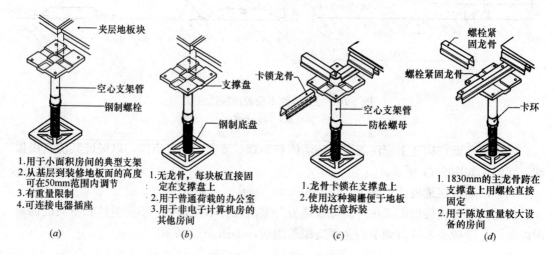

图 3-73 活动夹层地板支架
(a) 拆装式支架；(b) 固定式支架；(c) 卡锁搁栅式支架；(d) 刚性龙骨支架

4. 玻璃楼地面（发光楼地面）

在地面的架空层内可设置所需要的特殊艺术效果，比如古旧建筑改造中需要保留的历史遗迹，使历史得到充分尊重。再如空架内设置水体、卵石以及其他各种造型景观等，从而使环境产生出一种扑朔迷离的效果。玻璃地面主要用于室内舞台、展厅、餐厅及室外等场所。

（1）架空支撑结构：全透光形式，人们能看到玻璃地面内部的景物，此时通常应采用钢结构支撑；半透光形式只让人们看到可变换的光线，其支撑结构可采用混凝土支墩等。设计时应预留通风散热孔，做法是沿周边开设不小于 180mm×180mm 的通风孔洞，洞口用金属箅子与通风管相连，同时还要考虑维修灯具管线的方便，留有一定的操作距离。

（2）搁栅层：它的作用是固定和承托面层。搁栅层的材料可采用镀锌型钢、铝型材等。其断面尺寸的选择应根据支撑结构的间距来确定。

（3）灯具：冷光源。

（4）空钢化玻璃：半透明的发光地板面层可采用彩釉玻璃及玻璃砖等高强度、耐冲击、耐火材料。钢化玻璃厚度的选定由搁栅的单元面积大小决定，如图3-74~图3-76所示。

（5）细部处理：接缝处理（密封条、密封胶）、交接处的处理（不锈钢板压边、铜条）。

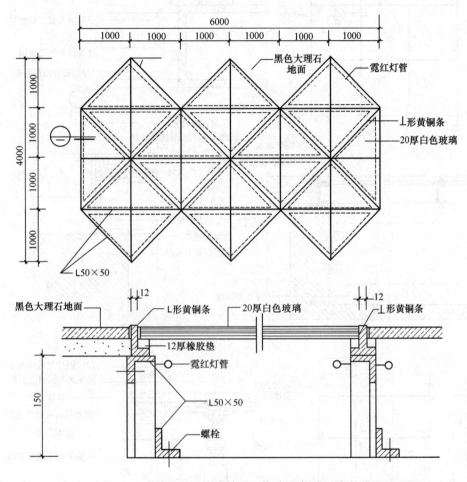

图3-74 发光楼地面构造示意图

3.2.3 室内墙、柱面的装饰构造

1. 抹灰类饰面饰面装饰构造

抹灰类饰面的构造层次及类型：

（1）抹灰类饰面的构造层次

抹灰类饰面的基本构造，一般分为底层抹灰、中间抹灰和面层抹灰三层，如图3-77所示。

底层是对墙体基层的表面处理，墙体基层材料的不同，处理的方法亦不相同。在我国北方，为提高外围护墙体的保温性能，节约能源，很多地方外围护墙都采用复合墙体。一般外保温多采用聚苯乙烯泡沫塑料板、保温砂浆等保温材料。在保温材料的外表面还应涂刷一层建筑胶，然后进行墙面抹灰，如图3-78所示。

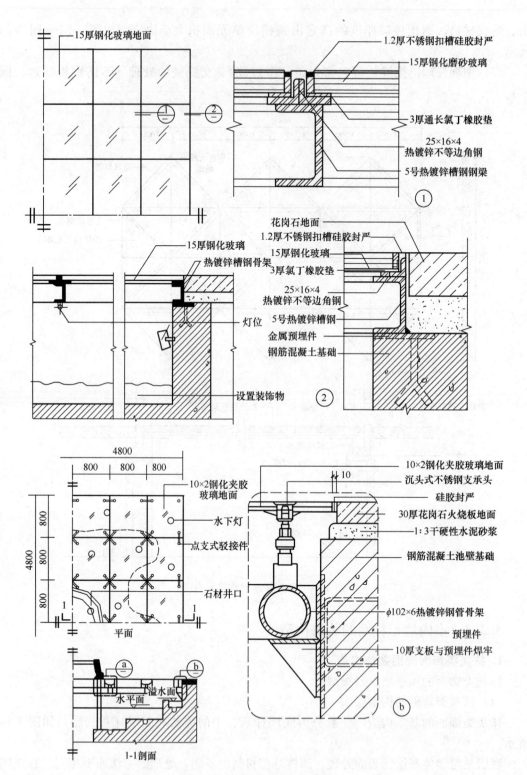

图 3-75 钢化玻璃地面构造示意

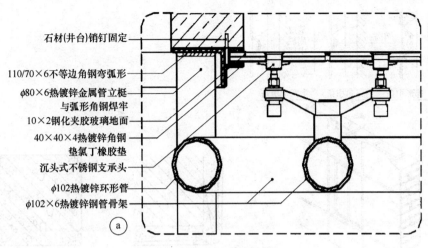

图 3-76 玻璃地面构造

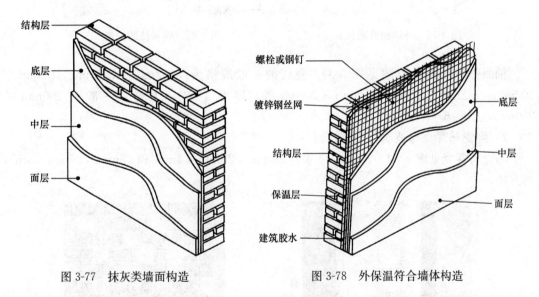

图 3-77 抹灰类墙面构造　　图 3-78 外保温符合墙体构造

（2）普通抹灰饰面构造

外墙面普通抹灰饰面构造如图 3-79 所示。

内墙面普通抹灰一般采用混合砂浆抹灰、水泥砂浆抹灰、纸筋麻刀灰抹灰和石灰膏灰罩面。对于室内有防潮要求的应用水泥砂浆抹灰，室内门窗洞口、内墙阳角、柱子四周等易损部位应用强度较高的 1:2 水泥砂浆抹出或预埋角钢做成护角，如图 3-80 所示。

2. 涂刷类墙面装饰构造

涂刷类墙面装饰的构造涂刷类饰面，是指将建筑涂料涂刷于构配件表面而形成牢固的膜层，从而起到保护、装饰墙面作用的一种装饰做法。涂刷类饰面的涂层构造，一般可以分为底层、中间层、面层三层。

3. 贴面类墙面装饰构造

（1）直接镶贴饰面基本构造

1）釉面砖（瓷砖）饰面

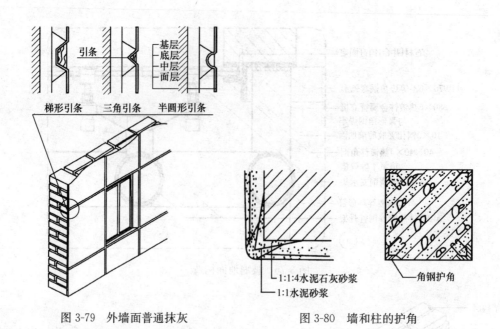

图 3-79 外墙面普通抹灰　　　　图 3-80 墙和柱的护角

釉面瓷砖装饰示意图见图 3-81。瓷砖的一般规格为：152mm×152mm、108mm×108mm、152mm×75mm、50mm×50mm 等，厚度 4～6，大瓷片一般为 200mm×300mm，厚度 6～8mm。

2）陶瓷马赛克与玻璃马赛克饰面

陶瓷马赛克见图 3-82。常见的尺寸为 20mm×20mm×4mm 和 25mm×25mm×4mm 的方块。

图 3-81 釉面瓷砖示意

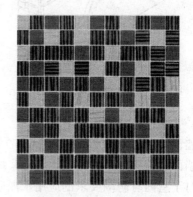
图 3-82 陶瓷马赛克

马赛克饰面构造如图 3-83 所示。

(2) 贴挂类饰面基本构造

贴挂类饰面，它是采用一定的构造连接措施，以加强饰面块材与基层的连接，与直接镶贴饰面有一定区别。常见的贴挂类饰面材料有天然石材，如花岗岩、大理石等；预制块，如预制水磨石板、人造石材等。

1）天然石材理石

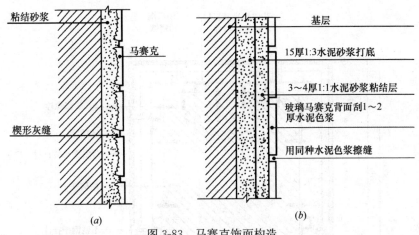

图 3-83 马赛克饰面构造
(a) 粘结状况；(b) 构造示意

① 大理石饰面

大理石饰面板材的安装方法有：湿法挂贴（贴挂整体法构造）、干挂固定（钩挂件固定构造）等构造方法。

a. 湿法挂贴（图 3-84、图 3-85）；
b. 干挂固定（图 3-86、图 3-87）。

② 花岗石饰面

天然花岗石装饰见图 3-88。

2) 预制板块材饰面

常用的预制板块材料，主要有水磨石、水刷石、斩假石、人造大理石等。预制板的面积一般在 $1m^2$ 左右，又有厚型与薄型之分，薄型的厚度为 30~40mm，厚型的厚度为 40~130mm。板内设有配筋，板的背面设

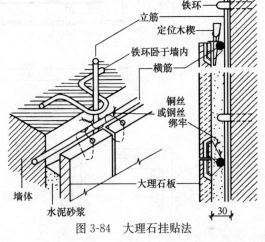

图 3-84 大理石挂贴法

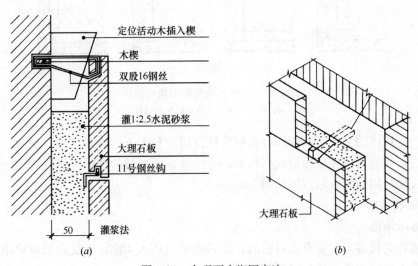

图 3-85 大理石木楔固定法

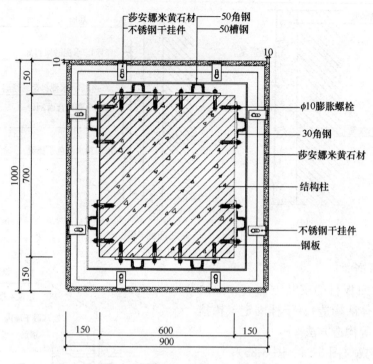

图 3-86 某柱干挂大理石构造平面示意图

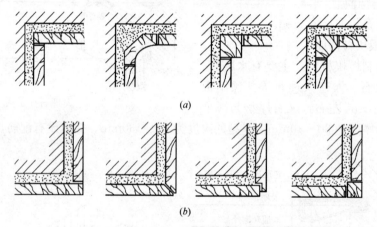

图 3-87 大理石墙面阴阳角的拼接
（a）阴角的拼接；（b）阳角的拼接

有铁件挂钩，块体的上、下两面留有孔槽作铁件固定和上下的接排之用。块材的两个边缘都做成凹线，安装后可使墙面呈现出较宽的分块缝，而块材的实际拼缝宽约 5mm。

预制板块材墙面构造示意图如图 3-89 所示。

4. 裱糊类墙面

（1）墙纸饰面

墙纸的种类较多，主要有普通墙纸、塑料墙纸（PVC 墙纸）、复合纸质墙纸、纺织纤维墙纸、彩色砂粒墙纸、风景墙纸等。

图 3-88 天然花岗石示意图

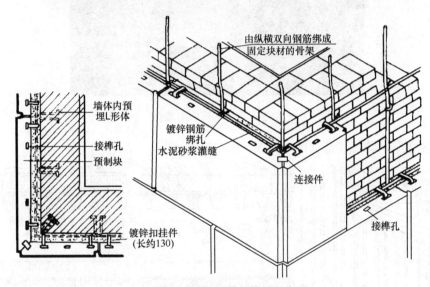

图 3-89 预制板材墙面构造示意图

（2）无纺墙布

无纺墙布是采用棉、麻等天然纤维或涤纶、腈纶等合成纤维，经过无纺成型、上树脂、印制彩色花纹而成的一种新型高级饰面材料。

墙纸墙布构造层次示意如图 3-90 所示。

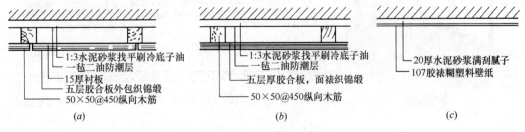

图 3-90 裱糊类饰面构造

(a) 分块式织锦缎；(b) 锦缎；(c) 塑料墙纸或墙布

5. 镶板类墙面装饰的构造

镶板类墙面，是指用竹、木及其制品，石膏板、矿棉板、塑料板、人造革、有机玻璃等材料制成的各类饰面板，利用墙体或结构主体上固定的龙骨骨架，形成的结构层，通过镶、钉、拼、贴等构造手法构成的墙面饰面。这些材料往往有较好的接触感和可加工性，所以大量地被建筑装饰所采用。

（1）竹木饰面见图 3-91。

图 3-91 竹木饰面示意图

（2）木条、竹饰面构造如图 3-92。

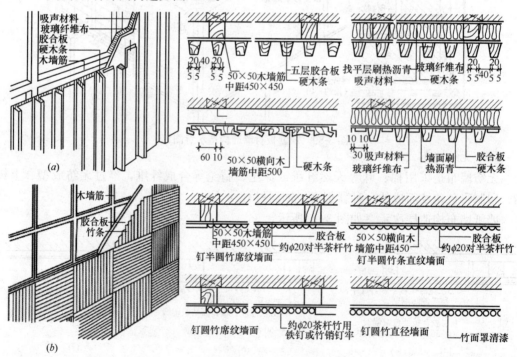

图 3-92 木条、竹条饰面构造
(a) 木条墙面；(b) 竹条墙面

(3) 石膏板、矿棉板、水泥刨花板

石膏板、矿棉板、采用木墙筋时，石膏板可直接用钉或螺钉固定，如图 3-93 所示。采用金属墙筋时，则应先在石膏板和墙筋上钻孔，然后用自攻螺钉拧上，如图 3-94 金属墙筋石膏板墙面示意图所示。

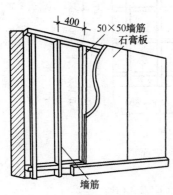

图 3-93 木墙筋石膏板墙面

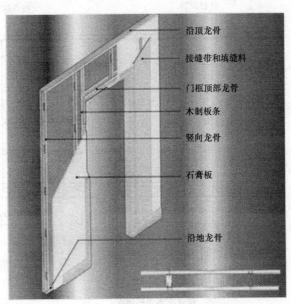

图 3-94 金属墙筋石膏板墙面图

(4) 皮革及人造革饰面

皮革或人造革墙饰面，具有质地柔软、保温性能好、能消声减振、易于清洁等特点，因此，健身房、练功房、练习室、幼儿园等要求防止碰撞的房间的凸出墙面或柱面；咖啡厅、酒吧、餐厅等公共场合的墙裙；录音棚、影剧院或电话亭等有一定消声要求的墙面经常采用皮革或人造革饰面（图 3-95）。皮革或人造革饰面构造如图 3-96 所示。

图 3-95 人造革软包饰面示意图

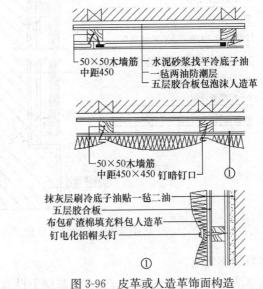

图 3-96 皮革或人造革饰面构造

无吸声层软包墙面的施工工艺流程为：墙内预留防腐木砖、抹灰、涂防潮层、钉木龙骨、墙面软包，其基本构造如图3-97无吸声层软包墙面构造图（立面）和图3-98无吸声层软包墙面构造图（剖面）所示。

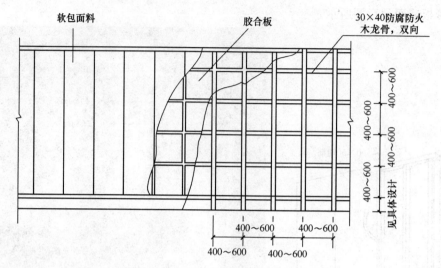

图3-97 无吸声层软包墙面构造图（立面）

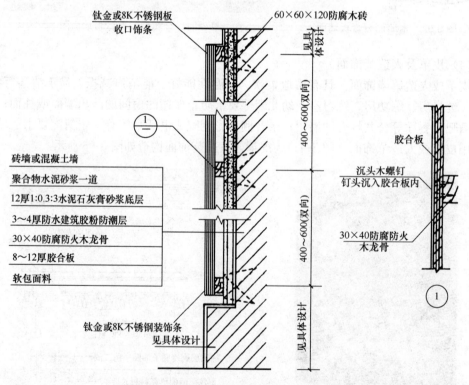

图3-98 无吸声层软包墙面构造图（剖面）

（5）玻璃墙面

玻璃墙面的构造方法是：首先在墙基层上设置一层隔汽防潮层，按采用的玻璃尺寸立木筋，纵横成框格，木筋上做好材板。固定的方法有两种：一种是在玻璃上钻孔，用螺钉直接钉在木筋上；另一种，是用嵌钉或盖缝条将玻璃卡住，盖缝条可选用硬木、塑料、金属（如不锈钢、铜、铝合金）等材料。其构造方法如图3-99所示。

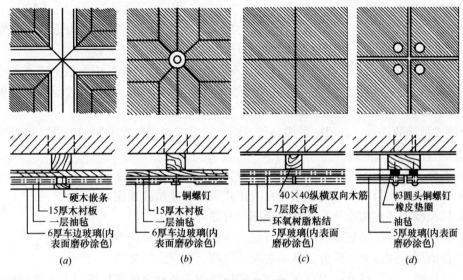

图3-99 玻璃墙饰面构造
(a) 嵌条；(b) 嵌钉；(c) 粘贴；(d) 螺钉

墙面装饰的基本功能是保护墙体、改善墙体的物理性能和美化装饰。墙体饰面的类型按材料和施工方法的不同可分为抹灰类、涂刷类、贴面类、裱糊类、镶板类、幕墙类等。其中裱糊类、镶板类应用于室内墙面，幕墙类应用于室外墙面，其他几乎可应用于室内、室外墙面。

3.2.4 室内顶面的装饰构造

顶棚是位于楼盖和屋盖下的装饰构造，又称天棚、天花板。顶棚的设计与选择要考虑到建筑功能、建筑声学、建筑热工、设备安装、管线敷设、维护检修、防火安全等综合因素。

1. 概述

(1) 顶棚的作用

1) 改善室内环境，满足使用功能

室内的照明、通风、保温、隔热、吸声或反射声、音响、防火等要求。

2) 装饰室内空间

从空间、光影、材质等方面，渲染环境，烘托气氛。

不同功能的房间对顶棚装饰的要求不相同。不同的处理方法，可取得不同的空间感觉。有的可以延伸和扩大空间感，对视觉起导向作用；有的可使人感到亲切、温暖、舒适，满足生理和心理需要。

建筑物的大厅、门厅是重点装饰部位，在顶棚的造型、材质、灯具上都要与室内的装饰风格和效果协调。

(2) 顶棚装修的分类

1) 按顶棚外观分：有平滑式顶棚、井格式顶棚、悬浮式顶棚、分层式顶棚等。

平滑式顶棚的特点：顶棚呈平直或弯曲状。常用于面积较小、层高较低、有较高清洁要求和光线反射的房间。

井格式顶棚的特点：根据楼板结构的主次梁将顶棚划分成格子。构造简单、外观简洁，可做成藻井式顶棚，装饰宴会厅、休息厅等。

悬浮式顶棚的特点：把各种不同材质、不同形状的材料悬挂在结构层下或平滑式顶棚下，形成搁栅式、井格状、自由状或有韵律感、节奏感的顶棚。可以通过反射和透射灯光产生特殊的效果。

分层式顶棚的特点：将顶棚做成高低不同、层次不同、角度不同的形状，可达到空间划分的效果。

2) 按施工方法分：抹灰刷浆类顶棚、裱糊类顶棚、贴面类顶棚、装配式板材顶棚等。

3) 按顶棚表面与结构层的关系分：直接式顶棚、悬吊式顶棚。

4) 按顶棚的基本构造分：无筋类顶棚、有筋类顶棚。

5) 按结构构造层的显露状况分：开敞式顶棚、隐蔽式顶棚等。

6) 按面层与搁栅的关系分：活动装配式顶棚、固定式顶棚等。

7) 按顶棚表面材料分：木质顶棚、石膏板顶棚、各种金属板顶棚、玻璃镜面顶棚等。

8) 按顶棚受力不同分：上人顶棚、不上人顶棚。

还有结构顶棚、软体顶棚、发光顶棚等。

2. 直接式顶棚的基本构造

直接在结构层底面进行喷浆、抹灰、粘贴壁纸、粘贴面砖、粘贴或钉接石膏板条与其他板材等饰面材料。结构顶棚也归于此类。

(1) 饰面特点

构造简单，构造层厚度小，可充分利用空间，装饰效果多样，用材少，施工方便，造价较低。但不能隐藏管线等设备。常用于普通建筑及室内空间高度受到限制的场所。

(2) 材料选用

1) 各类抹灰

纸筋灰抹灰、石灰砂浆抹灰、水泥砂浆抹灰等。普通抹灰用于一般房间，装饰抹灰用于要求较高的房间。

2) 涂刷材料

石灰浆、大白浆、色粉浆、彩色水泥浆、可赛银等。用于一般房间。

3) 壁纸等各类卷材

墙纸、墙布、其他织物等。用于装饰要求较高的房间。

4) 面砖等块材

常用釉面砖。用于有防潮、防腐、防霉或清洁要求较高的房间。

5) 各类板材

胶合板、石膏板、各种装饰面板等。用于装饰要求较高的房间。

还有石膏线条、木线条、金属线条等。

(3) 基本构造

1) 直接抹灰、喷刷、裱糊类顶棚
由底层、中间层、面层构成。
① 基层处理：
为了增加层与基层的粘结力，要对基层进行处理。
a. 刷一道纯水泥浆。
b. 钉一层钢板网。
② 底层：混合砂浆找平。
③ 中间层、面层的做法与墙面装饰技术相同。
2) 直接贴面类顶棚
材料：面砖等块材、石膏板或条。
① 基层处理：方法同直接抹灰、喷刷、裱糊类顶棚。
② 中间层：作用：保证必要的平整度。做法：5～8mm 厚水泥石灰砂浆。
③ 面层：
a. 面砖同墙面装饰构造。
b. 石膏板或条——在基层上钻孔；埋木楔或塑料胀管；在板或条上钻孔，木螺丝固定。
3) 直接固定装饰板材
① 铺设固定龙骨（搁栅）
a. 固定主龙骨：射钉固定、胀管螺栓固定、埋设木楔固定。
采用胀管螺栓或射钉将连接件固定在楼板上，龙骨与连接件连接。顶棚较轻时，采用冲击钻打孔，埋设锥形木楔的方法固定。
b. 固定次龙骨：钉在主龙骨上，间距按面板尺寸。
② 铺钉面板——面板钉接在次龙骨上。
③ 板面修饰——与吊顶饰面相同。
4) 结构顶棚装饰构造
利用楼层或屋顶的结构构件作为顶棚装饰。
① 形式——网架结构、拱结构、悬索结构、井格式梁板结构等。
② 加强装饰手法——调节色彩、强调光照效果、改变构件材质、借助装饰品等。

3. 悬吊式顶棚的基本构造
（1）饰面特点
可埋设各种管线，可镶嵌灯具，可灵活调节顶棚高度，可丰富顶棚空间层次和形式等。
顶棚内部的空间高度，根据结构构件高度及上人、不上人确定。为节约材料和造价，应尽量做小，若功能需要，可局部做大，必要时要铺设检修走道。
（2）构造组成与所用材料
构造组成：基层、面层、吊筋。
1) 基层
① 组成——主龙骨、次龙骨（承受顶棚荷载，并通过吊筋传递给楼板或屋面板）。
② 材料——木基层、金属基层。

a. 木基层

由主龙骨、次龙骨组成。主龙骨间距1.2～1.5m，与吊筋钉接或栓接；次龙骨间距依面层而定，用方木挂钉在主龙骨底部，钢丝绑扎。

若面层为抹灰，则次龙骨间距一般为400～600mm；若面层为板材，则次龙骨通常双向布置。

这类基层耐火性较差，多用于造型特别复杂的顶棚。

b. 金属基层

有轻钢基层和铝合金基层（图3-100）：

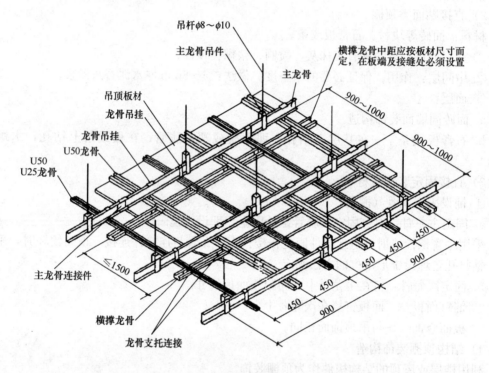

图3-100 轻钢龙骨吊顶结构示意图

U形轻钢龙骨基层——采用断面为U形的龙骨系列。由大龙骨、中龙骨、小龙骨横撑龙骨及各种连接件组成。大龙骨分为三种：轻型大龙骨，不上人；中型大龙骨，可偶尔上人；重型大龙骨，可上人。

L形、T形铝合金基层——采用断面为L形和T形的龙骨。由大龙骨、中龙骨、小龙骨、边龙骨及各种连接件组成。大龙骨也分为轻型系列、中型系列、重型系列。

构造：

主龙骨用吊件吊杆固定；次龙骨和小龙骨用挂件与主龙骨固定；横撑龙骨撑住次龙骨。

顶棚荷载较大，或悬吊点间距很大，或在特殊环境下，必须采用普通型钢做基层，如角钢、槽钢、工字钢等。

2）顶棚面层

面层的作用：装饰室内空间，还有吸声、反射声等特殊作用。

面层的构造设计要结合灯具、风口等进行布置。

顶棚面层分类：抹灰类、板材类、格栅类。

常用装饰板材和装饰吸声板作面层。

3）顶棚的吊筋

作用：承受顶棚荷载，并传递给屋面板、楼板、屋顶梁、屋架等结构层；调整顶棚空间高度。

材料：采用钢筋、型钢、木方等。钢筋用于一般顶棚；型钢用于重型顶棚，或整体刚度要求特高的顶棚；木方用于木基层顶棚，用金属连接件加固。

（3）基本构造

1）吊杆与吊点的设置

① 吊点间距：900~1200mm。

② 吊点连接件固定：预埋铁件焊接；预留钢筋吊钩；预留吊筋；射钉固定吊环板或型钢。

③ 吊杆与吊点连接：焊接、钩挂等。

④ 吊点增设位置：a. 吊顶龙骨断开处；b. 吊顶高度、荷载变化处。

2）龙骨的布置与连接

① 龙骨的布置

控制整体刚度：调整龙骨断面尺寸和吊点间距。

控制标高和水平度：顶棚标高以吊筋和主龙骨的标高调整。顶棚跨度较大时，中部要适当起拱，才能保持顶棚的水平度，顶棚跨度 7~10m 时，按 3/1000 起拱；跨度 10~15m 时，按 5/1000 起拱。

龙骨的相互位置关系：主龙骨与次龙骨垂直；次龙骨与横撑龙骨垂直。

龙骨布置应考虑顶棚造型需要；吸顶灯具及风口应留出足够位置。

② 龙骨连接构造

主龙骨与吊杆连接：螺栓连接；吊件钩挂；绑扎吊挂。

主龙骨与次龙骨连接：挂件连接；吊木钉接。

3）饰面层的连接

① 抹灰类顶棚

在骨架上钉木板条，或钢丝网，或钢板网；做抹灰层；再进行贴面、裱糊饰面。

② 板材类面层

面板与骨架连接：连接件、紧固件、连接材料。

面板与金属基层连接：自攻螺钉、卡入式。

面板与木基层连接：木螺钉、圆钉。

钙塑板、矿棉板与 U 形龙骨连接：胶粘剂。

搁置面板：不需连接。

面板拼缝形式：对缝、凹缝、盖缝、边角处理。

4. 抹灰类吊顶的装饰构造

（1）板条抹灰顶棚

特点是构造简单、造价低，但易脱落、耐火性差。

构造做法：基层一般采用木龙骨；龙骨下钉毛板条，板条间隙 8～10mm，以便抹灰嵌入；板条上做底层、中层和面层抹灰。

构造要求：板条间留缝隙；板条两端应固定；板条接头缝应错开。

(2) 钢板网抹灰顶棚

特点是耐久性、防振性、耐火性较好。

构造组成：金属龙骨、钢筋网架、钢板网、抹灰层。

构造做法：基层采用金属骨架；骨架上衬垫一层钢筋网架；网架上绑扎固定钢板网；钢板网上抹灰。

(3) 板条钢板网抹灰

构造组成：木龙骨、木板条、钢板网、抹灰层。

5. 板材类吊顶的装饰构造

板材类吊顶的面层材料有实木板、胶合板、纤维板、钙塑板、石膏板、塑料板、硅钙板、矿棉吸声板、铝合金等金属板材。

基本构造：在结构层上用射钉等固定吊筋；将主龙骨固定在吊筋上；次龙骨固定在主龙骨上；再用钉接或搁置的方法固定面层板材。

(1) 木质顶棚的装饰构造

木质顶棚的面层材料是实木条板和各种人造板（胶合板、木丝板、刨花板、填芯板等）。

特点是构造简单、施工方便、具有自然、亲切、温暖、舒适的感觉。

(2) 实木条板顶棚

实木顶棚基本构造：结构层下间距 1m 左右固定吊杆；吊杆上固定主龙骨；面层条板与主龙骨呈垂直状固定。

实木条板的拼缝形式有企口平铺、离缝平铺、嵌榫平铺、鱼鳞斜铺等。

(3) 人造木板顶棚

基本构造：结构层下固定吊杆；龙骨呈格子状固定在吊杆下，分格大小与板材规格协调；面板与龙骨固定。

人造板材的铺设视板材厚度、饰面效果而定。较厚的板材（胶合板、填芯板）直接整张铺钉；较薄的板材宜分割成小块的条板、方板或异形板铺钉，以免凹凸变形。

(4) 石膏板顶棚

饰面特点：自重轻、耐火性能好、防震性能好、施工方便等。

面板材料：普通纸面石膏板、防火纸面石膏板、石膏装饰板、石膏吸声板等。

构造组成：轻钢龙骨、大块纸面石膏板、饰面层。

纸面石膏板可直接搁置在倒 T 形的方格龙骨上，也可用螺钉固定。大型纸面石膏板用螺钉固定后，可刷色、裱糊墙纸、贴面层或做竖条和格子等。

无纸面石膏板多为 500mm 见方，有光面、打孔、各种形式的凹凸花纹。安装方法同纸面石膏板。

(5) 矿棉纤维板和玻璃纤维板顶棚

这类顶棚具有不燃、耐高温、吸声的性能，适合有防火要求的顶棚。板材多为方形和矩形，一般直接安装在金属龙骨上。

构造方式：暴露骨架（明架）、部分暴露骨架（明暗架）、隐蔽骨架（暗架）。

暴露骨架的构造是将方形或矩形纤维板直接搁置在倒T形龙骨的翼缘上。

部分暴露骨架的构造是将板材两边做成卡口，卡入倒T形龙骨的翼缘中，另两边搁置在翼缘上（图3-101）。

隐蔽式骨架是将板材的每边都做成卡口，卡入骨架的翼缘中（图3-102）。

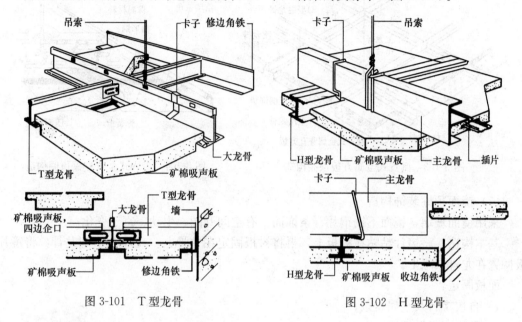

图3-101　T型龙骨　　　　　　　　图3-102　H型龙骨

（6）金属板顶棚

采用铝合金板、薄钢板等金属板材面层的顶棚。

铝合金板表面作电化铝饰面处理，薄钢板表面可用镀锌、涂塑、涂漆等防锈饰面处理。金属板有打孔和不打孔的条形、矩形等型材。

特点是自重小、色泽美观大方，具有独特的质感，平挺、线条刚劲明快，而且构造简单、安装方便、耐火、耐久。

1）金属条板顶棚

条板呈槽形，有窄条、宽条。条板类型和龙骨布置方法不同，可做成各式各样的变化效果。

按条板的缝隙不同有开放型和封闭型。开放型可做吸声顶棚，封闭型在缝隙处加嵌条或条板边设翼盖。

金属条板与龙骨相连的方式有卡口和螺钉两种。条板断面形式很多，配套龙骨及配件各产家自成系列。条板的端部处理依断面和配件不同而异。

金属条板顶棚一般不上人。若考虑上人维修，则应按上人吊顶的方法处理，加强吊筋和主龙骨来承重。

2）金属方板顶棚装饰构造

金属方板装饰效果别具一格，易于同灯具、风口、喇叭等协调一致，与柱边、墙边处理较方便，且可与条板形成组合吊顶，采用开放型，可起通风作用。

安装构造有搁置式和卡入式两种。搁置式龙骨为T型，方板的四边带翼缘搁在龙骨翼缘上（图3-103）。卡入式的方板卷边向上，设有凸出的卡口，卡入有夹翼的龙骨中（图3-104）。方板可打孔，也可压成各种纹饰图案。

金属方板顶棚靠墙边的尺寸不符合方板规格时，可用条板或纸面石膏板处理。

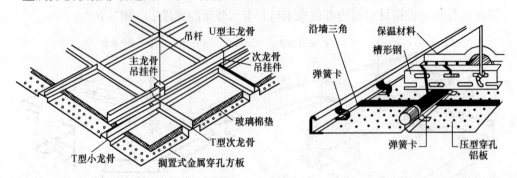

图3-103 搁置式金属方板顶棚构造　　　图3-104 卡入式金属方板顶棚构造

（7）镜面顶棚装饰构造

采用镜面玻璃，镜面不锈钢片、条饰面。有空间开阔、生动、富于变化。

基本构造：将镜片粘贴在衬板上，再将衬板固定在龙骨上。或采用T型龙骨，将镜片板搁置在龙骨翼缘上。

面板固定：

1）自攻螺钉及金属压条；

2）抛光不锈钢螺钉；

3）直接搁置。

6. 开敞式吊顶的装饰构造

（1）饰面特点

这种顶棚由藻井式顶棚演变而成，表面开敞，具有既遮又透的效果，有一定的韵律感，减少了压抑感，又称搁栅吊顶。

这种顶棚采用单体构件组合而成，或将构件和灯具、装饰品等结合形成，既可作自然采光顶棚，又可作人工照明顶棚，即可与T型龙骨分格安装，又可大面积组装。

由于上部空间是敞开的，设备及管道均可看见，所以要采用灯光反射和将设备管道刷暗色进行处理。

（2）单体构件的种类与连接构造

单体构件从制作的材料分，有木制格栅构件、金属格栅构件、灯饰构件及塑料构件等。木制构件和金属构件较常用。

单体构件的连接通常是采用插接、挂接、榫接的方式。不同的连接方法会产生不同的组合方式和造型。

（3）开敞式顶棚的安装构造

1）单件吊挂（图3-105）

① 单体构件安装在骨架上，骨架再与吊杆连接。

② 单体构件直接与吊杆连接后吊挂。

2）整体吊挂（图 3-106）

单体构件连成整体；再与通长钢管或 T 型龙骨挂接；再连接吊杆。

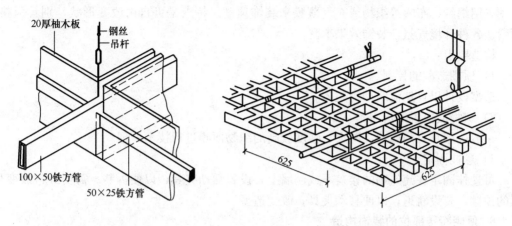

图 3-105 单体吊挂示意图　　　图 3-106 整体吊挂示意图

7. 其他顶棚的装饰构造

（1）装饰网架顶棚

采用不锈钢管、铜合金管等材料制成。具有造型简洁新颖、结构韵律美、通透感强等特点，但造价较高。也可在网架顶部设镜面玻璃，在网架内设灯具，可丰富顶棚装饰效果。

构造要点：

1）网架杆件组合形式与杆件之间的连接

装饰网架一般不是承重网架，所以构件组合形式可根据装饰要求来设计布置。

杆件之间连接：采用承重结构网架相类似的节点球连接；或直接焊接后再用薄板包裹。

2）装饰网架与主体结构的连接

① 预埋铁件

② 射钉固定连接板

（2）发光顶棚

顶棚饰面板采用有机灯光片、彩绘玻璃等透光材料。特点是整体透亮，光线均匀，减少压抑感，且彩绘玻璃图案丰富、装饰效果好。但大面积使用时，耗能较多，且技术要求较高，占据较多的空间高度。

构造要点：

1）透光饰面材料固定

一般采用搁置、承托、螺钉、粘贴等方式与龙骨连接。采用粘贴时应设进人孔和检修走道。

2）顶棚骨架布置

为了分别支承灯座和面板，骨架必须设置两层，上下层之间用吊杆连接。

3）顶棚骨架与主体结构连接

将上层骨架用吊杆与主体结构连接，构造做法同一般吊顶。

（3）软质顶棚

采用绢纱、布幔等织物或充气薄膜来装饰顶棚。特点是可自由改变形状，别具风格，可营造各种环境气氛，装饰效果丰富。

构造要点：

1）顶棚造型的控制

造型设计以自然流线型为主体。

2）织物或薄膜的选用

一般选用具有耐腐蚀、防火、强度较高的织物薄膜进行技术处理。

3）悬挂固定

可悬挂固定在建筑物的楼盖下或侧墙上，设置活动夹具，以便拆装。需要经常改变形状的顶棚，要设轨道，以便移动夹具，改变造型。

8．顶棚特殊部位的装饰构造

（1）顶棚端部的构造处理

指顶棚与墙体交接部位。

顶棚边缘与墙体固定因吊顶形式不同而异，通常采用在墙内预埋铁件或螺栓、预埋木砖、射钉连接、龙骨端部伸入墙体等构造方法。

端部造型处理有凹角、直角、斜角等形式。

直角时要用压条处理，压条有木制和金属。

（2）迭级顶棚的高低交接构造处理

主要是高低交接处的构造处理和顶棚的整体刚度。

作用：限定空间、丰富造型、设置音响、照明等设备。

构造做法：附加龙骨、龙骨搭接、龙骨悬挑等。

（3）顶棚检修孔及检修走道的构造处理

1）检修孔

设置要求：检修方便，尽量隐蔽，保持顶棚完整。

设置方式：活动板进人孔、灯罩进人孔。

对大厅式房间，一般设不少于两个的检修孔，位置尽量隐蔽。

2）检修走道

检修走道的设置要靠近灯具等需维修的设施。

设置形式：主走道、次走道、简易走道。

构造要求：设置在大龙骨上，并增加大龙骨及吊点。

（4）灯饰、通风口、扬声器与顶棚的连接构造

灯饰、通风口、扬声器有的悬挂在顶棚下，有的嵌入顶棚内，其构造处理不同。

构造要求：设置附加龙骨或孔洞边框；对超重灯具及有振动的设备应专设龙骨及吊挂件；灯具与扬声器、灯具与通风口可结合设置。

嵌入式灯具及风口、扬声器等要按其位置和外形尺寸设置龙骨边框，用于安装灯具等及加强顶棚局部，且外形要尽量与周围的面板装饰形成统一整体。

（5）顶棚反光灯槽构造处理

反光灯槽的造型和灯光可以营造特殊的环境效果，其形式多种多样。

设计时要考虑反光灯槽到顶棚的距离和视线保护角（图 3-107），且控制灯槽挑出长度与灯槽到顶棚距离的比值。同时，还要注意避免出现暗影。

3.2.5 室内常用门窗的装饰构造

1. 门窗的分类

门窗按启闭方式分为平开门窗、推拉门窗、旋转门窗、固定窗、悬窗、百叶窗和纱窗等，见图 3-108、图 3-109。

按门窗的功能不同可分为普通门窗、隔声门窗、防火门窗、防水防潮门窗、保温门窗和防爆门窗等。

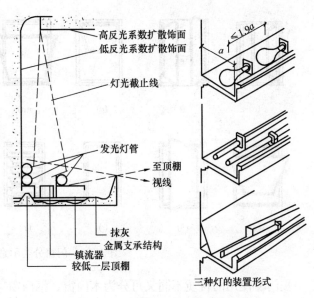

图 3-107 反光灯槽光源布置示意图

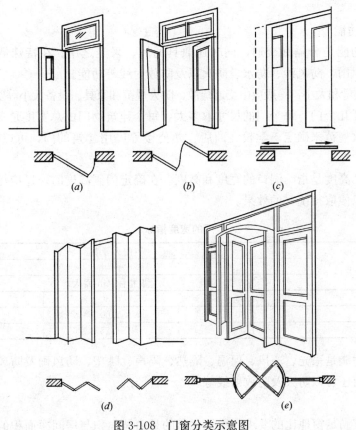

图 3-108 门窗分类示意图

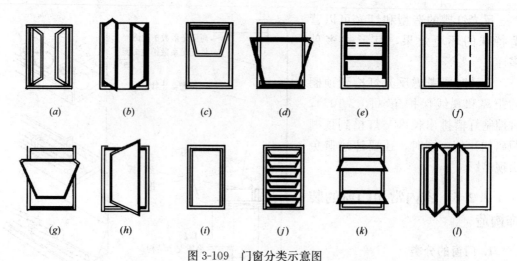

图 3-109 门窗分类示意图

按门窗使用的材质不同又可分为木门窗、钢门窗、铝合金门窗、塑料门窗和复合材料门窗等。

按门窗扇多少和门窗框构造可分为单扇门窗、双扇门窗和多扇门窗,有固定扇门窗、无固定扇门窗,有带亮子门窗和不带亮子门窗。

推拉门窗的门窗扇可沿左右方向推拉启闭,分为明式推拉、内藏推拉和垂直推拉三种。

2. 门窗的功能

门的主要功能是分隔和交通,同时还兼具通风、采光之用。在特殊情况下,又有保温、隔声、防风雨、防风沙、防水、防火以及防放射线等功能。

门的开设数量和大小,一般应由交通疏散、防火规范和家具、设备大小等要求来确定。

一个房间开几个门,每个门的尺寸取多大,每个建筑物门的总宽度是多少,应按交通疏散要求和防火规范来确定。学校、商店、办公楼等民用建筑的门,可以按表 3-11 的规定选取。

门的宽度和高度是指门洞口的宽度和高度。在确定门洞高度时,还应尽可能使门窗顶部高度一致,以便取得统一的效果。

门的宽度指标   表 3-11

层数	耐火等级		
	一、二级	三级	四级
	宽度指标(m/百人)		
一、二层	0.65	0.80	1.00
三层	0.80	1.00	—
三层以上	1.00	1.25	—

窗的主要功能是采光、通风、保温、隔热、隔声、眺望、防风雨及防风沙等。有特殊功能要求时,窗还可以防火及防放射线等。

(1)采光

窗的大小应满足窗地比的要求。窗地比指的是窗洞面积与房间净面积的比值。采光标准见表 3-12。

窗的透光率是影响采光效果的重要因素。透光率是指窗玻璃面积与窗洞口面积的比值。

采光标准　　　　　　　　　　　　　　　表 3-12

等　级	采光系数	运用范围
Ⅰ	1/4	博览厅、制图室等
Ⅱ	1/5～1/4	阅览室、试验室、教室等
Ⅲ	1/6	办公室、商店等
Ⅳ	1/8～1/6	起居室、卧室等
Ⅴ	1/10～1/8	采光要求不高的房间，如盥洗室、厕所等

（2）通风

在确定窗的位置及大小时，应尽量选择对通风有利的窗型及合理的布置，以获得较好的空气对流。

（3）围护功能

窗的保温、隔热作用很大。窗的热量散失，相当于同面积围护结构的 2～3 倍，占全部热量的 1/4～1/3。窗还应注意防风沙、防雨淋。窗洞面积不可任意加大，以减少热损耗。

（4）隔声

窗是噪声的主要传入途径。一般单层窗的隔声量为 15～20dB，约比墙体隔声少 3/5。双层窗的隔声效果较好，但应该慎用。

（5）美观

窗的式样在满足功能要求的前提下，力求做到形式与内容的统一和协调。同时，还必须符合整体建筑立面处理的要求。

窗的尺寸应符合模数制的有关规定。

3. 普通门窗的基本构造

（1）木门窗及其构造

1）木门的构造

木门是由门框和门扇两部分组成。各种类型木门的门扇样式、构造做法不尽相同，但其门框却基本一样。

门框分有亮子和无亮子两种。

① 门框

门框冒头与边梃的结合，通常在冒头上打眼，在边梃端头开榫。

有门上亮子的门框，应在门扇上方设置中贯档。门框边框与中贯档的连接，是在边梃上打眼，中贯档的两端开榫，见图 3-110 所示。

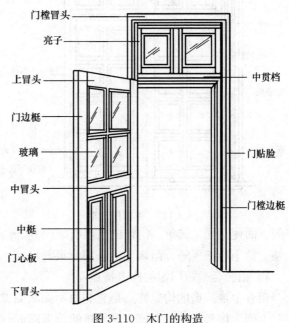

图 3-110　木门的构造

② 门扇

门扇按其骨架和面板拼装方式，一般分为镶板式门扇和贴板式门扇。镶板式的面板一般用实木板、纤维板、木屑板等。贴板门的面板通常采用胶合板和纤维板等。见图 3-111 所示。

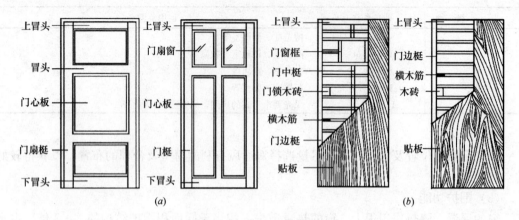

图 3-111　木门扇的构造
(a) 镶板门扇的构造；(b) 贴板门扇的构造

2) 木窗的构造

木窗由窗框、窗扇和各种五金配件组成。窗扇为窗的通风、采光部分，一般都安装各种玻璃。木窗的基本构造见图 3-112 和图 3-113。

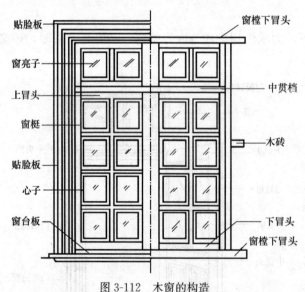

图 3-112　木窗的构造

① 窗框

窗框的连接方式与门框相似，也是在窗冒头两端做榫眼，边梃上端开榫头。

② 窗扇

窗扇的连接构造与木门略同，也是采用榫结合方式，榫眼开在窗梃上，在上、下冒头的两端做榫头。

(2) 铝合金门窗的构造

铝合金门窗框料的组装是利用转角件、插接件、紧固件组装成扇和框。

铝合金门窗框的组装多采用直插，很少采用 45°斜接，直插较斜接牢固、简便，加工简单。门窗的附件有导向轮、门轴、密封条、密封垫、橡胶密封条、开闭锁、拉手、把手等。门扇均不采用合页开启。

1) 铝合金推拉门窗的构造特点

铝合金推拉窗的构造特点是它们由不同断面型材组合而成。

上框为槽形断面，下框为带导轨的凸形断面，两侧竖框为另一种槽形断面，共 4 种型

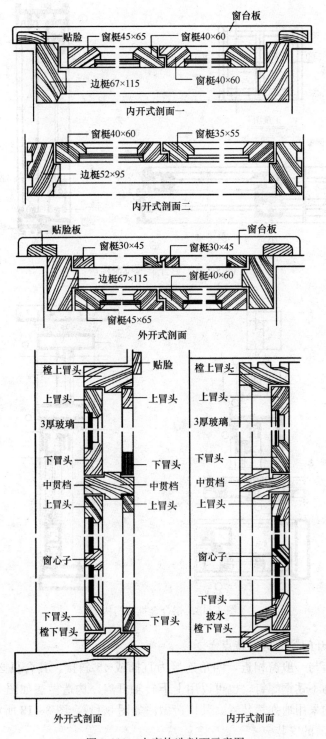

图 3-113 木窗构造剖面示意图

材组合成窗框与洞口固定。塑料垫块是闭合时作窗扇的定位装置,如图 3-114 所示。

铝合金推拉门多用于内门,其构造见图 3-115。

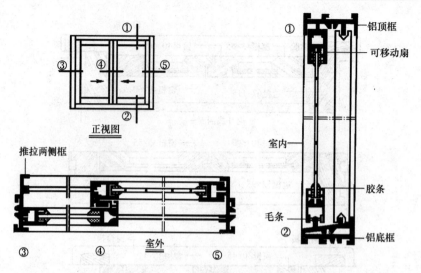

图 3-114 铝合金推拉窗构造

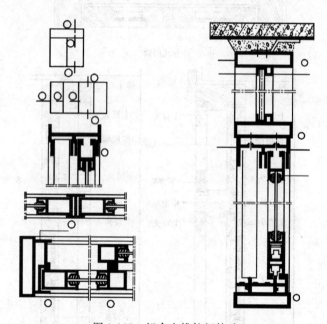

图 3-115 铝合金推拉门构造

2) 铝合金平开门窗的构造特点

平开窗的构造与一般窗相近，四角连接为直插或 45°斜接，其合页必须用铝合金、不锈钢合页，螺钉为不锈钢螺钉，也可以用上下转轴开启，构造做法如图 3-116 所示。铝合金平开门的开启均采用地弹簧装置。其构造做法如图 3-117、图 3-118 所示。

3) 铝合金门窗的安装

铝合金门窗框与洞口的连接采用柔性连接，门窗框的外侧用螺钉固定着不锈钢锚板，当外框与洞口安装时，经校正定位后锚板即与墙体埋件焊牢，使窗固定，或用射钉将锚板钉入墙体。在框的外侧与墙体之间的缝隙内填沥青麻丝，外抹水泥砂浆填缝，表面用密封

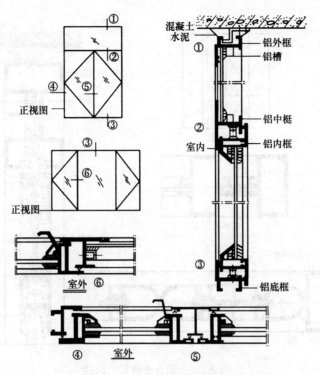

图 3-116 铝合金平开窗构造

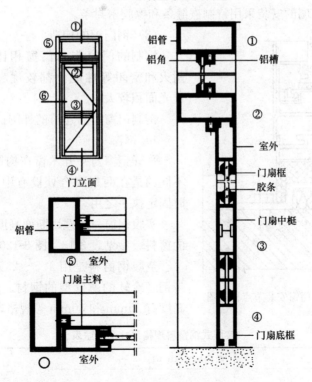

图 3-117 铝合金平开门构造

膏嵌缝。其构造做法如图 3-119 所示。

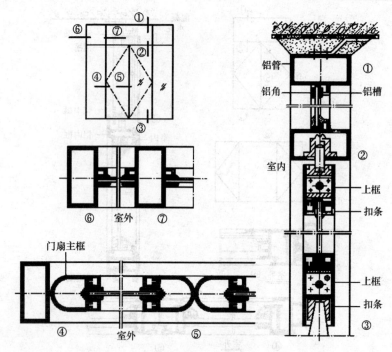

图 3-118　铝合金弹簧门构造

铝合金门窗玻璃的安装采用特制嵌缝条和橡胶密封条。

(3) 钢门窗的构造

钢制的门窗与木门窗相比，在坚固、耐久、耐火和密闭等性能上都较优越，而且节约木材，透光面积较大。

钢制门窗作为建筑的外围护构件已较为普遍。

1) 钢窗

平开钢窗与平开木窗在构造组成上基本相同，不同的是在两扇闭合处设有中竖框作为关闭窗扇时固定执手之用。

实腹钢窗一般选用断面高度为 25mm 及 32mm 的窗料。参见表 3-13、图 3-120、图 3-121。

空腹钢窗料是用 1.5～2.5mm 厚的普通低碳带钢经冷轧的薄壁型的钢材。空腹式钢窗料断面高度有 25mm 和 30mm 等规格，参见图 3-122。

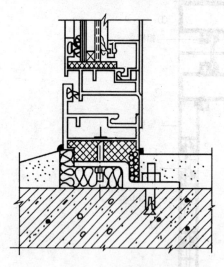

图 3-119　铝合金门窗安装节点构造图

实腹式钢窗料规格尺寸及用途表　　表 3-13

窗料代号	断面尺寸 (mm)			用　途
	a	b	c	
3211	31	32	4	窗边框料、固定窗料
4001	34.5	40	4.5	

续表

窗料代号	断面尺寸（mm）			用 途
	a	b	c	
2502	32	25	3	平开窗扇料、中悬窗下部扇料、上悬窗扇料
3202	31	32	4	
4002	34.5	40	4.5	
2503	32	25	3	中悬窗上部扇料
3203	31	32	4	
4003	34.5	40	4.5	
3205	47	32	4	平开窗中横框、中竖框、固定窗料
2507b	25	25	3	固定窗料、窗芯料
3507a	35	20	3	固定窗料、组合窗拼料
5007	50	22	4	
3208	32	11	3	披水条

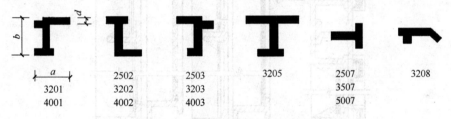

图 3-120 实腹钢窗料断面形状及规格

2）钢门

平开实腹钢门的门扇骨架由型钢构成。平开实腹钢门有一般门和防风沙门两种。实腹钢门也可做成带侧挂的。

平开空腹钢门的骨料是由普通碳素钢经轧制后高频焊接而成。平开空腹钢门分有框钢门和无框钢门两种。门扇可为全板（1mm 厚冷轧冲压槽形钢板）、板上镶玻璃与通风百叶或全百叶等。

3）钢门窗的组合及其连接构造

大面积的钢门窗可用基本单元进行组合。

组合时，各基本单元之间须插入 T 型钢、钢管、角钢或槽钢等作为支承构件，这些支承构件须与墙、柱、过梁等牢固连接，然后各门窗基本单元再和它们用螺钉拧紧，缝隙用油灰嵌实，见图 3-123。

4）钢门窗的安装

标准钢门窗的尺寸一般以洞口尺寸为标志尺寸，构件与洞口之间留有 10～20mm 灰缝

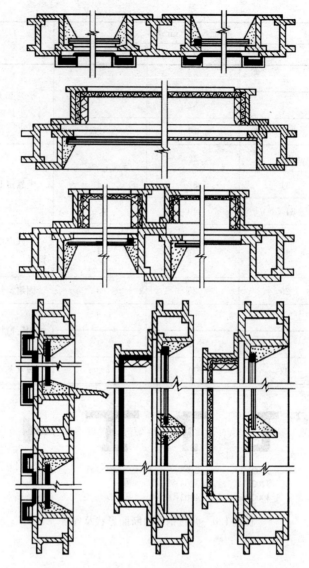

图 3-121 实腹钢窗

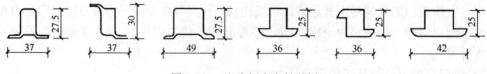

图 3-122 空腹钢窗窗料举例

宽度，须用砂浆填塞。如图 3-124 所示。

另一种钢窗框与墙连接方法是在窗洞四周钻孔，用膨胀螺栓固定。窗框与墙之间的缝隙用水泥砂浆堵实。

门扇与门框的连接是用五金配件相接的。门的五金配件有铰链、拉手、插销、铁三角等。

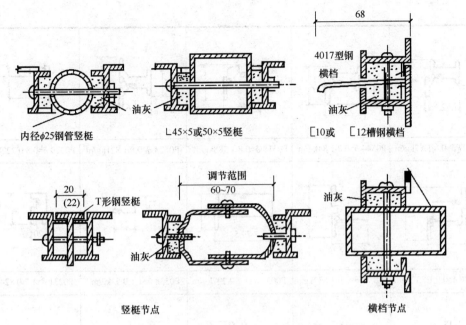

图 3-123 钢门窗组合节点构造

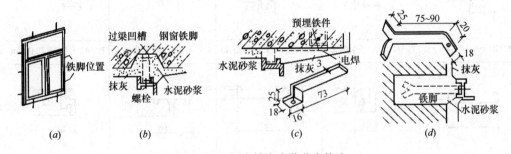

图 3-124 钢窗铁脚安装节点构造

(a) 钢窗铁脚位置；(b) 过梁凹槽内安铁脚；
(c) 过梁预埋铁件电焊铁脚；(d) 砖墙预留孔、水泥砂浆安铁脚

(4) 彩板钢门窗

彩板钢门窗型材的断面都是由开口或咬口的管材挤压成型的。型材分为框料、扇料、中梃、横梃、门芯板等类型，各类型材又按系列进行组合，如 SP 系列/SG 系列等。每种断面均应编号，并按系列编号进行组装，见图 3-125。

彩板钢门窗的开启形式有平开、固定、中悬、推拉及组合门窗等。其细部构造见图 3-126、图 3-127。

彩板钢门窗框的拼装采用直插式或 45°斜接式连接；门窗扇的四框拼装采用 45°斜接式连接。插接件为硬质 PVC 塑料，两端有倒刺，其断面和彩板异形材内腔断面相配套。另一种插接件为角钢连接件，紧固件为自攻螺钉和拉铆钉。门窗用五金配件为硬质 PVC 塑料制品或不锈钢制品。

门窗的安装分为带副框和不带副框两种安装方法，如图 3-128、图 3-129 所示。

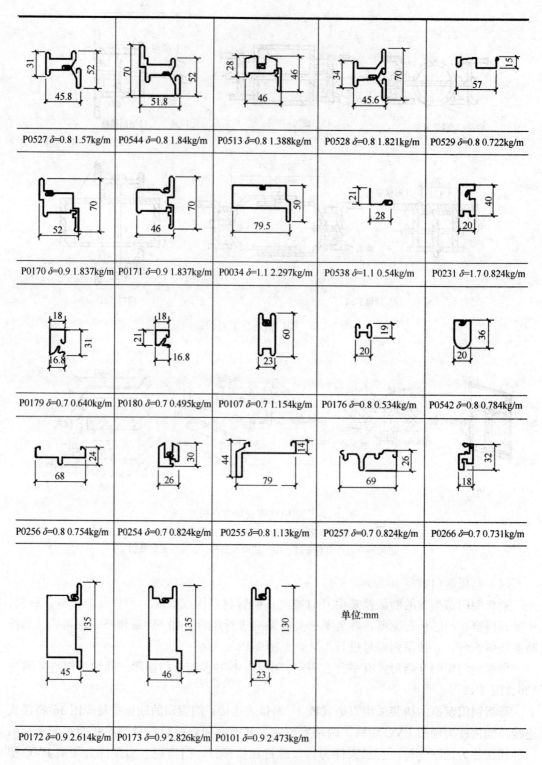

图 3-125　彩板钢门窗框料断面示意图

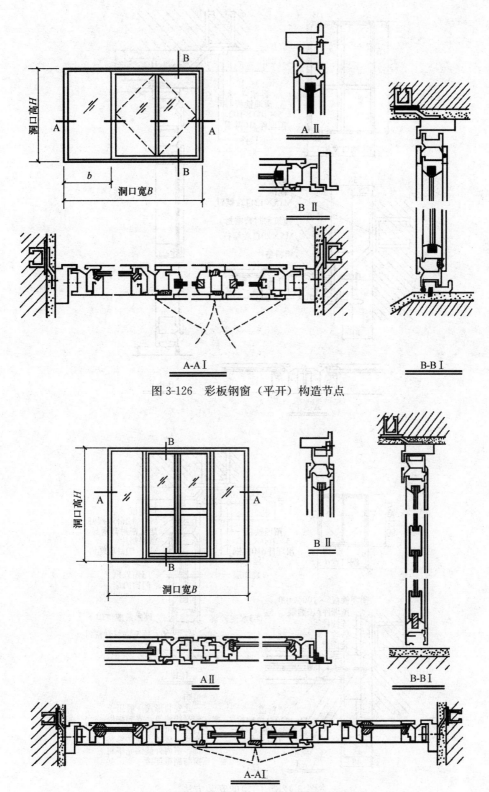

图 3-126 彩板钢窗（平开）构造节点

图 3-127 彩板钢门（平开、固定组合门）构造节点

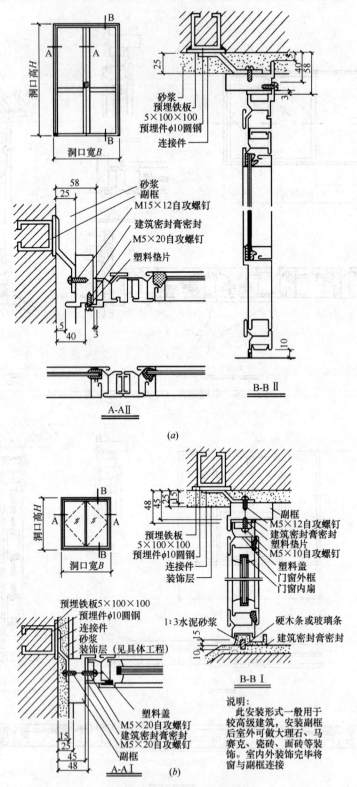

图 3-128 门窗的安装方法
(a) 带副框门安装；(b) 带副框窗安装

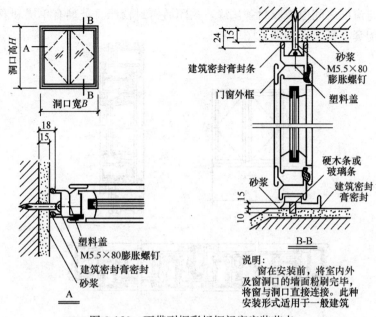

图 3-129 不带副框彩板钢门窗安装节点

(5) 塑料门窗

塑料门窗以其造型美观、线条挺拔、清晰，表面光洁，而且防腐、密封隔热性好及不需进行涂漆维护等优点，广泛应用在建筑装饰工程上。

常见的门有镶板门、框板门、折叠门等多种。窗的种类有平开窗、推拉窗、百叶窗、中悬窗等。

1) 塑料门窗的组成

塑料门窗是由挤出的硬质 PVC 异形材，经下料、焊接（自身热合）、修饰整理、安装配件而成。硬质 PVC 异形材断面尺寸较大，断面形状较复杂，门窗类型不同，所用型材也不相同。

框料断面为 L 形，扇料断面为 Z 形，横档、竖梃为 T 形断面，玻璃压条为直角异形材断面，另外还有橡胶密封条等。

2) 塑料门窗的构造

塑料门门框是由中空异形材 45°斜面焊接拼装而成。

镶板门门扇是由一些大小不等的中空异形门芯板通过企口缝拼接而成。在门扇板的两侧，为了牢固地安装铰链和门锁等五金配件，应衬用增强异形材，紧固螺栓要穿透两层中空壁。

门扇与主门框之间一侧通过铰链相连，另一侧通过门边框与主门框搭接。

门盖板的一侧嵌固在主门框断面上的凹槽处，另一侧则嵌固在用螺钉固定的钢角板或 PVC 角板上。如图 3-130 所示。

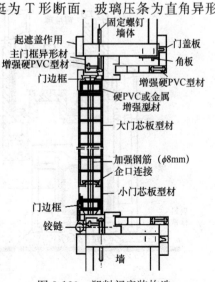

图 3-130 塑料门安装构造

塑料窗扇与窗框之间由橡胶封条填缝,关闭后密封较严。玻璃有单层和双层,应与其框料异形材相配套。其节点构造见图 3-131。

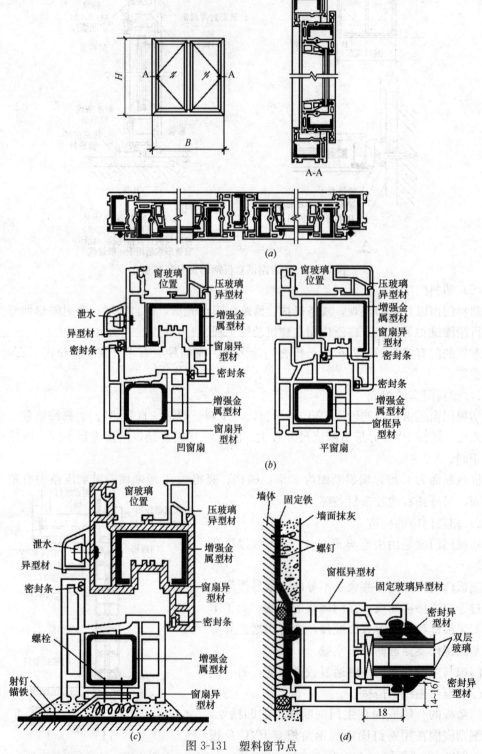

图 3-131 塑料窗节点
(a)塑料平开窗;(b)窗扇与窗框组合;(c)塑料平开窗安装节点;(d)双层玻璃固定窗安装节点

3) 塑料门窗的安装

在塑料门窗的外侧由锚铁与其固定,锚铁的两翼安装时用射钉与墙体固定,或与墙体埋件焊接,也可用木螺钉直接穿过门窗框异形材与木砖连接,从而将框与墙体固定。

框与墙之间留有一定的间隙,作为适应PVC伸缩变形的安全余量。在间隙的外侧应用弹性封缝材料加以密封。然后再进行墙面抹灰封缝。

对这一部位进行处理的构造方法,也可采用一种过渡措施,即:以毡垫缓冲层替代泡沫材料缓冲层;不用封缝料而直接以水泥砂浆抹灰。

安装玻璃时应注意,玻璃不得直接放置在PVC异形材的玻璃槽上,而应在玻璃四边垫上不同厚度的玻璃垫块。玻璃就位后用玻璃压条将其固定。

3.2.6 建筑的外立面的装饰构造

1. 室外装饰装修的基本要求

(1) 保护墙体、装饰立面。室外装饰装修是建筑时空构成的必要组成部分。

室外装饰装修的主要功能是保护墙体和装饰立面,其作用主要是保护建筑主体,保证建筑的使用条件,强化建筑的空间序列,增加建筑的意境和气氛。

(2) 与工程技术密切配合。室外装饰装修除了满足功能要求,还要求建筑材料与工程技术密切配合,无论是建筑物主体装饰还是辅助工程项目的装饰,都必须具有一定的强度、耐久性和施工工艺的可行性。

(3) 满足人们对建筑物的精神需要和艺术欣赏要求。建筑物外部形象反映建筑类型的用途和特点,要求其美观与功能紧密结合。

(4) 与整体环境保持一致。建筑环境主要是指基地特性,包括有形环境和无形环境。有形环境有两类,一是基地自然环境,如绿地、水面、山坡及农田等;二是人工环境,如建筑群体、大型广场、人工造林、大面积草坪等。

无形环境是指人文环境,包括历史的、社会的因素,如文化、传统、观念、政治等。

(5) 结合经济条件量力而行。不同的建筑类型,不同的使用要求,在不同的经济条件下进行的装饰装修,所使用的材料和构造要求不尽相同。

2. 外墙面装饰构造

不同的外墙饰面材料和构造方式,可使外墙面装饰表现出不同的质感、色彩和线型效果。根据选用的材料及施工方式,外墙面装饰分为抹灰类、贴面类、涂刷类、铺钉类和清水墙饰面。

(1) 抹灰类外墙面装饰

抹灰类外墙面装饰是中国传统的饰面做法,是指用各种加色、不加色的水泥砂浆或石灰砂浆、混合砂浆、石膏砂浆等做成的各种装饰抹灰层。

抹灰的构造层次通常由底层、中间层和面层三部分组成。底层主要起着与墙体基层粘结和初步找平的作用;中间层主要起着进一步找平和弥补底层砂浆的干缩裂缝的作用;面层表面应平整、均匀、光洁,以取得良好的装饰效果。按照建筑标准及不同墙体,抹灰可分为两种标准:

1) 普通抹灰:其构造做法是一层底灰,一层面灰或不分层一次成活。
2) 高级抹灰:其构造做法是一层底灰,一层或数层中灰,一层面灰。

(2) 贴面类外墙面装饰

贴面类外墙面装饰是指将各种天然的或人造板材通过构造连接或镶贴的方法形成墙体装饰面层。它具有坚固耐用、装饰性强、容易清洗等优点。

常用的贴面材料可分为三类：

1) 天然石材，如花岗石、大理石等；

2) 陶瓷制品，如瓷砖、面砖、陶瓷马赛克等；

3) 预制块材，如仿大理石板、水磨石、水刷石等。

(3) 涂刷类外墙面装饰

涂刷类外墙面装饰是指将建筑涂料涂刷于墙基表面并与之很好粘结，形成完整而牢固的膜层，以对墙体起到保护与装饰的作用。

这种装饰具有工效高、工期短、自重轻、造价低等优点，虽然耐久性差些，但操作简单、维修方便、更新快，且涂料几乎可以配成任何需要的颜色，因此在建筑外墙面装饰中应用广泛。

建筑涂料的品种繁多，应结合使用环境与不同装饰部位合理选用，如外墙涂料应有足够的耐水性、耐碱性、耐污染性和耐久性。

为保证涂料类装饰效果，涂料类装饰外墙面应坚实牢固、平整、光滑，颜色要均匀一致，不发生皱皮、开裂。

(4) 铺钉类外墙面装饰

铺钉类外墙面装饰是指将各种装饰面板通过镶、钉、拼贴等构造手法固定于骨架上构成的墙面装饰，其特点是无湿作业，饰面耐久性好，采用不同的饰面板，能取得不同的装饰效果。铺钉外墙面装饰常用的面板有玻璃和金属薄板等。骨架多为木骨架和金属骨架。

(5) 清水墙饰面

清水墙饰面是指墙面不加其他覆盖性装饰面层，只在墙体材料外表面进行勾缝或模纹处理，利用墙面材料的质感和颜色，以取得装饰效果的一种墙体装饰方法。这种装饰具有耐久性好、不易变色的特点。利用墙面特有的线条质感，能起到淡雅、凝重、朴实的装饰效果。

清水墙饰面主要有砖墙面、石材面和混凝土墙面。在建筑中砖墙、石墙用得相对广泛些。用于砌筑清水墙的砖，要求墙砖质地密实、表面晶化、色泽一致、吸水率低、抗冻性好且棱角分明，从而保证砌体的规整，常用的有青砖和红砖。石材有料石和毛石两种，质地坚实、防水性好，在产石地区石材外墙用得较多。

清水砖墙的砌筑工艺讲究，灰缝平齐宽度一致，接槎严密，有美感。清水砖墙勾缝主要有平缝、斜缝、凹缝、圆弧缝等形式。

(6) 幕墙饰面

幕墙饰面是指镶嵌固定在外墙骨架上的装饰面层，它对建筑物既有装饰作用又有围护作用。幕墙通常由金属骨架、面层材料、附件及密封填缝材料组成，主要特点是美观、节能、易维护。根据面层饰面材料，分为玻璃幕墙、石材幕墙、金属板幕墙等。

1) 玻璃幕墙

玻璃幕墙是由玻璃作为面板材料的建筑幕墙。根据面层材料的安装和组合方式，常见的玻璃幕墙有：

① 明框玻璃幕墙。该类幕墙是将面层玻璃镶嵌在铝框凹槽内，四边有铝合金框的幕墙。其特点是铝合金型材兼有承重骨架和固定玻璃的双重作用，性能可靠、施工方便、应用广泛，尤其在高层建筑中应用较多。

② 隐框玻璃幕墙。该类幕墙是将金属框隐蔽在面层玻璃的背面，金属框在室外看不见或只能部分看见的幕墙。隐框玻璃幕墙又可分为全隐框玻璃幕墙和半隐框玻璃幕墙。

半隐框玻璃幕墙一种为横明竖隐，加一种为竖明横隐。

全隐框幕墙则以金属框为支撑件，面层玻璃用结构胶粘贴在金属框外侧，从室外看时只见玻璃而不见金属框。隐框玻璃幕墙的特点是玻璃位于最外侧，荷载利用玻璃框、密封胶与骨架进行固定与粘结、性能可靠、应用也较广泛，在高层建筑中应用也较多。

③ 支承式玻璃幕墙。该类幕墙是将金属连接件和紧固件将面层玻璃牢固地固定在上面，并与骨架连为一体的幕墙。

它由不锈钢索或不锈钢"蛙爪"形扣件组成一整套支架结构，通过横、竖、斜三个方向，将大片玻璃进行固定，形成开阔明朗、内外通透的大面积幕墙。其特点是外形挺拔雄伟，外部体量达到最大程度的视觉交融，外表面光亮简洁、赏心悦目，有一种现代美感。

2）石材幕墙

石材幕墙是由石材作为面板材料的建筑幕墙。根据面层材料的安装和组合方式，常见的石材幕墙为干挂方式。干挂石材幕墙通常由石板、型钢骨架、不锈钢挂件组成。其中，用于幕墙面层的石材根据材质，分为大理石和花岗石；根据石材表面状况，分为镜面磨光石材和火烧板石材。

石材幕墙的主要优点是质感高贵亮丽、典雅浑厚、庄重大方，色泽鲜明，坚硬耐久、抗冻性能好、抗压强度高。石材幕墙常用于大型或高层的公共建筑，或档次较高的低层与多层建筑。

3）金属板幕墙

金属板幕墙是由金属板作为面层材料的建筑幕墙。与其他幕墙面层材料相比较，该类幕墙的主要优点是质感独特、色泽丰富、持久、刚性好、重量轻、强度高、耐腐蚀、易清洁保养，可在工厂成型、现场安装快捷，板材与承重骨架柔性连接、能减轻地震造成的损害，板材回收率高、有利于环保等。

根据面层材料的安装和组合方式，金属板幕墙分为以下几种：

① 铝板幕墙。该类幕墙是将面层铝板镶嵌固定在金属架上形成的幕墙。

根据铝板的材质，分为铝单板幕墙（板厚 1.2mm 以下称为铝扣板，板厚 1.5mm 以上称为铝单板）、复合铝板幕墙（板内外两层 0.5mm 纯铝板，中间夹层为 3~4mm 厚的聚乙烯或聚氯乙烯，经辊压热合而成）、铝合金单位板幕墙（板厚 2~3mm）。目前铝板幕墙是较常见的幕墙形式。

② 不锈钢板幕墙。该类幕墙面层材料的特点是质地坚硬、外观典雅，耐久、耐磨性好。但过薄的板材会鼓凸，过厚的板材自重大且价格高，该类幕墙一般只在房屋局部装饰上使用。

③ 彩涂钢板幕墙。彩涂钢板的特点是色彩鲜艳、外观美观、耐腐蚀、加工成型方便，强度高且成本较低。彩涂钢板主要用于钢结构厂房、机场、库房、商业建筑幕墙和屋顶。

3. 建筑外立面的视觉

(1) 统一变化

如在住宅外墙上，应安装统一尺寸、形状、材质和颜色的外窗。

(2) 比例尺度

尺度是关于量的概念，具体是指相对于某些已知标准或常量时物体的大小。衡量建筑物的尺度需要一个标准，在建筑设计中经常会以建筑物的某个常规构件为参照获得建筑物的尺度感。

(3) 均衡稳定

均衡是指平衡与和谐。建筑物的均衡是指利用空间或形体元素进行组合之后在直觉或概念上的等量状态。在建筑立面构图中通过前后左右各部分之间的组合关系给人一种稳定、完整和均衡的感觉。

稳定主要是指建筑造型在上下关系处理上所产生的艺术效果。一般而言，体量大的、实体的、材料粗糙及色彩较暗的，感觉上要重些；体量小的、通透的、材料光洁的和色彩明快的，感觉上要轻一些。

(4) 节奏韵律

韵律原意是指诗歌中的声韵和节律，通过音的高低、轻重、长短组合，间歇和停顿，加强诗歌的音乐性和节奏感。

韵律在建筑立面中是指立面构图中有组织的变化和有规律的重复，这些变化犹如乐曲中的节奏一样形成了韵律感，给人以视觉上美的感受。

建筑设计中由于功能的需要或者结构的安排，一些建筑构件是按照一定的韵律出现的，如外窗、阳台、柱子等。使用韵律进行立面设计的方法可归纳为：

1) 连续的韵律：是指在建筑立面构图中出现的一种或一组元素使之重复和连续出现所产生的韵律感，如线条、色彩、形状、材质、图案的重复，可增强外立面构图的美观效果。

2) 渐变的韵律：是指在建筑立面构图中出现的一种或一组元素按照一定的秩序逐渐变化，如逐渐加长或缩短、变宽或变窄、色彩的冷暖变化，从而形成统一和谐的建筑外立面韵律感。

(5) 重点突出

重点突出是在进行建筑立面构图时专门突出其中的某一部分，并以此为重点或视觉中心，而其他部分明显地处于从属地位，使建筑立面产生主从分明、完整统一的效果。一幢建筑物如果没有重点或视觉中心，不仅使人感到平淡无奇，而且会由于建筑物的外观效果松散，以致失去有机统一性。

4. 建筑外立面的色彩

在各种视觉要素中，色彩属于最富表情的元素，也是塑造建筑形象的一个重要方面，色彩处理得当可以增加建筑的表现力。

(1) 色彩基本知识

1) 色彩的要素

① 色相。即色彩的面貌，如日光通过三棱镜分解出的红、橙、黄、绿、青、蓝、紫七色。确切地说，色相是依波长来划分色光的相貌，色光因波长不同，给人眼睛的色彩感

觉也不同，每种波长色光的感觉就是一种色相。

② 明度。即色彩的明暗程度。色彩的明度差别具有认识性，物体和对象的形状主要通过明度差别来显示，明暗对比给人以清晰感。例如在建筑外立面中，接近白色的明度高，接近黑色的明度低。明度不同会产生不同的感情效果，高明度会给人愉快的感觉，低明度则会给人朴素、沉稳的感觉。

③ 纯度。也称为饱和度，是指颜色的纯粹程度，即不掺杂黑、白、灰的颜色，恰好达到饱和状态，纯度越高，颜色越鲜明。在七色中，红色纯度最高，青绿色纯度最低。

2）色调的划分

色调由色彩的色相、明度和纯度三要素决定。根据色相，分为红色调、黄色调、绿色调、蓝色调、紫色调等。根据明度，分为亮色调、中性色调、暗色调。根据纯度，分为清色调、浊色调（纯色加灰）。

(2) 建筑外立面色彩的影响因素

1）建筑功能

建筑外立面的色彩应符合建筑功能的要求。例如，小学的建筑色彩应具有儿童所喜爱的活泼愉快感；商业建筑的色彩宜别致、华丽和醒目，以体现商业的性质，让顾客有购买的欲望；居住建筑的色彩应具有轻松、舒适、愉快的特点。

2）建筑周边环境

建筑外立面的色彩应与其周边环境相协调，不仅要考虑周边环境对建筑色彩的要求，还应考虑建筑的观赏距离、光源照射等环境因素。

(3) 地域因素

色彩的感觉与使用通常随着地域的不同而有差异，不同民族由于不同历史文化的积淀会对色彩形成一些特定的认识。

3.3 建筑防火的基本知识

为保障建筑防火及消防安全，贯彻"预防为主、防消结合"的消防工作方针，防止和减少建筑物火灾的危害，在总结我国建筑防火和消防科学技术、建筑火灾经验教训的基础上，住建部、公安部联合制定并发布了包括建筑防火设计、室内防火设计及施工、验收方面的标准规范，旨在确保建筑工程及装修施工防火、消防能安全、有序、规范地进行。

3.3.1 建筑设计防火

1. 耐火等级与耐火极限

目前现行的建筑设计防火规范是《建筑设计防火规范》GB 50016—2014。

民用建筑（非高层建筑）的耐火等级分为一、二、三、四级，分别以主要承重构件及围护构件的燃烧性能、耐火极限来划分的。

燃烧性能分为不燃烧体、难燃烧体、可燃烧体、易燃烧体。耐火极限是指在标准耐火试验条件下，建筑构件、配件或结构从受到火的作用时起，到失去承载能力、完整性或隔热性时止的这段时间，用小时表示。耐火极限通常设置从 0.25~3h 不等。

一类高层建筑的耐火等级不应低于一级，二类高层建筑的耐火等级不应低于二级。

2. 防火分区、防烟分区

(1) 防火分区

防火分区是指在建筑内部采用防火墙、耐火楼板及其他防火分隔设施（防火门或窗、防火卷帘、防火水幕等）分隔而成，能在一定时间内防止火灾向同一建筑的其余部分蔓延的局部空间。

不同耐火等级、最多允许层数和防火分区最大允许建筑面积应符合表3-14的规定。

(2) 防烟分区

防烟分区是在建筑内部采用挡烟设施分隔而成，能在一定时间内防止火灾烟气向同一建筑的其余部分蔓延的局部空间。通常用挡烟垂壁来作为分隔构件，挡烟垂壁是指用不燃材料制成，从顶棚下垂不小于500mm的固定或活动的挡烟设施。

3. 建筑防火构造

防火墙应直接设置在建筑的基础或框架、梁等承重结构上，框架、梁等承重结构的耐火极限不应低于防火墙的耐火极限。防火墙应从楼地面基层隔断至梁、楼板或屋面板的底面基层。在防火墙上不应开设门、窗、洞口，当必须开设时应设置不可开启或火灾时能自动关闭的甲级防火门、窗。

不同耐火等级建筑的允许建筑高度或层数、防火分区最大允许建筑面积　　表3-14

名称	耐火等级	允许建筑高度或层数	防火分区的最大允许建筑面积（m²）	备注
高层民用建筑	一、二级	按《建筑设计防火规范》GB 50016—2014 第5.1.1条	1500	对于体育馆、剧场的观众厅，防火分区的最大允许建筑面积可适当增加
单、多层民用建筑	一、二级	按《建筑设计防火规范》GB 50016—2014 第5.1.1条	2500	
	三级	5层	1200	—
	四级	2层	600	—
地下或半地下建筑（室）	一级	—	500	设备用房的防火分区最大允许建筑面积不应大于1000m²

注：建筑内设置自动灭火系统时，该防火分区的最大允许建筑面积可按本表的规定增加1.0倍。局部设置时，增加面积可按该局部面积的1.0倍计算。

防火门划分为甲、乙、丙三级，其耐火极限分别为不低于1.2h、0.9h、0.6h。防火门应具有自闭功能，双扇防火门应具有按顺序关闭的功能。常开的防火门应能在火灾发生时自行关闭并具有信号反馈的功能。设置在建筑变形缝附近的防火门，应设置在楼层较多的一侧且门扇开启不应跨越变形缝。

对于建筑幕墙与每层楼板、隔墙处的缝隙应采用防火封堵材料封堵。

电缆井、管道井、排烟道、排气道、垃圾道等竖向管道井，应分别独立设置；其井壁应为耐火极限不低于1.00h的不燃烧体，建筑内的电缆井、管道井应在每层楼板处采用不低于楼板耐火极限的不燃材料或防火封堵材料封堵；井壁上的检查门应采用丙级防火门。

3.3.2 室内装修防火设计与施工

对于室内装饰装修工程，有专门的防火设计规范和施工验收规范。目前现行版本是

《建筑内部装修设计防火规范》GB 50222—1995（2001 版）、《建筑内部装修防火施工及验收规范》GB 50354—2005。

建筑内部装修设计及施工应妥善处理装修效果和使用安全的矛盾，积极采用不燃性材料和难燃性材料，避免采用在燃烧时产生大量浓烟或有毒气体的材料，做到安全适用，技术先进，经济合理。据研究，因为火灾出现人员伤亡的主要罪魁祸首是烟雾和毒气，而产生烟雾和毒气的室内装修材料主要是燃烧的有机高分子材料和木质材料。

1. 装修材料的燃烧性能分级

（1）装修材料按其燃烧性能应划分四级，并应符合表 3-15 的规定。

装修材料燃烧性能等级　　　　　　　　　　　　　　　表 3-15

等级	装修材料燃烧性能
A	不燃性
B_1	难燃性
B_2	可燃性
B_3	易燃性

（2）装修材料的燃烧性能等级，应按《建筑材料及制品燃烧性能分级》GB 8624 的规定，由专业检测机构检测确定。B_3 级装修材料可不进行检测。

（3）安装在金属龙骨上燃烧性能达到 B_1 级的纸面石膏板、矿棉石膏板，可作 A 级装修材料使用。

（4）当胶合板表面涂覆一级饰面型防火涂料时，可作为 B_1 级装修材料使用。当胶合板用于顶棚和墙面装修并且不内含电器、电线等物体时，宜仅在胶合板外表面涂覆防火涂料；当胶合板用于顶棚和墙面装修并且内含有电器、电线等物体时，胶合板的内、外表面以及相应的木龙骨应涂覆防火涂料，或采用阻燃浸渍处理达到 B_1 级。

（5）单位质量小于 $300g/m^2$ 的纸质、布质壁纸，当直接粘贴在 A 级基材上时，可作为 B_1 级装修材料使用。

（6）施涂于 A 级基材上的无机装修涂料，可作 A 级装修材料使用；施涂于 A 级基材上，湿涂覆比小于 $1.5kg/m^2$ 的有机装饰涂料。可作 B_1 级装修材料使用。

（7）当采用不同装修材料进行分层装修时，各层装修材料的燃烧性能等级均应符合 GB 50222 规范的规定。复合型装修材料应由专业检测机构进行整体检测并确定其燃烧性能等级。

（8）常用建筑内部装修材料燃烧性能等级划分，可按表 3-16 的举例确定。

常用建筑内部装修材料燃烧性能等级划分举例　　　　　　　　表 3-16

材料类别	级别	材料举例
各部位材料	A	花岗石、大理石、水磨石、水泥制品、混凝土制品、石膏板、石灰制品、黏土制品、玻璃、瓷砖、马赛克、钢铁、铝、铜合金等
顶棚材料	B_1	纸面石膏板、纤维石膏板、水泥刨花板、矿棉装饰吸声板、玻璃棉装饰吸声板、珍珠岩装饰吸声板、难燃胶合板、难燃中密度纤维板、岩棉装饰板、难燃木材、铝箔复合材料、难燃酚醛胶合板、铝箔玻璃钢复合材料等

续表

材料类别	级别	材料举例
墙面材料	B₁	纸面石膏板、纤维石膏板、水泥刨花板、矿棉板、玻璃棉板、珍珠岩板、难燃胶合板、难燃中密度纤维板、防火塑料装饰板、难燃双面刨花板、多彩涂料、难燃墙纸、难燃墙布、难燃仿花岗石装饰板、氯氧镁水泥装配式墙板、难燃玻璃钢平板、PVC塑料护墙板、轻质高强复合墙板、阻燃模压木质复合板材、彩色阻燃人造板、难燃玻璃钢等
	B₂	各类天然木材、木制人造板、竹材、纸制装饰板、装饰微薄木贴面板、印刷木纹人造板、塑料贴面装饰板、聚酯装饰板、复塑装饰板、塑纤板、胶合板、塑料壁纸、无纺贴墙布、墙布、复合壁纸、天然材料壁纸、人造革等
地面材料	B₁	硬PVC塑料地板、水泥刨花板、水泥木丝板、氯丁橡胶地板等
	B₂	半硬质PVC塑料地板、PVC卷材地板、木地板、氯纶地毯等
装饰织物	B₁	经阻燃处理的各类难燃织物等
	B₂	纯毛装饰布、经阻燃处理的其他织物等
其他装修材料	B₁	聚氯乙烯塑料、酚醛塑料、聚碳酸酯塑料、聚四氟乙烯塑料。三聚氰胺、脲醛塑料、硅树脂塑料装饰型材、经阻燃处理的各类织物等。另见顶棚材料和墙面材料内中的有关材料
	B₂	经阻燃处理的聚乙烯、聚丙烯、聚氨酯、聚苯乙烯、玻璃钢、化纤织物、木制品等

2. 室内装修防火设计的一般规定

（1）建筑内部装修设计不应擅自减少、改动、拆除、遮挡消防设施、疏散指示标志、安全出口、疏散出口、疏散走道和防火分区、防烟分区等。如因特殊要求做改动时，应符合国家有关标准的规定。

（2）建筑内部消火栓的门不应被装饰物遮掩，消火栓门四周的装修材料颜色应与消火栓门的颜色有明显区别。

（3）地上建筑的水平疏散走道和安全出口的门厅，其顶棚应采用A级装修材料，其他部位应采用不低于B₁级的装修材料；地下民用建筑的疏散走道和安全出口的门厅，其顶棚、墙面和地面的装修材料应采用A级装修材料。

（4）建筑物内设有上下层相连通的中庭、走马廊、开敞楼梯、自动扶梯时，其连通部位的顶棚、墙面应采用A级装修材料，其他部位应采用不低于B₁级的装修材料。

（5）歌舞娱乐放映游艺场所设置在一、二级耐火等级建筑的四层及四层以上时，室内装修的顶棚材料应采用A级装修材料，其他部位应采用不低于B₁级的装修材料；当设置在地下一层时，室内装修的顶棚、墙面材料应采用A级装修材料，其他部位应采用不低于B₁级的装修材料。

（6）建筑内部的变形缝（包括沉降缝、伸缩缝、抗震缝）两侧的基层应采用A级材料，表面装修应采用不低于B₁级的装修材料。

（7）建筑物内的厨房，其顶棚、墙面、地面均应采用A级装修材料。

（8）照明灯具的高温部位，当靠近非A级装修材料或构件时，应采取隔热、散热等防火保护措施。

（9）建筑内部的配电箱、接线盒、电器、开关、插座及其他电气装置等不应直接安装在低于B₁级的装修材料上。

(10) 建筑内部不宜设置采用 B_3 级装饰材料制成的壁挂、布艺等，当需要设置时，不应靠近电气线路、火源或热源。

(11) 当单层、多层民用建筑需做内部装修的空间内装有自动灭火系统时，除顶棚外，其内部装修材料的燃烧性能等级可在 GB 50222 规范规定的基础上降低一级；当同时装有火灾自动报警装置和自动灭火系统时，其装修材料的燃烧性能等级可在 GB 50222 规范规定的基础上降低一级。

(12) 100m 以上的高层民用建筑及会议厅、顶层餐厅、大于 800 座位的观众厅外，当设有火灾自动报警装置和自动灭火系统时，除顶棚外，其内部装修材料的燃烧性能等级可在 GB 50222 规范规定的基础上降低一级。

3. 室内装修防火施工要求

建筑内部装修不得降低防火设计要求，不得影响消防设施的使用功能。如需变更防火设计，应经原设计单位或具有相应资质的设计单位按有关规定执行。

建筑内部装修工程的防火施工与验收，按照装修材料种类分为纺织织物、木质材料、高分子合成材料、复合材料及其他材料几类。这几类装修材料中，需对其 B_1、B_2 级材料（其中木质材料为 B_1 级）需进行进场见证取样，并对其现场进行阻燃处理所使用的阻燃剂及防火涂料进行进场见证取样。

（1）纺织织物类装修

纺织织物类装修应进行抽样检验的材料有：

1）现场阻燃处理后的纺织织物，每种取 $2m^2$ 检验燃烧性能；

2）施工过程中受湿浸、燃烧性能可能受影响的纺织织物，每种取 $2m^2$ 检验燃烧性能。

（2）木质材料类装修

木质材料类装修应进行抽样检验的材料有：

现场阻燃处理后的木质材料，每种取 $4m^2$ 检验燃烧性能；

表面进行加工后的 B_1 级木质材料，每种取 $4m^2$，检验燃烧性能。

木质材料表面进行防火涂料处理时，应对木质材料的所有表面进行均匀涂刷，且不应少于 2 次，第二次涂刷应在第一次涂层表面干后进行；涂刷防火涂料用量不应少于 $500g/m^2$。

（3）高分子合成材料类装修

现场阻燃处理后的泡沫塑料应进行抽样检验，每种取 $0.1m^3$ 检验燃烧性能。

1）复合材料类装修

现场阻燃处理后的复合材料应进行抽样检验，每种取 $4m^2$ 检验燃烧性能。

2）其他材料类装修

现场阻燃处理后的其他材料应进行抽样检验。

防火门的表面加装贴面材料或其他装修时，不得减小门框和门的规格尺寸，不得降低防火门的耐火性能，所用贴面材料的燃烧性能等级不应低于 B_1 级。

第4章 施工测量的基本知识

4.1 标高、直线、水平等的测量

4.1.1 水准仪、经纬仪、全站仪、激光铅垂仪、测距仪的使用

1. 水准仪的使用

水准仪（图4-1）分为水准气泡式和自动安平式。水准仪按其高程测量精度，分为DS05、DS1、DS2、DS3、DS10几种等级。DS是指大地测量水准仪，05、1、3、10是指仪器能达到的每公里往返测高差中数的中误差分别为 0.5mm、1mm、3mm、10mm。

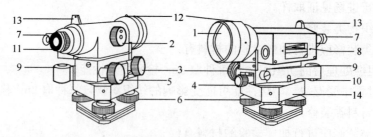

图 4-1 DS3 型倾式水准仪
1—物镜；2—物镜微调螺旋；3—水平微动螺旋；4—水平制动螺旋；5—微倾螺旋；6—粗平螺旋；
7—管水准器气泡观察窗；8—管水准器；9—圆水准器；10—圆水准器校正螺钉；
11—目镜；12—准星；13—照门；14—基座

水准仪使用分仪器的安置、粗略整平、瞄准目标、精平、读数等几个步骤。

（1）安置仪器

打开三脚架调整至高度适中，将架腿伸缩螺旋拧紧。在距离两个测站点大致等距离的位置安置三脚架，保证架头大致水平。从仪器箱中取出水准仪置于架头，用架头上的连接螺旋将仪器与三脚架连接牢固。

（2）粗略整平

首先使望远镜平行于任意两个脚螺旋1和2的连线，如图4-2(a)所示。然后，用两手同时向内或向外旋转脚螺旋1和2，使气泡移至1、2两个脚螺旋方向的中间位置。再用左手旋转脚螺旋3，使气泡居中，如图4-2(b)所示。

（3）瞄准

首先将物镜对着明亮的背景，转动目镜调焦螺旋，调节十字丝清晰。然后，松开制动螺旋，利用粗瞄准器瞄准水准尺，拧紧水平制动螺旋。再调节物镜调焦螺旋，使水准尺分化清晰，调节水平微动螺旋，使十字丝竖丝照准水准尺边缘或中央，如图4-3所示。

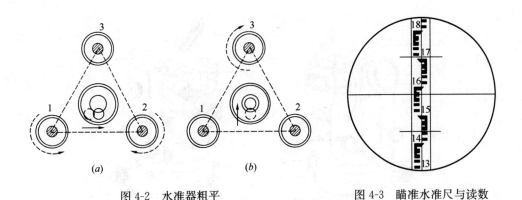

图 4-2 水准器粗平　　　　　图 4-3 瞄准水准尺与读数

（4）精平

如图 4-4(a) 所示，目视水准管气泡观察窗，同时调整微倾螺旋，使水准管气泡两端的影像重合 [图 4-4(b)]，此时，水准仪精平。自动安平水准仪不需要此步操作。

（5）读数

眼睛通过目镜读取十字丝中丝水准尺上读数，直接读米（m）、分米（dm）、厘米（cm），估读毫米（mm）共四位。图 4-3 所示为正像望远镜中所看到的水准尺的像，水准尺读数为 1.575m。

2. 经纬仪的使用

经纬仪（图 4-5）可以用于测量水平角和竖直角。我国把光学经纬仪按精度不同，划分为 DJ07、DJ1、DJ2、DJ6、DJ30 等几个等级。D，J 代表"大地测量"和"经纬仪"，07，1，2，6，30 分别为一测回方向观测中误差秒数。

经纬仪使用主要包括安置仪器、照准目标、读数等工作。

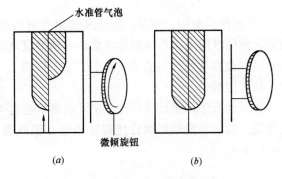

图 4-4 符合水准器精平

（1）经纬仪的安置

经纬仪的安置包括对中和整平两项工作。打开三脚架，调整好长度使高度适中，将其安置在测站上，使架头大致水平，架顶中心大致对准站点中心标记。取出经纬仪放置在三脚架头上，旋紧连接螺旋。然后，开始对中和整平工作。

对中分为垂球对中和光学对中，光学对中的精度高，目前主要采用光学对中。

1）粗对中：目视光学对中器，调节光学对中器目镜使照准圈和测站点目标清晰。双手紧握并移动三脚架使照准圈对准测站点的中心并保持三脚架稳定、架头基本水平。

2）精对中：旋转脚螺旋使照准圈准确对准测站点的中心，光学对中的误差应小于 1mm。

3）粗平：伸长或缩短三脚架腿，使圆水准气泡居中。

4）精平：旋转照准部使照准部管水准器至图 4-6(a) 的位置，旋转脚螺旋 1、2 使管水准气泡居中；然后旋转照准部 90°至图 4-6(b) 的位置，旋转脚螺旋 3 使管水准气泡居中。如此反复，直至照准部转至任何位置，气泡均居中为止。

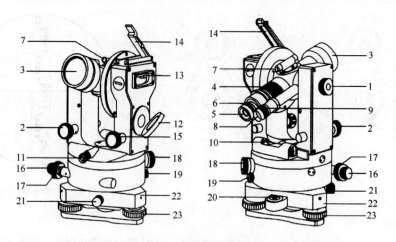

图 4-5 DJ6 级光学经纬仪

1—望远镜制动螺旋；2—望远镜微动螺旋；3—物镜；4—物镜调焦螺旋；5—目镜；
6—目镜调焦螺旋；7—光学粗瞄器；8—度盘读数显微镜；9—度盘读数显微镜调焦螺旋；
10—照准部水准器；11—光学对中器；12—度盘照明反光镜；13—竖盘指标管水准器；
14—竖盘指标管水准器观察反射镜；15—竖盘指标管水准器微动螺旋；16—水平制动螺旋；
17—水平微动螺旋；18—水平度盘变换螺旋；19—水平度盘变换锁止螺旋；
20—基座圆水准器；21—轴套固定螺丝；22—基座；23—脚螺旋

5）再次精对中、精平：如照准圈偏离测站点的中心偏移量较小，通过在架顶上平移仪器，使照准圈准确对准测站点中心。精平仪器，直至照准部转至任何位置，气泡均居中为止；如偏移量过大则需重新对中、整平仪器。

（2）照准

首先调节望远镜目镜，使十字丝清晰，通过望远镜上的瞄准器瞄准目标，然后拧紧制动螺旋，调节物镜调焦螺旋使目标清晰并消除视差，利用微动螺旋精确照准目标的底部（图 4-7）。

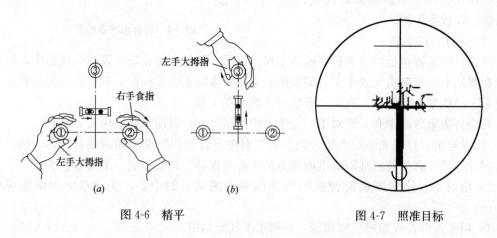

图 4-6 精平　　　　　　　　图 4-7 照准目标

（3）读数：先打开度照明反光镜，调整反光镜，使读数窗亮度适中，旋转读数显微镜的目镜使度盘影像清晰，然后读数。DJ2 级光学经纬仪读数方式为首先转动微测轮，使读数窗中的主、副像分划线重合，然后在读数窗中读出数值，如图 4-8(a) 所示中读数 151°

$11'54''$，图 4-8(b) 中读数为 $83°46'16''$。

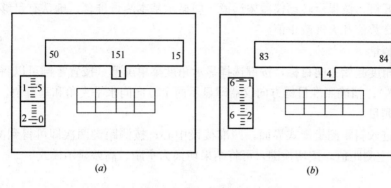

图 4-8　DJ2 级光学经纬仪读数

3. 全站仪的使用

全站仪（图 4-9）是一种多功能仪器，不仅能够测角、测距和测高差，还能完成测定坐标以及放样等操作。国产的全站仪主要有苏州一光 OTS 系列和中国南方 NTS 系列等。

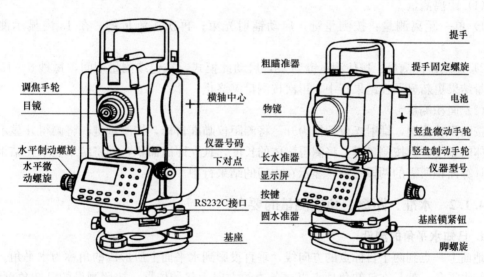

图 4-9　全站仪

不同厂家的全站仪输入方式略有不同，其基本功能及操作步骤如下：

（1）测前的准备工作

安装电池，确定电池容量。

（2）安置仪器

全站仪安置与电子经纬仪安置相同，安放三脚架，调整长度至高度适中，固定全站仪到三脚架上，架设仪器使测点在视场内，完成仪器安置；移动三脚架，使光学对点器中心与测点重合，完成粗对中工作；调节三脚架，是圆水准器气泡居中，完成粗平工作；调节脚螺旋，使长水准气泡居中，完成精平工作；移动基座，精确对中，完成精对中工作；重复以上步骤直至完全对中、整平。

(3) 开机

按开机键开机。按提示转动仪器望远镜一周显示基本测量屏幕。确认有足够的电池电量。确认棱镜常数值和大气改正值。

(4) 角度测量

仪器瞄准角度起始方向目标，按键选择显示角度菜单屏幕（按置零键可以将水平角读数设置为 $0°0'0''$）；精确照准目标方向仪器即显示两个方向间水平夹角和垂直角。

(5) 距离测量

按键选择进入斜距测量模式界面；照准棱镜中心；按测距键两次即可得到测量结果。按 ESC 键，清空测距值。按切换键，可将结果切换为平距、高差显示模式。

(6) 放样

选择坐标数据文件。可进行测站坐标数据及后视坐标数据的调节；置测站点；置后视点，确定方位角；输入或调用待放样点坐标，开始放样。

4. 测距仪的使用

测距仪种类很多，手持测距仪是测距仪的一种，他不需特别的反射物，有无目标板均可使用。它具有体积小、携带方便之特点。可以完成距离、面积、体积等测量工作。

(1) 距离测量

1) 单一距离测量：按测量键，启动镭射光束；再次按测量键，在 1s 内显示测量结果。

2) 连续距离测量：按住测量键约 2s，启动此模式。在连续测量期间，每秒 8~15 次的测量结果更新显示在结果行中，再次按测量键终止。

(2) 面积测量

按面积功能键，镭射光束切换为开。将测距仪瞄准目标，按测量键，将测得并显示所量物体的宽度，再按测量键，将测得物体的长度，且立即出面积，并将结果显示在结果行中。计算面积所需的两段距离，显示在中间的结果行中。

4.1.2 水准、距离、角度测量的要点

1. 已知水平角的测设

地面上一点到两个目标点的方向线，垂直投影到水平面上所形成的角称为水平角。测设已知水平角，就是在已知顶点以一条边的方向为起始依据，按照测设的已知角度值，把该角的另一方向边测设到地面上。

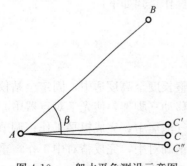

图 4-10 一般水平角测设示意图

2. 测设水平角的方法按精度要求及使用仪器的不同，采用的方法亦不同。

(1) 一般方法

如测设水平角精度要求不高时，可采用盘左、盘右分中法测设，如图 4-10 所示。具体步骤如下：

1) 在 A 点安置经纬仪。对中、整平，用盘左位置照准已知 B 点，配置水平读数盘读数为 $0°00'00''$；

2) 旋转照准部使读数为 β 角值，在此视线方向上定出 C' 点；

3) 然后用盘右位置重复上述步骤，定出 C'' 点；

4) 取 $C'C''$ 连线的中点 C 钉桩，则 AC 即为测设角值为 β 的另一方向线，$\angle BAC$ 就是要测设的 β 角。

（2）精确方法

当要求测设水平角的精度较高时，可采用测设端点的垂线改正的方法，如图 4-11 所示。操作步骤如下：

1) 按前述一般方法测设出 AC 方向线，再实地标出 C 点位置；

2) 用经纬仪对 $\angle BAC$ 进行多测回水平角观测，设其观测值为 β'；

3) 按下述方法计算出垂直改正距离：

从 C 点起沿 AC 边的垂直方向量出垂距 CC_0，定出 C_0 点。则 AC_0 即为测设角值为 β 的另一方向线。

从 C 点起向外还是向内量垂距，要根据 $\Delta\beta$ 的正负号来决定。若 $\beta'<\beta$，即 $\Delta\beta$ 为正值，则从 C 点向外量垂距，反之则向内改正。

3. 已知水平距离的测设

已知水平距离的测设，是从地面上一个已知点出发，沿给定的方向，量出已知的水平距离，在地面上定出另一端点的位置。

已知水平距离的测设，按其精度要求和使用工具及仪器的不同，采用的方法也不同。如图 4-12 所示，欲在实地测设水平距 $AB=D$，其中 A 为地面上已知点，D 为已知的水平距离，在地面上给定的 AB 方向上测设水平距离 D，定出线段的另一端点 B。

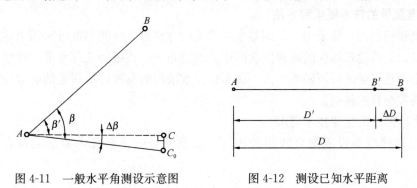

图 4-11　一般水平角测设示意图　　图 4-12　测设已知水平距离

（1）一般方法

当测设水平距离精度要求不高时，可用钢尺直接丈量并对丈量结果加以改正，具体步骤如下：

1) 从 A 点开始，沿 AB 方向用钢尺拉平丈量，按已知水平距离 D 在地面上定出 B' 点的位置；

2) 为了检核，应进行两次测设或进行返测。若两次丈量之差在限差之内，取其平均值作为最后结果；

3) 根据实际丈量的距离 D' 与已知水平距离 D，求出改正数 $\delta=D-D'$；

4) 根据改正数 δ，将端点 B' 加以改正，求得 B 点的最后位置，使 AB 两点间水平距离等于已知设计长度 D。当 δ 为正时，向外改正；当 δ 为负时，则向内改正。

(2) 精密方法

当测设精度要求较高时，可先用上述一般方法在地面上概略定出 B' 点，然后再精密测量出 AB' 的距离，并加尺长改正、温度改正和倾斜改正等三项改正数，求出 AB' 的精确水平距离 D'。若 D' 和 D 不相等，则按其差值 $\delta = D - D'$ 沿 AB 方向以 B' 点为准进行改正。

当 δ 为正时，向外改正；反之，向内改正。计算时尺长、温度、倾斜等项改正数的符号与量距时相反。

4. 用光电测距仪测设已知水平距离

用测距仪测设水平距离的具体操作步骤如下（图 4-13）：

(1) 在 A 点设站，沿已知方向定出 B 点的概略位置 B' 点；

(2) 再以测距仪精确测出 AB' 距离为 D'，求出 $\delta = D - D'$；

(3) 根据 δ 的符号在实地用钢尺沿已知方向改正 B' 至 B 点；

(4) 为了检核，可用测距仪测量 AB 距离，如其与 D 之差在限差之内，则 AB 为最后结果。

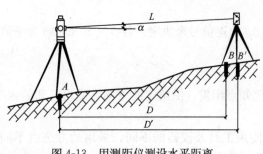

图 4-13　用测距仪测设水平距离

全站仪、测距仪有跟踪功能，可在测设方向上逐渐移动反光镜进行距踪测量，直至显示接近测设距离定出 B' 点，并改正 B' 点至 B 点。

5. 水准测量的技术要求和方法

场区高程控制网一般采用三、四等水准测量的方法建立。四等也可采用电磁波测距三角高程测量。大型建筑场区的高程控制网应分两级布设，首级为三等水准，次级用四等水准加密。小型建筑场区可用四等水准一次布设。水准网的高程应从附近的高等级水准点引测，作为高程起算的依据。

(1) 水准测量的主要技术要求

高程控制网应布设成附合或闭合距线，水准测量的主要技术要求应符合表 4-1 的规定。

水准测量的主要技术要求　　　　　　表 4-1

等级	每千米高差全中误差（mm）	路线长度（km）	水准仪型号	水准尺	观测次数		往返较差、附合或环线闭合差	
					与已知点联测	附合或环线	平地（mm）	山地（mm）
三等	6	≤50	DS1	铟瓦	往返各一次	往一次		
			DS3	双面		往返各一次		
四等	10	≤16	DS3	双面	往返各一次	往一次		

注：1. 结点之间或结点与高级点之间，其路线的长度，不应大于表中规定的 0.7 倍；
　　2. L 为往返测段、附合或环线的水准路线长度（km）；n 为测站数；
　　3. 数字水准仪测量的技术要求和同等级的光学水准仪相同。

(2) 水准观测的主要技术要求

水准观测的主要技术要求应符合表 4-2 定。

水准观测的主要技术要求　　　　　表 4-2

等级	水准仪的型号	视线长度	前后视距较差(m)	前后视距较差累计(m)	视线离地面最低高度(m)	基本分划、辅助分划或黑、红面读数较差(mm)	基本分划、辅助分划或黑、红面所测高差较差(mm)
三等	DS1	100	3	6	0.3	1.0	1.5
	DS3	75				2.0	3.0
四等	DS3	100	5	10	0.2	3.0	5.0

(3) 水准测量对水准仪及水准尺的要求：

1) 水准仪：水准仪视准轴与水准管轴的夹角 i，DS1 型不应超过 $15''$；DS3 型不应超过 $20''$；补偿式自动安平水准仪的补偿误差 $\Delta\alpha$ 对于三等水准不应超过 $0.5''$；

2) 水准尺：水准尺上的米间隔平均长与名义长之差，对于木质双面水准尺，不应超过 0.5mm。

(4) 水准点的布设和埋石

各级水准点标桩要求坚固稳定，应选在土质坚硬、便于长期保存和使用方便的地点；墙上水准点应选设于稳定的建筑物上，点位应便于寻找、保存和引用；各等级水准点，应埋设水准标石，并绘制点之记，必要时设置指示桩。

四等水准点也可利用已建立的场区或建筑物平面控制点，点间距离随平面控制点而定。三等水准点一般应单独埋设，点间距离一般以 600m 为宜，可在 400～800m 之间变动。三等水准点一般距离厂房或高大建筑物应不小于 25m、距振动影响范围以外应不小于 5m、距回填土边线应不小于 15m。水准基点组应采用深埋水准标桩或利用稳固的建（构）筑物设立墙上水准点。

6. 三、四等水准测量

(1) 三、四等水准测量观测程序

三、四等水准测量所使用的水准尺均为 3m 长红黑两面的水准尺。其观测方法也相同，即采用中丝测高法，三丝读数。每一测站的观测程序可按 "后前前后" 进行。

具体观测程序如下：

1) 按中丝和视距丝在后视尺黑色面上进行读数；
2) 按中丝和视距丝在前视尺黑色面上进行读数；
3) 按中丝在前视尺红色面上读数；
4) 按中丝在后视尺红色面上读数。

(2) 三、四等水准测量的记录与计算

每一测站的观测成果应在观测时直接记录于规定格式的手簿（表 4-3），不允许记在其他纸张上再进行转抄。每一测站观测完毕之后，应立即进行计算和检核。各项检核数值都在允许范围时，仪器方可搬站。

三、四等水准测量记录手簿   表 4-3

测线：自____至____天气及成像：_____观测____
日期：年 月 日 尺常数 K：No. 12 之 $K=4787$ 记录____
时 分始 时 分终   No. 13 之 $K=4687$ 检查____

测站编号	后尺		前尺		方向及尺号	水准尺读数		$K+$黑$-$红	平均高差
	下丝		下丝			黑面	红面		
	上丝		上丝						
	后视距离		前视距离						
	视距差		视距累积差						
	(1)		(4)		后	(3)	(8)	(10)	
	(2)		(5)		前	(6)	(7)	(9)	
	(15)		(16)		后-前	(11)	(12)	(13)	(14)
	(17)		(18)						
1	157.1		73.9		后 12	1.384	6.171	0	
	119.7		36.3		前 13	0.551	5.239	-1	
	37.5		37.6		后-前	$+0.833$	$+0.932$	$+1$	$+0.8325$
	-0.2		-0.2						
2	212.1		219.6		后 13	1.934	6.621	0	
	174.7		182.1		前 12	2.008	6.796	-1	
	37.5		37.5		后-前	-0.074	-0.175	$+1$	-0.0745
	-0.1		-0.3						

现根据三、四等水准测量记录格式，以实例表示其记录计算的方法与程序。示例表格括号中的号码，表示相应的观测读数与计算的次序。现说明如下：

1）高差部分

(10)＝(3)＋K－(8)，(9)＝(6)＋K－(7)；(9)及(10)对三等不得大于 2mm，对四等不得大于 3mm。式中 K 为水准尺黑红面的常数差。本例中标尺 No. 12 之 $K=4787$，No. 13 之 $K=4687$。

(11)＝(3)－(6)，(12)＝(8)－(7)±100(100 为两尺红面常数差)。

(13)＝(11)－(12)±100＝(10)－(9)校核；(13)对三等不得大于 3mm，四等不得大于 5mm。

2）视距部分

(15)＝(1)－(2)＝后视距离。

(16)＝(4)－(5)＝前视距离。

(17)＝(15)－(16)＝前后视距差数，此值对三等不应超过 2m，四等不应超过 3m。

(18)＝前站(18)＋(17)。(18)表示前后视距的累计值，对三等不应超过 5m，四等不应超过 10m。

3）检核与高差平均值的计算

观测后应按下式进行检核：

(13)＝(11)－(12)±100＝(10)－(9)

高差平均值按下列三式计算并校核：

(14)＝1/2［(11)＋(12)±100］＝(11)－1/2(13)＝(12)±100＋1/2(13)

4）末站检核与总视距的计算

求出Σ(15)、Σ(16)，并用Σ(15)－Σ(16)＝(18)对末站作检核。

所测路线的总视距＝Σ(15)＋Σ(16)。

5）水准网的平差计算和精度评定

水准网的平差，根据水准路线布设的情况，可采用各种不同的方法。附合在已知点上构成结点的水准网，采用结点平差法。若水准网只具有 2~3 个结点，路线比较简单，则采用等权代替法。

当每条水准路线分测段施测时，应按式（4-1）算每千米水准测量的高差偶然中误差，其绝对值不应超过表 4-1 应等级每千米高差全中误差的 1/2。

$$M_\Delta = \sqrt{\frac{1}{4n}\left(\frac{\Delta\Delta}{L}\right)} \tag{4-1}$$

式中　M_Δ——高差偶然中误差（mm）；

　　　Δ——测段往返高差不符值（mm）；

　　　L——测段长度（km）；

　　　n——测段数。

水准测量结束后，应按式（4-2）算每千米水准测量高差全中误差，其绝对值不应超过表 4-1 等级的规定。

$$M_W = \sqrt{\frac{1}{N}\left(\frac{WW}{L}\right)} \tag{4-2}$$

式中　M_W——高差全中误差（mm）；

　　　W——附合或环线闭合差（mm）；

　　　L——计算各 W 时，相应的路线长度（km）；

　　　N——附合路线闭合环的总个数。

当三等水准测量与国家水准点附合时，高山地区除应进行正常位水准面不平行修正外，还应进行其重力异常的归算修正。

各等级水准网，应按最小二乘法进行平差并计算每千米高差全中误差。

高差成果的取值，三、四等水准应精确至 1mm。

4.2　施工测量的基本知识

4.2.1　建筑的定位与放线

施工测量现场主要工作有长度的测设、角度的测设、建筑物细部点的平面位置的测设、建筑物细部点高程位置的测设及倾斜线的测设等。测角、测距和测高差是测量的基本工作。

平面控制测量必须遵循"由整体到局部"的组织实施原则，以避免放样误差的积累。大中型的施工项目，应先建立场区控制网，再分别建立建筑物施工控制网，以建筑物平面控制网的控制为基础，测设建筑物的主轴线，根据主轴线再进行建筑物的细部放样；规模小或精度高的独立项目或单位工程，可通过市政水准测控控制点直接布设建筑物施工控制网。

高程控制测量宜采用水准测量。

1. 施工控制网的建立

场区控制网，应充分利用勘察阶段的已有平面和高程控制网。原有平面控制网的边长，应投影到测区的相应施工高程面上，并进行复测检查。精度满足施工要求时，可作为场区控制网使用。否则，应重新建立场区控制网。新建场区控制网，可利用原控制网中的点组（由三个或三个以上的点组成）进行定位。规模场区控制网，也可选用原控制网中一个点的坐标和一个边的方位进行定位。

建筑物施工控制网，应根据场区控制网进行定位、定向和起算；控制网的坐标轴，应与工程设计所采用的主副轴线一致；建筑物的±0.000高程面，应根据场区水准点测设。

建筑方格网点的布设，应与建（构）筑物的设计轴线平行，并构成正方形或矩形格网。方格网的测设方法，可采用布网法或轴线法。当采用布网法时，宜增测方格网的对角线；当采用轴线法时，长轴线的定位点不得少于3个，点位偏离直线应在180°±5″以内，短轴线应根据长轴线定向，其直角偏差应在90°±5″以内。水平角观测的测角中误差不应大于2.5″。

2. 建筑物定位、基础放线及细部测设

在拟建的建筑物或构筑物外围，应建立线板或控制桩。线板应注记中心线编号，并测设标高。线板和控制桩应做好保护，该控制桩将作为未来施工轴线校核的依据。

依据控制桩和已经建立的建筑物施工控制网及图纸给定的细部尺寸进行轴线控制和细部测设。

4.2.2 墙体、地面、顶棚等装饰施工测量

1. 楼、地面施工测量

（1）标高控制

1）装饰标高基准点设置

对于结构形式复杂的工程，为了能够便于施工及标高控制，需要在给定原有标高控制点的基础上，引测装饰标高基准点。装饰标高基准点在可靠、便于施工、易于保护，且与原有标高点的标识有明显区别，如采用不同颜色、不同形状的标志。

2）标高控制线测设

在装饰施工之前，根据装饰标高基准点，采用DS3型水准仪（适于大开间区域使用）或4线激光水准仪（适于室内小开间使用）在墙体、柱体上引测出装饰用标高控制线，并用墨斗弹出控制线，通常控制线置为+50线，即距装饰地面的完成面0.5m高的水平线。也可以根据现场情况引测+1m线，原则上引测的标高控制线要便于在使用时的计算，尽量取整数，并应在弹好墨线后做好标识，明确标高。

使用DS3型水准仪时视距一般不超过100m，视线高度应使上、中、下三丝都能在水准尺上读数以减少大气折光影响。前、后视的距离不应相差太大。有条件时也可采用增加了激光发射系统的DSJ3型激光水准仪，该仪器使测量放线更直观、快捷。

由于室内标高相对独立性更高，因此在较小空间可以使用4线激光水准仪进行标高线

的引测，一般 4 线激光水准仪在室内环境使用的有效距离不宜大于 10m，以减少折光和视线误差。

标示在墙面、柱面上的标高控制线，要注意保护，在面层施工覆盖后要及时进行恢复，保证控制线的准确性和延续性。

3）测量复核

在全部标高线引测完成后，应使用水准仪对所有高程点和标高控制线进行复测，以避免粗差。

(2) 施工控制

地面的标高控制是装饰施工的重点，如混凝土垫层施工、各种装饰面层施工等对标高控制都有很高的要求。一般地面施工的标高控制分为整体地面标高控制和块材楼地面标高控制。

1）整体地面标高控制，在混凝土地面、自流平地面等整体地面施工时，根据建筑+50线（或+1m线），用水准仪测设出地面上的控制点（地面上为了控制标高定的距墙2m，间距不大于2.5m呈梅花状布置的标志点）的标高，检查是否存在基层超高问题，如有基层超高现象及时和相关施工单位予以沟通，及时处理解决。每个控制点用砂浆做成的灰饼表示，施工中用3m靠尺随时检测地面标高的控制情况。

2）块材楼地面标高控制，在石材地面、木地板、抗静电地板、地砖地面等块材地面施工时，标高控制方法和整体地面施工标高控制基本一致，不同的是在面层施工用水平尺和靠尺反复检测块材的水平和标高。在有坡度要求的地面施工时，应按设计的坡度要求设置坡度控制点或使用坡度尺进行控制，使完成后的地面坡度满足设计和施工规范的要求。

(3) 平面控制

1）平面坐标系确定

对于装饰地面施工来说，一般都需要进行地面的平面控制。造型相对简单的地面砖铺贴，通常在排版后需要进行纵横分格线的测设和相对墙面控制线的测设。但对于造型复杂的拼花地面来说，就需要对每个拼花形状建立平面控制的坐标体系，一般应遵守便于测量，方便施工控制的原则，平面控制坐标系可采用极坐标系、直角坐标系或网格坐标系等。

2）关键控制点测设

通常应先在图纸上找出需要进行控制的关键点，如造型的中心点、拐点、交接点等，通过计算得出平面拼花各个关键控制点的平面坐标，在计算室内关键控制点的坐标时，要考虑和天花吊顶造型的配合与呼应，不能只按房间几何尺寸进行计算；在计算室外关键控制点的坐标时，也要考虑与周边建筑物、构筑物的协调呼应，同样不能只考虑几何尺寸；现场关键控制点定位前还要注意检查结构尺寸偏差，并根据偏差情况调整关键控制点的坐标值，以保证造型观感效果的美观大方，并充分体现设计意图。然后用经纬仪、钢尺或全站仪根据计算出的坐标值测设现场关键控制点。直角坐标系对于多点同时施工更方便。

在布规矩的室内地面拼花也采用平面网格坐标系。根据图纸中关键控制点与周边墙信体的相对关系建立平面网格坐标系，网格边长可根据图形复杂程度控制 0.5~2m 之间，根据控制点在网格中的相对位置使用钢尺进行定位。此种方法施工简便，但人工定位误差相对较大，适用于独立的拼花图形施工。

3) 测量复核

所有控制点的定位完成之后,应根据图纸尺寸和计算得到的坐标值进行复核,确认无误后方可进行施工作业。

2. 吊顶施工测量

(1) 标高控制

1) 标高控制线测设

根据室内标高控制线(+50线或+1m线)弹出吊顶边龙骨的底边标高线。通常用水准仪和3m塔尺进行测设;也可在房间内先测设一圈标高控制线(+50线或+1m线),然后用钢尺量测吊顶边龙骨的底边标高控制点,最后连成标高控制线,对于造型复杂的吊顶,中间部位还应测设关键标高控制点。

最后应根据各层的标高控制线拉小白线检查机电专业已施工的管线是否影响吊顶,如存在影响及时向总包、设计和监理反映,对专业管线或吊顶标高作出调整。

2) 测量复核

标高控制线测设全部完成后,应进行复核检查验收,合格后方可进行下一道工序的施工。通常应采用水准仪对标高控制线,关键标高控制点进行闭合复测。在施工过程中还应随时进行标高复测,减少施工过程中的误差。

(2) 平面控制

1) 平面坐标系确定

针对吊顶造型的特点和室内平面形状,建立平面坐标系,建立方法同地面平面坐标系。

2) 关键控制点测设

建立了坐标系之后,先在图纸上找出需要进行控制的关键点,如造型的中心点、拐点、交接点、标高变化点等,通过度算得出平面内各个关键控制点的平面坐标;然后按照吊顶造型关键控制点的坐标值在地面上放线,最后再用激光铅直仪将地面的定位控制点投影到顶板上,施工时再按照顶板控制点位置,吊垂线进行平面位置控制。

关键控制点的设置,还应考虑吊顶上的各种设备(灯具、风口、喷淋、烟感、扬声器、检修孔等),以便在放线时进行初步定位,施工时调整龙骨位置或采取加固措施,避免吊顶封板后设备与龙骨位置出现不合理现象。

3) 测量复核

完成所有控制点的定位之后,根据设计图纸和实际几何尺寸进行复核,确认无误后方可进行下步施工。在施工过程中还应随时进行复查,减少施工粗差。

(3) 综合放线

1) 控制坐标系确定

针对吊顶造型的复杂程度、特点和室内形状,可建立综合坐标系,综合坐标系可采用直角坐标、柱坐标、球坐标或它们的组合坐标系。

2) 综合控制点测设

综合坐标系建立后,同样在图纸上找出关键点,如造型的中心点、拐点、交接点、标高变化点等关键点,计算出各个关键点的空间坐标值;再用激光铅直仪将地面放出的关键控制点投影到顶板上,并在顶板上各关键控制点位置安装辅助吊杆。辅助吊杆安好后,根据关键点的垂直坐标值分别测设各个关键的高度,并用油漆在辅助吊杆上做出明确标志。这样复杂吊顶的造型关键控制点的空间位置就得到了确定。

各种曲面造型的吊顶,同样根据图纸和现场实际尺寸,计算得到空间坐标值之后来进行定位。一般曲面施工采取折线近似法(将多段较短的直线相连近似成曲线),通过调整关键点(辅助吊杆)的疏密控制曲面的精确度。

3. 墙面施工测量

墙面装饰施工测量,适用于室内各种墙体位置的定位和室内外墙体垂直面上造型的测量定位。

(1) 墙面上造型控制

1) 建立控制坐标

根据图纸要求在墙面基层上画出网格控制坐标系,网格边长可根据图形复杂程度控制在 0.1~1m 之间。

2) 关键控制点测设

立体造型墙面,依据建筑水平控制线(+50 线或+1m 线),按照图纸上关键控制点在网格中的相对位置,用钢尺进行定位。同时标示出造型与墙体基层大面的凹凸关系(即出墙或进墙尺寸),便于施工时控制安装造型骨架。所标示的凹凸关系尺寸一般为成活面出墙或进墙尺寸。

平面内造型墙面,关键控制点一般确定为造型中心或造型的四个角。放线时先将关键控制点定位在墙面基上,再根据网格按 1:1 尺寸进行绘图即可。也可将设计好的图样用计算机或手工按 1:1 的比例绘制在大幅面的专用绘图纸上,然后在绘好的图纸上用粗针沿图案线条刺小孔,再将刺好孔的图纸按照关键控制点固定到墙面上,最后用色粉包在图纸上擦抹,取下图纸图案线条就清晰地印到墙面基底上了。还可采用传统方法,将绘制好的 1:1 的图纸按关键控制点固定在需要放线的墙面上,然后用针沿绘好的图案线条刺扎,直接在墙面上刺出坑点作为控制线。

3) 测量复核

完成所有控制点的定位之后,根据设计图纸进行复核,确认无误的方可进行下步施工,并在施工过程中随时进行复查,减少施工粗差。

(2) 墙体定位控制

1) 建立控制坐标系

根据设计图纸和现场实际尺寸,在地面上测设墙体成活面的控制线和墙体中心线。一般情况下,墙体定位采用直角坐标系;有时根据复杂程度可采用极坐标或直角坐标配合网格法进行定位放线。

2) 关键控制点测设

对于简单的直墙,依据设计图纸和现场实际尺寸,按照墙体的相对位置,用钢尺进行定位,同时测设出墙体的中心线和成活面的控制线。对于复杂的曲线墙体,应先确定关键控制点,然后根据设计图纸和现场实际尺寸计算相对位置坐标,再按照相对位置坐标用经纬仪和钢尺测设关键控制点,最后通过关键控制点之间连线,测设出墙体中心线和成活面控制线。

3) 测量复核

完成所有控制点、线的测设后，应根据图纸进行复核，确认无误后方可进行施工。在施工开始后还应进行一次复查，避免出现错误。

4.3 建筑变形观测的知识

4.3.1 建筑变形的概念

建筑物随时间的推移发生沉降、位移、挠曲、倾斜及裂缝等现象。这些现象统称为建筑变形。

建筑物在工程建设和使用过程中，由于基础的地质构造不均匀，土壤的物理性质不同，土基的塑性变形，地下水位的变化，大气温度的变化，建筑自身的荷重及动荷载（如风力、振动等）的作用等。

（1）变形按时间长短分为：长周期变形（建筑物自重引起的沉降和变形）、短周期变形（温度变化所引起的变形）和瞬时变形（风振引屈的变形）。

（2）变形按其类型可分为：静态变形和动态变形。

利用观测设备对建筑物在荷载和各种影响因素作用下产生的结构位置和总体形状的变化，所进行的长期测量工程称为建筑变形观测。

建筑物变形监测的主要目的包括以下几个方面：
1) 分析估计建筑物的安全程度，以便及时采取措施，设法保证建筑物的安全运行。
2) 利用长期的观测资料验证设计参数。
3) 反馈工程的施工质量。
4) 研究建筑物变形的基本规律。

4.3.2 建筑沉降、倾斜、裂缝、水平位移的观测

1. 沉降观测

（1）水准点设置、观测点布设

水准点的设置应满足下列基本要求：水准点的数目应不少于 3 个，以便检核；水准点多设置在沉降变形区以外，距沉降观测点不应大于 100m，观测方便，且不受施工影响的地方；为防止冰冻影响，水准点埋设深度至少要在冰冻线以下 0.5m。

沉降观测点的布设应能全面反映建筑及地基变形特征，并顾及地质情况及建筑结构特点布设。如：建筑物的四角、核心筒四角、大转角处及沿外墙每 10~20m 处或每隔 2~3 根柱基上；新旧建筑物、高低建筑物、纵横墙交接处的两侧。

（2）观测周期与时间

观测周期和观测时间，应根据工程的性质、施工进度、地基地质情况及基础荷载的变化情况而定。应按下列要求并结合实际情况确定。如：民用高层建筑可每加 1~5 层观测一次，工业建筑可按回填基坑、安装柱子和屋架、砌筑墙体、设备安装等不同施工阶段分别进行观测。

（3）观测方法

沉降观测的观测方法视沉降观测的精度而定，有一、二、三等水准测量、三角高程测

量等方法。常用的是水准测量方法。

2. 倾斜观测

一般建筑物倾斜观测如图 4-14 所示，测出观测点 M、P 的偏移值 ΔB、ΔA。则可以计算出该建筑物的总偏移值 ΔD 根据总偏移值 ΔD 和建筑物的高度 H 即可计算出其倾斜率：$i = \tan\alpha = \dfrac{\Delta D}{H}$。

3. 裂缝观测

(1) 石膏板标志法

用厚 10mm，宽 50～80mm 的石膏板，固定在裂缝的两侧。当裂缝继续发展时，石膏板也随之开裂，从而观察裂缝的大小及继续发展的情况。

(2) 白钢板标志法

如图 4-15，用两块白钢板，一片为 150mm×150mm 的正方形，固定在裂缝的一侧。另一片为 50mm×200mm 的矩形，固定在裂缝的另一侧。在两块白钢板的表面，涂上红色油漆。如果裂缝继续发展，两块白钢板将逐渐被拉开，露出正方形上没有油漆的部分，其宽度即为裂缝增大的宽度，用尺子量出。

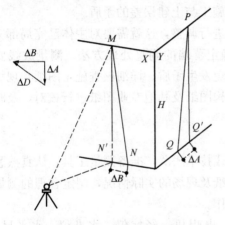
图 4-14 一般建筑物的倾斜观测

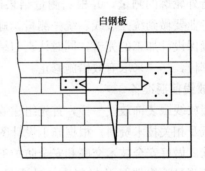
图 4-15 建筑物的裂缝观测

4. 水平位移观测

(1) 角度前方交会法

利用角度前方交会法，对观测点进行角度观测，计算观测点的坐标，利用两点之间的坐标差值，计算该点水平位移量。

(2) 基准线法

如图 4-16 所示观测时，先在位移方向的垂直方向上建立一条基准线 AB。A、B 为控制点，P 为观测点。只要定期测量观测点 P 与基准线 AB 的角度变化值 $\Delta\beta$，即可测定水平位移量。在 A 点安置经纬仪，第一次观测水平角 $\angle BAP = \beta_1$，第二次观测水平角 $\angle BAP' = \beta_2$，两次观测水平角的角值之差为 $\Delta\beta$。则其位移量 $\delta = D_{AP} \cdot \dfrac{\Delta\beta''}{\rho}$。

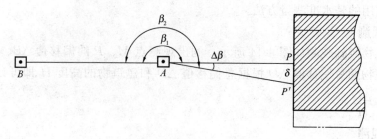

图 4-16 基准线发观测水平位移

4.4 幕墙工程的测量放线

4.4.1 现场测量的基本工作程序

幕墙是建筑物的外围护结构，通过预埋件和转接件等结构件与主体结构连接，放线是将骨架的位置弹线到主体结构上，须保证骨架安装的准确性，由于幕墙的高精级特征，所以对土建的要求相对提高，这势必造成幕墙施工与土建误差的矛盾。

解决上述矛盾的唯一途径是对结构误差进行调整，这就需要对主体已完局部完成的建筑物进行外轮廓的测量，并根据测量结果确定幕墙的调整处理方法。测量放线要十分精确，各专业要做到统一放线、统一测量，避免发生矛盾。详细核查施工图纸和现场实测尺寸，以确保设计加工的完善，同时认真与结构图纸及其他专业图纸进行核对，及时发现其不相符部位，尽早采取有效措施修正。

1. 放线前期准备

幕墙放线跟装饰放线一样，首先组建放线技术团队，准备测量工具，认真熟悉确认的施工图纸及相关技术资料。根据施工设计图纸及现场的实际情况，制定合理的测量放线方法和步骤。做好安全技术交底和安全防护工作。

幕墙测量放线器具及材料有：冲击钻、电焊机、经纬仪、水准仪、水平尺、钢尺、5～7m钢卷尺、对讲机、墨斗、拉力器（或花篮螺丝）、记号笔、吊锤、角钢、膨胀螺栓、钢丝线、鱼线等。

2. 放线基准点、线交接复核

在业主方、监理共同见证下，总承包方或者业主管理方到现场提供书面水平基准标高点和首层基准点控制图。施工员及放线技术员，并对基准点、线及原始标高进行复核。结合幕墙设计图、建筑结构图进行确认，经检查确认后，填写轴线、控制线记录表，请业主、监理及总承包方负责人签字确认。做好现场交接的影像资料记录并存档。

3. 现场测量的基本工作程序

熟悉建筑结构与幕墙设计图──→整个工程进行分区、分面──→确定基准测量层──→确定基准测量轴线──→确定关键点──→放线──→测量──→记录原始数据──→更换测量层次（或立面）──→重复以上步骤──→处理数据──→测量成果分析。

（1）控制点的确定步骤

首先利用水平仪和长度尺确定等高线（图 4-17），再使用激光经纬仪、铅垂仪确定垂直线（图 4-18），最后使用激光经纬仪校核空间交叉点（图 4-19），确定控制点。

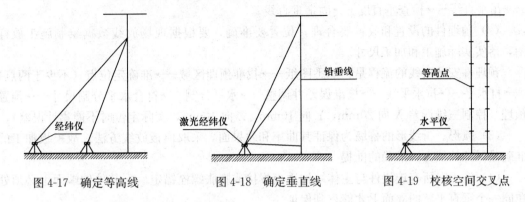

图 4-17 确定等高线　　　　图 4-18 确定垂直线　　　　图 4-19 校核空间交叉点

（2）放线基本原则和步骤

1）通常是由土建施工单位提供基准线（如 500mm 标高线，通常称为 50 线）及轴线控制点，但是由于土建施工允许误差较大，所以不能完全依靠土建水平基准线，必须由基准轴线和水准点重新测量，并校正复核。按土建提供的中心线、水平线、进出位线、50 线以及窗台板上皮距水平线的距离，经幕墙安装放线技术人员复测后，放钢线。为保证不受其他因素影响，上、下钢线每 2 层一个固定支点，水平钢线每 10m 一个固定支点。

2）将所有预埋件清理出，并复测其位置尺寸。

由于在实际施工中，结构上所预埋的铁板常出现位置偏差过大、埋件被混凝土淹没甚至出现漏设现象，影响连接铁件的安装。因此，测量放线前，应逐个检查预埋铁件的位置，并把铁件上的水泥灰渣剔除，不能满足锚固要求的位置，增设埋件。

3）根据基准线在底层确定幕墙的水平宽度。

4）用经纬仪向上引数条垂线，确定幕墙转角位置和立面尺寸，用经纬仪或激光垂直仪将幕墙的阳角和阴角引上，并用固定在钢支架上的钢丝线作标志控制线。

5）确定立面的中线。

6）测量放线时应控制和分配好误差，不使误差积累，根据总包提供的预沉降值，逐层消化在伸缩缝中。

7）测量放线时在风力不大于 4 级的情况下进行。放线后应及时校核，以保证幕墙垂直度及在立柱位置的正确性。

8）放线定位后要对控制线定时校核，以确保幕墙垂直度和金属竖框位置的正确。

4.4.2 幕墙放线要点

（1）幕墙施工时，建筑物外轮廓测量的结果不但对预埋件、连接件、转接件的安装和竖框定位放线的质量起着决定性作用，而且施工的全过程都离不开现场的准确测量。放线的原则是：对由横梁与竖框组成的幕墙，一般先弹出竖框的位置，然后确定竖框的锚固点。待竖框通长布置完毕，横梁再弹到竖框上。

竖框定位放线的流程是：找准转角、轴线、变高变截面等位置标识→在关键层打水平线→辅助层打水平线→找出竖框放线定位点→将定位点加固→复核水平度（误差小于1mm）——→检查水平线误差——→进行水平分割（每次分割须复检：按原来的分割方式复尺，按相反方向复尺，并按总长、分长复核闭合差，误差大于2mm须重新分割）——→吊垂直线——→检查垂直度——→固定垂直线。

（2）预埋件的设置和放置要合理，位置要准确，要根据现场放线数据绘制施工放样图，落实实际施工和加工尺寸。

预埋件安装放线的流程是：熟悉图纸——→找准预埋区域——→准确定位点（不少于两点）——→打水平——→拉水平线——→核准误差并调整——→水平分割——→符合水平分割尺寸——→预置预埋（控制三维误差 X 向20mm，Y 向10mm，Z 向10mm，实际定位时不能累计误差）。

（3）弧形、折线形的幕墙为保证其曲率和效果面，采取模板放线方法，故模板加工的准确是保证放线方法准确的前提。

（4）施工时所有连接件与主体结构铁板焊接或膨胀螺栓锚定后，其外伸端面也必须处在同一个垂直平整的立面上才能得到保证。

连接件安装的流程是：找准预埋件——→对照竖框垂线（偏差小于2mm）——→拉水平线（控制三维误差 X 向2mm，Y 向2mm，Z 向3mm，实际定位时不能累计误差）——→安装连接件。

放线是幕墙施工中技术难度较大的一项工作，开工时应充分重视综合测量放线的工作。除了充分掌握设计要求外，还要具备丰富的施工经验。因为有些细部构造处理，设计图纸中并不十分明确交代，而是留给现场技术人员结合现场情况具体处理，特别是面积较大、层数较多的高层建筑和超高层建筑的幕墙，其放线的难度更大一些。

第5章 工程材料的基本知识

建筑装饰装修材料是指建筑物主体结构工程完成之后，进行室外、室内墙面、顶棚、地面装饰以及室内空间装饰所用的材料，它不仅可以起到装饰的作用，同时又可以满足建筑物使用功能和精神品味的需求。所以，建筑装饰装修材料是建筑装饰装修工程的物质基础。

5.1 无机胶凝材料

5.1.1 无机胶凝材料的分类及其特性

胶凝材料按化学性质不同分为有机胶凝材料和无机胶凝材料两大类。无机胶凝材料按硬化条件的不同分为气硬性和水硬性胶凝材料两大类。气硬性无机凝胶材料只能在空气中凝结、无机胶凝材料只能在空气中凝结、硬化、产生硬度，并继续发展和保持其强度，如石灰、石膏、水玻璃等；水硬性胶凝材料既能在空气中硬化，又能很好地在水中硬化，保持并继续发展其强度，如各种水泥。

1. 石灰

石灰是人类最早使用的建筑材料之一。石灰的原料分布广，生产工艺简单，适用方便，成本不高，具有良好的技术性能，目前仍广泛用于建筑工程中。石灰熟化时，熟化的时间要足够，要待过火石灰彻底熟化后才能用于工程。生石灰的主要成分是氧化钙，其次是氧化镁。生石灰（CaO）与水反应生成氢氧化钙的过程，称为石灰的熟化或消化。反应生成的产物氢氧化钙称为熟石灰或消石灰。建筑石灰供应的品种有块状生石灰和消石灰两种，其技术指标分别见表 5-1 和表 5-2。

生石灰的主要技术指标 表 5-1

项　目	钙质生石灰			镁质生石灰		
	优等品	一等品	合格品	优等品	一等品	合格品
有效氧化钙加有效氧化镁含量，≥	90%	85%	80%	85%	80%	75%
未消化残渣含量（5mm 圆孔筛筛余），≤	5%	10%	15%	5%	10%	15%
CO_2，≤	5%	7%	9%	6%	8%	10%
产浆量（L/kg），≥	2.8	2.3	2	2.8	2.3	2

石灰具有以下主要性质：

（1）保水性好、可塑性好

生石灰熟化后生成的氢氧化钙颗粒极细，表面都吸附着一层厚厚的水膜，将其掺入水泥砂浆中拌成混合砂浆，可以提高砂浆的保水能力，且可塑性好。

(2) 强度低、耐水性差

石灰的硬化只能在空气中进行，硬化速度缓慢，常需几个月才能完成，而且硬化后的强度也不高，受潮后的强度更低，长期受潮湿还会溃散，丧失强度，所以石灰不能用于潮湿环境和建筑物的基础。

(3) 体积收缩大

石灰在硬化过程中因大量水分蒸发导致体积收缩，收缩率为1％～3％，所以石灰不能单独使用。应用时可掺入些麻刀、无机纤维和砂子，以抵抗大面积的宏观裂缝。

石灰可以作为拌制石灰砂浆、混合砂浆的原料，用于建筑物的粗装修，还可以拌成麻刀白灰作装饰抹灰的罩面层使用。

消石灰粉主要技术指标　　　　　　表 5-2

项目	钙质消石灰粉			镁质消石灰粉			白云石消石灰粉		
	优等品	一等品	合格品	优等品	一等品	合格品	优等品	一等品	合格品
有效氧化钙加有效氧化镁含量，≥	70％	65％	60％	65％	60％	55％	65％	60％	55％
游离水	0.4％～2％								
体积安定性	合格	合格	—	合格	合格	—	合格	合格	—
0.9mm筛筛余，≤	0	0	0.50％	0	0	0.50％	0	0	0.50％
0.125mm筛筛余，≤	3％	10％	15％	3％	10％	15％	3％	10％	15％

2. 石膏

我国的石膏资源丰富，分布广。石膏不仅可以用于生产各种建筑制品，如石膏板、石膏装饰件等，还可以作为重要的外加剂，用于水泥、水泥制品及硅酸盐制品的生产。石膏是一种只能在空气中硬化，并在空气中保持和发展强度的气硬性无机凝胶材料。建筑石膏制品主要有：石膏板（纸面石膏板、石膏装饰板、纤维石膏板和石膏空心板）、石膏装饰制品和室内抹灰及粉刷原料。

石膏的分类、组成、特性及应用见表5-3。

石膏的分类、组成、特性及应用　　　　　　表 5-3

分类	天然石膏（生石膏）	熟石膏			
		建筑石膏	地板石膏	模型石膏	高强度石膏
组成	即二水石膏分子式为 $CaSO_4 \cdot 2H_2O$	生石膏经107～170℃煅烧而成，分子式为： $CaSO_4 \cdot \frac{1}{2} H_2O$	生石膏在400～500℃或高于800℃下煅烧而成，分子式为$CaSO_4$	生石膏在190℃下煅烧而成	生石膏在750～800℃下煅烧并与硫酸钾或明矾共同磨细而成
特性	质软，略溶于水，呈白或灰、红青等色	与水调和后凝固很快，并在空气中硬化，硬化时体积不收缩	磨细及用水调和后，凝固剂硬化缓慢，7d的抗压强度为10MPa，28d为15MPa	凝结较快，调制成浆后在数分钟至10余分钟内即可凝固	凝固很慢，但硬化后强度高达25～30MPa，色白，能磨光，质地坚硬且不透水

续表

分类	天然石膏（生石膏）	熟石膏			
		建筑石膏	地板石膏	模型石膏	高强度石膏
应用	通常白色者用于制作熟石膏，青色者制作水泥、农肥等	制配石膏抹面灰浆，制作石膏板、建筑装饰及吸声、防火制品	制作石膏地面；配制石膏灰浆，用于抹灰及砌墙；配制石膏混凝土	供模型塑像、美术雕塑、室内装饰及粉刷用	制作人造大理石、石膏板、人造石，用于湿度较高的室内抹灰及地面等

(1) 建筑石膏的生产

将天然石膏（生石膏）入窑经低温煅烧（107~170℃），脱水后再经球磨机磨细即为建筑石膏（熟石膏），建筑石膏为白色粉末，密度为 2500~2800kg/m³，松散表现密度为 800~1000kg/m³。

(2) 建筑石膏的凝结和硬化

建筑石膏使用时，首先加水使之成为可塑的浆体，由于水分蒸发很快，浆体变稠失去塑形，逐渐形成有一定强度的固体。

半水石膏首先溶解于水，形成饱和溶液，待半水石膏与溶液中的水化合后，则被还原成二水石膏（生石膏）。由于半水石膏的溶解和二水石膏的析出，浆体中的自由水分逐渐减少，浆体变稠，失去塑性，这个过程称为硬化过程。

(3) 建筑石膏的性质和质量标准

建筑石膏的性质随煅烧温度、条件以及杂质含量不同而异。一般来说具有以下特点：

1) 凝结硬化快，强度较高。建筑石膏一般在加水以后经 30min 左右凝结。实际操作时，为了延缓凝结时间，往往加入硼砂、柠檬酸、亚硫酸盐、纸浆废液等缓凝剂。如要加速石膏的硬化，也可加入促凝剂，常用的有氟硅酸钠、氯化钠、氯化镁、硫酸钠等，或加入少量二水石膏作为晶胚，也可加速凝结硬化过程。

2) 硬化后石膏的抗拉和抗压强度比石灰高。

3) 成型性能优良。建筑石膏浆体在凝结硬化早期体积略有膨胀，因此有优良的成形性。在浇筑成型时，可以制的尺寸准确、表面致密光滑的制品、装饰图案和雕塑品。

4) 表观密度小。建筑石膏与水反应的理论需求量为石膏质量的 18.6%，而实际用水量为理论用水量的 3~5 倍，多余的水分蒸发以后，留下大量空隙，形成多孔结构，所以石膏制品的质量轻。由于孔隙多，石膏的导热系数小，隔热保温性能好，但强度较低，一般做保温、隔声材料使用。

5) 防火性好。当石膏遇火时，二水石膏的结晶水会析出，一方面可吸收热量，同时又在石膏制品表面形成水蒸汽汽幕，阻止火的蔓延，因此具有很好的防火性。

6) 耐水性差。建筑石膏具有很强的吸湿性，吸湿后的石膏晶体粒子间的黏聚力减弱，强度显著下降，如果吸水后再受冻则会产生崩裂。

7) 调色性好。建筑石膏洁白细腻，加入颜料可以调配成各种彩色的石膏浆。

建筑石膏的质量标准见表 5-4。

建筑石膏的质量标准 表 5-4

指标		优等品	一等品	合格品
细度（孔径 0.2mm 筛筛余量不超过）		5.0%	10.0%	15.0%
抗折强度（MPa）		2.5	2.1	1.8
抗压强度（MPa）		4.9	3.9	2.9
凝结时间（min）	初凝≥	6	6	6
	终凝≤	30	30	30

（4）建筑石膏制品及应用

石膏具有上述诸多优良性能，因而是一种良好的建筑功能材料。当前，应用较多的是在建筑石膏中掺入各种填料加工制成各种石膏装饰制品和石膏板材，用于建筑物的内隔墙、墙面和顶棚的装饰装修等。

1）石膏板

我国目前生产的石膏板主要有纸面石膏板、纤维石膏板、石膏空心条板、石膏装饰板、石膏砌块和石膏吊顶板等。

① 纸面石膏板。纸面石膏板是用石膏做芯材，两面用纸做护面而成，规格为：宽度 900～1200mm，厚度 9.5～15mm，长度 2440mm。主要用于建筑内墙、隔墙和吊顶板等。

② 石膏装饰板。石膏装饰板是以建筑石膏为主要原料制成的平板、多孔板、花纹板、浮雕板级装饰薄板等，规格为边长 300mm、400mm、500mm、600mm、900mm 的正方形。装饰板的主要特点是花色品种多样、颜色鲜艳、造型美观，主要用于大型公共建筑的墙面和吊顶罩面板。

③ 纤维石膏板。纤维石膏板以建筑石膏为主要原料，掺入适量的纸筋和无机短纤维制成。这种板的主要特点是抗弯强度高，一般用于建筑物内墙和隔墙，也可用来替代木材制作一般家具。

④ 石膏空心条板。这种板一石膏为主要原料制成。板材的孔洞率为 30%～40%，质量轻，强度高、保温、隔声性能好。板材的规格为（2500～3500）mm×（450～600）mm×（60～100）mm，7～9 孔平行于板的长度方向，一般用于住宅和公共建筑的内墙、隔墙等。

此处还有石膏蜂窝板、防潮石膏板、石膏矿棉复合板等，可分别用来做绝热板、吸声板、内墙和隔墙板及顶棚板等。

2）石膏装饰制品

建筑石膏中掺入适量的无极纤维增强材料和胶粘剂等可以制成各种石膏角线、角花、线板、灯圈、罗马柱和雕塑等艺术装饰石膏制品，用于住宅或公共建筑的室内装饰。

3）室内抹灰及粉刷

建筑石膏加水、缓凝剂调成均匀的石膏浆，再掺入适量的石灰可用于室内粉刷。粉刷后的墙面光滑、细腻、洁白美观。

石膏加水搅拌成石膏浆，再掺入砂子形成石膏砂浆，可用于内墙抹灰，这种抹灰层具有隔声、阻燃、绝热和舒适美观的特点，抹灰层还可直接刷涂料或裱糊墙纸、墙布。

5.1.2 通用水泥的品种、主要技术性质及应用

水硬性无机胶凝材料通常是指水泥。水泥是一种粉状材料，它与水拌合后，经水化反

应由稀变稠，最终形成坚硬的水泥石。水泥水化过程中还可以将砂、石等散粒材料胶结成整体而形成各种水泥制品。水泥不仅可以在空气中硬化，而且可以在潮湿环境，甚至在水中硬化，所以水泥是一种应用极为广泛的无机凝胶材料。

通用水泥用于一般的建筑工程，包括硅酸盐水泥、普通水泥、矿渣水泥、粉煤灰水泥、火山灰水泥和复合水泥六个品种。水泥可以散装或袋装，袋装水泥每袋净重量为50kg。水泥的主要技术指标有：

1. 细度

细度是指水泥颗粒的粗细程度。同样成分的水泥，颗粒越细，与水接触的表面越大，水化反应越快，早期强度越高。但颗粒过细，硬化时收缩较大，易产生裂缝，容易吸收水分和二氧化碳而失去活性。另外，颗粒细则粉磨过程中的能耗大，水泥成本提高，因此细度应适宜。凡细度不符合国家标准规定者则为不合格的产品。

2. 标准稠度用水量

在按国家标准检验水泥的凝结时间和体积安定性时，规定用"标准稠度"的水泥净浆。按国家标准，水泥"标准稠度"用水量采用水泥标准稠度测定仪测定。硅酸盐水泥的标准稠度用水量一般在21％～28％之间。

3. 凝结时间

水泥的凝结时间分初凝和终凝。这个指标对施工有着重要的意义。为保证水泥混凝土、水泥砂浆有充分的时间进行搅拌、运输、浇模或砌筑，水泥的初凝时间不宜过早。施工结束，则希望尽快硬化并具有一定的强调，既便于养护，也不至于拖长工期，所以水泥的终凝时间不宜太迟。普通硅酸盐水泥、矿渣硅酸盐水泥、火山灰硅酸盐水泥、粉煤灰硅酸盐水泥和复合硅酸盐水泥的初凝时间不小于45min，硅酸盐水泥的终凝时间不大于6.5h，其他五类水泥的终凝时间不大于10h。

4. 体积安定性

指水泥在硬化过程中体积变化是否均匀的性质。如果水泥硬化后产生不均匀的体积变化，即所谓体积安定性不良，就会使混凝土构件产生膨胀性裂缝，降低质量，甚至引起严重事故。体积安定性不合格。体积安定性不合格的水泥应作为废品处理，不能用在工程上。

5. 强度

水泥的强度是评价和选用水泥的重要技术指标，也是划分水泥强度等级的重要依据。水泥的强度除受水泥熟料的矿物组成、混合料的掺量、石膏掺量、细度、龄期和养护条件等因素影响外，还与试验方法有关。国家标准规定，采用胶砂法来测定水泥的3d和28d的抗压强度和抗折强度，根据测定结果来确定该水泥的强度等级。水泥强度等级按3d和28d龄期的抗压强度和抗折强度来划分。普通硅酸盐水泥强度等级分为42.5、42.5R、52.5、52.5R四个等级。不同品种不同强度等级的通用硅酸盐水泥，其不同龄期的强度应符合表5-5的规定。

5.1.3 装饰工程常用特性水泥的品种、特性及应用

装饰水泥包括白水泥和彩色水泥，在建筑装饰工程中，它们以其良好的装饰性能被广泛用于封缝材料或配制各种颜色的砂浆，主要用于墙面装饰，也可以用来做胶凝材料配制

装饰混凝土和人造石材。

白水泥是白色硅酸盐水泥的简称，彩色水泥是彩色硅酸盐水泥的简称。

通用硅酸盐水泥各龄期强度（MPa）　　　　表 5-5

品　种	强度等级	抗压强度		抗折强度	
		3d	28d	3d	28d
硅酸盐水泥	42.5	≥17.0	≥42.5	≥3.5	≥6.5
	42.5R	≥22.0		≥4.0	
	52.5	≥23.0	≥52.5	≥4.0	≥7.0
	52.5R	≥27.0		≥5.0	
	62.5	≥28.0	≥62.5	≥5.0	≥8.0
	62.5R	≥32.0		≥5.5	
普通硅酸盐水泥	42.5	≥17.0	≥42.5	≥3.5	≥6.5
	42.5R	≥22.0		≥4.0	
	52.5	≥23.0	≥52.5	≥4.0	≥7.0
	52.5R	≥27.0		≥5.0	
矿渣硅酸盐水泥 火山灰质硅酸盐水泥 粉煤灰硅酸盐水泥 复合硅酸盐水泥	32.5	≥10.0	≥32.5	≥2.5	≥5.5
	32.5R	≥15.0		≥3.5	
	42.5	≥15.0	≥42.5	≥3.5	≥6.5
	42.5R	≥19.0		≥4.0	
	52.5	≥21.0	≥52.5	≥4.0	≥7.0
	52.5R	≥23.0		≥4.5	

1. 白色硅酸盐水泥

凡以适当成分的生料烧至部分熔融，所得到的以硅酸钙为主要成分、氧化铁含量少的熟料，再加入适量的石膏，磨细制成的白色水硬性的凝胶材料，称为白色硅酸盐水泥。

根据国家标准《白色硅酸盐水泥》GB/T 2015－2005 的规定：白色硅酸盐水泥强度等级有 32.5、42.5、52.5 三级，各级各龄期的强度值应符合表 5-6 中的规定。

白水泥中，凡细度、终凝时间、强度和白度有一项不符合国家标准规定时为不合格品，水泥包装标志中水泥品种、生产厂家名称和出厂强度等级不全时也为不合格品；凡三氧化硫、初凝时间和安定性中有一项不合格或强度等级低于最低强度等级指标时则为废品。

白色硅酸盐水泥各强度等级的各龄期强度　　　　表 5-6

强度等级	抗压强度（MPa）		抗折强度（MPa）	
	3d	28d	3d	28d
32.5	12.0	32.5	3.0	6.0
42.5	17.0	42.5	3.5	6.5
52.5	22.0	52.5	4.0	7.0

2. 彩色硅酸盐水泥

彩色水泥可以在普通白水泥熟料中加入有机或无机矿物颜料经磨细而成；也可以在白色水泥生料中掺入少量的金属氧化物作为着色剂，烧成熟料后再经磨细而成；还可以将着色物质以干式混合的方法掺入白水泥或其他硅酸盐水泥经磨细而成。生产彩色水泥掺入的颜料多为无机矿物颜料，颜料的掺入量与着色度密切相关。建筑装饰工程常用彩色水泥配制色浆，也可以用来配制彩色砂浆、水刷石、水磨石和人造大理石等。

5.2 砂 浆

5.2.1 砌筑砂浆的分类、材料组成及主要技术性质

将砖、石、砌块等粘结成为砌体的砂浆称为砌筑砂浆。它起着传递荷载的作用，是砌体的重要组成部分。下面我们来简单介绍一下砌筑砂浆的主要技术性质。

砌筑砂浆的主要技术性质包括：

1. 流动性

砂浆的流动性也称稠度，是指砂浆在自重或外力作用下流动的性质。砂浆的流动性用砂浆稠度仪测定，以沉入度（单位为 mm）表示。沉入度大的砂浆，流动性好。砂浆的流动性应根据砂浆和砌体种类、施工方法和气候条件来选择。一般而言，抹面砂浆、多孔吸水的砌体材料、干燥气候和手工操作的砂浆，流动性应大些；而砌筑砂浆、密实的砌体材料、寒冷气候和机械施工的砂浆，流动性应小些。

2. 保水性

砂浆的保水性是指砂浆保持水分的能力。它反应新拌砂浆在停放、运输和使用过程中，各组成材料是否容易分离的性能。保水性良好的砂浆，水分不易流失，容易摊铺成均匀的砂浆层，且与基底的粘结好、强度较高。

砂浆的保水性用分层测定仪测定，以分层度表示。砂浆的分层度以 10～20mm 为宜，分层度过大（>30mm），保水性差，容易离析，不便于施工和保证质量；分层度过小（<10mm），虽然保水性好，但易产生收缩开裂，影响质量。

5.2.2 普通抹面砂浆、装饰砂浆的特性及应用

装饰砂浆用于墙面喷涂、弹涂或墙面抹灰装饰，主要品种有彩色砂浆、水泥石灰类砂浆、石粒类砂浆和聚合物水泥砂浆。用装饰砂浆作装饰面层具有实感丰富、颜色多样、艺术效果鲜明、施工简单和造价低等优点，通常只用于普通建筑物的墙面装饰。

1. 彩色砂浆

彩色水泥砂浆是以水泥砂浆、白灰砂浆或混合砂浆直接掺入颜料配制而成，也可以用彩色水泥和细砂直接配制。

彩色砂浆配色所用的颜料，根据颜色系列的不同其化学成分及颜料的性能也各不相同，如用于室内墙面粉刷的大白粉（又称白铅粉）的主要成分是 $CaCO_3$，为方解石类沉积岩，白色或灰白色，硬度较低，易粉碎，与二氧化硫接触后易变色，用于外墙粉刷的铁红主要成分是 Fe_2O_3，氧化铁红有天然的和人造的两种，具有优良的着色力和遮盖力，且耐

光、耐热、耐候性均好；金粉是铜和锌合金混合而成的金属粉末，由于铜合金含量高，又有铜粉、黄铜粉之称，产品的颜色美丽，反光性强，遮盖力极高，各种光线均不能穿透，鲜艳的光泽给人以"贴金"的质感，可以代替"涂金"或"贴金"，用于高级装饰工程。

2. 石粒类装饰砂浆

石粒类装饰砂浆是在水泥砂浆的基层上抹出水泥石粒浆面层作为装饰层，主要用于建筑外墙装饰。这种装饰层是靠石粒的本色和质感来达到装饰目的，具有色泽明亮、质感丰富和耐久性好的特点。装饰层的主要类型有水刷石、干粘石、剁假石，水磨石，机喷石、机喷石屑和机喷砂等。

石粒是由天然的大理石、花岗石、白云石和方解石等经机械破碎加工而成。由于石粒具有不同的颜色，又称其为色石渣，色石子或石末等，用来做石粒等装饰砂浆中的骨料。

石渣的颜色，粒径的大小直接影响装饰效果，常用石渣规格与治理要求见表5-7。

石渣规格及质量要求　　　　　　　　　表5-7

规格与粒径的关系		颜色	质量要求
规格	粒径（mm）		
大八厘	约8	桃红、翠绿及肝石、松香石、黑石渣、白石渣、莺石渣等	颗粒坚硬、有棱角、洁净、不含风化石渣
中八厘	约6		
小八厘	约4		
米粒石	2～6		

粒径大小的确定，应视外墙的高度而定。外墙高大，人流观赏位置较远，由于视差的影响，宜选用6～8mm粒径的彩色石渣；反之，若外墙较矮小，人流观赏点近，则宜选用4mm以下（含4mm）的石渣。因为石渣的粒径大，远看效果好，近看则显得饰面层粗糙；而粒径小，近看则显得清秀，远看平淡，无之感。另外，为了突出远看的效果，还可以采取在浅色石渣中加入适量的对比性很强的深色石渣，以祈祷艺术渲染的作用。粒径大小的确定并无统一的标准，即便是在同一装饰层面上，也可以根据装饰部位的不同或颜色的深浅而选用几种不同的粒径，这要看艺术的表现手法和观赏角度如何来确定。

石屑是比石粒粒径更小的骨料，是破碎石粒过筛筛下的小石渣，主要用来配制外墙喷涂饰面的砂浆，如常用的松香石屑、白云石屑等。

3. 聚合物水泥砂浆

聚合物砂浆可作为装饰抹灰砂浆，也可以用于饰面层的喷涂、滚涂和弹涂。聚合物砂浆是在普通水泥砂浆中掺入适量的有机聚合物，以改善原来砂浆粘结力的装饰砂浆。当前装饰工程中掺入的有机聚合物主要有以下两种。

（1）聚醋酸乙烯乳液

聚醋酸乙烯乳液是一种白色的水溶性胶状体，主要成分有醋酸乙烯、乙烯醇和其他外掺剂经高压聚合而成。以适当的比例将其掺入砂浆内，可是砂浆的粘结力大大提高，同时增强砂浆的韧性和弹性，有限的防止装饰面层开裂、粉酥和脱落现象发生。这种有机聚合物在操作性能和饰面层的耐久性等方面都优于过去长期使用的聚乙烯醇缩甲醛胶（107胶），但其价格较高。

（2）甲基硅酸钠

甲基硅酸钠是一种物色透明的水溶液，是一种有机分散剂。建筑物外墙喷涂或弹涂装饰砂浆时，在砂浆中掺入适量的甲基硅酸钠，可以提高砂浆的操作性能，并可提高饰面层的防水、防风化和抗污染的能力。

5.3 建筑装饰石材

5.3.1 天然石材的分类

天然石材是建筑工程中应用最广也是最古老的材料之一，人类利用石材作建筑装饰材料的历史源远流长。现代建筑工程中，天然石材更多地运用于室内外装饰工程，建筑石材的外观形状逐渐从方块状演变为薄板状。

现代建筑装饰工程中，人们几乎利用了地球上各类天然石材，天然石材种类可谓异常繁多。随着科技进步，人们还开发出了各种各样的人造石材。

天然石材可大致分为三类：火成岩、沉积岩和变质岩。

（1）火成岩岩石是由地幔或地壳的岩石经熔融或部分熔融的物质如岩浆冷却固结形成的，花岗岩就是火成岩的一种；

（2）沉积岩是在地表不太深的地方，将其他岩石的风化产物和一些火山喷发物，经过水流或冰川的搬运、沉积、成岩作用形成的岩石，石灰石和砂岩属于这一类；

（3）变质岩是在高温高压和矿物质的混合作用下由一种石头自然变质成的另一种石头，大理石，板岩，石英岩，玉石都是属于变质岩。

5.3.2 天然饰面石材的品种、特性及应用

1. 天然饰面石材的品种

建筑装饰用石材通常采用其商业分类，一般将天然石材分为天然花岗石、天然大理石、天然板石、天然砂岩、天然石灰石、其他石材六大类。

（1）天然大理石

商业上指以大理石岩为代表的一类装饰石材，包括碳酸盐岩和与其有关的变质岩，其主要成分为碳酸盐矿物，一般质地较软。

天然大理石是目前我国建筑装饰工程中采用的主要装饰石材，我国所用优质大理石主要依赖于进口，主要进口源头地有中东地区（如土耳其、伊朗等国）、欧洲地区（如法国、意大利、希腊等国）。

天然大理石一般呈碱性，故天然大理石多用于室内装饰，如用在室外则可能受酸雨侵蚀而较快风化失去光泽、剥落甚至碎裂。天然大理石的物理力学性能见表5-8。

天然大理石的物理力学性能　　　　表5-8

项　目		指　标
体积密度（g/cm³）	≥	2.30
吸水率（%）	≤	0.50
干燥压缩强度（MPa）	≥	50.0

续表

项　　目		指　　标
（干燥/水饱和）弯曲强度（MPa）	≥	7.0
耐磨度（1/cm³）	≥	10

注：为了颜色和设计效果，以两块或多块大理石组合拼接时，耐磨度差异不应大于5，用于经受严重踩踏的阶梯、地面和月台的石材耐磨度最小为12

（2）天然花岗石

商业上指以花岗岩为代表的一类装饰石材，包括各类岩浆岩、火山岩和变质岩，一般质地较硬。

天然花岗石在我国建筑装饰工程中的用量也很大，但比天然大理石稍少，我国是优质花岗石的主产地，主要品种如中国黑、山东白麻、福建白麻、新疆红等。

天然花岗石一般呈酸性，故天然花岗石既可用于室内装饰也可用于室外装饰，室外大量运用于建筑物幕墙、景观等装饰工程。天然花岗石的物理力学性能见表5-9。

天然花岗石的物理力学性能　　表 5-9

项　　目		指　　标
体积密度（g/cm³）	≥	2.56
吸水率（%）	≤	0.60
干燥压缩强度（MPa）	≥	100.0
弯曲强度（MPa）	≥	8.0

部分天然花岗石含有放射性元素，用于室内装饰时应进行放射性核素限量检测。

根据天然石材的放射性核素限量，选用时应符合表5-10的规定。

天然石材的放射性核素限量　　表 5-10

元素名称	A类装修材料	B类装修材料	C类装修材料	其　他
镭-226	I_{Ra}≤1.0 I_γ≤1.3	I_{Ra}≤1.3 I_γ≤1.9	I_γ≤2.8	I_γ＞2.8
钍-232				
钾-40				
使用范围	使用范围不受限制	不可用于Ⅰ类民用建筑工程内饰面	只可用于建筑的外饰面	只可用于碑石、海堤、桥墩

I_{Ra}：内照射指数；I_γ：外照射指数

（3）天然板石

商业上指凡具有良好的劈裂性能及一定强度的板状构造的岩石，均称为板石，由黏土岩、粉砂岩和中酸性凝灰岩经轻微变质作用所形成。其矿物主要成分为浅变质岩，也可是某些沉积岩，基本没有重结晶或只有少量结晶，如图5-1所示。

板石大量应用于建筑和室内装饰，现代装饰中板石大量应用于景观道路、外墙装饰，随着人们对板石审美价值的发现，室内装饰的应用量也在快速增加，某些地区板岩也用作房屋瓦片。

图 5-1 天然板石

(4) 天然砂岩

天然砂岩是一种沉积岩,主要由砂粒胶结而成,其中砂粒含量要大于50%。绝大部分砂岩是由石英或长石组成的,石英和长石是组成地壳最常见的成分。

天然砂岩是使用很广泛的一种建筑用石材,几百年前用砂岩装饰而成的建筑至今仍风韵犹存,如巴黎圣母院,罗浮宫、英伦皇宫、美国国会、哈佛大学等,在现代装饰中,砂岩作为一种天然建筑材料,被追随时尚和自然的建筑设计师所推崇,广泛地应用在商业和家庭装潢上,产品有砂岩圆雕、浮雕壁画、雕刻花板、雕塑喷泉、风格壁炉、罗马柱、门窗套、线条、镜框等。

2. 天然石材主要技术性质

(1) 表现密度

天然石材表现密度的大小与其矿物组成和孔隙率有关。密实度较好的天然大理石、花岗石等,其表现密度约为 2550~3100kg/m³;表现密度小于 1800kg/m³ 的为轻石,大于 1800kg/m³ 的为重石。

(2) 吸水性能

石材的孔隙结构对其吸水性能有重要影响,孔隙结构主要由开口孔隙和闭口孔隙。

(3) 耐水性能

天然石材的耐水性用软化系数(K)表示。软化系数是指石材在饱和水状态下的抗压强度与其干燥条件下的抗压强度之比,反映了石材的耐水性能。当石材的软化系数 K 小于 0.80 时,该石材不得用于重要建筑。

(4) 抗冻性能

寒冷地区且处于水位升降部位的建筑构造,使用石材时需经过抗冻性能试验合格。

(5) 抗压强度

抗压强度是划分石材强度等级的根据,天然石材的强度等级用"MU"表示,有 MU100、MU80、MU60、MU50、MU40、MU30、MU20、MU15、MU10 九个等级。

(6) 硬度

天然石材的硬度以肖氏硬度表示。硬度的高低决定于矿物组成的硬度与构造。

(7) 耐磨性能

耐磨性能是指石材在使用条件下，抵抗摩擦和磨损的性能。天然石材若作为地面装饰材料时，要求其耐磨性能要好。

3. 常见装饰装修用天然石材制品

现代装饰装修工程中，常用的天然石材制品根据产品外观形状分有普型石材、异型石材，异形石材又分为弧形板、花线、实心柱等。

石材延伸产品还有石材水刀拼花板、石材马赛克、石材雕刻板、复合石材等。

（1）天然石材普型板：即外形呈正方形、长方形或多边形，外表面为平面的板材。

普型板在建筑装饰工程中用量很大，常用于墙面、地面的装饰，地面一般采用湿贴方式施工，而墙面则多采用干挂方式施工，干挂施工不但简化了施工工艺、提高了施工效率，且能有效降低建筑物的重量。天然石材普型板规格尺寸允许偏差应符合表 5-11 规定。

天然石材普型板规格尺寸允许偏差（mm） 表 5-11

项 目	镜面和亚光面板材			粗面板材		
	优等品	一等品	合格品	优等品	一等品	合格品
边长	0, −1.0	0, −1.5		0, −1.0	0, −1.5	
厚度	+1.0, −1.0	±1.5		+1.5, −1.0	+2.0, −1.5	

（2）天然异型石材：除普型板以外的天然石材制品统称异型石材，包括天然石材弧面板、天然石材花线、天然石材实心柱体等。

1）天然石材弧面板：具有一定曲率半径、一定厚度的曲面板材。弧面板多用圆柱（椭圆柱）面、异形墙面的装饰。天然石材弧面板规格尺寸的极限偏差应符合表 5-12 规定。

天然石材弧面板规格尺寸的极限偏差（mm） 表 5-12

项 目	极限偏差		
	优等品（A）	一等品（B）	合格品（C）
弦长	0, −1.5		0, −2.0
高度			
壁厚	+2.0, −3.0	±3.0	±4.0
两正面边线与端面的夹角应为 90°	0.50		1.00

2）天然石材花线：石材花线（又叫花线条，或者石材线条）是装饰工程中常用的一种具有特殊造型的石材制品（图 5-2）。

图 5-2 天然石材花线

装饰中经常用一些异型石材花线条来作为门框、窗框、扶手、台面、屋檐、建筑物转角、腰线、踢脚线等的边缘,以达到丰富装饰效果的目的。花线通常用天然大理石,花岗岩加工成单件或者多件组合拼接,形成整体的连续的石材线条。

按照截面的延伸轨迹常见花线分为直位花线、弯位花线。直位花线常见的有平面直位花线、台阶直位花线、圆弧直位花线、复合直位花线。弯位花线除了在直线和弯曲有区别外,在其截面上是相同的。直位花线规格尺寸允许偏差应符合表 5-13 规定。

直位花线规格尺寸允许偏差(mm) 表 5-13

项 目	细面和镜面花线			粗面花线		
	优等品	一等品	合格品	优等品	一等品	合格品
长度	0,-1.5	+0,-3.0	0,-3.0			0,-4.0
宽度(高度)	+1.0,-2.0	+1.0,-3.0	+1.0,-3.0			+1.5,-4.0
厚度	+1.0,-2.0	+2.0,-3.0	+2.0,-3.0			+2.0,-4.0

3)天然石材实心柱体:截面轮廓呈圆形的建筑或装饰用石柱,如图 5-3 所示。按所用石材种类分为大理石实心柱体和花岗石实心柱体;按柱体的造型分为普型柱和雕刻柱;按柱体的外形特征分为等直径柱和变直径柱。

图 5-3 普形变直径实心柱体

普形等直径实心柱体:截面直径相同、表面为普通加工面的石材柱体。普形等直径实心柱体直径和高度极限偏差见表 5-14。

普形等直径实心柱体直径和高度极限偏差 表 5-14

项 目		优等品	一等品	合格品
直径 (mm)	φ≤100	±1.0	±1.5	±2.0
	100<φ≤300	±2.0	±3.0	±4.0
	300<φ≤1000	±3.0	±4.0	±5.0
	φ>1000	±4.0	±5.0	±6.0
高度 (mm)	H≤1500	±2.0	±3.0	±4.0
	1500<H≤3000	±3.0	±4.0	±5.0
	H>3000	±4.0	±5.0	±6.0

雕刻等直径实心柱体：截面直径相同、表面刻有花纹或造型的石材柱体。
普形变直径实心柱体：截面直径不同、表面为普通加工面的石材柱体。
雕刻变直径实心柱体：截面直径不同、表面刻有花纹或造型的石材柱体。

4. 天然石材的延伸产品

（1）水刀拼花板：水刀拼花是利用超高压技术把普通的自来水加压到250～400MPa压力，再通过内孔直径约0.15～0.35mm的宝石喷嘴喷射形成速度约为800～1000m/s的高速射流，加入适量的磨料来切割石材，金属等各类原材料，以加工各种不同的图案造型，如图5-4所示。

图5-4　石材水刀拼花板

石材水刀拼花板，是利用水刀将两块或多块不同颜色的石材切割成图案和规格尺寸相同的造型，然后对其中部分图案进行互换，再用胶水拼接后在同一块板上呈现出由不同材质、颜色和纹理的石材组合成美丽图案的板材。大理石、花岗岩、玉石和人造石都是很好的拼花材料选择。

现代装饰中石材拼花板主要应用在星级酒店、大型商场、别墅以及住宅的客厅、餐厅和玄关等，是目前石材装饰中效果最好最为绚丽高贵的装饰产品。

（2）石材马赛克：是利用天然石材结合马赛克生产工艺制作的外观为马赛克的图案及规格各异的拼花石材产品，如图5-5所示。

图5-5　石材马赛克

石材马赛克是一种将石材加工的边角料变成石材仿古拼花装饰的艺术品，是变废物为高档装饰材料的一种综合利用成果。石材马赛克可用在地面、墙面、壁挂、壁画等部位的装饰。

(3) 天然石材雕刻板：是在各种天然石材表面经硬质合金、激光、手工凿刻出各种图案的装饰石材。雕刻石材是近年快速发展起来的石材精深加工产品，目前数控机床已在石材加工业大量运用。

正是各种石材雕刻机的大量涌现，使石材雕刻由传统的个性化手工雕刻时代迈入了机器批量雕刻时代，使雕刻石材产品的成本大大降低，产品类型丰富多彩，雕刻石材已经在现代装饰工程中大量应用。如图 5-6 所示。

图 5-6　天然石材雕刻板

5.3.3　人造装饰石材的品种、特性及应用

人造石材是人造大理石和人造花岗石的总称，本质上属于水泥混凝土或聚合物混凝土的范畴。人造石材具有天然石材的花纹和质感，其重量轻，相当于天然石材的一半，且强度高、耐酸碱、抗污染性能好；人造石材的色彩和花纹都可以按装饰设计意图制作，如仿花岗石、仿大理石、仿玉石等；人造石材生产过程中还可以制成各种曲面、弧形等天然石材难以加工出来的几何形状，同天然石材相比，是一种比较经济实用的装饰石材。

1. 水泥型人造石材

水泥型人造石材是以水泥为胶凝材料，主要产品有人造大理石、人造艺术石、水磨石和花阶砖等。

水泥型人造石材主要特点是强度高、坚固耐久、美观实用且造价低、施工方便，主要用于墙面、柱面、地面、隔板墙、踢脚板、窗台板和台面板等部位的装饰。

2. 树脂型人造石材

树脂型人造石材是以合成树脂为胶凝材料，主要产品有人造大理石板、人造花岗石板和人造玉石板。

树脂型人造石材主要特点是品种多、质轻、强度高、不易碎裂、色泽均匀、耐磨损、耐腐蚀、抗污染、可加工性好，且装饰效果好，缺点是耐热性和耐候性较差。这类产品主要用于建筑物的墙面、柱面、地面、台面等部位的装饰，也可以用来制作卫生洁具、建筑浮雕等。

3. 微晶玻璃型人造石材

微晶玻璃型人造石材又称微晶石材（微晶板、微晶石），这种石材全部用天然材料制成，比天然花岗石的装饰效果更好。

微晶玻璃板的成分与天然花岗石相同，都属于硅酸盐类，但其质地均匀密实、强度高、硬度高、耐磨、耐蚀、抗冻性好，还具有吸水率小（0.1%左右），耐污染，色泽多样，光泽柔和，有较高的热稳定性和电绝缘性能，且不含放射性物质，可以代替天然花岗石用于建筑物的内、外墙面，柱面，地面和台面等部位装饰，是一种较理想的高档装饰材料。

5.4 木质装饰材料

5.4.1 木材的分类、特性及应用

树木一般可分为针叶树和阔叶树两大类。针叶树树干通直，易得大材，强度较高，体积密度小，膨胀变形小，其木质较软，易于加工，常称为软木材，包括松树、杉树和柏树等，为建筑工程中主要应用的木材品种。

阔叶树大多为落叶树，树干通直部分较短，不易得大材，其体积密度较大，膨胀变形大，易翘曲开裂，其木质较硬，加工较困难，常称为硬木材，包括榆树、桦树、水曲柳、檀树等众多树种。由于阔叶树大部分具有美丽的天然纹理，故特别适于室内装修或制造家具及胶合板、拼花地板等装饰材料。

1. 木材的主要物理力学性质

(1) 密度：木材为多孔材料，密度较小，密度通常为 $400 \sim 1000 kg/m^3$。

(2) 导热性：木材的孔隙率大，体积密度小，故导热性差，所以木材是一种良好的绝热材料。

(3) 含水率：从微观构造上看木材都是由管状细胞组成的，木材中的水分可分为吸附水，即存在于细胞壁内的水和自由水，以及存在于细胞腔内与细胞间隙处的水两部分。当吸附水达到饱和时（一般为30%），而细胞腔和细胞间隙处的自由水不存在时，此时的吸附水称为木材的"纤维饱和点"，又称木材的临界含水率，它是引起木材物理、化学性能变化的转折点。

(4) 吸湿性：木材的吸湿性强，且吸湿性对木材湿胀、干缩的性能影响很大，因此，无论是木结构材料，还是细木装饰工程中使用的木材，使用之前一定要进行干燥处理，以防止尺寸、形状的变化和物理、力学性能下降。

(5) 湿胀与干缩：细胞壁内的吸附水蒸发时，木材体积开始收缩；反之，干燥的木材吸湿后，体积将发生膨胀。

(6) 强度：各种强度在木材的横纹、顺纹方向上差别很大。木材的变形在各个方向上也不同，顺纹方向最小，径向较大，弦向最大。木材属于易燃材料，阻燃性差，且容易虫蛀，木材都有天然的疵病、干湿交替作用时会被腐朽。

2. 木材干燥与干燥方法

木材干燥的目的：木材经过干燥可以有效地提高木材的抗腐朽能力，干燥后的木材能进行防火处理。木材经过干燥还可以防止木材在使用过程中发生变形、翘曲和开裂。

木材干燥方法：有木材干燥和人工干燥两种方法，其中人工干燥有热风干燥、真空干燥、红外干燥等。人工干燥的木材含水率低、质量稳定。

5.4.2 人造板材的品种、特性及应用

人造板材是利用木材加工过程中的下脚料，如边皮、碎料、木屑、刨花等进行加工处理后而得到的板材（图5-7）。人造板材与实木木材相比，有幅面大、变形小、表面光洁和没有各向异性等优点，目前建材市场上出现的装饰装修工程中使用较多的人造板材有薄木板材、纤维板、胶合板、细木工板、刨花板、木丝板和防火板材等。

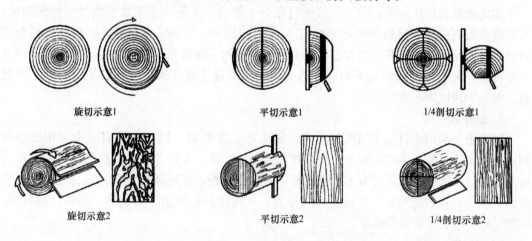

图 5-7 木材装饰加工方法

人造板材应用时的环保指标按"室内装饰材料人造板材及其制品中甲醛释放量"强制标准规定。胶合板、装饰单面贴面胶合板和细木工板（大芯板）均按甲醛释放量限定了分类适用范围。

E1类：可以直接用于室内，Ⅰ类，民用建筑工程室内装修必须采用 E1 类人造板材。

E2类：Ⅱ类民用建筑工程室内装修宜采用 E1 类，当使用 E2 类时，直接暴露在空气中的部分应进行表面涂覆密封处理。

1. 薄木板材

（1）软木壁纸。适合我国北方严寒气候地区的宾馆、饭店、大型商场内墙装饰。

（2）微薄木贴面板。又称饰面胶合板或装饰单板贴面胶合板，它是将阔叶树木材（柚木、胡桃木、柳桉等）经过切片机切出 0.2～0.5mm 的薄片，再经过蒸煮、化学软化及复合加工工艺而制成的一种高档的内墙细木装饰材料，它以胶合板为基材（底衬材），经过胶粘加压形成人造板材。

2. 纤维板

纤维板是将木材加工过程中的树皮、树枝、刨花等废料和植物纤维，经过破碎、浸泡

研磨成浆,再加入一定的胶合料,经热压成型、干燥切割成板材。根据体积密度不同,纤维板分为硬质纤维板、半硬质纤维板和软质纤维板。其中硬质纤维板又称高密度板,体积密度都在800kg/m³以上,主要用作室内的壁板、门板、家具及复合地板;半硬质纤维板又称中密度板,体积密度为400～800kg/m³,可用作顶棚的吸声材料;软质纤维板的体积密度小于400kg/m³,适合作保温、隔热材料使用。

3. 胶合板

胶合板亦称层压板、多层板,是用水曲柳、桦、椴、松以及部分进口的原木,沿年轮旋切成大张薄片,经过干燥、刷胶后,按各层纹理相互垂直的方向重叠,在热压机上热压粘合而成。胶合板板面平整,变形小,无木结、裂纹等缺陷。胶合板的层数为基数,如3、5、7…13等。

4. 大芯板(细木工板)

用优质胶合板作面板,中间拼接经过充分干燥的小木条(小木块)粘结、加压而成。大芯板分为机拼和手拼的两种,厚度有15mm、18mm、20mm等几种。按所用胶粘剂不同分为Ⅰ类胶大芯板和Ⅱ类胶大芯板。大芯板面板的一面必须是一整张板,另一面允许有一道拼缝,大芯板的板面应平整、光洁、干燥,质量等级分为一等、二等、三等三个级别。细木工板应用非常广泛。

5. 刨花板

刨花板是利用木材加工的废料刨花、锯末等为主原料,以及水玻璃或水泥作胶结材料,再掺入适量的化学助剂和水,经搅拌、成型、加压、养护等工艺过程而制得的一种薄型人造板材。刨花板的品种有木质刨花板、甘蔗刨花板、亚麻屑刨花板、棉秆刨花板、竹材刨花板和石膏刨花板等。按用途不同分为:A类刨花板用于家庭装饰、家具、橱具等。B类刨花板用于非结构类建筑。

6. 木丝板

木丝板是利用木材加工的下脚料,经木丝机切丝,再与水玻璃胶结材料均匀拌合,加压、凝固成形、切割成板材。

人造木地板按照甲醛释放量分为A类(甲醛释放量不大于9mg/100g),B类(甲醛释放量为9～40mg/100g),甲醛释放量可采用穿孔法测试。对于Ⅰ类民用建筑的室内装修人造木地板的用材,应采用E1类材料,其甲醛释放量不大于0.12mg/m³,采用气候箱法进行测试。

5.4.3 木制品的品种、特性及应用

1. 木饰面

由木质材料(主要包括各类大幅面人造木板)为主要材料,经工厂加工制作而成的各种装饰面板(俗称"成品木饰面"),简称"木饰面"。

1)按使用基层材料分为:实木木饰面、胶合板(细木工板)木饰面、刨花板木饰面、纤维板木饰面。

2)按饰面材料分为:油漆饰面木饰面、装饰薄木(单板、木皮)饰面木饰面。

按油漆外观效果分为:混水漆(色漆)饰面木饰面、清水漆饰面木饰面、高光漆饰面木饰面、亚光漆饰面木饰面、开放漆饰面木饰面、封闭漆饰面木饰面。

3）按照装饰薄木（单板、木皮）分：天然薄木木饰面、人工薄木（科技木皮）木饰面、微薄木木饰面、刨切薄木木饰面、旋切薄木木饰面。

4）按照饰面板形状分：平面木饰面、弧面木饰面（内弧面、外弧面）、组合木饰面（阳角木饰面、阴角木饰面、包柱木饰面）。

2. 木质门

（1）木质门的分类

1）按构造形式分：主要有平开门、实木复合门、甲板模压空芯门等。

2）按饰面分：装饰单板（木皮）贴面门、色漆（混水漆）涂饰门。

3）门扇开、关方向和开关面的标志符号应符合 GB/T 5825 的规定：顺时针方向关闭，用"顺"表示（图 5-8）；逆时针方向关闭，用"逆"表示（图 5-9）；门扇的开面用"开面"表示，门扇的关面用"关面"表示。

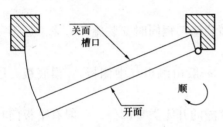 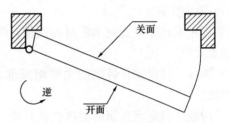

图 5-8 顺时针方向关闭用"顺"表示　　图 5-9 逆时针方向关闭用"逆"表示

（2）木质门

1）木质门：由木质材料（锯材、胶合材等）为主要材料制作门扇、门框（套）。

2）锯材：由原木锯制而成的成品材和半成品材（包括指接材）。

3）胶合材：以木材为原料通过胶合压制成的柱形材和各种板材的总称。

4）全实木榫拼门：以锯材加工制成的门，简称全木门。

5）实木复合门：以锯材、胶合材等材料为主要材料复合制成的实型（或接近实型）体，面层为木质单板贴面或其他覆面材料的门。

6）夹板模压空芯门：以胶合材、锯材为骨架材料，面层为人造板或高分子材料等经压制胶合或模压成型的中空门称为夹板模压空芯门，简称模压门。

图 5-10 门框（套）结构示意图

（3）木质门的结构

1）门框（套）的结构

门套一般由主要基材层、正面装饰加厚层、反面平衡加厚层组成。门套一般结构示意图见图 5-10。

2）门扇的结构

门扇一般由门扇芯层、正反表面装饰层组成，其中芯层组框周边应考虑在门锁和合页安装位置加放足够宽度以及符合受力要求的优质木料。门扇常见结构示意图见图 5-11。

3）门压条（收口条）组成结构

门压条（收口条）一般用人造板，由正面盖口部分和安装连接条呈90°粘贴组合，再经过贴面而成。门压条（收口条）常见结构示意图见图5-12。

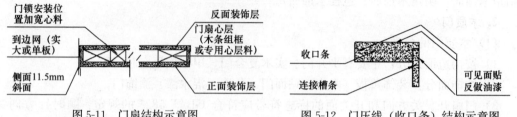

图5-11 门扇结构示意图　　　　图5-12 门压线（收口条）结构示意图

3. 固定家具

（1）固定家具

1）固定家具。主要由木质材料制作，随精装修工程同时安装施工，完工后不可移动的收纳类家具。

2）柜体。固定家具骨架的主要组成部分，一般由侧板（中侧板）、顶底板（层板）、背板组成。

3）门板。固定家具面部的具有良好装饰性能的开闭类零部件。一般有平板门和框架门，平板门一般由人造板经单板贴面和封边完成；框架门一般为单板贴面的木质边框带各种玻璃或其他装饰性材料组成。

4）收口条。固定家具柜体与墙体间的过渡和衔接装饰木条。一般用人造板经单板贴面制成。

（2）固定家具的结构和分类

1）固定家具一般由柜体、收口条、门板、抽屉等主要部件组成，五金配件还有衣通、挂衣架、裤架、领带抽等。固定家具基本结构示意图见图5-13。

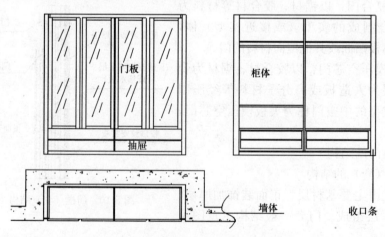

图5-13 固定家具基本结构示意图

2）固定家具根据使用位置，一般分为衣柜类、书柜类、文件柜类、厨房间类和卫浴类家具。

(3) 衣柜的通用规格尺寸

1) 衣柜高度、宽度和深度：一般根据设计和预留位置尺寸确定，内部空间尺寸见表5-15。

衣柜内部空间尺寸表（单位：mm） 表5-15

柜体空间		衣通上沿至柜顶板板内表面间距离	衣通上沿至柜底板内表面间距离	
挂衣空间深或宽	折叠衣服放置空间深		适于挂长外衣	适于挂短外衣
≥530	≥450	≥40	≥1400	≥900

2) 抽屉深度≥400mm，底层抽屉面下沿离地面≥50mm，顶层抽屉面上沿离地面≤1150mm。

3) 镜子上沿离地面高≥1700mm。

4. 木、竹地板

木地板主要有条木地板、拼木地板、软木地板和复合木地板等类型。

(1) 条木地板

条木地板又叫普通木地板。构造及做法上分实铺和空铺两种。实铺是将木龙骨直接铺钉在水泥砂浆地面或混凝土地面面层上；空铺条木地板则是由地龙骨、水平支撑和地板三部分组成。条木地板的宽度一般不大于120mm，板厚为20～30mm，拼缝处加工成企口或错口，端头接缝要相互错开，其外形构造如图5-14所示。

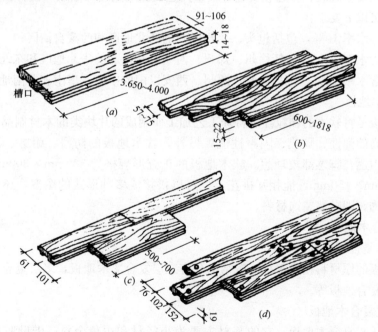

图5-14 条木地板外形构造
(a) 长尺寸的薄板条；(b) 尺寸不齐的木地板条；(c) 宽度不同的木地板条；
(d) 带用装饰木钉的木地板条

(2) 拼木地板

拼木地板又叫拼花木地板，分单层和双层两种，它们的面层都是硬木拼花层，拼花形式常见的有正方格式、斜方格式（席纹式）和人字形，如图5-15所示。

 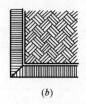 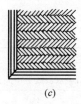

(a)　　　　　　　　(b)　　　　　　　　(c)

图5-15　木质地板拼花形式
(a) 正方格形；(b) 斜方格形；(c) 人字形

其规格尺寸一般长30～250mm，宽40～60mm，厚20～25mm，木条都带有企口，以便于拼接。拼木地板的形式多样，但多是利用木材加工厂的边角余料或碎片拼接而成。拼木地板所用的木材经远红外线干燥，其含水率不超过12％。另外，拼木地板还有以下优点：拼木地板都有一定的弹性，软硬适中；拼木地板可以采用胶贴新工艺施工，即先用木材加工过程的下脚料制成薄而短的板条，镶拼成见方的地板块，再贴在水泥砂浆地面上而成，同拼木地板传统的施工工艺相比降低了工程造价。

为了保证拼木地板的施工质量和使用的耐久性，由于全国气候的差异，为防止因含水率过高使板面发生脱胶、隆起和裂缝等质量问题而影响到装饰效果，选择拼木地板时含水率指标应满足以下要求：

Ⅰ类：含水率10％，包括包头、兰州以西的西北地区和西藏自治区；

Ⅱ类：含水率12％，包括徐州、郑州、西安及其以北的华北地区和东北地区；

Ⅲ类：含水率15％，包括徐州、郑州、西安以南的中南、华南和西南地区。

(3) 软木地板

软木地板是将软木的颗粒经过特殊工艺加工而制成的片块类的木材制品。在使用功能方面，有较高的弹性、隔热、隔声性能，另外，软木地板的防滑、耐磨、耐污染、抗静电、吸声、阻燃及脚感都较理想。软木地板的正方形规格为300mm×300mm，长条形的规格为900mm×150mm，能相互拼花，也可以拼接成多种形式的图案，还可以用来作建筑物内墙装饰，即贴墙装饰材料。

(4) 复合木地板

1) 实木复合木地板

这种地板的原材料就是木材，按结构分有三层复合实木地板，多层复合实木地板和细木工板实木复合地板等。

2) 强化复合木地板

又称叠压式复合木地板，它的基材主要为小径材和边角余料，借助胶粘剂（脲醛树脂），通过一定的工艺加工而成。其弹性和脚感不如实木复合地板。强化复合地板按地板基材分为高密度板、中密度板和刨花板，这些都具有耐磨、阻燃、防静电、防虫蛀、防潮湿、耐压、易清洁，适合办公室、写字楼、商场、健身房和精密仪器车间等地面铺设，可以代替实木地板，但要注意甲醛释放量不要超标。复合木地板的底层虽有防水、防潮的功能，但也不宜用在卫生间、浴室等长期处于潮湿状态的场所。

(5) 竹地板

竹制地板是利用生长期为三年以上的楠竹（毛竹）模拟木质地板、木质活动地板的标准，经下料、烘干、防虫、防霉处理，再经胶合、热压而成。竹地板脚感舒适，表面华丽、物理力学性能与实木地板接近，但湿胀干缩及稳定性要优于实木复合地板。

5.5 金属装饰材料

5.5.1 建筑装饰钢材的主要品种、特性及应用

1. 普通热轧型钢

根据型钢截面形式的不同可分为角钢、扁钢、槽钢和工字钢和热轧 L 型钢。

角钢分为等边角钢和不等边角钢。等边角钢的型号是以角钢单边宽度厘米数来命名，如 2.5 号角钢代表的是单边宽度为 25mm 的等边角钢。不等边角钢以长边宽度和短边宽度的厘米数值的比值来命名型号。如 4/2.5 号角钢，代表长边宽度为 40mm，短边宽度为 25mm 的不等边角钢。装饰工程中常用的等边角钢的规格为 2～5 号，厚度为 3mm 和 4mm。热轧型钢的技术要求要满足《热轧型钢》GB/T 706-2008 的规定。

2. 冷弯型钢

根据其断面形状，冷弯型钢有冷弯等边、不等边角钢，冷弯等边、不等边槽钢、冷弯方型钢管、矩形焊接钢管等品种。冷弯型钢的厚度较小，一般为 2～4mm。根据需要，冷弯型钢表面还可喷漆、喷塑，以达到更好的装饰效果。

冷弯型钢按产品截面形状分为：冷弯圆形空心型钢，也可简称为圆管，代号：Y；冷弯方形空心型钢，也可简称为方管，代号：F；冷弯矩形空心型钢，也可简称为矩形管，代号：J；冷弯异形空心型钢，也可简称为异形管，代号：YI。

冷弯开口型钢，也可简称为开口型钢，根据截面形状代号分别为：JD（等边角钢）、JB（不等边角钢）、CD（等边槽钢）、CB（不等边槽钢）、CN（内卷边槽钢）、CW（外卷边槽钢）、Z（Z形钢）、ZJ（卷边Z形钢）。

按产品屈服强度等级分为 235 级、345 级、390 级。

冷弯型钢的技术要求要满足《冷弯型钢》GB/T 6725－2008 的规定。

冷弯型钢是制作轻型钢结构的材料，其用途广泛，常用于装饰工程的舞台或室内顶部的灯具架等具有装饰性兼有承重功能的钢构架。冷弯型钢用普通碳素钢或普通低合金钢带、钢板，以冷弯、拼焊等方法制成。与普通热轧型钢相比，具有经济、受力合理和应用灵活的特点。

3. 彩色涂层钢板

（1）分类

按涂层分为无机涂层、有机涂层和复合涂层三大类。有机涂料常采用聚氯乙烯、聚丙烯酸酯、醇酸树脂、聚酯、环氧树脂等。

按基体钢板与涂层的结合方式，分为涂料涂覆法和薄膜层压法两种。涂覆法主要采用静电喷涂或空气喷涂。层压法是用已成型和印花、压花的聚氯乙烯薄膜压贴在钢板上的一种方法，该种复合钢板也称为塑料复合钢板。

(2) 特点

发挥金属材料与有机材料各自的特性。有较高的强度、刚性、良好的可加工性（可剪、切、弯、卷、钻），多变的色泽和丰富的表面质感，且涂层耐腐蚀、耐湿热、耐低温。涂层附着力强，经二次机械加工，涂层也不破坏。

(3) 应用

各类建筑物的外墙板、屋面板、室内的护壁板、吊顶板。还可作为排气管道、通风管道和其他类似的有耐腐蚀要求的构件及设备，也常用作家用电器的外壳。

4. 彩色压型钢板

彩色压型钢板是以镀锌钢板为基材，经辊压、冷弯成异形断面，表面涂装彩色防腐涂层或烤漆而制成的轻型复合板材。也可采用彩色涂层钢板直接成型制作彩色压型钢板。该种板材的基材钢板厚度只有 0.5～1.2mm，属薄型钢板。

(1) 特性

经轧制或冷弯成异形（V形、U形、梯形或波形）后，使板材的抗弯刚度大大提高，受力合理、自重减轻；同时，具有抗震、耐久、色彩鲜艳、加工简单、安装方便的特点。压型钢板的型号表示方法由四部分组成：压型钢板的代号（YX），波高 H，波距 S，有效覆盖宽度 B。如型号 YX75-230-600 表示压型钢板的波高为 75mm，波距为 230mm，有效覆盖宽度为 600mm。

(2) 应用

广泛用于外墙、屋面、吊顶及夹芯保温板材的面板等。

彩色压型钢板除上述形式外，还可制成正方压型板（或称格子板）。正方压型钢板采用彩色涂层钢板一次冲压成型，板厚 0.6mm，每块约重 2.8kg，有效面积 $0.5m^2$。该种压型钢板立体感强、色彩柔和、外形规整、美观，适合做大型公共建筑和高层建筑的外幕墙板，与其配合的有专用扣件，施工维修都很方便。

5. 轻钢龙骨

建筑用轻钢龙骨（简称龙骨）是以连续热镀锌钢板（带）或以连续热镀锌钢板（带）为基材的彩色涂层钢板（带）做原料，采用冷弯工艺生产的薄壁型钢。

(1) 分类

按荷载类型分，有上人龙骨和不上人龙骨。

按使用部位分，有吊顶龙骨和墙体龙骨（代号分别为 D 和 Q）。吊顶龙骨又分为承载龙骨（吊顶骨架中主要受力构件）、覆面龙骨（吊顶骨架中固定饰面板的构件）；主龙骨、次龙骨；收边龙骨、边龙骨。墙体龙骨可分为横龙骨（又称沿顶、沿地龙骨）、竖龙骨和通贯龙骨。

按龙骨的断面高度规格分，墙体龙骨有 50、75、100 系列，吊顶龙骨有 38、45、50、60 系列。

按龙骨的断面形状，可分为 C 形龙骨（代号 C）、U 形龙骨（代号 U）、T 形龙骨（代号 T）和 L 形龙骨（代号 L）、H 形龙骨（代号 H，表示龙骨断面形状为 H 形）、V 形龙骨（代号 V，表示龙骨断面形状为 V 或 △ 形）、CH 形龙骨（代号 CH，表示龙骨断面形状为 CH 形）七种形式，分别与相应的配件和一定形式的面板相配用。

(2) 应用

轻钢龙骨是木龙骨的换代产品，用作吊顶或墙体龙骨，与各种饰面板（纸面石膏板、矿棉板等）相配合，构成的轻型吊顶或隔墙，以其优异的热学、声学、力学、工艺性能及多变的装饰风格在装饰工程中得到广泛的应用。

5.5.2 铝合金装饰材料的主要品种、特性及应用

1. 花纹板

花纹板是采用防锈铝、纯铝或硬铝，用表面具有特制花纹的轧辊轧制而成，花纹美观大方，纹高适中（大于 0.5～0.8mm），不易磨损，防滑性能好，防腐能力强，易于清洗。通过表面着色，可获不同美丽色彩。花纹板板面平整、裁剪尺寸准确、便于安装，广泛用于车辆、船舶、飞机等内墙装饰和楼梯、踏板等防滑部位。

铝质浅花纹板是我国特有的一种优良的金属装饰板材。其花纹精巧别致（花纹高度 0.05～0.12mm）、色泽美观大方。板面呈立体花纹，所以比普通平面铝板刚度大，经轧制后硬度有所提高，因此，抗划伤、抗擦伤能力强，且抗污染、易清洗。浅花纹板对日光有高达 75%～90%的较高反射率，热反射率也可达 85%～95%，所以，具有良好的金属光泽和热反射性能。浅花纹板耐氨、硫和各种酸的侵蚀，抗大气腐蚀的能力强。浅花纹板可用于室内和车厢、飞机、电梯等内饰面。

2. 铝质波纹板和压型板

波纹板和压型板都是采用纯铝或铝合金平板经机械加工而成异形断面板材。

（1）特性

刚度大，重量轻、外形美观、色彩丰富、耐腐蚀、利于排水、安装容易、施工进度快。具有银白色表面的波纹板或压型板对于阳光有很强的反射能力，利于室内隔热保温。这两种板材十分耐用，在大气中可使用 20 年以上。

（2）应用

广泛应用于厂房、车间等建筑物的屋面和墙体饰面。

3. 铝及铝合金穿孔吸声板

（1）特性

吸声、降噪、质量轻、强度高、防火、防潮、耐腐蚀、化学稳定好、造型美观、色泽幽雅、立体感强、组装简便、维修容易。

（2）应用

广泛应用于宾馆、饭店、观演建筑、播音室和中高级民用建筑及各类厂房、机房、人防地下室的吊顶、墙面作为降噪、改善音质的措施。

4. 蜂窝芯铝合金复合板

蜂窝芯铝合金复合板的整体结构和涂层结构分三层：外表层为 0.2～0.7mm 的铝合金薄板，中心层用铝箔、玻璃布或纤维纸制成蜂窝结构；铝板表面喷涂以聚合物着色保护氟涂料——聚偏二氟乙烯，在复合板的外表面覆以可剥离的塑料保护膜，以保护板材表面在加工和安装过程中不致受损。

（1）特性

尺寸精度高；外观平整度好，经久不变，可有效地消除凹陷和折皱；强度高、重量轻；隔声、防震、保温隔热；色泽鲜艳、持久不变；易于成形，用途广泛；可充分满足设

计的要求制成各种弧形、圆弧拐角和棱边拐角，使建筑物更加精美；安装施工完全为装配式干作业。

（2）应用

蜂窝芯铝合金复合板作为高级饰面材料，可用于各种建筑的幕墙系统，也可用于室内墙面、屋顶、顶棚、包柱等工程部位。

5. 铝合金龙骨

（1）特性

自重轻、防火、抗震、外观光亮挺括、色调美观、加工和安装方便。

（2）应用

适用于医院、学校、写字楼、厂房、商场等吊顶工程，常与小幅面石膏装饰板或岩棉（矿棉）吸声板配用。

6. 铝塑门窗

铝塑门窗是铝合金门窗的升级产品，它采用高分子涂料喷涂和隔热条封隔技术，大大提高了传统铝合金门窗的装饰性和隔热保温等技术性能，将成为新型的门窗材料。

5.5.3 不锈钢装饰材料的主要品种、特性及应用

不锈钢通常定义为含铬12%以上的具有耐腐蚀性能的铁基合金。按所含的耐腐蚀合金元素种类可分为铬不锈钢、镍-铬不锈钢、镍-铬-钛不锈钢。按不锈钢的组织特点可分为马氏体不锈钢、铁素体不锈钢、奥氏体不锈钢。奥氏体不锈钢属镍-铬不锈钢，是应用最广泛的不锈钢品种。

装饰装修用不锈钢制品主要有板材和管材，其中板材应用最为广泛。

1. 板材

（1）分类：按反光率分为镜面板、亚光板和浮雕板三种类型。

不锈钢板表面经化学浸渍着色处理，可制得蓝、黄、红、绿等各种彩色不锈钢板，也可利用真空镀膜技术在其表面喷镀一层钛金属膜，形成金光闪亮的钛金板，既保证了不锈钢的原有优异性能，又进一步提高了其装饰效果。

（2）规格：常用装饰不锈钢板的厚度为0.35～2mm（薄板），幅面宽度为500～1000mm，长度为1000～2000mm。市场上常见的幅面规格为1200mm×2440mm。

2. 管材

不锈钢装饰管材按截面可分为等径圆管和变径花形管。按壁厚可分为薄壁管（小于2mm）或厚壁管（大于4mm）。按其表面光泽度可分为抛光管、亚光管和浮雕管。

3. 应用

装饰不锈钢以其特有的光泽、质感和现代化的气息，应用于室内外墙、柱饰面、幕墙及室内外楼梯扶手、护栏、电梯间护壁、门口包镶等工程部位。可取得与周围环境的色彩、景物交相辉映的效果，对空间环境起到强化、点缀和烘托的作用，构成光彩变幻、层次丰富的室内外空间。

5.6 建筑陶瓷与玻璃

5.6.1 常用建筑陶瓷制品的主要品种、特性及应用

陶瓷系陶器与瓷器两大类产品的总称，介于陶器与瓷器之间的产品称为炻器，也称为半瓷器。陶器、瓷器和炻器三类产品的原材料和制品的性能变化是连续和相互交错的，很难有明显的界线进行区分，就是说，从陶器、炻器到瓷器，其原料是从粗到精，坯体的构造由多孔到密实，烧成温度由低到高。建筑装饰用的陶瓷制品的构造多属于陶器至炻器的范畴。

1. 建筑陶瓷的原料

（1）原材料

生产陶瓷制品的原材料主要有可塑性的原料、瘠性原料和熔剂三大类。可塑性原料为黏土，它是陶瓷坯体的主要原料，瘠性原料有石英砂和瓷粉等，它可降低黏土的塑性，减小坯体的收缩，防止坯体在高温煅烧时的变形。熔剂有长石、滑石粉和钙、镁的碳酸盐等，其作用是降低烧成温度，提高坯体的粘结力。

（2）釉料

在坯体表面施釉并经过高温焙烧后，釉层与坯体表面之间发生相互作用，在坯体表面形成一层玻璃质，这层玻璃质具有玻璃般的光泽和透明性，故使坯体表面变得平整、光亮、不透气、不吸水，因而提高了陶瓷制品的艺术性和物理力学性能，同时对釉层下面的图案、画面等具有透视和保护的作用，还可以防止原料中有毒元素溶出，掩盖坯体中不良的颜色及某些缺陷，从而扩大了陶瓷制品的应用范围。

釉是一层玻璃质的材料，具有玻璃的一般性质，没有固定的熔点，只有熔融范围，硬度较高、脆性较大、透明、具有各项同性和光泽，釉的微观结构和化学成分的均匀性都比玻璃要差。

2. 建筑装饰装修工程中常用的陶瓷制品

建筑装饰装修工程中常用的陶瓷制品主要有陶瓷砖、陶瓷马赛克、陶瓷壁画、琉璃制品和卫生陶瓷。

（1）陶瓷砖

一般说陶瓷砖是指吸水率（E）大于10%的陶瓷砖；瓷质砖是指吸水率（E）不超过0.5%的陶瓷砖；炻质砖是指吸水率（E）大于6%不超过10%的陶瓷砖。

订货时，陶瓷砖的品种、尺寸、厚度、表面特征、颜色、外观、有釉砖、耐磨性级别以及其他性能都要与相关方经协商确定。

（2）陶瓷马赛克

陶瓷马赛克是指用于装饰与保护建筑物地面及墙面的由多块小砖（表面面积不大于55cm^2）拼贴成联的陶瓷砖。

1）品种、规格及质量等级

陶瓷马赛克按表面性质不同分有釉和无釉两种，按砖联颜色不同分为单色、混色和拼花三种。陶瓷马赛克规格按单砖边长不大于95mm，表面面积不大于55cm^2；砖联分正方

形、长方形和其他形状。

2）吸水率

无釉的陶瓷马赛克的吸水率不大于0.2%，有釉的陶瓷马赛克吸水率不大1.0%。

3）其他物理、化学和力学性能

陶瓷马赛克与铺贴衬材经粘贴性试验后，不允许有马赛克脱落。表贴陶瓷马赛克的剥离时间不大于40min，表贴和背贴陶瓷马赛克铺贴后，不允许有铺贴衬材露出。

4）陶瓷马赛克性能特点及应用

陶瓷马赛克具有抗腐蚀性强、耐磨、耐火、吸水率小抗压强度高、易清洁和不褪色等优点，多用于建筑物外墙、门厅、走廊、卫生间、浴室、厕所和化验室的墙面或地面装饰。

(3) 新型墙地砖

1）陶瓷劈离砖

劈离砖又称劈裂砖。它是将一定配比的原料经过粉碎、炼泥、密室挤压成型，再经干燥、高温焙烧而成。由于这种砖成型时双砖背联坯体，烧成之后再劈离成两块砖，故称劈离砖。

劈离砖适合各类建筑物外墙装饰；也可用于车站、候车室、各类楼堂馆所等地面装饰；较厚的砖尚可用于广场、公园、停车场、人行道和走廊等露天地面的建设；还可以作浴池池底、游泳池和池岸的贴面材料。

2）玻化砖

将坯料在1230℃以上的高温进行焙烧，使坯中的熔融成分成玻璃态，形成玻璃般亮丽质感的一种新型的高级陶瓷制品即为瓷质玻化砖。玻化砖的密实度好，吸水率低，长年使用不留水迹，不变色；强度高、抗酸碱腐蚀性强和耐磨性好，且原材料中不含对人体有害的放射性元素。

3）麻面砖

麻面砖是选用仿天然岩石色彩的原料进行配料，经压制形成表面凹凸不平的麻点的坯体，然后经一次焙烧而成的炻质面砖。薄型麻面砖用于建筑物的外墙装饰；厚型麻面砖用于广场、停车场、人行道、码头等地面铺设。

4）彩胎砖

彩胎砖是一种本色无釉的瓷质饰面砖。适合人流密度大的商厦、影剧院、宾馆、饭店和大型超市等公共建筑地面装饰，也可用于住宅厅堂的地面装饰。

(4) 陶瓷壁画

陶瓷壁画是现代建筑装饰工程中集美术绘画和装饰艺术于一体的装饰精品，具有单块面积大、厚度薄、强度高、平整度好、吸水率小、抗冻、耐急冷急热、耐腐蚀和装饰效果好等优点，适用于大型宾馆、饭店、影剧院、机场、火车站和地铁等墙面装饰。

(5) 琉璃制品

琉璃制品是以难熔的黏土为原料，经配料、成型、干燥、素烧成陶质坯体，再涂以琉璃彩釉，经1000℃釉烧而成的陶瓷制品。其特点是造型古朴、色彩鲜艳、光亮夺目、表面光滑、质地密实、不易污染，彩釉不易剥落，富有传统的民族特色。

3. 卫生陶瓷

卫生陶瓷是现代建筑室内装饰不可缺少的一个重要部分。卫生陶瓷按吸水率不同分为瓷质类和陶质类。其中瓷质类陶瓷制品有以下几个品种：坐便器，洗面器，小便器，蹲便器，净身器，洗涤槽，水箱，小件卫生陶瓷。

5.6.2 普通平板玻璃的规格和技术要求

玻璃是以石英砂、纯碱、石灰石、长石等为主要原料，经1550～1600℃高温熔融、成型、冷却并裁割而得到的有透光性的固体材料，其主要成分是二氧化硅（含量72%左右）和钙、钠、钾、镁的氧化物。

1. 分类及规格

平板玻璃按颜色属性分为无色透明平板玻璃和本体着色平板玻璃。按生产方法不同，可分为普通平板玻璃和浮法玻璃两类。根据国家标准《平板玻璃》GB 11614—2009的规定，平板玻璃按其公称厚度，可分为 2mm、3mm、4mm、5mm、6mm、8mm、10mm、12mm、15mm、19mm、22mm、25mm 共 12 种规格。

2. 特性

（1）良好的透视、透光性能（3mm、5mm厚的无色透明平板玻璃的可见光透射比分别为88%和86%）。对太阳光中近红外热射线的透过率较高，但对可见光射至室内墙顶地面和家具、织物而反射产生的远红外长波热射线却有效阻挡，故可产生明显的"暖房效应"。无色透明平板玻璃对太阳光中紫外线的透过率较低。

（2）隔声、有一定的保温性能。抗拉强度远小于抗压强度，是典型的脆性材料。

（3）有较高的化学稳定性，通常情况下，对酸、碱、盐及化学试剂及气体有较强的抵抗能力，但长期遭受侵蚀性介质的作用也能导致变质和破坏，如玻璃的风化和发霉都会导致外观的破坏和透光能力的降低。

（4）热稳定性较差，急冷急热，易发生炸裂。

3. 等级

按照国家标准，平板玻璃根据其外观质量分为优等品、一等品和合格品三个等级。

4. 应用

3～5mm 的平板玻璃一般直接用于有框门窗的采光，8～12mm 的平板玻璃可用于隔断、橱窗、无框门。平板玻璃的另外一个重要用途是作为钢化、夹层、镀膜、中空等深加工玻璃的原片。

5.6.3 安全玻璃、节能玻璃、装饰玻璃、玻璃砖的主要品种、特性及应用

1. 安全玻璃

（1）防火玻璃

1）概念

普通玻璃因热稳定性较差，遇火易发生炸裂，故防火性能较差。防火玻璃是经特殊工艺加工和处理、在规定的耐火试验中能保持其完整性和隔热性的特种玻璃。防火玻璃原片可选用浮法平板玻璃、钢化玻璃，复合防火玻璃原片还可选用单片防火玻璃制造。

2）分类

防火玻璃按结构可分为：复合防火玻璃（以 FFB 表示）、单片防火玻璃（以 DFB 表示）。

按耐火性能可分为：隔热型防火玻璃（A 类）、非隔热型防火玻璃（C 类）。

按耐火极限可分为五个等级：0.50h、1.00h、1.50h、2.00h、3.00h。

3）应用

防火玻璃主要用于有防火隔热要求的建筑幕墙、隔断等构造和部位。

（2）钢化玻璃

1）概念

钢化玻璃是用物理的或化学的方法，在玻璃的表面上形成一个压应力层，而内部处于较大的拉应力状态，内外拉压应力处于平衡状态。玻璃本身具有较高的抗压强度，表面不会造成破坏的玻璃品种。当玻璃受到外力作用时，这个压应力层可将部分拉应力抵消，避免玻璃的碎裂，从而达到提高玻璃强度的目的。

2）特性

① 机械强度高；

② 弹性好；

③ 热稳定性好；

④ 碎后不易伤人；

⑤ 可发生自爆。

3）应用

钢化玻璃具有较好的机械性能和热稳定性，常用作建筑物的门窗、隔墙、幕墙及橱窗、家具等。但钢化玻璃使用时不能切割、磨削，边角亦不能碰击挤压，需按现成的尺寸规格，用或提出具体设计图纸进行加工定制。用于大面积玻璃幕墙的玻璃在钢化程度上要予以控制，宜选择半钢化玻璃（即没达到完全钢化，其内应力较小），以避免受风荷载引起振动而自爆。对于公称厚度不小于 4mm 的建筑用半钢化玻璃，其上开孔的位置和孔径应符合国家标准《半钢化玻璃》GB/T 17841—2008 的规定。

（3）夹丝玻璃

1）概念

夹丝玻璃也称防碎玻璃或钢丝玻璃。它是由压延法生产的，即在玻璃熔融状态时将经预热处理的钢丝或钢丝网压入玻璃中间，经退火、切割而成。夹丝玻璃表面可以是压花的或磨光的，颜色可以制成无色透明或彩色的。

2）特性

① 安全性：夹丝玻璃由于钢丝网的骨架作用，不仅提高了玻璃的强度，而且遭受到冲击或温度骤变而破坏时，碎片也不会飞散，避免了碎片对人的伤害作用。

② 防火性：当遭遇火灾时，夹丝玻璃受热炸裂，但由于金属丝网的作用，玻璃仍能保持固定，可防止火焰蔓延。

③ 防盗抢性：当遇到盗抢等意外情况时，夹丝玻璃虽玻璃破碎但金属丝仍可保持一定的阻挡性，起到防盗、防抢的安全作用。

3）应用

夹丝玻璃应用于建筑的天窗、采光屋顶、阳台及须有防盗、防抢功能要求的营业柜台的遮挡部位。当用作防火玻璃时，要符合相应耐火极限的要求。夹丝玻璃可以切割，但断口处裸露的金属丝要作防锈处理，以防锈体体积膨胀，引起玻璃"锈裂"。

(4) 夹层玻璃

1) 概念

夹层玻璃是将玻璃与玻璃和（或）塑料等材料用中间层分隔并通过处理使其粘结为一体的复合材料的统称。常见和大多使用的是玻璃与玻璃，用中间层分隔并通过处理使其粘结为一体的玻璃构件。而安全夹层玻璃是指在破碎时，中间层能够限制其开口尺寸并提供残余阻力以减少割伤或扎伤危险的夹层玻璃。用于生产夹层玻璃的原片可以是浮法玻璃、钢化玻璃、着色玻璃、镀膜玻璃等。夹层玻璃的层数有2层、3层、5层、7层，最多可达9层。

2) 特性

① 透明度好。

② 抗冲击性能要比一般平板玻璃高好几倍，用多层普通玻璃或钢化玻璃复合起来，可制成抗冲击性极高的安全玻璃。

③ 由于粘结用中间层（PVB胶片等材料）的粘合作用，玻璃即使破碎时，碎片也不会散落伤人。

④ 通过采用不同的原片玻璃，夹层玻璃还可具有耐久、耐热、耐湿、耐寒等性能。

3) 应用

夹层玻璃有着较高的安全性，一般在建筑上用作高层建筑的门窗、天窗、楼梯栏板和有抗冲击作用要求的商店、银行、橱窗、隔断及水下工程等安全性能高的场所或部位等。夹层玻璃不能切割，需要选用定型产品或按尺寸定制。

2. 节能玻璃

(1) 着色玻璃

1) 概念

着色玻璃是一种既能显著地吸收阳光中热作用较强的近红外线，而又保持良好透明度的节能装饰性玻璃。着色玻璃通常都带有一定的颜色，所以也称为着色吸热玻璃。

2) 特性

① 有效吸收太阳的辐射热，产生"冷室效应"，可达到避热节能的效果。

② 吸收较多的可见光，使透过的阳光变得柔和，避免眩光并改善室内色泽。

③ 能较强地吸收太阳的紫外线，有效地防止紫外线对室内物品的褪色和变质作用。

④ 仍具有一定的透明度，能清晰地观察室外景物。

⑤ 色泽鲜丽，经久不变，能增加建筑物的外形美观。

3) 应用

着色玻璃在建筑装修工程中应用的比较广泛。凡既需采光又需隔热之处均可采用。采用不同颜色的着色玻璃能合理利用太阳光，调节室内温度，节省空调费用，而且对建筑物的外形有很好的装饰效果。一般多用作建筑物的门窗或玻璃幕墙。

(2) 镀膜玻璃

镀膜玻璃分为阳光控制镀膜玻璃和低辐射镀膜玻璃，是一种既能保证可见光良好透过又可有效反射热射线的节能装饰型玻璃。镀膜玻璃是由无色透明的平板玻璃镀覆金属膜或金属氧化物而制得。根据外观质量，阳光控制镀膜玻璃和低辐射镀膜玻璃可分为优等品和合格品。

1) 阳光控制镀膜玻璃

阳光控制镀膜玻璃是对太阳光具有一定控制作用的镀膜玻璃。

这种玻璃具有良好的隔热性能。在保证室内采光柔和的条件下，可有效地屏蔽进入室内的太阳辐射能。可以避免暖房效应，节约室内降温空调的能源消耗。并具有单向透视性，阳光控制镀膜玻璃的镀膜层具有单向透视性，故又称为单反玻璃。

阳光控制镀膜玻璃可用作建筑门窗玻璃、幕墙玻璃，还可用于制作高性能中空玻璃。具有良好的节能和装饰效果，很多现代的高档建筑都选用镀膜玻璃做幕墙，但在使用时应注意，不恰当或使用面积过大会造成光污染，影响环境的和谐。单面镀膜玻璃在安装时，应将膜层面向室内，以提高膜层的使用寿命和取得节能的最大效果。

2) 低辐射镀膜玻璃

低辐射镀膜玻璃又称"Low-E"玻璃，是一种对远红外线有较高反射比的镀膜玻璃。

低辐射镀膜玻璃对于太阳可见光和近红外光有较高的透过率，有利于自然采光，可节省照明费用。但玻璃的镀膜对阳光中的和室内物体所辐射的热射线均可有效阻挡，因而可使夏季室内凉爽而冬季则有良好的保温效果，总体节能效果明显。此外，低辐射膜玻璃还具有较强的阻止紫外线透射的功能，可以有效地防止室内陈设物品、家具等受紫外线照射产生老化、褪色等现象。

低辐射膜玻璃一般不单独使用，往往与普通平板玻璃、浮法玻璃、钢化玻璃等配合，制成高性能的中空玻璃。

(3) 中空玻璃

1) 概念

中空玻璃是由两片或多片玻璃以有效支撑均匀隔开并周边粘结密封，使玻璃层间形成带有干燥气体的空间，从而达到保温隔热效果的节能玻璃制品。中空玻璃按玻璃层数，有双层和多层之分，一般是双层结构。可采用无色透明玻璃、热反射玻璃、吸热玻璃或钢化玻璃等作为中空玻璃的基片。

2) 特性

① 光学性能良好

由于中空玻璃所选用的玻璃原片可具有不同的光学性能，因而制成的中空玻璃其可见光透过率、太阳能反射率、吸收率及色彩可在很大范围内变化，从而满足建筑设计和装饰工程的不同要求。

② 保温隔热、降低能耗

中空玻璃层间干燥气体导热系数极小，故起着良好的隔热作用，有效保温隔热、降低能耗。以 6mm 厚玻璃为原片，玻璃间隔（即空气层厚度）为 9mm 的普通中空玻璃，大体相当于 100mm 厚普通混凝土的保温效果。适用于寒冷地区和需要保温隔热、降低采暖能耗的建筑物。

③ 防结露

中空玻璃的露点很低，因玻璃层间干燥气体层起着良好的隔热作用。在通常情况下，中空玻璃内层玻璃接触室内高湿度空气的时候，由于玻璃表面温度与室内接近，不会结露。而外层玻璃虽然温度低，但接触的空气湿度也低，所以也不会结露。

④ 良好的隔声性能

中空玻璃具有良好的隔声性能，一般可使噪声下降30~40dB。

3）应用

中空玻璃主要用于保温隔热、隔声等功能要求较高的建筑物，如宾馆、住宅、医院、商场、写字楼等，也广泛用于车船等交通工具。内置遮阳中空玻璃制品是一种新型中空玻璃制品，这种制品在中空玻璃内安装遮阳装置，可控遮阳装置的功能动作在中空玻璃外面操作，大大提高了普通中空玻璃隔热、保温、隔声等性能并增加了性能的可调控性。

（4）真空玻璃

真空玻璃是指两片或两片以上平板玻璃以支撑物隔开。周边密封，在玻璃间形成真空层的玻璃制品。

真空玻璃将两片平板玻璃四周密闭起来，将其间隙抽成真空并密封排气孔，两片玻璃之间的间隙仅为0.1~0.2mm，而且两片玻璃中一般至少有一片是低辐射玻璃。真空玻璃和中空玻璃在结构和制作上完全不相同，中空玻璃只是简单地把两片玻璃粘合在一起，中间夹有空气层，而真空玻璃是在两片玻璃中间夹入胶片支撑，在高温真空环境下使两片玻璃完全融合，这样就将通过传导、对流和辐射方式散失的热降到最低。另一方面，两片玻璃中间保持完全真空，使声音无法传导，虽然真空玻璃的支撑形成了声桥，但这些支撑只占玻璃有效传声面积的千分之几，故这些微小声桥就可以忽略不计。真空玻璃比中空玻璃有更好的隔热、隔声性能。

真空玻璃按保温性能（K值）分为1类、2类、3类，具体要求见表5-16。

真空玻璃的分类要求　　　　　　　　　　　　　表5-16

类别	K值[W/(m²·K)]
1	$K \leqslant 1.0$
2	$1.0 < K \leqslant 2.0$
3	$2.0 < K \leqslant 2.8$

真空玻璃的技术要求有：厚度偏差、尺寸及其允许偏差、边部加工、保护帽、支撑物、外观质量、封边质量、弯曲度、保温性能、耐辐照性、气候循环耐久性、高温高湿耐久性、隔声性能。保护帽是由金属或有机等材料制成的附着在真空玻璃排气口的保护装置。

真空玻璃是新型、高科技含量的节能玻璃深加工产品，是我国玻璃工业中为数不多的具有自主知识产权的前沿产品，它的研发推广符合国家鼓励自主创新的政策，也符合国家大力提倡的节能政策，在绿色建筑的应用上具有良好的发展潜力和前景。

3. 装饰玻璃

（1）彩色平板玻璃

彩色平板玻璃又称有色玻璃或饰面玻璃。彩色玻璃分为透明和不透明的两种。透明的彩色玻璃是在平板玻璃中加入一定量的着色金属氧化物，按一般的平板玻璃生产工艺生产而成；不透明的彩色玻璃又称为饰面玻璃。

彩色平板玻璃也可以采用在无色玻璃表面上喷涂高分子涂料或粘贴有机膜制得。这种方法在装饰上更具有随意性。

彩色平板玻璃的颜色有茶色、黄色、桃红色、宝石蓝色、绿色等。

彩色玻璃可以拼成各种图案，并有耐腐蚀、抗冲刷、易清洗等特点，主要用于建筑物的内外墙、门窗装饰及对光线有特殊要求的部位。

（2）釉面玻璃

釉面玻璃是指在按一定尺寸切裁好的玻璃表面上涂敷一层彩色的易熔釉料，经烧结、退火或钢化等处理工艺，使釉层与玻璃牢固结合，制成的具有美丽的色彩或图案的玻璃。

釉面玻璃的特点是：图案精美，不褪色，不掉色，易于清洗，可按用户的要求或艺术设计图案制作。

釉面玻璃具有良好的化学稳定性和装饰性，广泛用于室内饰面层，一般建筑物门厅和楼梯间的饰面层及建筑物外饰面层。

（3）压花玻璃

压花玻璃又称为花纹玻璃或滚花玻璃。有一般压花玻璃、真空镀膜压花玻璃和彩色膜压花玻璃几类。

（4）喷花玻璃

喷花玻璃又称为胶花玻璃，是在平板玻璃表面贴以图案，抹以保护面层，经喷砂处理形成透明与不透明相间的图案而成。喷花玻璃给人以高雅、美观的感觉，适用于室内门窗、隔断和采光。

（5）乳花玻璃

乳花玻璃是在平板玻璃的一面贴上图案，抹以保护层，经化学蚀刻而成。它的花纹柔和、清晰、美丽，富有装饰性。

（6）刻花玻璃

刻花玻璃是由平板玻璃经涂漆、雕刻、围蜡与酸蚀、研磨而成。图案的立体感非常强，似浮雕一般，在室内灯光的照耀下，更是熠熠生辉。刻花玻璃主要用于高档场所的室内隔断或屏风。

（7）冰花玻璃

冰花玻璃是一种利用平板玻璃经特殊处理而形成的具有随机裂痕似自然冰花纹理的玻璃。冰花玻璃对通过的光线有漫射作用。它具有花纹自然、质感柔和、透光不透明、视感舒适的特点。

冰花玻璃装饰效果优于压花玻璃，给人以典雅清新之感，是一种新型的室内装饰玻璃。可用于宾馆、酒楼、饭店、酒吧间等场所的门窗、隔断、屏风和家庭装饰。

4. 玻璃砖

玻璃砖是用透明或颜色玻璃制成的块状、空心的玻璃制品或块状表面施釉的制品。

按照透光性分为透明玻璃砖、雾面玻璃砖。玻璃砖的种类不同，光线的折射程度也会有所不同。玻璃砖可供选择的颜色有多种。

玻璃砖具有保温隔声，抗压耐磨，光洁明亮，图案精美，是良好的墙壁和地面的装饰材料。

5.7 建筑装饰涂料与塑料制品

5.7.1 内墙涂料的主要品种、特性及应用

内墙涂料的分类：

乳液型内墙涂料，包括丙烯酸酯乳胶漆、苯－丙乳胶漆、乙烯－醋酸乙烯乳胶漆。

水溶性内墙涂料，包括聚乙烯醇水玻璃内墙涂料、聚乙烯醇缩甲醛内墙涂料。

其他类型内墙涂料，包括复层内墙涂料、纤维质内墙涂料、绒面内墙涂料等。

水溶性内墙涂料已被《关于发布化学建材技术与产品的公告》（原建设部公告第27号）列为停止或逐步淘汰类产品，产量和使用已逐渐减少。

1. 丙烯酸酯乳胶漆

涂膜光泽柔和、耐候性好、保光保色性优良、遮盖力强、附着力高、易于清洗、施工方便、价格较高，属于高档建筑装饰内墙涂料。

2. 苯-丙乳胶漆

良好的耐候性、耐水性、抗粉化性、色泽鲜艳、质感好，由于聚合物粒度细，可制成有光型乳胶漆，属于中高档建筑内墙涂料。与水泥基层附着力好，耐洗刷性好，可以用于潮气较大的部位。

3. 乙烯-乙酸乙烯乳胶漆

在乙酸乙烯共聚物中引入乙烯基团形成的乙烯－醋酸乙烯（VAE）乳液中，加入填料、助剂、水等调配而成。

特点：成膜性好、耐水性较高、耐候性较好。价格较低，属于中低档建筑装饰内墙涂料。

5.7.2 外墙涂料的主要品种、特性及应用

外墙涂料的分类

溶剂型外墙涂料，包括过氯乙烯、苯乙烯焦油、聚乙烯醇缩丁醛、丙烯酸酯、丙烯酸酯复合型、聚氨酯系外墙涂料。

乳液型外墙涂料，包括薄质涂料纯丙乳胶漆、苯－丙乳胶漆、乙－丙乳胶漆和厚质涂料乙－丙乳液厚涂料、氯偏共聚乳液厚涂料。

水溶性外墙涂料，该类涂料以硅溶胶外墙涂料为代表。

其他类型外墙涂料包括复层外墙涂料和砂壁状涂料。

1. 过氯乙烯外墙涂料

特点：良好的耐大气稳定性、化学稳定性、耐水性、耐霉性。

2. 丙烯酸酯外墙涂料

特点：良好的抗老化性、保光性、保色性、不粉化、附着力强，施工温度范围广（0℃以下仍可干燥成膜）。但该种涂料耐沾污性较差，因此，常利用其与其他树脂能良好相混溶的特点，将聚氨酯、聚酯或有机硅对其改性制得丙烯酸酯复合型耐沾污性外墙涂料，综合性能大大改善，得到广泛应用。施工时基体含水率不应超过8%，可以直接在水

泥砂浆和混凝土基层上进行涂饰。

3. 氟碳涂料

氟碳涂料是在氟树脂基础上经改性、加工而成的涂料，简称氟涂料又称氟碳漆，属于新型高档高科技全能涂料。

分类：按固化温度的不同可分为高温固化型（主要指 PVDF，即聚偏氟乙烯涂料，180℃固化）、中温固化型、常温固化型。

按组成和应用特点可分为溶剂型氟涂料、水性氟涂料、粉末氟涂料、仿金属氟涂料等。

特点：优异的耐候性、耐污性、自洁性、耐酸碱、耐腐蚀、耐高低温性能好，涂层硬度高，与各种材质的基体有良好的粘结性能、色彩丰富有光泽、装饰性好、施工方便、使用寿命长。

应用：广泛用于金属幕墙、柱面、墙面、铝合金门窗框、栏杆、天窗、金属家具、商业指示牌户外广告着色及各种装饰板的高档饰面。

4. 复层涂料

由基层封闭涂料、主层涂料、罩面涂料三部分构成。按主层涂料的粘结料的不同可分为聚合物水泥系（CE）、硅酸盐系（SI）、合成树脂乳液系（E）和反应固化型合成树脂乳液系（RE）复层外墙涂料。

特点：粘结强度高、良好的耐褪色性、耐久性、耐污染性、耐高低温性。外观可成凹凸花纹状、环状等立体装饰效果，故亦称浮感涂料或凹凸花纹涂料，适用于水泥砂浆、混凝土、水泥石棉板等多种基层的中高档建筑装饰饰面。

应用：用于无机板材、内外墙、顶棚的饰面。

5.7.3 地面涂料的主要品种、特性及应用

地面涂料的分类：

溶剂型地面涂料，包括过氯乙烯地面涂料、丙烯酸－硅树脂地面涂料、聚氨酯－丙烯酸酯地面涂料，为薄质涂料，涂覆在水泥砂浆地面的抹面层上，起装饰和保护作用。

乳液型地面涂料，有聚醋酸乙烯地面涂料等。

合成树脂厚质地面涂料，包括环氧树脂厚质地面涂料、聚氨酯弹性地面涂料、不饱和聚酯地面涂料等。该类涂料常采用刮涂方法施工，涂层较厚，可与塑料地板媲美。

1. 过氯乙烯地面涂料

特点：干燥快、与水泥地面结合好、耐水、耐磨、耐化学药品腐蚀。施工时有大量有机溶剂挥发、易燃，要注意防火、通风。

2. 聚氨酯-丙烯酸酯地面涂料

特点：涂膜外观光亮、平滑、有瓷质感、良好的装饰性、耐磨性、耐水性、耐酸碱、耐化学药品。

应用：适用于图书馆、健身房、舞厅、影剧院、办公室、会议室、厂房、车间、机房、地下室、卫生间等水泥地面的装饰。

3. 环氧树脂厚质地面涂料

是以黏度较小、可在室温固化的环氧树脂（如 E-44、E-42 等牌号）为主要成膜物质，

加入固化剂、增塑剂、稀释剂、填料、颜料等配制而成的双组分固化型地面涂料。

特点：粘结力强、膜层坚硬耐磨且有一定韧性、耐久、耐酸、耐碱、耐有机溶剂、耐火、防尘，可涂饰各种图案。施工操作比较复杂。

应用：用于机场、车库、实验室、化工车间等室内外水泥基地面的装饰。

5.7.4 建筑装饰塑料制品的主要品种、特性及应用

塑料是以合成树脂或天然树脂为主要原料、加入其他添加剂后，在一定条件下经混炼，塑化成型，且在常温下能保持产品形状的材料。塑料具有质轻、绝缘、耐腐蚀、耐磨、种类多等优点，加工性能好，装饰性能优异。但也有耐热性差、易燃、易老化、热膨胀性大等缺点。

1. 聚氯乙烯（PVC）

聚氯乙烯是一种多功能的塑料，通过配方的调整，可以生产出硬质和软质的塑料制品及轻质发泡的产品，如给排水管道、塑料壁纸、塑料地板、百叶窗、门窗框、楼梯扶手、屋面采光板和踢脚板等。PVC制品的耐燃性较好，并具有自熄性，耐一般有机溶剂作用。

2. 聚乙烯（PE）

聚乙烯（polyethylene，简称PE）是乙烯经聚合制得的一种热塑性树脂。聚乙烯无臭，无毒，手感似蜡，具有优良的耐低温性能，化学稳定性好，能耐大多数酸碱的侵蚀。常温下不溶于一般溶剂，吸水性小，电绝缘性优良。

3. 聚苯乙烯（PS）

聚苯乙烯是由苯乙烯单体聚合而成，是一种透明的无定型的热塑性塑料，透明性能仅次于有机玻璃，透光率可达88%～92%。其产品主要有板材、泡沫塑料和模制品，也可以用它加工成具有特殊装饰效果的百叶窗等装饰制品。

4. 聚丙烯（PP）

聚丙烯为无毒、无臭、无味的乳白色高结晶的聚合物，密度只有$0.90～0.91g/m^3$，是目前所有塑料中最轻的品种之一。它对水特别稳定，在水中的吸水率仅为0.01%，分子量约8万～15万。成型性好，常用于制作管材。

5. 不饱和聚酯树脂（UP）

可以作为人造大理石的胶结材料，也可以用它加工成玻璃钢，广泛用于屋面采光材料、门窗框架和卫生洁具等。

6. 改性聚苯乙烯（ABS）

常用来制作具有美观花纹图案的塑料装饰板材，也可以代替木材加工成各种家具。

7. 有机玻璃（PMMA）

有机玻璃的化学名称是聚甲基丙烯酸甲酯，是一种透光率最高的塑料产品，能透过92%以上的太阳光，因此，可以代替玻璃，且不易碎，但表面硬度比玻璃低，容易划伤；在低温环境中有较高的抗冲击性能、坚韧且有弹性，耐水、耐老化性能也较好。有机玻璃多用来制作各种彩色玻璃、管材、板材、室内隔断和浴缸等装饰制品，也可以用来制作广告牌。

8. 环氧树脂（EP）

环氧树脂也是一种热固性树脂，环氧树脂最突出的特点是与各种材料都有很强的粘结

力，所以在建筑工程施工中常用来作胶粘剂。

9. 聚氨酯树脂（PU）

聚氨酯的力学性能具有很大的可调性。通过控制结晶的硬段和不结晶的软段之间的比例，聚氨酯可以获得不同的力学性能。因此其制品具有耐磨、耐温、密封、隔音、加工性能好、可降解等优异性能。不溶于非极性基团，具有良好的耐油性、韧性、耐磨性、耐老化性和粘合性。

10. 玻璃纤维增强塑料（GRP）

玻璃纤维增强塑料又称玻璃钢，它是用玻璃纤维制品，如布、纱、短切纤维、毡和无纺布等，增强不饱和聚酯树脂或环氧树脂等复合而得到的一类热固性塑料制品。这种塑料制品，通过玻璃纤维的增强而得以提高机械强度，其强度可以超过普通碳素钢，重量轻，仅为钢材的 1/5～1/4。玻璃钢制品成型工艺比较简单、灵活，可制成复杂的装饰造型构件。具有良好的耐化学腐蚀性和电绝缘性、耐湿、防潮，其缺点是表面不够光滑。

5.8 装饰织物材料

5.8.1 装饰织物的分类

现代建筑室内环境设计中应用的织物装饰材料，从广义上来说，它是由较小单位的基材所构成的柔软编织物或组合物，具有实用与装饰两大功能的织料；而从狭义上来说，织物装饰材料是指以纤维为基本原料，而且多数必须经过纺纱、织造、染整等主要工序，必要时还需采用印花的程序制作而成。

织物装饰材料是现代建筑室内装饰材料中最重要的组成部分，其种类很多，用途广泛。然而织物装饰材料的种类划分方法也有多种。最主要的有：

1. 按材料分，有棉、毛、丝、麻、化纤等；
2. 按工艺分，有印、织、绣、补、编结、纯纺、混纺、长丝交织等；
3. 按用途分，有窗帘、床罩、靠垫、椅垫、沙发套、桌布、地毯、壁毯、吊毯等；
4. 按质感分，有轻薄、厚实、滑、粗糙等；
5. 按艺术风格分，有豪华、富丽、精细、高雅、粗犷、奔放、幻想、神秘、热烈、活跃、宁静、柔和等；
6. 按使用部位分，有墙面贴饰、地面铺设、家具蒙面、帷幔挂饰、床上用品、卫生盥洗、餐厨杂饰及其他织物等。

5.8.2 装饰织物的主要品种、特性及应用

装饰织物用的纤维有天然纤维、化学纤维和无机玻璃纤维等。纤维装饰织物与制品是现代室内重要的装饰材料之一，主要包括地毯、挂毯、墙布、窗帘等纤维织物以及岩棉、矿物棉、玻璃棉制品等。常见的装饰织物如下：

1. 地毯

地毯是对地面软性铺设物的总称，具有保温、吸声、抑尘等作用，且质地柔软，脚感舒适，图案、色彩丰富，可定制加工，是一种高级的地面装饰材料。

（1）地毯的类型

按地毯生产所用材质分：纯羊毛地毯；合成纤维地毯，是目前地毯地面装饰中用量较大的中低档次的地毯；混纺地毯，是以合成纤维和羊毛按比例混纺后编织而成的地毯。

按地毯的编织工艺分：编织地毯；簇绒地毯；针织地毯；机织地毯；

按地毯的尺寸分：块状地毯，卷材地毯，化纤机织地毯一般加工成宽幅形式，幅度以1～4m的多见，每卷长度20～43m不等。

按照材质又可分为纯毛地毯、混纺地毯、化纤地毯、塑料地毯、橡胶地毯、剑麻地毯等。其中纯毛地毯采用羊毛为主要原料，具有弹力大、拉力强、光泽好的优点，是高档铺地装饰材料；剑麻地毯是植物纤维地毯的代表，耐酸碱、耐磨、无静电，主要在宾馆、饭店等公共建筑或家庭中使用。

（2）地毯的主要技术性能

地毯主要技术性质包括剥离强度、绒毛粘合力、弹性、抗静电性、耐磨性、抗老化性、耐燃性和抗菌性等。剥离强度反映地毯面层与背衬间复合强度的大小，也反映地毯的耐水能力。

地毯是一种装饰效果很好的地面装饰材料。地毯作为一种比较华贵的装饰品，较多用于高级宾馆、礼宾场所、会堂等地面装饰。近年来，随着化学纤维、玻璃纤维及塑料等品种地毯的研制及生产，地毯正逐步走向千家万户，并将成为一种广泛应用的地面装饰材料。

（3）挂毯

又名壁毯，是一种供人们欣赏的室内墙挂艺术品，故又称艺术壁挂。挂毯要求图案花色精美，为此常采用纯羊毛蚕丝、麻布等上等材料制作而成。

2. 墙面装饰织物

主要包括无纺、涂塑、粘合、针刺、机织等墙布（纸）及棉、麻、线、绒、毡各类贴饰织物。它们除具有装饰上的作用外还具有防潮、防霉、阻燃、抗污、吸声及隔热等作用。施工时只需利用粘贴剂就能将其粘贴到墙面与顶面的天花板上。

高级墙面装饰织物，主要指锦缎、丝绒、呢料等织物。锦缎和丝绒具有色彩绚丽、图案丰富、质感和光泽极好，作为装饰织物显得华贵高雅，常被用于高档室内墙面和窗帘等装饰。粗毛呢料的质感粗实厚重，吸声性能优良，纹理厚实古朴，适合于高档宾馆等公共厅堂柱面的裱糊装饰。这些织物由于纤维材料不同，制造方法不同以及处理工艺不同，所产生的质感和装饰效果也就不同。

（1）织物壁纸。纸基织物壁纸是由天然纤维和化学纤维制成的各种色泽、花色的粗细砂或织物再与纸的基层粘合而成。具有色彩图案丰富、立体感强、吸声性强等特点，适用于宾馆、饭店、办公大楼、家庭卧室等室内墙面装饰。麻草壁纸是以纸为基层、以编织的麻草作为面层，经复合加工制成。具有古朴自然和粗犷的装饰效果，并且变形小、吸声性强，适用于酒吧、舞厅、会议室、商店、饭店等室内墙面装饰。

（2）墙布。墙布是用人造纤维或天然纤维织成的布为基料，布面涂上树脂，并印上所要求的色彩图案而成。墙布具有色彩绚丽、图案美观、富有弹性和手感好等特点，是近年来应用较多的一种内墙裱糊材料。墙布基料所用的人造纤维主要有醋酸纤维、三酸纤维、聚丙烯腈纤维、粘胶纤维、聚纤维、聚丙烯纤维、矿棉纤维、玻璃纤维、锦纶和非纺织纤维等；天然纤维主要有棉、丝、毛及其他植物纤维等。

3. 家具蒙面织物

主要包括椅、凳、沙发等家具的固定蒙面织物及各类家用电器、有固定蒙面织物而需要保护的家具活络套，以及起装饰与保护作用的披巾、白布与靠垫等。其功能特色是厚实、坚韧、耐拉、抗磨损、有弹性、触感好、防油污、挡灰尘等。而靠垫还能用最调节人体的坐卧姿态，使人体与家具间的接触更加贴切，还能起到点缀作用，使室内空间的节奏感与韵律感增强，并更添艺术的魅力。

4. 帷幔挂饰织物

主要包括窗帘、帷幕、屏风、门帘、帐幔、壁挂等帷幔挂饰织物，其功能作用是调节光线、温度、声音与视线、分隔空间，加强空间的秘密性、安全感，渲染环境气氛，增添装饰韵味，并起到防尘、挡风、避虫的作用。

5. 床上用品织物

主要包括被褥、床垫、衣服、睡衣、毛毯、毛巾被、枕头、床单、床罩、被单、被面、被套、枕套与枕巾等床上用品织物。其功能作用是供人们睡眠、休息所用，也具有实用和装饰两个方面的作用。

6. 卫生盥洗织物

主要包括毛巾、浴巾、披巾、浴衣、浴帘、地巾、便桶套与换洗袋等卫生盥洗织物。其功能作用是供人们浴洗、清洁所用，实用是其最为主要的作用。

7. 餐厨装饰织物

主要包括餐巾、餐桌布、餐具袋、坐垫、方巾、茶巾、洗碗巾、擦桌布与围裙等餐厨装饰织物。其功能作用以实用为主，主要是供餐厨用具的清洗及餐厨活动中的防护卫生所用。

8. 其他装饰织物

主要包括篷布、吊毯、彩绸、旗帜、伞罩等天棚织物，挂毯、挂饰等壁面织物，屏风织物、灯罩织物、插花织物、织物玩具、吊盆、工具袋与信袋，以及旅游所用织物、卧具、坐具、软性吊床、背包等都归此类，其功能作用是装饰空间、美化环境、活跃气氛，并为旅行生活增添乐趣等。

5.9 建筑胶粘剂

5.9.1 胶粘剂的分类

胶粘剂又称粘结剂，是一种具有优良粘结性能的材料。建筑装饰工程中的墙面、吊顶、地面及室内细木装饰装修，都要使用各种类型的胶粘剂，是装饰装修工程中必不可缺的重要材料。

1. 按基料的化学成分分：

（1）无机类胶粘剂包括有硅酸型、磷酸型和硼酸型等类型。

（2）有机类胶粘剂一种是天然胶，如动物胶或植物胶；另一种是人工合成胶，如树脂胶、橡胶型胶和混合型胶等。

2. 按胶粘剂的用途分：胶粘剂有结构胶、非结构胶、密封胶、耐低温胶、耐高温胶、导电胶、医用胶、点焊胶和水下胶等。

3. 按胶粘剂的固化特点分：有热固型、化学反应型和溶剂挥发型三类。

5.9.2 胶粘剂的主要品种、特性及应用

1. 壁纸、墙布胶粘剂

（1）聚醋酸乙烯胶粘剂（白乳胶）

酸乙烯与乙烯经聚合而成，是粘结壁纸、墙布、木材及配制防水涂料的较理想的胶粘剂。

（2）聚乙烯醇胶粘剂

于非结构类胶粘剂，广泛应用于木材、皮革、纸张、泡沫塑料和纤维织物等材料的粘结。

（3）801胶

其无毒、无味、不燃烧、游离醛的含量低，施工中没有刺激性气味，主要用于墙布、瓷砖、壁纸和水泥制品的粘贴，也可作为基料来配制地面和内外墙涂料。

（4）粉末壁纸胶

用于粘贴壁纸，不翘边、不起泡、不脱落，尤其在石膏板、木墙板和混凝土及水泥砂浆墙面上粘贴壁纸效果更好。

2. 瓷砖、大理石胶粘剂

（1）SG-8407内墙瓷砖胶粘剂

这种胶掺到水泥砂浆中可改善其粘结力，提高水泥砂浆的耐水性，适合在混凝土和水泥砂浆墙面粘贴瓷砖、面砖和锦砖等。胶粘剂的抗湿性能好，在自然空气中的粘结力可达到1.3MPa，在30℃水中浸泡48h后粘结力可达到0.9MPa，在50℃的湿热气中经7d后也能达到1.3MPa以上。

（2）AH-93大理石胶粘剂

它是由环氧树脂等多种高分子合成材料为基料而配制成的一种单组分的膏状胶粘剂，外观为白色或粉色膏状黏稠体，具有粘结强度高、耐水、耐候性好和使用方便等优点，适用于大理石、花岗石、瓷砖、面砖和锦砖等在水泥制品的基层上粘结。

（3）TAS型高强度耐水瓷砖胶粘剂

这是一种双组分的胶粘剂，其主要特性是耐水、耐候、强度高和耐化学侵蚀，适用于混凝土、玻璃、木材和钢材表面粘贴瓷砖、面砖及墙地砖等选用。

（4）TAM型通用瓷砖胶粘剂

胶粘剂以水泥为基材，经聚合物改性后而制成的一种粉末胶粘剂，使用时加水搅拌至要求的黏稠度即可。主要性能特点是粘结力好、耐水性和耐久性好，价格低、操作方便，适用于混凝土、水泥砂浆墙面、地面及石膏板等表面粘贴瓷砖、锦砖、天然大理石、人造石材等材料。

3. 塑料地板胶粘剂

常见的塑料地板胶粘剂主要包括聚酯酸乙烯类胶粘剂与合成橡胶类胶粘剂两种。其中，聚酯酸乙烯类胶粘剂主要用于地板等与水泥砂浆地面的粘贴；合成橡胶类胶粘剂用于

塑料地板与水泥砂浆地面的粘结,也可用于硬木拼花地板与水泥砂浆地面的粘结。

4. 聚氨酯类胶粘剂

常用来做非结构性胶,对塑料、玻璃、木材、橡胶、陶瓷、皮革及金属材料都有良好的粘结性能。

5. 环氧树脂类胶粘剂

具有粘结强度高、收缩率小、耐水、耐油和耐腐蚀的特点,对玻璃、金属制品、陶瓷、木材、塑料、水泥制品和纤维材料都有较好的粘结能力,是装饰装修工程中应用最广泛的胶种之一。

6. 玻璃专用胶粘剂

丙烯酸酯胶代号"AE",是一种无色透明黏稠的液体,能在室温条件下快速固化。"AE"胶分 AE-01 和 AE-02 两种型号,AE-01 适用于有机玻璃,ABS 塑料和丙烯酸酯共聚物制品的粘结;AE-02 用于无机玻璃、有机玻璃和玻璃钢的粘结。

7. 聚乙烯醇缩丁醛胶粘剂

以聚乙烯醇为基料,在酸性催化存在的条件下与醛反应而成。这种胶粘剂主要性能特点是粘结力好、耐冲击、耐老化性能好,且透明度高,适用于无机玻璃的粘结。

8. 竹木类胶粘剂

酚醛树脂类胶粘剂包括水溶性酚醛树脂胶、FA-1016 木材胶粘剂和铁锚 206 胶三种。脲醛树脂类胶粘剂是竹木类专用胶粘剂,具有耐热、耐水、耐光和耐微生物侵蚀等优点,都能在室温条件下固化,且操作简单。

5.10 建筑防水材料

5.10.1 防水材料的分类

建筑防水主要建筑物防水,一般分为构造防水和材料防水。构造防水是依靠材料(混凝土)的自身密实性及某些构造措施来达到建筑物防水的目的;材料防水是依靠不同的防水材料,经过施工形成整体的防水层,附着在建筑物的迎水面或背水面而达到建筑物防水的目的。材料防水依据不同的材料,又分为刚性防水和柔性防水。刚性防水主要采用的是砂浆、混凝土或掺有外加剂的砂浆或混凝土类的刚性材料,不属于化学建材范畴;柔性防水采用的是柔性防水材料,主要包括各种防水卷材、防水涂料、密封材料和堵漏灌浆材料等。柔性防水材料是建筑防水材料的主要产品,是化学建材产品的重要组成部分,在建筑防水工程应用中占主导地位,是维护建筑防水功能所采用的重要材料。这里主要讨论化学建材类的建筑防水材料。

1. 防水卷材的分类

防水卷材在我国建筑防水材料的应用中处于主导地位,广泛用于屋面、地下和特殊构筑物的防水,是一种面广量大的防水材料。

防水卷材主要包括沥青防水卷材、高聚物改性沥青防水卷材和高聚物防水卷材三大系列。其中,沥青防水卷材是传统的防水材料,成本较低,但拉伸强度和延伸率低,温度稳定性较差,高温易流淌,低温易脆裂;耐老化性较差,使用年限较短,属于低档防水卷材。高聚物改性沥青防水卷材和高聚物防水卷材是新型防水材料，各项性能较沥青防水卷材优异，能显著提高防水功能，延长使用寿命，工程应用非常广泛。高聚物改性沥青防水卷材按照改性材料的不同分为：弹性体改性沥青防水卷材、塑性体改性沥青防水卷材和其他改性沥青防水卷材；高聚物防水卷材按基本原料种类的不同分为：橡胶类防水卷材、树脂类防水卷材和橡塑共混防水卷材。

2. 防水涂料的分类

防水涂料是指常温下为液体，涂覆后经干燥或固化形成连续的能达到防水目的的弹性涂膜的柔性材料。

防水涂料按照使用部分可分为：屋面防水涂料、地下防水涂料和道桥防水涂料。也可按照成型类别分为：挥发型、反应型和反应挥发型。一般按照主要成膜物质种类进行分类。防水涂料分为丙烯酸类、聚氨酯类、有机硅类、高聚物改性沥青类和其他防水涂料。

防水涂料特别适合于各种复杂、不规则部位的防水，能形成无接缝的完整防水膜。涂布的防水涂料既是防水层的主体，又是胶粘剂，因而施工质量容易保证，维修也较简单。防水涂料广泛适用于屋面防水工程、地下室防水工程和地面防潮、防渗等。

3. 建筑密封材料

密封材料是指能适应接缝位移达到气密性、水密性目的而嵌入建筑接缝中的定型和非定型的材料。

建筑密封材料分为定型和非定型密封材料两大类型。定型密封材料是具有一定形状和尺寸的密封材料，包括各种止水带、止水条、密封条等；非定型密封材料是指密封膏、密封胶、密封剂等黏稠状的密封材料。

建筑密封材料按照应用部位可分为：玻璃幕墙密封胶、结构密封胶、中空玻璃密封胶、窗用密封胶、石材接缝密封胶。一般按照主要成分进行分类，建筑密封材料分为：丙烯酸类、硅酮类、改性硅酮类、聚硫类、聚氨酯类、改性沥青类、丁基类等。

4. 堵漏灌浆材料

堵漏灌浆材料是由一种或多种材料组成的浆液，用压送设备灌入缝隙或孔洞中，经扩散、胶凝或固化后能达到防渗堵目的的材料。

堵漏灌浆材料主要分为颗粒性灌浆材料（水泥）和无颗粒化学灌浆材料。颗粒灌浆材料是无机材料，不属于化学建材。堵漏灌浆材料按主要成分不同可分为：丙烯酸胺类、甲基丙烯酸酯类、环氧树脂类和聚氨酯类等。

5.10.2 防水材料主要品种、特性及应用

1. 自粘高聚物改性沥青防水卷材

由于沥青材料本身抗拉强度低，延伸率小，抗裂性差，对温度变化较敏感，冬天易脆裂，夏季易流淌，故防水层容易出现流淌、起鼓、老化、开裂、渗漏等质量问题，严重影响使用效果，一般几年就要翻修。为了充分利用该材料货源充足，价格便宜，防水性能好的特点，积极开展和应用了聚合物改性沥青防水卷材，这类材料的弹塑性、强度、低温柔性等都较传统的石油沥青油毡有显著的提高。

自粘高聚物改性沥青防水卷材分为有胎与无胎两种，市场上应用较多的是聚酯毡胎自

粘卷材。聚乙烯膜面、细砂面自粘聚酯胎卷材适用于非外露防水工程；铝箔面自粘聚酯胎卷材可用于外露防水工程；适用于屋面、地下室、明挖法地铁、隧道以及水池、水渠等工程防水；尤其适用于不准动明火的工程。

聚酯胎基（PY类）自粘聚合物改性沥青防水卷材的主要性能指标见表5-17。

聚酯胎基（PY类）自粘聚合物改性沥青防水卷材的性能指标　　表5-17

项　目			性能指标
可溶物含量（g/m²）		2.0mm	≥1300
		3.0mm	≥2100
		4.0mm	≥2900
拉伸性能	拉力（N/50mm）	2.0mm	≥350
		3.0mm	≥450
		4.0mm	≥450
	最大拉力时延伸率（%）		≥30
耐热性			70℃滑动不超过2mm
不透水性			0.3MPa，120min不透水
剥离强度（N/mm）	卷材与卷材		≥1.0
	卷材与铝板		≥1.5
热老化	最大拉力时延伸率		≥30
	剥离强度（N/mm）		≥1.5

注：对于耐热性和热老化，仅当PY类自粘聚合物改性沥青防水卷材用于地面辐射采暖工程时才作要求。

2. 聚乙烯丙纶复合防水卷材

聚乙烯丙纶卷材是聚乙烯与助剂等化合热熔后挤出，同时在两面热覆丙纶纤维无纺布形成的卷材。聚乙烯丙纶卷材的主要规格应符合表5-18规定。

聚乙烯丙纶卷材主要规格　　表5-18

项　目	规　格		允许偏差（%）
长度（m）	100	50	±0.05
宽度（m）	≥1.0		±0.05
厚度（mm）	0.6、0.7、0.8	0.9、1.0、1.2、1.5	0～+15

聚乙烯丙纶卷材通过聚合物水泥防水胶粘材料实现卷材与基层、卷材与卷材之间的搭接。因聚合物水泥防水胶粘材料粘结强度有限，易出现卷材与基层，卷材与卷材搭接等质量问题。施工前须保证基层平整，应使用聚合物水泥防水胶粘材料粘贴卷材，严禁使用纯素水泥浆，并在搭接部位做附加防水处理。

聚乙烯丙纶卷材适用于工业与民用建筑的屋面防水、地面防水，防潮隔气，室内墙地面防潮，卫生间防水等。

聚乙烯丙纶复合防水卷材的主要性能指标见表5-19。

聚乙烯丙纶复合防水卷材的性能指标　　　　　　　　　表 5-19

项　目		性能指标
断裂拉伸强度（常温）(N/cm)		≥60×80%
扯断伸长率（常温）(%)		≥400×50%
热空气老化 (80℃×168h)	断裂拉伸强度保持率（%）	≥80
	扯断伸长率保持率（%）	≥70
不透水性（0.3MPa，30min）		不透水
撕裂强度（N）		≥20
与水泥基面的粘结 拉伸强度（MPa）	常温 7d	≥0.6
	耐水性	≥0.4
剪切状态下的粘合性 （卷材与卷材，标准试验条件）(N/mm)		≥2.0 或卷材断裂
剪切状态下的粘合性 （卷材与水泥基面，标准试验条件）(N/mm)		≥1.8 或卷材断裂
抗渗性（MPa，7d）		≥1.0

3. 聚氨酯防水涂料

聚氨酯防水涂料，是一种化学反应型涂料，分为单组分聚氨酯、多组分聚氨酯两类。单组分施工时仅需要将涂料施于基面即可，涂料即会与空气中的水分反应固化；固化时间约为 24h。双组分聚氨酯，施工时需将 A、B 组分混合后施于基面即可，涂料中的 A、B 组分会反应固化。固化时间约为 12~18h。

聚氨酯防水涂料的主要性能指标见表 5-20。

聚氨酯防水涂料的性能指标　　　　　　　　　　　　　表 5-20

项　目		性能指标	
		单组分	双组分
拉伸强度（MPa）		≥1.9	
断裂伸长率（%）		≥450	
撕裂强度（N/mm）		≥12	
不透水性（0.3MPa，30min）		不透水	
固体含量（%）		≥80	≥92
加热伸缩率（%）	伸长	≤1.0	
	缩短	≤4.0	
热处理	拉伸强度保持率（%）	80~150	
	断裂伸长率（%）	≥400	
碱处理	拉伸强度保持率（%）	60~150	
	断裂伸长率（%）	≥400	
酸处理	拉伸强度保持率（%）	80~150	
	断裂伸长率（%）	≥400	

注：对于加热伸缩率及热处理后的拉伸强度保持率和断裂伸长率，仅当聚氨酯防水涂料用于地面辐射采暖工程时才作要求。

4. 聚合物水泥防水涂料（JS）

聚合物水泥防水涂料，是以高分子聚合物乳液、添加多种助剂的水泥基水硬性无机粉料构成的双组份水性防水涂料，形成的防水涂膜具有橡胶类材料的高弹性和无机材料高强度的双重优点。

根据粉料与液料的配比不同，产品分为Ⅰ、Ⅱ、Ⅲ型，柔韧性呈递减，强度呈递增趋势。

Ⅰ型产品以丙烯酸酯聚合物（乳液）为主，该产品形成的涂膜延伸率高（200%以上）、柔韧性好，用于非长期浸水的防水工程；

Ⅱ、Ⅲ型产品以水泥（刚性材料）为主，形成的涂膜强度高（1.8MPa以上）、粘结性好，可用于长期浸水环境下的防水工程。

聚合物水泥防水涂料的主要性能指标见表 5-21。

聚合物水泥防水涂料的性能指标　　　　　表 5-21

项目		性能指标		
		Ⅰ型	Ⅱ型	Ⅲ型
固体含量（%）		≥70	≥70	≥70
拉伸强度	无处理（MPa）	≥1.2	≥1.8	≥1.8
	加热处理后保持率（%）	≥80	≥80	≥80
	碱处理后保持率（%）	≥60	≥70	≥70
断裂伸长率	无处理（%）	≥200	≥80	≥30
	加热处理（%）	≥150	≥65	≥20
	碱处理（%）	≥150	≥65	≥20
粘结强度	无处理（MPa）	≥0.5	≥0.7	≥1.0
	潮湿基层（MPa）	≥0.5	≥0.7	≥1.0
	碱处理（MPa）	≥0.5	≥0.7	≥1.0
	浸水处理（MPa）	≥0.5	≥0.7	≥1.0
不透水性（0.3MPa，30min）		不透水	不透水	不透水
抗渗性（砂浆背水面）（MPa）		—	≥0.6	≥0.8

注：对于加热处理后的拉伸强度和断裂伸长率，仅当聚合水泥防水涂料用于地面辐射采暖工程时才作要求。

5. 聚合物水泥防水砂浆

聚合物水泥防水砂浆，是以水泥、细骨料为主要组分，以聚合物乳涂或可再分散乳胶粉为改性剂，添加适量助剂混合制成的防水砂浆。

产品按组分分为单组分（S类）和双组分（D类）两类。单组分（S类）是由水泥、细骨料和可再分散乳胶粉、添加剂等组成。双组分（D类）是由粉料（水泥、细骨料等）和涂料（聚合物乳液、添加剂等）组成。产品按物理力学性能分为Ⅰ型和Ⅱ型两种。

聚合物水泥防水砂浆的主要性能指标见表 5-22。

聚合物水泥防水砂浆的性能指标 表 5-22

项目		性能指标	
		Ⅰ类	Ⅱ类
凝结时间	初凝（min）	≥45	≥45
	终凝（h）	≤12	≤24
抗渗压力（MPa）	7d	≥1.0	
	28d	≥1.5	
抗压强度（MPa）	28d	≥24.0	
抗折强度（MPa）	28d	≥8.0	
压折比		≤3.0	
粘结强度（MPa）	7d	≥1.0	
	28d	≥1.2	
耐碱性（饱和 Ca(OH)$_2$ 溶液，168h）		无开裂，无剥落	
耐热性（100℃水，5h）		无开裂，无剥落	

6. 丙烯酸酯建筑密封胶

丙烯酸酯建筑密封胶产品按位移能力分为 12.5 和 7.5 两个级别。12.5 级为位移能力 12.5%，其试验拉伸压缩幅度为 ±12.5%，7.5 级为位移能力 7.5%，其试验拉伸压缩幅度为 ±7.5%。12.5 级密封胶按其弹性恢复率又分为两个次级别：弹性体（记号 12.5E，即弹性恢复率等于或大于 40%）、塑性体（记号 12.5P 和 7.5P，即弹性恢复率小于 40%）。12.5E 级为弹性密封胶，主要用于接缝密封。12.5P 和 7.5P 级为塑性密封胶，主要用于一般装饰装修工程的填缝。12.5E、12.5P 和 7.5P 级产品均不宜用于长期浸水的部位。在防水施工中用到的丙烯酸酯建筑密封胶应为弹性体丙烯酸酯建筑密封胶。

丙烯酸酯建筑密封胶的主要性能指标见表 5-23。

丙烯酸酯建筑密封胶的性能指标 表 5-23

项目	性能指标	项目	性能指标
表干时间（h）	≤1	定伸粘结性	无破坏
挤出性（mL/min）	≥100	浸水后定伸粘结性	无破坏
弹性恢复率（%）	≥40		

7. 硅酮建筑密封胶

硅酮建筑密封胶的耐热性能和耐水性能均优于丙烯酸酯建筑密封胶，所以热水管周围的嵌填和长期浸水环境中，宜选用硅酮建筑密封胶。硅酮建筑密封胶按用途分为两种类别：G 类（镶装玻璃用）、F 类（建筑接缝用）。在防水施工中应采用硅酮建筑密封胶（F 类）。

硅酮建筑密封胶的主要性能指标见表 5-24。

硅酮建筑密封胶的性能指标 表 5-24

项　目	性能指标	项　目	性能指标
表干时间（h）	≤3	定伸粘结性	无破坏
挤出性（mL/min）	≥80	浸水后定伸粘结性	无破坏
弹性恢复率（%）	≥70		

第6章 装饰工程施工工艺和方法

建筑装饰装修工程按装饰装修部位可分为室内装饰装修和室外装饰装修。

室内装饰装修的部位包括：楼地面、踢脚、墙裙、内墙面、顶棚、楼梯、栏杆扶手等。室外装饰装修的部位主要有：外墙面、散水、勒脚、台阶、坡道、窗台、窗楣、雨篷、壁柱、腰线、挑檐、女儿墙及压顶等。

建筑装饰装修工程按装饰装修的材料不同分类，常用的有以下几类：

(1) 各种灰浆材料类，如水泥砂浆、混合砂浆、石灰砂浆等；

(2) 水泥石渣材料类，如水刷石、干粘石、剁斧石、水磨石等；

(3) 各种天然、人造石材类，如天然大理石、天然花岗石、青石枝、人造大理石、人造花岗石、预制水磨石、釉面砖、外墙面砖、陶瓷锦砖、玻璃马赛克等；

(4) 各种卷材类，如各种纸基壁纸、塑料壁纸、玻璃纤维贴墙布、无纺贴墙布、织锦缎等。

6.1 抹 灰 工 程

用砂浆、水泥石子浆等涂抹在建筑结构的表面上，直接做成饰面层的装饰称为抹灰。抹灰工程是最为直接也是最初始的装饰工程。

抹灰工程按使用材料和装饰效果的不同，可分为一般抹灰、装饰抹灰和特种抹灰等三类；按工程部位不同，则又可分为墙面抹灰、顶棚抹灰和地面抹灰三种。

一般抹灰所用的材料有：水泥砂浆、水泥混合砂浆、聚合物水泥砂浆、石灰砂浆、麻刀石灰、纸筋石灰、石膏灰等。

一般抹灰分为普通抹灰、高级抹灰。普通抹灰要求做一层底层、一层中层和一层面层；高级抹灰要求做一层底层、数层中层和一层面层。

6.1.1 内墙抹灰施工工艺流程

1. 施工工艺流程

基层清理→找规矩、弹线→做灰饼、冲筋→做阳角护角→抹底层灰→抹中层灰→抹窗台板、踢脚板（或墙裙）→抹面层灰→清理。

2. 施工要点

(1) 基层清理。清扫墙面上浮灰污物，检查门窗洞口位置尺寸，打凿补平墙面，浇水润湿基层。

(2) 找规矩、弹线。四角规方、横线找平、立线吊直、弹出准线、墙裙线、踢脚线。

(3) 做灰饼、冲筋。为控制抹灰层厚度和平整度，必须用与抹灰材料相同的砂浆先做出灰饼和冲筋。先用托线板检查墙面平整度和垂直度，大致决定抹灰厚度（最薄处一般不小于7mm），再在墙的上角各做一个标准灰饼（遇有门窗口垛角处要补做灰饼），大小为50mm见方，然后根据这两个灰饼用托线板或挂垂线作墙面下角的两个标准灰饼（高低位置一般在踢脚线上口），厚度以垂线为准；再在灰饼左右墙缝里钉钉子，按灰饼厚度拴上小线挂通线，并沿小线每隔1.2～1.5m上下加做若干标准灰饼。待灰饼稍干后，在上下灰饼之间抹上宽约100mm的砂浆冲筋，用木杠刮平，厚度与灰饼相平，待稍干后即可进行底层抹灰。

（4）做阳角护角。室内墙面、柱面和门洞口的阳角护角做法应符合设计要求。如设计无要求，一般采用1∶2水泥砂浆做暗护角，基高度不应低于2m，每侧宽度不应小于50mm。

（5）抹底层灰。冲筋有一定强度后，洒水润湿墙面，然后在两筋之间用力抹上底灰，用木抹子压实搓毛。底层灰应略低于冲筋，约为标筋厚度的2/3，由上往下抹。若基层为混凝土时，抹灰前应刮素水泥浆一道；在加气混凝土或粉煤灰砌块基层抹石灰砂浆时，应先刷108胶溶液一道（108胶水∶水＝1∶5），抹混合砂浆时，应先刷108胶水砂浆一道，108胶掺量重量比为水泥重量的10%～15%。

（6）抹中层灰。中层灰应在底层灰干至六七成后进行。抹灰厚度以垫平冲筋为准，并使其稍高于冲筋。抹上砂浆后，用木杠按标筋刮平，刮平后紧接着用木抹子搓压，使表面平整密实。在墙的阴角处，先用方尺上下核对方正（水平标筋则免去此道工序），然后用阴角器上下拖动搓平，使室内四角方正。在加气混凝土基层上抹底灰的强度与加气混凝土的强度接近，中层灰的配合比也宜与底灰基本相同，底灰宜用粗砂，中层灰和面灰宜用中砂。板或钢丝网的缝隙中，各层分遍做活，每遍厚3～6mm，待前一遍灰七八成干时再抹第二遍灰。

（7）抹窗台板、踢脚线（含墙裙）。应以1∶3水泥砂浆抹底层，表面划毛，隔1d后，用素水泥浆刷一道，再用1∶2.5水泥砂浆抹面。面层要用原浆压光，上口做成小圆角，下口要求平直，不得有毛刺，浇水养护4d。踢脚线比墙面凸出3～5mm，1∶3水泥砂浆或水泥混合砂浆打底，1∶2水泥砂浆抹面，根据高度尺寸弹出上线，把八字靠尺靠在线上用铁抹子切齐，修边清理。

（8）抹面层灰。俗称罩面。操作应以阴角开始，最好两人同时操作，一人在前面上灰，另一人紧跟在后找平，并用铁抹子压实赶光。阴阳角处用阴阳角抹子抹光，并用毛刷蘸水将门窗圆角等处清理干净。

1）纸筋石灰或麻刀石面层。纸筋石灰面层，一般宜在中层灰砂浆六七成干后进行操作（手按不软、但有指印）。如底层砂浆过于干燥应先洒水润湿后再抹面层，压光后，可用排笔蘸水横刷一遍，使表面色泽一致，用钢皮抹子再压实，揉平、抹光一次，则面层更为细腻光滑。麻刀灰抹面层的操作方法与纸筋灰抹面层相同，而麻刀纤维比较粗，且不易捣烂，用它制成的麻刀石灰抹厚度要求不得大于3mm，大于3mm时，面层容易产生收缩缝，影响工程质量。因此，操作时一人用铁抹子将麻刀石灰抹在墙上，另一人紧接着自左向右将面赶平、压实、抹光；稍干后，再用钢皮抹子将面层压实、抹光。

2）石灰砂浆面层。应在中层砂浆5～6成干时进行。如中层较干时，需洒水润湿后再进行。操作时，先用铁抹子抹灰，再用刮尺由下向上刮平，然后用木抹子搓平，最后用铁抹子压光成活。

3）当面层不罩面抹灰，而采用刮大白腻子时，一般应在中层砂浆干透、表面坚硬成灰白色，且没有水迹及潮湿痕迹、用铲刀刻划显白印时进行。面层刮大白腻子一般不少于两遍，总厚度1mm左右。操作时，使用钢片或胶皮刮板，每遍按同一方向往返刮。头道腻子刮后，在基层已修补过的部位应进行复补找平，待腻子干后，用0号砂纸磨平，扫净浮灰；待头遍腻子干燥后，再进行第二遍。要求表面平整，纹理质感均匀一致。

（9）清理。抹面层灰完工后，应注意对抹灰部分的保护，墙面上浮灰污物需用0号砂纸磨平，补抹腻子灰。

6.1.2 外墙抹灰施工工艺流程

1. 施工工艺流程

基层清理→找规矩→做灰饼、冲筋→贴分格条→抹底层灰→抹中层灰→抹面层灰→滴水线（槽）→清理。

2. 施工要点

（1）基层清理。清扫墙面上浮灰污物，找凿补平墙面，浇水润湿基层。

（2）找规矩。外墙抹灰同内墙抹灰一样要挂线做灰饼和冲筋，但因外墙面由檐口到地面，整体抹灰面大，门窗、阳台、明柱、腰线等都要横平竖直，而抹灰操作则必须是自上而下一步架一步架的涂抹。因此，外墙抹灰找规矩要在四个大角先挂好垂直通线（多层及高层楼房应用钢丝线垂下），然后大致决定抹灰厚度。

（3）做灰饼、冲筋。在每步架大角两侧弹上控制线，再拉水平通线并弹水平线做灰饼，竖向每步架都做一个灰饼，然后再做冲筋。

（4）贴分格条。为避免罩面砂浆收缩后产生裂缝，一般均需设分格线，粘贴分格条。粘贴分格条是在底层灰抹完之后进行（底层灰用刮尺赶平）。按已弹好的水平线和分格尺寸弹好分格线，水平分格条一般贴在水平线下边，竖向分格条贴于垂直线的左侧。分格条使用前要用水浸透，以防止使用时变形。粘贴时，分格条两侧用抹成八字形的水泥砂浆固定。

（5）抹灰（底层灰、中层灰、面层灰）。与内墙抹灰要求相同。

（6）滴水线（槽）。外墙抹灰时，在外窗台板、窗楣、雨篷、阳台、压顶及突出腰线等部位的上面必须做出流水坡度，下面应做滴水线或滴水槽。

（7）清理。与内墙抹灰要求相同。

6.2 门 窗 工 程

建筑装饰工程中所用的门窗种类很多，本节主要介绍木门窗、铝合金门窗、塑料门窗的安装工艺。

6.2.1 木门窗制作、安装施工工艺流程

1. 木门窗制作工艺

（1）制作工艺流程

配料、截料、刨料→画线→凿眼→拉肩、开榫→起线→拼装。

(2) 制作要点

1) 配料、截料、刨料

在配料、截料时，需要特别注意精打细算，配套下料，不得大材小用、长材短用；采用马尾松、木麻黄、桦木、杨木等易腐朽、虫蛀的树种时，整个构件应做防腐、防虫药剂处理。

要合理确定加工余量。宽度和厚度的加工余量，一面刨光者留3mm，两面刨光者留5mm，如长度在500mm以下的构件，加工作量可留3～4mm。

长度方向的加工余量见表6-1。

门窗构件长度加工余量　　　　　　　　　　　表6-1

构件名称	加工余量
门框立梃	按图纸规格放长70mm
门窗框冒头	按图纸规格放长200mm，无走头时放长40mm
门窗框中冒头、窗框中竖梃	按图纸规格放长10mm
门窗扇梃	按图纸规格放长40mm
门窗扇冒头、玻璃棂子	按图纸规格放长10mm
门窗中冒头	在五根以上者，有一根可考虑做半榫
门芯板	按图纸冒头及扇梃内净距放长各50mm

门窗框料有顺弯时，其弯度一般不应超过4mm。扭弯者一般不准使用。

青皮、倒楞如在正面，裁口时能裁完者，方可使用。如在背面超过木料厚的1/6和长的1/5，一般不准使用。

2) 画线

画线前应检查已刨好的木料，合格后，将料放到画线机或画线架上，准备画线。

画线时应仔细看清图纸要求，和样板样式、尺寸、规格必须完全一致，并先做样经审查合格后再正式画线。

画线时要选光面作为表面，有缺陷的放在背后，画出的榫、眼、厚、薄、宽、窄尺寸必须一致。

用画线刀或线勒子画线时须用钝刃，避免画线过深，影响质量和美观。画好的线，最粗不得超过0.3mm，务求均匀、清晰。不用的线立即废除，避免混乱。

画线顺序，应先画外皮横线，再画分格线，最后画顺线，同时用方尺画两端头线、冒头线、棂子线等。

门窗框及厚度大于50mm的门窗扇应采用双夹榫连接。冒头料宽度大于180mm时，一般画上下双榫。榫眼厚度一般为料厚的1/5～1/3，中冒头大面宽度大于100mm者，榫头必须大进小出。门窗棂子榫头厚度为料厚的1/3。半榫眼深度一般不大于料宽度的1/3，冒头拉肩应和榫吻合。

门窗框的宽度超过120mm时，背面应推凹槽，以防卷曲。

3) 凿眼

凿眼的凿刀应和眼的宽窄一致，凿出的眼，顺木纹两侧要直，不得错岔。

凿通眼时，先凿背面，后凿正面。凿眼时，眼的一边线要凿半线、留半线。手工凿眼时，眼内上下端中部宜稍微突出些，以便拼装时加楔打紧，半眼深度应一致，并比半榫深 2mm。

成批生产时,要经常核对,检查眼的位置尺寸,以免发生误差。

4) 拉肩、开榫

拉肩、开榫要与眼的宽、窄、厚、薄一致,并在加楔处锯出楔子口。半榫的长度要比眼的深度短 2mm。拉肩不得伤榫。

5) 起线

起线刨、裁口刨的刨底应平直,刨刃需要严密,刨口不宜过大,刨刃要锋利。

起线刨使用时应加导板,以使线条直,操作时应一次推完线条。

裁口遇有节疤时,不准用斧砍,要用凿剔平后刨光,阴角处不清时要用单线刨清理。

裁口、起线必须方正、平直、光滑,线条清秀,深浅一致,不得戗槎、起刺或凸凹不平。

6) 拼装

拼装前对部件应进行检查。要求部件方正、平直,线脚整齐分明,表面光滑,尺寸、规格、式样符合设计要求,并用细刨将遗留墨线刨去、刨光。

拼装时,下面用木楞垫平,放好各部件,榫眼对正,用斧轻轻敲击打入。

所有榫均需加楔。楔宽和榫宽一样,一般门窗框每个榫加两个楔,木楔打入前应粘胶鳔。

紧榫时应用木垫板,并注意随紧随找平、随规方。

窗扇拼装完毕,构件的裁口应在同一平面上。镶门芯板的凹槽深度应于镶入后尚余 2~3mm 的间隙。

制作胶合板门(包括纤维板门)时,边框和横楞必须在同一平面上,面层与边框及横楞应加压胶结。应在横楞和上、下冒头各钻两个以上的透气孔,以防受潮脱胶或起鼓。

普通双扇门窗,刨光后应平放,刻刮错口,刨平后成对作记号。

门窗框靠墙面应刷防腐涂料。

拼装好的成品应在明显处编写号码,与楞木四角垫起,离地 200~300mm,水平放置,加以覆盖。

2. 木门窗安装施工工艺

(1) 安装工艺流程

找规矩、弹线→掩扇→安装门窗框→门窗框嵌缝→安装门窗扇→安装五金配件→成品保护。

(2) 安装要点

1) 找规矩、弹线

弹放垂直控制线。按设计要求,从顶层至首层用大线坠或经纬仪吊垂直,检查外立面门、窗洞口位置的准确度,并在墙上弹出垂直线,出现偏差超标时,应先对其进行处理。室内用线坠吊垂直弹线。

弹放水平控制线。门窗的标高,应根据设计标高,结合室内标高控制线进行放线。在同一场所的门窗,当设计标高一致时,要拉通线或用水准仪进行检测,使门窗安装标高一致。

弹墙厚度方向的位置线。应考虑墙面抹灰的厚度(按墙面冲盘筋,确定抹灰厚度)。

根据设计的门窗位置、尺寸及开启方向，在墙上弹出安装位置线。在放线时，有贴脸的门窗还应考虑门窗套压门窗框的尺寸。有窗台板的窗要考虑窗台板的安装尺寸，以确定位置线，窗下框应压住窗台板 5mm 为宜。若外墙为清水墙勾缝时，可里外稍作调整，以盖上墙砖缝为宜。

2）掩扇

将门窗根据图纸要求安装到框上，称为掩扇。大面积安装前，对有代表性的门窗进行掩窗称为做样板，做掩扇样板的目的是对掩扇质量进行控制。主要对缝隙大小、各部尺寸、五金位置及安装方式等进行试装、调整、检查、符合质量验收标准后，确定掩扇工艺及各部尺寸、五金位置等，然后再进行大面积安装施工。

3）安装门窗框

门窗框安装应在地面和墙面抹灰施工施工前完成。根据门窗的规格，按规范要求，确定固定点数量。门窗框装时，以弹好的控制线为准，先用木楔将框临时固定于门窗洞内，用水平尺、线坠、方尺调平、找垂直、找方正，在保证门窗框的水平度、垂直度和开启方向无误后，再将门窗框与墙体固定。

① 门窗框固定。用木砖固定框时，在每块木砖处应用 2 颗砸扁钉帽的 100mm 长钉子钉进木砖内。使用膨胀螺栓时，螺杆直径≥6mm。用射钉射入混凝土内不少于 40mm，达不到时，必须使用固定条固定。除混凝土外，禁止使用射钉固定门窗框。

② 门窗洞口中为混凝土结构又无木砖时，宜采用 30mm 宽、80mm 长、1.5～2mm 厚直铁脚做固定，一端不少于 2 颗木螺钉固定在框上，另一端用射钉固定在结构上。

4）门窗框嵌缝

内门窗通常在墙面抹灰前，用与墙面抹灰相同的砂浆将门窗与洞口的缝隙塞实，外门窗一般采用保湿砂浆或发泡胶将门窗框与洞口的缝隙塞实。

5）安装门窗扇

按设计确定门窗扇的开启方向、五金配件型号和安装位置。

检查门窗框与扇的尺寸是否符合，框口边角是否方正，有无窜角。框口高度尺寸应量测框口两侧，宽度尺寸应量测框口上、中、下三点，并在扇的相应部分定点划线。如果门扇尺寸大于框口，则拆除扇收边实木条，刨去多余部分，再将实木条用胶和气钉安装回扇上。门扇尺寸小于门框时，装饰门不得使用，普通门可用胶和气钉钉住木条，并固定牢固。

第一次修刨后的门窗扇，以刚刚能塞入框口为宜，塞入后用木楔临时固定。按扇与框口边缝配合尺寸，框与扇表面的平整度，画出第二次的修刨线，并标出合页槽的位置。合面槽一般距扇上下端距离为扇高的 1/10，注意避开上下冒头。

经过第二次修刨后，使框与扇表面平整、缝隙尺寸符合后，再开合页槽。先画出合页位置线，再用线勒子勒出合页的宽度线，易凿合页槽，注意不要剔大、剔深。

安装对开扇时，应保证两扇宽度尺寸、对口缝的裁口深度一致。采用企口时，对口缝的裁口深度及裁口方向应满足装锁或其他五金件的要求。

6）安装五金配件

安装合页，应将三齿片固定在框上，标牌统一向上。安装时，应先拧 1 根螺钉，检查框与扇表面平整、缝隙尺寸符合后，将螺钉全部拧上拧紧。木螺钉应钉入 1/3，再拧入

2/3，木螺钉冒头与合页面平，十字上下垂直。如果门窗框为硬木时，为防止框扇劈裂或将木螺钉拧断，可先打孔，孔径为木螺钉直径的0.9倍，孔深为木螺钉长度的2/3，然后拧入木螺钉。

一般门锁、碰珠、拉手等距地高为950~1000mm，插销应在拉手下面，有特殊要求的门锁由专业厂家安装。安装门窗扇时，应注意玻璃裁口方向，一般厨房裁口在外，厕所裁口在内，其他房间按设计要求确定。门开启容易碰撞时，应安装定位器。对有特殊要求的扇，应按设计要求安装配件，并参照产品安装说明书安装。窗扇安装风钩，窗扇风钩应装在窗框下冒头与窗扇下冒头夹角外，使窗开启后成90°。

7）成品保护

木门窗安装后应采用铁皮或细木工板做护套进行保护，其高度应大于1m。如果安装门窗框与结构施工同时进行，应取加固措施，防止门窗框碰撞变形。

门窗框修刨时，应采用木卡具将其垫起卡牢，以免损坏门窗边。

门窗框扇安装时应轻拿轻放，整修时严禁生搬硬撬，防止损坏成品，破坏框扇面及五金件。

门窗框扇安装时应采取保护墙面、地面及其他成品的措施，以免碰坏或划伤墙面与地面及其他成品。

门窗安装后，应派专人负责管理成品，防止刮大风时损坏已完成的门窗与玻璃。严禁把门窗作为脚手架的支点，防止损坏门窗扇。

五金配件安装完成后，应有保护措施以防污染。

在安装过程中需采取防水、防潮措施。

冬期安装木门窗时，应及时刷底油并保持室内通风。防止冬季室内供暖后比较干燥，门窗扇出现变形。

6.2.2 铝合金门窗制作、安装施工工艺流程

铝合金门窗装入洞口应横平竖直，外框与洞应弹性连接牢固，不得将门窗外框直接埋入墙体。

1. 安装工艺流程

放线→安框→填缝、抹面→门窗扇安装→安装五金配件。

2. 安装要点

铝合金门窗安装必须先预留洞口，严禁采取边安装边砌墙体或先安装后砌墙体的施工方法。

（1）放线。按设计要求在门窗洞口弹同门窗位置线，并注意同一立面的窗在水平及垂直方向应做到整齐一致，还要特别注意室内地面的标高。地弹簧的表面，应该与室内地面标高一致。

（2）安框。在安装制作好的铝合金门窗框时，吊垂线后要卡方。待两条对角线的长度相等，表面垂直后，将框临时用木楔固定，待检查立面垂直，左右间隙、上下位置符合要求后，再把镀锌锚固板固定在结构上。镀锌锚固板是铝合金门窗固定的连接件。它的一端固定在门窗框的外侧，另一端固定在密实的基层上。门窗框固定可采用焊接、膨胀螺栓或射钉等方式，但砖墙严禁用射钉固定。

(3) 填缝、抹面。铝合金门窗框在填缝前经过平整、垂直度等的安装质量复查后，再将框四周清扫干净、洒水湿润基层。对于较宽的窗框，仅靠内外挤灰时挤进一部分灰是不能饱满的，应专门进行填缝。填缝所用的材料，原则上按设计要求选用，但不论使用何种材料，应达到密闭、防水的目的。铝框四周的塞灰砂浆达到一定的强度后（一般需24h），才能轻轻取下框旁的木框，继续补灰，然后才能抹面层，压平抹光。

(4) 门窗扇安装。铝合金门窗扇安装，应在室内外装饰基本完成后进行。

1) 推拉门窗扇的发装。将配好的门窗扇分内扇和外扇，先将外扇插入上滑外槽内，自然下落于对应的下滑道的外滑道内，然后再用同样的方法安装内扇。

对于可调导向轮，应在门窗扇安装之后调整导向轮，调节门窗扇在滑道上的高度，并使门窗扇与边框间平行。

2) 平开门窗扇安装。应先把合页按要求位置固定在铝合金门窗框上，然后将门窗扇嵌入框内临时固定，调整合适后，再将门窗扇固定在合页上，必须保证上、下两个转动部分在同一个轴线上。

3) 地弹簧门扇安装。应先将地弹簧主机埋设在地面上，并浇筑混凝土使其固定。主机轴应与中横档上的顶轴在同一垂线上，主机表面与地面齐平。待混凝土达到设计强度后，调节上门顶轴将门扇装上，最后调整门扇门隙及门扇开启速度。

(5) 安装五金配件。五金件装配的原则是：要有足够的强度，位置正确，满足各项功能以及便于更换，五金件的安装位置须严格按照标准执行。

6.2.3 塑钢彩板门窗制作、安装施工工艺流程

1. 安装工艺流程

划线定位→塑钢门窗披水安装→防腐处理→塑钢门窗安装→嵌门窗四缝→门窗扇及玻璃的安装→安装五金配件。

2. 安装要点

(1) 划线定位

根据设计图纸中门窗的安装位置、尺寸和标高，依据门窗中线向两边量出门窗边线。多层或高层建筑时，以顶层门窗边线为准，用线坠或经纬仪将门窗边线下引，并在各层门窗口处划线标记，对个别不直的边应剔凿处理。

门窗的水平位置应以楼层室内＋50线为准向上反量出窗下皮标高，弹线找直。每一层必须保持窗下皮标高一致。

(2) 塑钢门窗披水安装

按施工图要求将披水固定在塑钢门窗上，且要保证位置正确、安装牢固。

(3) 防腐处理

门窗框四周外表面的防腐处理设计有要求时，按设计要求处理。如果设计没有要求时，可涂刷防腐涂料或粘贴塑料薄膜进行保护，以免水泥砂浆直接与塑钢门窗表面接触，产生电化学反应，腐蚀塑钢门窗。

安装塑钢门窗时，如果采用连接铁件固定，则连接铁件，固定件等安装用金属零件最好用不锈钢件，否则必须进行防腐处理，以免产生电化学反应，腐蚀塑钢门窗。

(4) 塑钢门窗安装

根据划好的门窗定位线，安装塑钢门窗框，并及时调整好门窗框的水平、垂直及对角线长度等符合质量标准，然后用木楔临时固定。

当墙体上有预埋铁件时，可直接把塑钢门窗的铁脚直接与墙体上的预埋铁件焊牢。

墙体上没有预埋铁件时，可用射钉枪把塑钢门窗的铁脚固定在墙体上。

墙体上没有预埋铁件时，也可将金属膨胀螺栓或塑料膨胀螺栓用射钉枪把塑钢门窗的铁脚固定在墙体上。

当墙体上没有预埋铁件时，也可用电钻在墙上打80mm深、直径为6mm的孔，用直径为6mm的钢筋，在长的一端粘涂108胶水泥浆，然后打入孔中。待108胶水泥浆终凝后，再将塑钢门窗的铁脚与埋置的直径为6mm钢筋焊牢。

(5) 嵌门窗四缝

塑钢门窗安装固定后应先进行隐蔽工程验收，合格后及时按设计要求处理门窗框与墙体之间的缝隙。

如果设计未要求时，可采用矿棉或玻璃棉毡条分层填塞缝隙，外表面留5~8mm深槽口填嵌嵌缝油膏，或在门窗框四周外表面进行防腐处理后，填嵌水泥砂浆或细石混凝土。

(6) 门窗扇及玻璃的安装

门窗扇及玻璃应在洞口墙体表面装饰完工后安装。

推拉门窗在门窗框安装固定后，将配好玻璃的门窗扇整体安入框内滑道，调整好缝隙，再将玻璃安入扇调整好位置，最后镶嵌密封条、填嵌密封胶。

地弹簧门上应在门框及地弹簧主机入地安装固定后再安门扇。先将玻璃嵌入门扇格架并一起入框就位，调整好框扇缝隙，最后填嵌与门扇相适应的密封条及密封胶。

(7) 安装五金配件

五金配件与门框连接需用镀锌螺钉。安装的五金配件应结实牢固，使用灵活。

6.2.4 自动门安装施工工艺流程

1. 材料和类型

(1) 自动门按门体材料分，有铝合金门、不锈钢门、无框全玻璃门和异型薄壁钢管门；按扇形分，有两扇、四扇、六扇形等；按探测传感器分，有超声波传感器、红外线探头、遥控探测器、毡式传感器、开关式传感器和拉线开关或手动按钮式传感器；按开启方式分，有推拉式、中分式、折叠式、滑动式和开平式自动门等。

(2) 自动门的一般构造：自动门的滑动扇上部为吊挂滚轮装置，下部设滚轮导向结构或槽轨导向结构。自动的机电装置设于自动门上部的通长机箱内。微波自动门的机箱结构见图6-1、图6-2。

2. 操作要点

(1) 安装地面导向轨

自动门一般在地面上安装导向性轨道，异型薄壁钢管自动门在地面上设滚轮导向铁件。

地平面施工时，应准确测定内外地面的标高，作可靠标识；然后按设计图规定的尺寸放出下部导向装置的位置线，预埋滚轮导向铁件或预埋槽口木条。槽口木条采用50mm×70mm方木，其长度为开启门宽的两倍。安装前撬出方木条，安装下轨道。安装的轨道必须水平，预埋的动力线不得影响门扇的开启。

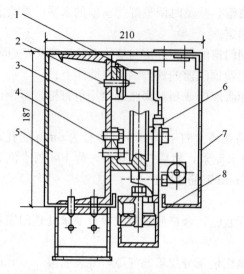
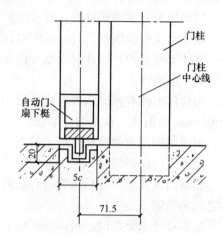

图 6-1 自动门机箱结构剖面图

1—限位接近开关；2—接近开关滑槽；3—机箱横梁；
4—自动门扇上轨道；5—机箱前罩板（可开）；
6—自动门扇上滑轮；7—机箱后罩板；8—自动门扇上横条

图 6-2 自动门下轨道埋设示意图

(2) 安装横梁

自动门上部机箱层横梁一般采用 18 槽钢，槽钢与墙体上预埋钢板连接支承机箱层。因此，预埋钢板（8mm×150mm×150mm）必须埋设牢固。预埋钢板与横梁槽钢联结要牢固可靠。安装横梁下的上导轨时，应考虑门上盖的装拆方便。一般可采用活动条密封，安装后不能使门受到安装应力。即必须是零荷载。见图 6-3。

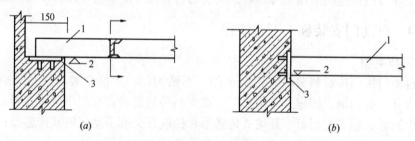

图 6-3 机箱横梁支承节点

(a) 砌体结构采用；(b) 混凝土结构采用

1—机箱横梁；2—横梁安装标高；3—预埋钢板

(3) 调试

自动门安装后，对探测传感系统和机电装置进行反复调试，将感应灵敏度、探测距离、开闭速度等调试至最佳状态，以满足使用功能。

6.2.5 防火卷帘安装施工工艺流程

1. 材料和类型

卷帘门又称卷闸门。其种类有普通型、防火型和抗风型；其传动方式有电动、遥控电动、手动、电动手动卷帘门；按其材质有镀锌铁板、铝合金、钢管、不锈钢、电化铝合金卷帘门等；导轨形式有 8 型、14 型、16 型。卷帘门由于具有造型美观、结构紧凑、操作简便、坚固耐用、启闭灵活、防风、防尘、防火、防盗等特点，广泛用于银行、商场、医院、仓库、工厂、车站、码头等建筑。

2. 施工流程

（1）手动卷帘门工艺流程

定位、放线→安装卷筒→安装手动机构→帘板与卷筒连接→安装导轨→试运转→安装防护罩。

（2）电动卷帘门工艺流程

定位、放线→安装卷筒→安装电机、减速器→安装电气控制系统→空载试车→帘板与卷筒连接→安装导轨→安装水幕喷淋系统→试运转→安装防护罩。

3. 操作要点

（1）定位放线

卷帘门安装方式，有洞内安装、洞外安装、洞中安装三种。即卷帘门装在门洞内，帘片向内侧卷起；卷帘门装在门洞外，帘片向外卷起和卷帘门装在门洞中，帘片可向外侧或向内侧卷起。因此定位放线时，应根据设计要求弹出两导轨垂直线及卷筒中心线并测量洞口标高。

定位放线后，应检查实际预埋铁件的数量、位置与图纸核对，如不符合产品说明书的要求，应进行处理。

（2）安装卷筒

安装卷筒时，应使卷筒轴保持水平，并使卷筒与导轨之间距离两侧保持一致，卷筒临时固定后进行检查、调整、校正合格后，与支架预埋铁件用电焊焊牢。卷筒安装后应转动灵活。

（3）帘板安装

帘板事先装配好，再安装在卷筒上。门帘板有正反，安装时要注意，不得装反。

（4）安装导轨

按图纸规定位置线找直、吊正轨道，保证轨道槽口尺寸准确，上下一致，使导轨在同一垂直平面上，然后用连接件与墙体上的预埋铁件焊牢。

（5）安装水幕喷淋系统

防火卷帘门应安装水幕喷淋系统。水幕喷淋系统，应与总控制系统连接。安装后，应试用。

（6）试运转

先手动试运行，再用电动机启闭数次，调整至无卡住、阻滞及异常噪声等现象为合格。

（7）安装卷筒防护罩

卷筒上的防护罩可做成方形或半圆形。一般由产品供应方提供。保护罩的尺寸大小，应与门的宽度和门帘板卷起后的直径相适应，保证卷筒将门帘板卷满后与防护罩有一定空隙，不发生相互碰撞，经检查合格后，将防护罩与预埋铁件焊牢。

6.2.6 玻璃弹簧门安装施工工艺流程

1. 安装工艺流程

划线定位→倒角处理→固定钢化玻璃→注玻璃胶封口→玻璃板对接→活动玻璃门扇安装。

2. 安装要点

(1) 划线定位

根据设计图纸中的门的安装位置、尺寸和标高，依据门中线向两边量出门边线。多层或高层建筑时，以顶层门边线为准，用线坠或经纬仪将门边将下引，并在各层门口处划线标高，对个别不直的边应剔凿处理。

(2) 倒角处理

用玻璃磨边机给玻璃边缘打磨。

(3) 固定钢化玻璃

用玻璃吸盘器把玻璃吸紧，然后手握吸盘器把玻璃板抬起。抬起时应有2～3人同时进行。抬起后的玻璃板应先插入门框顶部的限位槽内，然后放到底托上，并对好安装位置，使玻璃板的边部，正好封住侧框柱的不锈钢饰面对缝口。

(4) 注玻璃胶封口

注玻璃胶的封口，应从缝隙的端头开始。操作的要领就是握紧压柄用力要均匀，同时顺着缝隙移动的速度也要均匀，即随着玻璃胶的挤出，匀速移动注口，使玻璃胶在缝隙处，形成一条表面均匀的直线。最后用塑料片刮去多余的玻璃胶，并用干净布擦去胶迹。

(5) 玻璃板对接

玻璃对接时，对接缝应留2～3mm的距离，玻璃边需倒角。两块相接的玻璃定位并固定后，用玻璃胶注入缝隙中，注满之后用塑料片在玻璃的两面刮平玻璃胶，用干净布擦去胶迹。

(6) 活动玻璃门扇安装

活动玻璃门扇的结构没有门扇框。活动门扇的开闭是用地弹簧来实现，地弹簧与门扇的金属上下横档铰接。地弹簧的安装方法与铝合金门相同。

地弹簧转轴与定位销的中心线，必须在一条垂直线上。测量是否同轴线的方法可用垂线方法。

在门扇的上下横档内划线，并按线固定转动销的销孔板和地弹簧的转动轴连接板，安装时可参考地弹簧所附的安装说明。

钢化玻璃应倒角处理，并打好安装门把手的孔洞（通常在购买钢化玻璃时，就要求加工好）。注意钢化玻璃的高度尺寸，应包括插入上下横档的安装部分。通常钢化玻璃的裁切尺寸，应小于测量尺寸5mm左右，以便进行调节。

把上下横档分别装在玻璃地弹门扇上下边，并进行门扇高度的测量。如果门扇高度不够，也就是上下边距门框和地面的缝隙超过规定值。可向上下横档内的玻璃底下垫木夹板条。如果门扇高度超过安装尺寸，则需请专业玻璃工，裁去玻璃地弹门扇的多余部分。

在定好高度之后，进行固定上下横档操作。其方法为：在钢化玻璃与金属上下横档内的两侧空隙处，两边同时插入小木条，并轻轻敲入其中，然后在小木条、钢化玻璃横档之间的缝隙中注入玻璃胶。

门扇定位安装：门扇下横档内的转动销连接件的孔位必须对准套入地弹簧的转动销轴上，门框横梁上定位销必须插入门扇上横档转动销连接孔内 15mm 左右。

安装玻璃门拉手应注意：拉手的连接部位，插入玻璃门拉手孔时不能很紧，应略有松动。如果过松，可以在插入部分裹上软质胶带。安装前在拉手插入玻璃的部分涂少量玻璃胶。拉手组装时，其根部与玻璃贴靠紧密后，再上紧固定螺钉，以保证拉手没有丝毫松动现象。

6.2.7 旋转门安装施工工艺流程

1. 材料和类型

金属旋转门有铝质和钢质两种；开启方式有手推式和自动式；扇体有四扇固定，四扇折叠移动和三扇等形式。门的规格：高度 2200mm、2400mm，门的宽度：1280～3595mm，门外径 1650～4800mm，由门窗专业厂家按国家标准图生产。

2. 施工流程

安装位置线弹线→校正预埋铁件→桁架固定装轴、固定底座→装转门顶与转壁→调整转壁位置→焊上轴承座→旋转检查→安装玻璃→油漆。

3. 操作要点

(1) 安装位置线弹线

根据产品安装说明书，在预留洞口四周弹桁架安装位置线。位置线要用水准仪设水平点以保证水平度。

(2) 校正预埋铁件

按安装位置线，清理预埋铁件的数量和位置。如预埋铁件数量或位置偏离位置线，应在基体上钻膨胀螺栓孔，其钻孔位置应与桁架的连接件位置相对应。

(3) 桁架固定

桁架的连接件可与铁件焊接固定。如用膨胀螺栓，将膨胀螺栓固定在基体上，再将桁架连接件与膨胀螺栓焊接固定。

(4) 装轴、固定底座

底座下要垫平垫实，不得产生下沉，临时点焊上轴承座，使转轴在同一个中心线垂直于地平面。

(5) 装转门顶与转壁

转壁不应预先固定，便于调整与活扇之间的间隙。

转门顶按图安装好后装转门扇，旋转门扇保持 90°（四扇式）或 120°（三扇式）夹角，转动门窗，保证上下间隙，与地面间隙为 1～2mm。

(6) 调整转壁位置

通过调整，保证门扇与转壁之间的间隙。

(7) 焊上轴承座

上轴承座焊完后，用 C25 混凝土固定底座，埋入插销下壳，固定转壁。

(8) 旋转检查

当底座混凝土达到设计的强度等级后，试旋转应合格。

(9) 安装玻璃

试旋转满足设计要求后,在门上安装玻璃。

(10) 油漆

钢制旋转门按设计要求的油漆品种和颜色涂刷或喷涂油漆。

6.3 楼地面工程

楼地面装饰包括楼面装饰和地面装饰两部分,两者的主要区别是其饰面承托层不同。楼面装饰面层的承托层是架空的楼面结构层,地面装饰面层的承托层是室内回填土。楼面饰面要注意防渗漏问题,地面饰面要注意防潮问题,楼地面的组成分为面层、垫层、基层三部分,常用机具:有方头铁抹、木抹子、刮杠、水平尺、磨石机、湿式磨光机、滚筒等。

6.3.1 整体面层施工工艺流程

1. 水泥砂浆地面施工工艺

水泥砂浆地面是最简单、常见的楼地面做法,它也是涂饰地面的基础。它是以水泥作为胶凝材料、砂为骨料,按配合比配制抹压而成。水泥砂浆地面的优点是造价较低、施工简便、使用耐久,但容易出现起灰、起砂、裂缝、空鼓等质量问题。一般常用的材料:强度等级不小于 32.5 级的通用硅酸盐水泥;中粗砂(含泥量不大于 3%)。

(1) 施工工艺流程

基层处理→弹线找规矩→铺设水泥砂浆面层→养护。

(2) 施工要点

1) 基层处理

水泥砂浆面多铺抹在楼地面混凝土垫层上,基层处理是防止水泥砂浆面层空鼓、裂纹、起砂等质量通病的关键工序。表面比较光滑的基层,应进行凿毛,并用清水冲洗干净,冲洗后的基层,不要上人。在现浇混凝土或水泥砂浆垫层、找平层上做水泥砂浆地面面层时,其抗压强度达到 1.2MPa,才能铺设面层,这样不至于破坏其内部结构。

2) 弹线找规矩

地面抹灰前,应先在四周墙上弹出一道水平基准线,作为确定水泥砂浆面层标高的依据。做法是以设计地面标高为依据,在四周墙上弹出 500mm 或 1000mm 作为水平基准线。

根据水平线在地面四周做灰饼,用类似于抹灰的方法拉打中间灰饼,并做好地面标筋(纵横标筋间距为 1500~2000mm)。在有坡度要求的地面,要找好坡度;有地漏的房间,要在地漏四周做出坡度不小于 5‰ 的泛水。对于面积比较大的地面,用水准仪测出面层的平均厚度,然后边测标高边做灰饼。

3) 铺设水泥砂浆面层

面层水泥砂浆的配合比应符合设计有关要求,一般不低于 1:2,水灰比为 1:(0.3~0.4),其稠度不大于 3.5cm,面层厚度不小于 20mm。水泥砂浆要求拌合均匀,颜色一致。铺抹前,先将基层浇水湿润,第二天先刷一道水灰比为 0.4~0.5 的素水泥浆结合层,并随刷随抹。操作时,先在标筋之间均匀铺上砂浆,比标筋面略高,然后用刮尺以标筋为准刮平、拍实。待表面水分稍干后,用木抹子打磨,将砂眼、凹坑、脚印等打磨掉,随后用纯水泥浆均匀涂抹在面上,再用铁抹子抹光,把抹纹、细孔等压平、压实。面层与基结合要求牢固,无空鼓、裂纹、脱皮、麻面、起砂等缺陷,表面不得有泛水和积水。

4) 养护

水泥砂浆面层施工完毕后,要及时进行浇水养护,必要时可蓄水养护,养护时间不少于7d,强度等级就不小于15MPa。

2. 现浇水磨石地面的施工工艺

一般使用材料:石粒应洁净无杂物,一般粒径为6~15mm;水泥采用强度等级不小于32.5级的通用硅酸盐水泥;耐碱、耐光、耐潮湿的矿物颜料。分格嵌条一般主要选用黄铜条、铝条、玻璃条和不锈钢条等;抛光材料一般为草酸(无色透明晶体,分块状和粉末状)、氧化铝(白色粉末状)、地板蜡等。

(1) 施工工艺流程

基层处理(抹找平层)→设置分格缝、分隔条→铺抹面层石粒浆→养护→磨光→涂刷草酸出光→打蜡抛光。

(2) 施工要点

1) 基层处理(抹找平层)

抹平层要表面平整密实,并保持粗糙。找平层完成后,第2d应浇水养护至少1d。

2) 设置分格缝、分隔条

先在找平层上按设计要求弹上纵横垂直水平线或图案分格线,然后按墨线固定铜条或玻璃嵌条,用纯水泥浆在分格条下部,抹成八字通长座嵌牢固(与找平层约成45°角),粘嵌高度略大于分格条高度的1/2,纯水泥浆的涂抹高度比分格条低4~6mm。分格条镶嵌牢固、接头严密、顶面平整一致,分格条镶嵌完成后进行养护,时间不少于2d。

3) 铺抹面层石粒浆

铺水泥石子浆前一天,洒水将基层充分湿润。在涂刷素水泥浆结合层前,应将分格条内的积水和浮砂清除干净,接着刷水刷浆一遍,水泥品种与石子浆的品种一致。随即将水泥石子浆先铺在分格条旁边,将分格条边约100mm内的水泥石子浆抹平压实,以保护分格条。然后整格铺抹,用灰板(木抹子)或铁抹子(灰匙)抹平压实(石子浆配合比一般为1:2.5或1:1.5),不应用靠尺刮。面层应比分格条高5mm,如局部石子浆过厚,应用铁抹子(灰匙)挖去,再将周围石子浆刮平压实,达到表面平整,石子分布均匀。

石子浆表面至少要经两次用毛刷(横扫)粘拉开面浆(开面),检查石粒均匀(若过于稀疏应及时补上石子)后,再用铁抹子(灰匙)抹平压实,至泛浆为止。要求将波纹压平,分格条顶面上的石子应清除掉。

在同一平面上如有几种颜色图案时,应先做深色,后做浅色。待前一种色浆凝固后,再抹后一种色浆。两种颜色的色浆不应同时铺抹,以免做成串色,界限不清。间隔时间不宜过长,一般可隔日铺抹。

4) 养护

石子浆铺抹完成后,次日起浇水养护,并设警戒线严防行人踩踏。

5) 磨光

大面积施工宜用机械磨石机研磨,小面积、边角处可用小型手提式磨石机研磨。对于局部无法使用机械研磨时，可用手工研磨。开磨前应试磨，若试磨后石粒不松动，即可开磨。磨光应采用"两浆三磨"方法进行，即整个磨光过程分为磨光三遍，补浆两次。要求磨至石子料显露，表面平整光滑，无砂眼细孔为止。

6) 涂刷草酸出光

对研磨完成的水磨石面层，经检查达到平整度、光滑度的要求后，即可进行涂刷草酸打磨出光。

7) 打蜡抛光

按蜡：煤油＝1：4 的比例加热熔化，掺入松香水适量，调成稀糊状，用布将蜡薄薄地均匀涂刷在水磨石上。待蜡干后，把包有麻布的木块装在磨石机的磨盘上进行抹光，直到水磨石表面光滑洁亮为止。

6.3.2 板块面层施工工艺流程

1. 陶瓷地砖楼地面施工工艺

(1) 施工工艺流程

基层处理（抹找平层）→弹线找规矩→做灰饼、冲筋→试拼→铺贴地砖→压平、拔缝→铺贴踢脚板。

(2) 施工要点

1) 基层处理（抹找平层）

基层处理要点同砂浆楼地面的做法。

2) 弹线找规矩

根据设计规定的地面标高进行抄平、弹线。同时将标高线弹于四周墙面上，作铺贴地砖时控制地面平整度所用。

3) 做灰饼、冲筋

根据中心点在地面四周每隔 1500mm 左右拉相互垂直的纵横十字线数条，并用半硬性水泥砂浆按间距 1500mm 左右做一个灰饼，灰饼高度必须与找平层在同一水平面，纵横灰饼相连成标筋作为铺贴地砖的依据。

4) 试拼

铺贴前根据分格线确定地砖的铺贴顺序和标准块的位置，并进行试拼，检查图案、颜色及纹理的方向及效果。试拼后按顺序排列，编号，浸水备用。

5) 铺贴地砖

根据其尺寸大小分湿贴法和干贴法两种。

① 湿贴法：此方法主要适用于小尺寸地砖（常用于 400mm×400mm 以下）的铺贴。

用 1：2 水泥砂浆摊在地砖背面，将其镶贴在找平层上。同时用橡胶槌轻轻敲击砖表面，使其与地面粘贴牢固，以防止出现空鼓与裂缝。

铺贴时，如室内地面的整体水平标高相差超过 40mm，需用 1：2 的半硬性水泥砂浆铺找平层，边铺边用木方刮平、拍实，以保证地面的平整度。然后按地面纵横十字标筋在找平层上通贴一行地砖作为基准板，再沿基准板的两边进行大面积铺贴。

② 干贴法：此方法主要适用于大尺寸地砖（常用于 500mm×500mm 以上）的铺贴。

首先在地面上用 1：3 的干硬性水泥砂浆铺一层厚度为 20～50mm 的垫层。干硬性水泥砂浆密度大，干缩性小，以手捏成团，松手即散为好。找平层的砂浆应采用虚铺方式，即把干硬性水泥砂浆均匀铺在地面上，不可压实。然后将纯水泥浆刮在地砖背面，按地面纵横十字筋通铺一行地砖于干硬性水泥砂浆上作为基准板，再沿基准板的两边进行大面积铺贴。

6）压平、拨缝

镶贴时，应边铺贴边用水平尺检查地砖平整度，同时拉线检查缝格的平直度，如超出规定应立即修整，将缝拨直，并用橡皮锤拍实，使纵横线之间的宽窄一致、笔直通顺，板面也应平整一致。

7）铺贴踢脚板

待地砖完全凝固硬化后，可在墙面与地砖交接处安装踢脚板。踢脚板一般采用与地面块材同品种、同颜色的材料。踢脚板的立缝应与地面缝对齐，厚度和高度应符合设计要求。铺完砖 24h 后洒水养护，时间不少于 7d。

2. 石材地面铺设施工工艺

石材地面是指采用天然大理石、花岗石、预制水磨石板块、碎拼大理石板块以及新型人造石板块等装饰材料作为饰面层的地面。

天然大理石组织细密、坚实，色泽鲜明光亮，庄重大方，高贵豪华。天然花岗岩质地坚硬、耐磨，不易风化变质，色泽自然庄重、典雅气派。常用于高级装饰工程如宾馆、饭店、酒楼、写字楼的大厅地面、楼厅走廊、踢脚线等部位。

（1）施工工艺流程

基层处理→弹线找规矩→做灰饼、冲筋→选板试拼→铺板→抹缝→打蜡、养护。

（2）施工要点

1）基层处理、弹线找规矩、做灰饼、冲筋找平等做法与地砖楼地面铺贴方法相同。

2）选板试拼

天然石材的颜色、纹理、厚薄不完全一致，因此在铺装前，应根据施工大样图进行选板、试拼、编号，以保证板与板之间的色彩、纹理协调自然。按编号顺序在石材的正面、背面以及四条侧边，同时涂刷保新剂，防止污渍、油污浸入石材内部，而使石材保持持久的光洁。

3）铺板

先铺找平层，根据地面标筋铺找平层，找平层起到控制标高和粘结面层的作用。按设计要求用 1:1～1:3 干硬性水泥砂浆，在地面均匀铺一层厚度为 20～50mm 的干硬性水泥砂浆。因石材的厚度不均匀，在处理找平层时可把干硬性水泥砂浆的厚度适当增加，但不可压实。

在找平层上拉通线，随线铺设一行基准板，再从基准板的两边进行大面积铺贴。铺装方法是素水泥浆均匀地刮在选好的石材背面，随即将石材镶铺在找平层上，边铺贴边用水平尺检查石材表面平整度，同时调整石材之间的缝隙，并用橡胶槌敲击石材表面，使其与结合层粘结牢固。

4）抹缝

铺装完毕后，用棉纱将板面上的灰浆擦拭干净，并养护 1～2d，进行踢脚板的安装，然后用与石材颜色相同的勾缝剂进行抹缝处理。

5）打蜡、养护

最后用草酸清洗板面，再打蜡、抛光。

6.3.3 木、竹面层施工工艺流程

1. 木面层地面施工工艺

木面层地面施工前应完成顶棚、墙面的各种湿作业工程且干燥程度在80%以上。铺地板前地面基层应作好防潮、防腐处理，而且在铺设前要使房间干燥，并须避免在气候潮湿的情况下施工。水暖管道、电器设备及其他室内固定设施应安装油漆完毕，并进行试水、试压检查，对电源、通信、电视等管线进行必要的测试。复合木地板施工前应检查室内门扇与地面间的缝隙能否满足复合木地板的施工。通常空隙为12～15mm。否则应刨削门扇下边以适应地板安装。工程中木地板施工常用的方法为实铺式，而实铺式木地板施工有搁栅式与粘贴式两种方法。

（1）施工工艺流程

1）搁栅式

基层清理→弹线定位→安装木搁栅→铺毛地板→铺面层地板→打磨→安装踢脚线→油漆→打蜡。

2）实贴式

基层清理→弹线→刷胶粘剂→铺贴地板→打磨→安装踢脚板→油漆、打蜡。

（2）施工要点

1）搁栅式

① 基层清理。将基层清理干净，并做好防潮、防腐处理。

② 弹线定位。先在地面按设计规定弹出木搁栅龙骨的位置线，在墙面上弹出地面标高线。

③ 安装木搁栅。将木搁栅按位置线固定铺设在地面上，在安装搁栅的过程中，边紧固边调整找平。找平后的木搁栅用斜钉和垫木钉牢。木搁栅地面间隙用干硬性水泥砂浆找平，与搁栅接触处做防腐处理。木搁栅可采用断面尺寸为30mm×40mm木方，间距为400mm。为增强整体性，搁栅之间应设横撑，间距为1200～1500mm。为提高减振性和整体弹性，还可加设橡胶垫层。为改善吸声和保湿效果，可在龙骨下的空腔内填充一些轻质材料。

④ 铺毛地板。在木搁栅顶面上弹出300mm或400mm的铺钉线，将毛地板条逐块用扁钉钉牢，错缝铺钉在木搁栅上。铺钉好的毛地板要检查其表面的水平度和平整度，不平处可以刨削平整。毛地板也可采用整张的细木工板或中密度板。采用整张毛板时，应在板上开槽，槽深度为板厚的1/3，方向与搁栅垂直，间距200mm左右。

⑤ 铺面层地板。将毛地板清扫干净，在表面弹出条形地板铺钉线。一般由中间向外边铺钉，先按线铺钉一块，合格后逐渐展开。板条之间要靠紧，接头要错开，在凸榫边用扁头钉斜向钉入板内，墙边留出10～20mm的空隙。铺完后要检测水平度与平整度，用平刨或机械刨刨光。刨削时要避免产生划痕，最后用磨光机磨光。如使用已经涂饰的木地板铺钉完即可。

⑥ 装踢脚板。在墙面和地面弹出踢脚板高度线、厚度线，将踢脚板钉在墙内木砖或

木楔上。踢脚板接头锯成45°斜口搭接。

⑦ 油漆、打蜡。对于原木地板还需要刮腻子、打脚、涂饰、打蜡、磨光等表面处理。

2) 实贴式

① 基层清理。先清除地面浮灰、杂质等。地面含水率不得大于16%；水平面误差不大于4mm；不允许有空鼓、起砂，不符合要求时需进行局部修正或刮水泥胶浆。

② 弹线。中心线或与之相交的十字线应分别引入各房间作为控制要点；中心线和相交的十字线必须垂直；控制线需平行中心线或十字线；控制线的数量应根据空间大小、铺贴人员水平高低来确定；中心线应在试铺的情况下统筹各铺贴房间的几何尺寸后确定。

③ 刷胶粘剂。在清洁的地面上用锯齿形刮板均匀刮一遍胶，面积为$1m^2$以内，然后用铲刀涂胶在木地板结接面上，特别是凹槽内上胶要饱满。胶的厚度控制在1~1.2mm。

④ 铺贴地板。按图案要求进行拼贴，并需用力挤出多余胶液，板面上胶液应及时处理干净。每天铺贴的交接面上的胶须当天清理，以保证隔天交接面严密。

⑤ 打磨。待胶粘剂固化后（固化时间24~72h），刨去地板高出部分，然后进行打磨，并用2m直尺检查平整度。

⑥ 安装踢脚板。与搁栅式相同。

⑦ 油漆、打蜡。与搁栅式相同。

2. 竹面层地面施工工艺

(1) 施工工艺流程

基层处理→弹线→安装木搁栅→铺毛地板→铺竹地板→刨平磨光→油漆、打蜡。

(2) 施工要点

1) 基层处理、弹线安装木搁栅以及铺毛地板与搁栅式木地板安装相同。

2) 铺竹地板

从墙的一边开始铺钉企口竹地板，靠墙的一块板应离开墙面10mm左右，以后逐块排紧。钉法采用斜钉，竹地板面层的接头应按设计要求留置。不符合模数的板块，其不足部分在现场根据实际尺寸将板块切割后镶补，并应用胶粘剂加强固定。铺竹地板时应从房间内退着往外铺设。

3) 刨平磨光

需要刨平磨光的地板应先粗刨后细刨，使面层完全平整后再用砂带机磨光。

4) 油漆、打蜡

清理灰尘以及残渣后，油漆、打蜡与木地板相同。

6.3.4 地毯施工工艺流程

1. 施工流程

材料准备→初始测量→电脑排版与深化设计→基层处理→测量与弹线定位→铺设地毯→成品保护→验收。

2. 操作要点

(1) 材料准备

材料品种、图案必须按照设计要求选用。

材料质量需要符合产品质量要求。

(2) 初始测量

测量各室内地面的平面实际尺寸,结合地毯设计图案要求,搞清室内平面尺寸的实际相互关系。

(3) 电脑排版与深化设计

根据实测数据,对设计图案进行电脑排版,出具电脑排版图,征得设计师同意,微调或全面调整设计方案;设计确认后进行定样加工。

(4) 基层处理

地毯的基层有木地板、陶瓷地砖、水泥砂浆地面、混凝土地面和水磨石地面等,应根据不同基层情况进行处理,残渣、浮浆、垃圾、杂物、油垢、钉头、突出物、毛刺等均应清除干净;基层应结实、平整。

(5) 测量与弹线定位

根据设计认定的排版图,首先定出房间中央十字中心线,再向四周延伸进行分格测量弹线,有特定拼装图案区域的在地面上弹线固定下来。弹线定位后根据排版图对地毯图案进行试铺、对花、编号。

(6) 铺设地毯

地毯按铺设方法分有固定式和不固定式。地毯面固定式铺设:铺设地毯的房间、走道等应事先做好踢脚板,踢脚板下口均应高于地面 10mm 左右,以便将地毯毛边掩入踢脚板下。

(7) 裁剪地毯

裁剪尺寸每段地毯的长度应比房间长度长 20～30mm,宽度应以裁去地毯边缘后的尺寸计算,裁剪前弹线标明裁掉的边缘部分,随后用裁边机从长卷地毯上裁下所需部分;切口整齐顺直,便于拼缝。裁剪带有花纹、条格的地毯时,必须将缝口处的花纹、条格对准吻合。簇绒和植绒类地毯裁剪时,相邻两裁口边应呈八字形,便于铺后绒毛紧密对接。采用卡条固定地毯时,应沿房间的四周靠墙壁脚 10～20mm 处将卡条固定于基层上;在门槛处应用铝合金压条等固定。卡条和压条,可用水泥钉、木螺钉固定在基层,钉距为 300mm 左右;铺设弹性衬垫应将胶粒或波形面朝下,四周与木(或金属)卡条相接处宜离开 10mm 左右,拼缝处用纸胶带全部或部分粘合,防止滑移;经常移动的地毯在基层上先铺一层纸毡以免造成衬垫与基层粘连。

将预配、裁剪好的地毯铺平,一端固定在木(或金属)卡条上,用压毯铲将毯边塞入卡条与踢脚之间的缝隙内或卡条下端。铺设时注意用张紧器将地毯在纵横方向逐段推移伸展,以保证地毯在使用过程中平直面不隆起,用张紧器张紧后,地毯四周应挂在卡条或铝合金压条上。

(8) 地毯接缝

一般是对缝拼接,即铺完一幅地毯后,在拼缝一侧弹通线,作为第二幅地毯铺设张紧的标准线,按标准线依次铺设第二幅,第二幅经张紧后,要求在拼缝处花纹、条格达到对齐、吻合、自然,随后用钢钉临时固定。对于薄型地毯可搭接裁割,即在前一幅地毯铺设张紧后,后一幅搭盖前幅 30～40mm,在接缝处弹线,将直尺靠线用刀同时裁割两层地毯,扯去多余的边条后,合拢严密,不显拼缝。

地毯的接缝一般在背面采用线缝拉或用胶带粘贴方法。纯毛地毯铺设,用线缝拉接缝时，一般用线缝接结实扣，刷白胶，贴上牛皮纸；麻布衬底的化纤地毯铺设，用胶粘剂粘贴麻布窄条，沿直线（可在地面上弹线）放在接缝处的地面上，将地毯胶粘剂刮在麻布带上，然后将地毯对好后粘牢。胶带接缝：可先将胶带按地面上的弹线铺好，两端固定，将两侧地毯的边缘压在胶带上，然后用电熨斗在胶带上碾压平实，使之牢固地连在一起。

（9）收口处理

如地毯与大理石地面相接处标高近似，应镶铜条或者用不锈钢条，起到衔接与收口的作用；走道、卫生间地面标高不一致时，在门口应设收口条，用收口条压住地毯边缘。

（10）修整清洁

地毯铺好后，用裁剪刀裁去多余部分，并用扁铲将边缘塞入卡条和墙壁之间的缝中，用吸尘器吸去灰尘，清扫干净即可。

（11）地毯地面不固定式铺装

裁割与铺贴：如卷材地毯，裁剪和接缝与固定式铺设相同，但与地面的连接不同；地毯拼成整块后直接干铺在洁净的地面上，不与地面粘结。铺设踢脚板下的地毯边塞边压平；不同材质的地面交接处，应选用合适的收口条收口，同一标高的地面宜采用铜条或不锈钢条衔接收口；两种地面有高差时，应用"L"形铝合金收口条收口。

小方块地毯，铺设时应在地面弹出方格线，从房间中央开始铺设，块与块之间相互挤紧服帖，不得卷起。

（12）楼梯地毯铺设

先将倒刺板钉在踏步板和挡脚板的阴角两边，两条倒刺板顶角之间应留出地毯塞入的间隙，一般约15mm，钉应倾向阴角面。

海绵衬超出踏步板转角应不小于50mm，将角包住。地毯下料长度，应量出每级踏步的宽度和高度之后，宜预留一定长度。

地毯铺设由上而下，逐级进行，顶级地毯必须用压条钉固定于平台上；每级阴角处用扁铲将地毯绷紧后压入两根倒刺板之间的缝隙内，加长部分可叠钉在最下一级踏步的竖板上。防滑条应铺设在踏步板阳角边缘，然后用不锈钢膨胀螺钉固定，钉距150～300mm。

（13）成品保护

地毯铺设后、交付使用前宜用塑料薄膜覆盖，防尘、防垃圾、防污染；及时围护，禁止烟火。

6.3.5 橡胶地板施工工艺流程

1. 料具选择

（1）材料要求：橡胶地板及适合于板材的胶粘剂（立时德胶或VA黄胶）。

（2）施工工具：涂胶刀、划线器、橡胶滚筒、橡胶压边滚筒、裁切刀、墨斗线、钢皮尺、刷子、磨石吸尘器等。

2. 基层处理

要求平整、结实、有足够的强度，各阴阳角方正，无污垢灰尘和砂粒，含水率不大于8%。

水泥砂浆、混凝土基层，表面用2M直尺检查允许空隙不得超过2mm，如有麻面等缺陷，必须用腻子修补和涂刷乳液一遍，腻子采用乳液腻子。修补时先用石膏乳液腻子嵌补找平，然后用0号钢纱布打毛，再用滑石粉腻子刮第二遍，直至基层平整，无浮尘后刷901胶水泥乳液，以增加胶结层的粘结力。

3. 施工工艺流程
弹线分格→裁切试铺→刮胶→铺贴→清理→养护。

4. 施工要点
（1）弹线分格

按橡胶地板的尺寸、颜色、图案弹线分格，按设计要求分别采用对角定位或直角定位法。

弹线时，以房间中心点为中心，弹出相互垂直的两条定位线。同时考虑橡胶地板规格模数与房间尺寸的关系，尽量少出现小于1/2板宽的窄条，有镶边时，应距墙边预留200～300mm（按设计要求）以作镶边。相邻房间之间出现交叉和改变颜色时，均应设在门的裁口线处，面不应留在门框边缘。

（2）裁切试铺：

① 橡胶地板在裁切试铺前，应进行胶脂除。

② 试铺前，对于靠墙处不是整块的橡胶板的裁切方法是在已铺好的橡胶板上放一块橡胶板，再用一块橡胶板的一边与墙紧贴，沿一边在橡胶板上划线，按线裁切。

③ 橡胶地板脱脂除蜡并裁切后，即可按线试铺。试铺合格后按顺序编号，以备正式铺贴。

（3）刮胶：

将基层清扫干净，并先涂刷一层薄而匀的底子胶。（原胶粘剂：65号汽油：醋酸乙酯＝1：0.1：0.1），经充分搅拌至完全均匀即可。涂刷要一致，越薄越好，且不得漏刷。待底子胶干燥后，方可涂胶试铺。

① 根据不同的铺贴地点（基层条件）选用相应的胶粘剂。

② 通常施工温度应在10～35℃范围内，暴露时间5～15min。

③ 若用乳液型胶粘剂，应在地板上刮胶的同时在橡胶板背面刮胶，若用溶剂型胶粘剂，只在地面上刮胶即可。

（4）铺贴：

铺贴是橡胶地板施工操作的关键工序。铺贴橡胶地板主要控制三个问题：一是橡胶板要贴牢固，不得有脱胶、空鼓现象；二是缝格顺直，避免错缝发生；三是表面平整、干净，不得有凹凸不平及破损与污染。

① 对于接缝处理，粘接坡口做成同向顺坡，搭接宽度不小于300mm。

② 铺贴时，切忌整张一次粘上，应先将边角对齐粘合，轻轻地用橡胶滚筒将地板平伏地粘贴在地面上，准确就位后用橡胶滚筒压实赶气，或用橡皮锤子敲实。用橡皮锤子敲打应从一边到另一边，或从中心移向四边。

（5）清理：

铺贴完毕，应及时清理橡胶地板表面，用棉纱蘸少量的松节油擦去余胶，最后上地板蜡。

（6）养护：

养护周期1～3d。

① 禁止行人在刚铺过的地面大量行走。
② 养护期间避免沾污或用水清洗表面。

6.3.6 地面石材整体打磨和晶面处理施工

石材打磨是指新铺设后的成品石材（大理石、花岗石）地面，或原有的石材地面，为了达到"无缝"和镜面状态，取得更好的装饰效果，采用机械打磨和晶面保护工艺进行处理的方法。

1. 施工流程

设备准备→第一遍打磨→清洗板面→清掏板缝→批嵌板缝和修补板面→养护→第二遍打磨→清洗板面→局部批嵌板缝和修补板面→养护→第三次打磨、清洗板面、养护→抛光与晶面处理。

2. 操作要点

（1）设备准备

用于打磨的金刚石软磨片应根据不同石材性质选用号数，号数越小、打磨越粗糙，号数越大、打磨越精细；因此，打磨程序先粗后细，对应的金刚石选号原则由小到大，见表6-2。

金刚石软磨片号数参考表　　　　　　　　　　　　　　表 6-2

30	50	60	100	150
200	300	400	500	600
800	1000	1500	2000	3000

常用石材打磨机械有单头机、双头机、三头机和手持式角磨机，双头机、三头机主要用于大面积部位，单头机和角磨机用于地面的边角部位；打磨机械转速宜选用2800～4500r/min，打磨时需有充足的冷却水。配套机械切缝机（若切缝时要用）、吸尘机、专用抛光机、专用晶面机以及中水回收的吸水机。

（2）第一遍打磨

新铺设的成品石材地面必须经养护达到设计强度后才能打磨，宜选用号数较小的金刚石砂轮片；打磨时需有充足的冷却水。

（3）清洗板面

经打磨后的石材地面用清水及时清洗。

（4）清掏板缝

对石材地面板缝内的原有擦缝材料、水泥砂浆、垃圾、杂物等必须清掏出来，并完全清理干净。

（5）批嵌板缝和修补板面

板面和板缝经晾干后，花岗石地面宜用同色同品种石粉掺一定比例的环氧胶（或专用胶）搅拌均匀，批嵌板缝，同时修补板面空隙；大理石地面宜用同色"云石胶"配固化剂批嵌板缝，以及修补板面空隙。

（6）养护

常温条件下，养护不少于3d。

(7) 第二次打磨

改用号数较大（号数越大越细）的细磨片打磨，同样需要带冷却水打磨。

(8) 清洗板面

用清水及时清洗。

(9) 局部批嵌板缝和修补板面

板面晾干后，对局部需要修补的板面和板缝进行补浆。

(10) 养护

常温条件下，养护不少于3d。

(11) 第三次打磨

选用更大号数的细磨片打磨，打磨完成后清洗板面，晾干、并作成品保护，不得污染板面。

若经三次打磨，仍有磨痕或达不到理想效果，仍需更换更大号数的磨片，继续打磨，此时，对于花岗石地面宜选用2000～3000号的磨片打磨。

(12) 抛光与晶面处理

石材打磨达到效果后应换上抛光磨块或专用抛光机，进行抛光打磨，打磨需要很少的冷却水，打磨后应清洗干净；在充分晾干、洁净的地面上，均匀布洒"花岗石晶面保护液"或"大理石晶面保护液"，花岗石

图6-4 打磨和晶面处理后的大理石地面

地面宜用1号钢丝绒贴在磨机底面打磨不少于5遍，或专用晶面机打磨处理，直至光亮如镜；远视（5m外）犹如无缝地面（图6-4）。

6.4 顶棚（天花）工程

6.4.1 暗龙骨吊顶（轻钢龙骨）施工工艺流程

1. 施工流程

施工前准备→墙柱面上弹出标高线→楼板底面按吊杆间距弹出吊杆布置线→按标高线安装墙面边龙骨→安装吊杆→安装主龙骨→按标高线及起拱要求调整主龙骨→固定次龙骨→根据需要安装横撑龙骨→水平调整固定。

2. 施工操作要点（图6-5）

(1) 龙骨安装前，应按设计要求对房间净高、洞口标高和吊顶内管道、设备及其支架的标高进行交接检验。

(2) 检查设备管道安装完成情况，如有交叉施工，应进行合理安排。

(3) 龙骨安装前，先按照设计标高在四周墙柱面上测定标高基准点，弹出吊顶水平线；再按吊杆间距在楼板底面画出吊杆位置。弹线应清晰，位置正确。

(4) 按墙面标高水平线固定边龙骨，按吊点的位置钻孔，安装带镀锌膨胀管的全牙螺

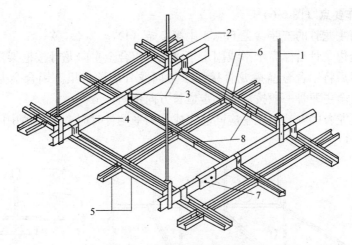

图 6-5 U形龙骨吊顶示意图
1—吊杆；2—吊件；3—挂件；4—承载龙骨（主龙骨）；5—覆面龙骨（次龙骨和横撑龙骨）；
6—挂插件；7—承载龙骨连接件；8—覆面龙骨连接件

杆，然后将螺母拧紧。

(5) 吊杆一般采用全牙吊杆或钢筋（钢筋应作防腐处理），其中不上人吊顶通常采用M6全牙吊杆或直径6mm钢筋，上人吊顶采用M8~M10全牙吊杆或直径8~10mm钢筋。吊杆间距应小于1.2m。当吊杆与设备管道相遇时，应调整并增设吊杆；吊杆长度大于1.5m时，应设置反支撑。当吊杆与设备相遇时，应调整并增设吊杆或采用型钢支架。

(6) 吊杆与主龙骨用吊挂件连接。吊挂件安装时注意正反固定，吊杆应垂直吊挂，旋紧双面丝扣。吊杆距主龙骨端部距离不大于300mm，否则应增设吊杆。主龙骨与吊挂件分上人和不上人两种，上人吊顶的主龙骨应选用U形或C形高度在50mm及以上型号的上人龙骨，其厚度应不小于1.2mm。主龙骨的间距应不大于1.2m，靠墙第一根主龙骨距离墙面不大于300mm。

(7) 用连接件将次龙骨与主龙骨固定，次龙骨长度方向可用接插件连接，再用支托将横撑龙骨安装于次龙骨上。

(8) 龙骨的安装，一般是按照预先弹线的位置，从一端依次安装到另一端，如果有高低跨，常规做法是先安装台阶、灯槽侧板，然后高跨部分，再安装低跨部分。对于检修孔、上人孔、通风口、灯带、灯箱等部位，在安装龙骨的同时，应将尺寸及位置按设计要求留出，将封边横撑龙骨安装完毕。主次龙骨必须让开灯孔、喇叭等设备。

(9) 在安装龙骨时，根据标高控制线使龙骨就位，龙骨的安装与调平应同时完成。调平龙骨时应考虑吊顶中间部分起拱，一般为短跨的1/200。走道长度超过15m或面积大于100m²，或在吊顶转角处应预留伸缩缝，主次龙骨及面层必须断开。遇到建筑变形缝处时，吊顶宜随变形缝断开。

6.4.2 明龙骨（铝合金龙骨）吊顶施工工艺流程

1. 施工流程

施工流程同轻钢龙骨施工。

2. 施工操作要点（图 6-6）

（1）吊杆与主龙骨的安装参见 6.4.1 中第 2 条（1）～（4）款。

（2）铝合金边龙骨沿标高水平线固定于墙面，铝合金主向龙骨按框架尺寸用连接件与主龙骨固定，然后将铝合金横撑龙骨接插于主向龙骨的插口里。铝合金龙骨的接缝应平整、吻合。铝合金主龙骨一般按房间、走道长方向走向。

（3）铝合金龙骨的安装与调平应同时完成。调平龙骨时应考虑吊顶中间部分起拱，一般为短跨的 1/200。

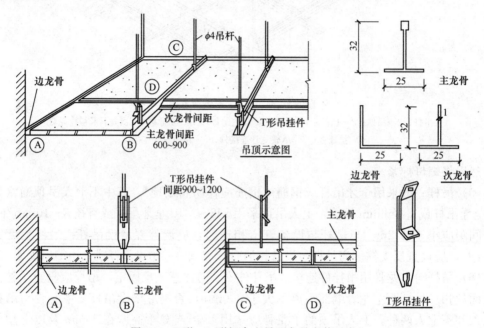

图 6-6 T 形、L 形铝合金吊顶龙骨安装示意

（4）铝合金龙骨的框架布置模数一般为 600mm×600mm，饰面材料尺寸与之协调统一。根据设计要求框架也可布置成 600mm×1200mm、300mm×1200mm，饰面材料配套使用。铝合金龙骨格栅吊顶，格栅尺寸根据设计要求一般为 100mm×100mm、150mm×150mm、200mm×200mm。

（5）吊顶面板上的格栅灯具、风口箅子等设备尺寸应与铝合金龙骨框架模数协调一致。

6.4.3 面层施工工艺流程

1. 纸面石膏板面板施工

纸面石膏板吊顶的施工要点如下：

（1）纸面石膏板是轻钢龙骨吊顶饰面材料中最常用的罩面板，根据设计使用要求，可分别选用普通纸面石膏板、防火纸面石膏板和防潮纸面石膏板，常用厚度有 9.5mm、12mm 等。

（2）纸面石膏板安装可使用烤漆或镀锌的自攻螺钉与次龙骨、横撑龙骨固定，螺钉与板边的距离不得小于 10mm，也不宜大于 16mm，板四周钉距 150～200mm，钉头嵌入石膏板内 0.5～1.0mm，钉帽应刷防锈漆，并用石膏腻子抹平。

（3）铺设大块纸面石膏板时，应使板的长边（包封边）沿纵向次龙骨，板中间螺钉的间距 150～170mm，螺钉应与板面垂直且埋入板面，并不使纸面破损。

（4）为防止面层接缝开裂，铺设的石膏板之间留 4～6mm 缝隙或按 45°刨出倒角，底口宽度 2～3mm 用石膏腻子嵌缝刮平，再用专用接缝带粘贴。安装双层石膏板时，面层板与基层板的接缝应错开不小于 300mm，并不在同一根龙骨上接缝。

（5）纸面石膏板与龙骨固定，应从一块板的中部向板的四边固定，不能多点同时作业，以免产生内应力，铺设不平。

（6）顶面造型转角处宜采用 L 形整体石膏板防止面层接缝开裂。

（7）吊顶上的风口箅子、灯具、烟感探头、喷淋洒头可在石膏板就位后安装，也可留出周围石膏板，待上述设备安装后再行安装。

2. 矿棉板饰面施工

矿棉板饰面施工有以下几种方法。

（1）搁置法：可与铝合金和轻钢 T 形龙骨配合使用，龙骨安装调直找平后，可将饰面板搁置在主、次龙骨组成的框内，板搭在龙骨的肢上即可。饰面板的安装应稳固严密，与龙骨的搭接宽度应大于龙骨受力面宽度的 2/3。

（2）钉固法：在矿棉吸声板每四块的交角点和板的中心，用专门的塑料花托脚以螺钉固定在龙骨上。金属龙骨大多采用自攻螺钉，木龙骨大多用木螺钉。

（3）粘贴法：将矿棉吸声板用胶粘剂直接粘贴在平顶木条或其他吊顶小龙骨上。

（4）企口暗缝法：将矿棉吸声板加工成企口暗缝的形式。龙骨的两条肢插入暗缝内，不用钉，不用胶，靠两条肢将板担住。

3. 金属板饰面施工

（1）金属饰面板常规种类

吊顶金属板材，根据材质的不同分为不锈钢板材、铝合金板、铝板、镀锌微薄铁板等。

金属板吊顶又分为不开孔和开孔饰面。开孔饰面具有吸收声音的作用。

吊顶型金属板材的常用规格：200mm×200mm，300mm×300mm，300mm×600mm，600mm×600mm，900mm×900mm 等。厚度分为 0.4～2.0mm。

根据其构造和形状的不同特点分为：

① 铝合金条板吊顶型材；
② 铝合金方板吊顶型材；
③ 铝合金搁栅吊顶型材；
④ 铝合金筒型吊顶型材；
⑤ 铝合金挂片吊顶型材；
⑥ 铝合金藻井顶棚型材；
⑦ 不锈钢筒面吊顶。

常用金属板吊顶龙骨有轻钢龙骨和铝合金龙骨，吊顶龙骨施工见 6.4.1 中第 2 条施工操作要点。

（2）铝合金饰面板安装

铝合金饰面板常用卡式安装。铝合金饰面板与专用龙骨有卡接配套设计，饰面板可以很方便地卡入龙骨。

(3) 铝塑饰面板安装

根据设计要求，裁成需要的形状，用胶贴在事先封好的底板上，可以根据设计要求留出适当的胶缝。胶粘剂粘贴时，涂胶应均匀；粘贴时，应采用临时固定措施，并应及时擦去挤出的胶液；在打封闭胶时，应先用美纹纸带将饰面板保护好，待胶打好后，撕去美纹纸带，清理板面。

(4) 铝单板饰面安装

将板材加工折边，在折边上加上铝角，再将板材用拉铆钉固定在龙骨上，可以根据设计要求留出适当的胶缝，在胶缝中填充泡沫胶棒，在打封闭胶时，应先用美纹纸带将饰面板保护好，待胶打好后，撕去美纹纸带，清理板面。

4. 木搁栅吊顶施工

(1) 施工流程

基层处理→弹线定位→单体构件拼装→单元安装固定→饰面成品保护。

(2) 施工操作要点

1) 基层处理：安装准备工作除与前边的吊顶相同外，还需对结构基底底面及顶棚以上墙、柱面及设备、管线等进行涂黑处理，或按设计要求涂刷其他深色涂料。

2) 弹线定位：由于结构基底及吊顶以上墙、柱面部分已先进行涂黑或其他深色涂料处理，所以弹线应采用白色或其他反差较大的液体。根据吊顶标高，用"水柱法"在墙柱部位测出标高，弹出各安装件水平控制线，再从顶棚一个直角位置开始排布，逐步展开。

3) 单体构件拼装：单体构件拼装成单元体可以是板与板的组合框格式、方木骨架与板的组合格式、盒式与方板组合式、盒与板组合式等，如图6-7、图6-8所示。

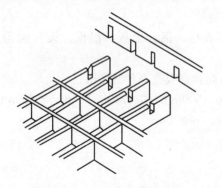

图6-7 木板方格式单体拼装

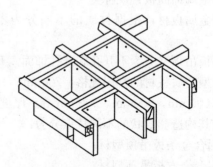

图6-8 方木骨架与板方格式单体拼装

4) 单元安装固定：吊点的埋设大多采用金属膨胀螺栓，吊杆必须垂直于地面，且能与单元体无变形的连接，因此吊杆的位置可移动调整，待安装正确后再进行固定。

5) 饰面成品保护：木质开敞式吊顶需要进行表面装饰。装饰一般涂刷高级清漆，以露出自然木纹。当完成装饰后安装灯饰等物件时，工人必须戴干净的手套仔细进行操作，对成品进行认真保护。必要时应覆盖塑料布、编织布加以保护。

5. 铝合金搁栅吊顶施工

金属搁栅型开敞式吊顶施工中广泛应用的铝合金搁栅，是用双层0.5mm厚的薄铝板加工而成的，其表面色彩多种多样，单元体组合尺寸一般为 610mm×610mm 左右，有多种不同格片形状，但组成开敞式吊顶的平面图案大同小异。也可以现场编制搁栅。

（1）施工准备：与前述各类开敞式吊顶施工准备工作相同。

（2）单体构件拼装：当搁栅型铝合金板采用标准单体构件（普通铝合金板条）时，其单体构件之间的连接拼装，采用与网络支架作用相似的托架及专用十字连接（图 6-9），一般大面积的铝搁栅吊顶组装接口不能在同一直线，应现场错位编制施工，能确保平整度。当采用铝合金搁栅式标准单体构件时，通常采用插接、挂件或榫接的方法，如图 6-10 所示。

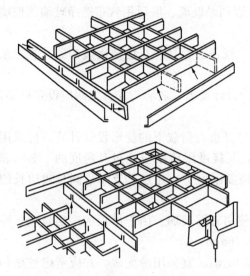
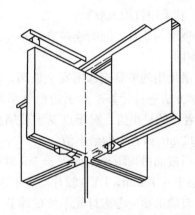

图 6-9 铝合金搁栅以十字连接件组装示意　　图 6-10 铝合金搁栅型吊顶板拼装示意

（3）单元体安装固定

一般有两种方法：第一种是将组装后的搁栅单元体直接用吊杆与结构基体相连，不另设骨架支承。此种方法使用吊杆较多，施工速度较慢。第二种是用带卡口的吊管及插管，将数个单元体担住，并相互连接调平形成一个局部整体，再用通长的钢管将其整个举起，与吊杆连接固定。第二种方法使用吊杆较少，施工速度较快。不论采用何种安装方式，均应及时与墙柱面连接，如图 6-11 所示。

6. 玻璃饰面施工

（1）施工流程

放线→吊杆安装→主龙骨安装→次龙骨安装→防腐、防火处理→基层板安装→面层镜子安装→钉（粘）装饰条。

图 6-11 单元体安装固定示意图

(2) 施工操作要点

1) 吊顶基层参见 6.4 节中有关内容。

2) 基层板安装：基层板采用设计要求的基层防火夹板并满足承载要求。轻钢骨架安装完成并经验收合格后，按基层板的规格、拼缝间隙弹出分块线，然后从顶棚中间沿次龙骨的安装方向先装一行基层板，作为基准，再向两侧展开安装。轻钢龙骨用自攻螺钉与龙骨拧紧咬合牢固。木龙骨钉板前，其木龙骨与板面接触面满刷乳胶。

3) 面层玻璃安装：在基层板上，按照玻璃的分格弹线，涂抹中性结构玻璃胶。把玻璃按照弹线分格粘在基层板上，并在四角用 ϕ12 不锈钢圆头螺钉固定牢固。全部玻璃固定后，用长靠尺靠平，突出部位，再次拧紧螺钉，以调平玻璃。最后用软布擦净玻璃。玻璃之间必须留不小于 1.5mm 自然缝。

4) 钉（粘）装饰条：应按设计要求的材质、规格、型号、花色选用装饰条。装饰条安装时，宜采用钉固或胶粘。

5) 玻璃与龙骨之间的连接方式和尺寸应符合设计要求。玻璃与龙骨之间应设置衬垫，连接应牢固。

6) 吊顶用的玻璃应选用安全玻璃，应进行自身重力荷载下的变形设计计算，可采用弹性力学方法进行计算。对于边框支承玻璃板，其挠度限值不应超过其跨度的 1/300 和 2mm 两者中的最小值。对于点支承玻璃板，其挠度限值不应超过其支承点间长边边长的 1/300 和 2mm 两者中的最小值。

7) 当玻璃吊顶距离地面大于 3m 时，必须使用夹层玻璃。用于吊顶的夹层玻璃，厚度不应小于 6.76mm，PVB 胶片厚度不应小于 0.76mm。

8) 玻璃吊顶应考虑灯光系统的维护和玻璃的清洁。宜采用冷光源，并应考虑散热和通风，光源与玻璃之间应留有一定的间距。

7. 透光膜饰面施工

(1) 透光膜基本概念

透光膜吊顶由软膜、龙骨、扣边条组成。

软膜，软膜采用特殊的聚氯乙烯材料制成，厚度 0.18~0.2mm，每平方米重 180~320g，其防火级别为 B1 或 A 级，色彩多样。软膜通过一次或多次切割成形，并用高频焊接完成。软膜需要在实地测量出顶棚尺寸后，在工厂里制作完成。

龙骨，通常采用铝合金挤压形成，需要与软膜配套。其作用是扣住顶棚软膜，有五种型号，适用于不同的造型。

扣边条，通常用半硬质聚氯乙烯挤压形成，其防火级别为 B1 级，被焊接在软膜的四周边缘，便于顶棚软膜扣在铝合金龙骨上。

(2) 施工操作要点

1) 根据图纸设计要求，在需要安装软膜顶棚的水平高度位置四周围固定一圈 4cm×4cm 支撑龙骨或防火基层板，侧板高度一般控制在 250mm 以上（光源与软膜间距）。

2) 当所有需要木方条子固定好之后，然后在支撑龙骨的底面固定安装软膜顶棚的铝合金龙骨。

3) 当所有的安装软膜顶棚的铝合金龙骨固定好以后，再安装软膜。先把软膜打开用专用的加热风炮充分加热均匀，然后用专用的插刀把软膜张紧插到铝合金龙骨上，最后把四周多出的软膜修剪完整即可。

4)安装完毕后,用干净毛巾把软膜顶棚擦拭清洁干净。

5)需要综合考虑检修功能及散热功能。

6.4.4 吊顶反支撑及钢架转换层施工工艺流程

1. 吊顶反支撑基本概念

反支撑的作用主要是当室内产生负风压的时候,控制吊顶板面向上或横向移动。如板面受到风荷载作用,板面会上下浮动,吊杆通常是用 $\phi 6$、$\phi 8$ 或 $\phi 10$ 的钢筋制作的,它可以控制板面向下的移动,而不能控制板面向上的移动,用反支撑可以撑住板面不让板面向上或横向移动,从而达到控制板面变形的作用。

反支撑适用在:装饰吊顶完成面到建筑楼盖底面的距离大于 1.5m、小于 2.5m 的范围内。大于这个范围需要设置钢架的转换层结构。

2. 吊顶反支撑常规做法

反支撑结构的上部需要与建筑结构或承重构件相连,保证合理安排间距和受力位置,一般可以通过如使用:化学螺栓、膨胀螺栓、钢结构抱箍等方法与建筑承重体固定。反支撑的结构材料一般为角钢、槽钢、方管(作镀锌处理)。满焊为三角形框架,三角形框架底边位于上方,尖角向下固定吊杆。防止吊顶在气压变化的时候向上变形,形成穹顶,造成吊顶破坏。

在反支撑安装的布局上,反支撑应设置在主龙骨主节点(主龙骨与吊杆连接点),应为梅花形分布,角钢制作反支撑如图 6-12。常规做法反支撑间距不大于 3 倍吊杆间距,距墙体不应大于 1800mm,中间可以使用丝杆拉紧,丝杆间距不大于 1200mm。

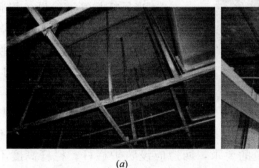 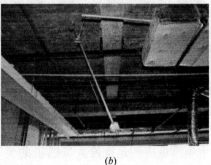

(a) (b)

图 6-12 角钢反支撑安装图
(a)整体角钢转换层;(b)槽钢丝杆互用转换层

3. 吊顶反支撑施工注意事项

反支撑一般使用型钢或轻钢龙骨,但是要满足以下条件:

(1)具有一定的刚度;

(2)满足防火、防腐要求;

(3)与结构进行可靠连接。

4. 钢架转换层

吊顶钢架转换层是吊顶与上方楼板(屋面、屋架网架)之间设置的受力转换结构层。

顶层屋面及已做好防水的楼面，在安装膨胀螺栓时控制打孔深度，避免影响、破坏屋面或楼板的防水层，转换层可采用C形钢作梁或钢桁架，如图6-13所示。

图6-13 转换层C形钢作梁或钢桁架
(a) C形钢转换层；(b) 钢桁架转换层

吊顶钢架转换层的设置，通常有以下几种情形：

（1）吊杆上部为网架或钢屋架不宜打孔装吊杆，以免影响结构安全，此时应设钢架转换层。网架顶钢架转换层承载点在网架的圆球位置或经原设计单位确认的位置，转换层应进行承载计算。

图6-14 采用吊杆吊方管、方管与吊顶基层相连

（2）吊顶面距上方楼板（屋面、屋架）高度在2.5m以上时，如直接设吊杆刚因吊杆过长不稳定，此时应设置钢架转换层。

（3）当吊杆与管道等设备相遇、吊顶造型复杂或内部空间较高时，应调整吊杆间距、增设吊杆或增加钢结构转换层。吊杆不得直接吊挂在设备或设备的支架上。如图6-14所示。

当需要设置永久性马道时，马道应单独吊挂在建筑承重结构上，宽度不宜小于500mm，上空高度应满足维修人员通道的要求，两边应设防护栏杆，栏杆高度不应小于900mm，栏杆上不得悬挂任何设施或器具，马道应设置照明，并设置于人员进出的检修口。

6.5 饰 面 工 程

6.5.1 贴面类内墙、外墙装饰施工工艺流程

饰面砖包括内墙面砖、外墙面砖、陶瓷锦砖和玻璃锦砖等。饰面砖是窑制产品，不同窑的砖存在着色差和轻微尺寸差别，所以装饰施工前要对这些窑制产品进行专门的订货，特别是对于大面积的外墙面砖，需签订同窑产品。

1. 内墙面砖铺贴

(1) 施工工艺流程

基层处理→浸砖→复查砖面规矩→安装垫尺→搅拌水泥浆→镶贴→擦缝。

(2) 施工要点

1) 基层处理

基层为抹灰找平层时，应将表面的灰砂、污垢和油渍等清除干净，如果表面灰白，表示太干，应洒水湿润。

表面为混凝土面时要凿毛，受凿面积≥70%（即每 1m² 面积打点 200 个）；凿毛后，用钢丝刷清刷一遍，并用清水冲洗干净，或者将 30% 108 胶加 70%水拌合的水泥素浆用笤帚均匀甩到墙上，终凝后浇水养护（常温 3～5d），直至水泥素浆疙瘩全部固化到混凝土光板上，用手掰不动为止。

2) 浸砖

瓷砖铺贴前要将面砖浸透水，最好浸 24h，然后捞起晾干备用。

3) 复查砖面规矩

用拖线板复查墙面的平整度、垂直度、阴阳角是否垂直，再用水平尺检查抄平墨线是否水平。

4) 安装垫尺

内墙铺贴面砖顺序是自下而上、由阳到阴一皮一皮逐块地铺贴，墙面砖从第二皮开始铺起，铺前在第二皮砖的下方安放垫尺，以此托往第二皮面砖，垫尺定位要以水平墨线作为依据，保证水平，保持稳固。在第二皮砖的上口拉水平通线，作为贴砖的基准。

5) 搅拌水泥浆

贴面砖的水泥浆一般采用 1∶1 水泥浆，拌水泥浆的方法是：用灰浆桶装大约半桶水，用铲刀逐铲放入水泥粉，直到水泥粉刚好盖满水为止，稍等其水化，然后用铲刀搅一搅就可以来贴砖。

6) 镶贴

砖背面满抹 6～10mm 厚水泥浆，四周刮成斜面，放在垫尺上口贴于墙上，用铲刀柄轻轻敲打，使灰浆饱满与墙面粘牢，顺手将挤出的水泥浆刮净。用靠尺理直灰缝，为保证美观，要留有 1.5mm 的砖缝。

7) 擦缝

贴好后用毛刷蘸水洗净表面泥浆，用棉丝擦干净，灰缝用白水泥擦平或用 1∶1 水泥砂浆勾缝，擦完缝后对墙面的污垢用 10%的盐酸刷洗，最后用清水冲洗干净。

2. 外墙面砖铺贴

外墙面砖铺贴方法与内墙釉面砖铺贴方法基本相同，仅在以下工序有所区别。

(1) 调整抹灰厚度

由于外墙砖不允许出现非整砖，为了达到这个要求，可以通过调整砖缝度和抹灰厚度等方法予以控制。外墙砖的砖缝一般为 7～10mm，根据外墙长宽尺寸先初选砖缝的宽度，使砖的宽度加半个砖缝（称为模数）的倍数正好是外墙的长或宽，如果还有微小差距，通过增加或减少抹灰厚度来调整，使抹灰后外墙的尺寸刚好是模数的整倍数。

(2) 贴灰饼设标筋

根据墙面垂直度、平整度找出外墙面砖的规矩。在建筑物外墙四角吊通长垂直线，沿垂线贴灰饼，然后根据垂线拉横向通线，沿通线每隔1.2～1.5m贴一个灰饼，然后冲成标筋。

（3）构造做法

镶贴室外突出的檐口、腰线、窗台和女儿墙压顶等外墙面砖时，其上面必须有流水坡度，下面应做滴水线或滴水槽。流水坡向应正确，面砖压向应正确，如顶面的面砖应压向立面的面砖以免向内渗水。

（4）勾缝

勾缝前应检查面砖粘贴质量，逐块敲试，发现空鼓粘结不牢的必须返工重做。经自检合格后方可进行勾缝。勾缝用1∶1水泥砂浆，先勾横缝，后勾竖缝，缝宽一般8mm以上，缝深宜凹进砖面2～3mm。

当勾缝材料硬化后，清除残余灰浆，用布或棉丝蘸10%的稀盐酸擦洗表面，并随即用清水由上往下冲洗干净。将门窗框上的砂浆及时擦净并注意成品保护。

3. 陶瓷锦砖和玻璃锦砖的铺贴方法

陶瓷锦砖和玻璃马赛克铺贴方法与内墙面砖铺贴方法相同，仅在以下方面有所区别：

按设计图纸要求，挑选好饰面砖并统一编号。墙面用1∶3水泥砂浆或1∶0.1∶2.5水泥石灰砂浆打底、找平、划毛，厚度约10～12mm。

镶贴前按每张锦砖大小弹线，水平线每张砖一道，垂线每2～3张砖一道并与角垛中心保持平行。阳角及墙垛测量放线，从上到下做出标志。

镶贴时，在弹好的水平线下口支垫尺，浇水湿润底层，由两人操作，一人先在墙上刷1∶5的108胶水一遍及水泥浆一道，再抹2～3mm 1∶0.3水泥纸筋灰或1∶1水泥砂浆（掺水泥用量5%的108胶）粘结层3～4mm，用靠尺刮平，抹子抹平；另一人将一张锦砖铺在木板上，底面朝上，刮上白水泥，然后由上一人按垫尺上口沿线由下往上粘贴，灰缝要对齐，并用木砖轻轻来回敲打，使其粘实。

待灰浆初凝后，用软毛刷刷水将护面纸湿透，约半小时后揭纸，检查缝口，不正者用刮刀拨匀，动过的地方重新抹上一些白水泥浆，再次敲打，稍干用棉丝擦净。

6.5.2 涂饰类装饰施工工艺流程

涂饰工程是指将建筑涂料涂刷于构配件或结构的表面，并与之较好的粘结，以达到保护、装饰建筑物，并改善构件性能的装饰层。

1. 施工工艺流程

基层处理→打底子→刮腻子、磨光→施涂涂料→养护。

2. 施工要点

（1）基层处理

混凝土和抹灰表面：施涂前应将基体或基层的缺棱掉角处、孔洞用1∶3的水泥砂浆（或聚合物水泥砂浆）修补；表面麻面、接缝错位处及凹凸不平处先凿平或用砂轮机磨平，清洗干净，然后用水泥聚合物刮腻子或用聚合物水泥砂浆抹平；缝隙用腻子填补齐平；对于疏松、起皮、起砂等硬化不良或分离脱壳部分必须铲除重做。基层表面上的灰尘、污垢、溅沫和砂浆流痕应清除干净。施涂溶剂型涂料，基体或基层含水率不得大于8%；施涂水性和乳液型涂料，含水率不得大于10％，一般抹灰基层养护14～21d，混凝土基层养护21～28d，可达到要求。

1) 木材表面：灰尘、污垢及粘着的砂浆、沥青或水柏油应除净。木材表面的缝隙、毛刺、掀岔和脂囊修整后，应用腻子填补，并用砂纸磨光，较大的脂囊、虫眼挖除后应用同种木材顺木纹粘结镶嵌。为防止节疤处树脂渗出，应点漆2～4遍。木材基层的含水率不得大于12％。

2) 金属表面：施涂前应将灰尘、油渍、鳞皮、锈斑、焊渣、毛刺等消除干净。潮湿的表面不得施涂涂料。

(2) 打底子

木材表面涂刷混色涂料时，一般用工地自配的清油打底。若涂刷清漆，则应用油粉或水粉进行润粉，以填充木纹的虫眼，使表面平滑并起着色作用。油粉用大白粉、颜料、熟桐油、松香水等配成。

金属表面则应刷防锈漆打底。

抹灰或混凝土表面涂刷油性涂料时，一般也可用清油打底。打底子要求刷到、刷匀，不能有遗漏和流淌现象。涂刷顺序一般先上后下，先左后右，先外后里。

(3) 刮腻子、磨光

刮腻子的作用是使表面平整。腻子应按基层、底层涂料和面层涂料的性质配套使用，应具有塑性和易涂性，干燥后应坚固。

刮腻子的次数随涂料工程质量等级的高低而定，一般以三道为限，先局部刮腻子，然后再满刮腻子，头道要求平整，二、三道要求光洁。每刮一道腻子待其干燥后，用砂纸磨光一遍。对于做混色涂料的木料面，头道腻子应刷过清油后才能批嵌；做清漆的木料面，则应在润粉后才能批嵌；金属面等防锈漆充分干燥后才能批嵌。

(4) 施涂涂料

1) 刷涂

刷涂，是指采用鬃刷或毛刷施涂。

刷涂时，头遍横涂走刷要平直，有流坠马上刷开，回刷一次；蘸涂料要少，一刷一蘸，防止流淌；由上向下一刷紧挨一刷，不得留缝；第一遍干后刷第二遍，第二遍一般为竖涂。

刷涂要求：

① 上道涂层干燥后，再进行下道涂层施工，间隔时间依涂料性能而定；

② 涂料挥发快的和流平性差的，不可过多重复回刷，注意每层厚薄一致；

③ 刷罩面层时，走刷速度要求均匀，涂刷要匀；

④ 第一道深层涂料稠度不宜过大，深层要薄，使基层快速吸收为佳。

2) 滚涂

滚涂，是指利用滚涂辊子进行涂饰。

先把涂料搅匀调至施工黏度，少量倒入平漆盘中摊开。用辊筒均匀蘸涂料后在墙面或其他被涂物上滚涂。

滚涂要求：

① 平面涂饰时，要求流平性好、黏度低的涂料；立面滚涂时，要求流平性小、黏度

高的涂料；

② 要用力压滚，以保证涂料厚薄均匀。不要让辊中的涂料全部挤压出后才蘸料，应使辊内保持一定数量的涂料；

③ 接槎部位或滚涂一定数量时，应用空辊子滚压一遍，以保护滚涂饰面的均匀和完整，不留痕迹。

3）喷涂

喷涂，是指利用压力将涂料喷于物面上的施工方法。喷涂施工要求喷枪运行时，喷嘴中心线必须与墙、顶棚垂直，喷枪与墙、顶棚有规则平行移动，运行速度一致。涂层的接槎应留在分格缝处，门窗以及不喷涂的部位，应认真遮挡。喷涂操作一般应连续进行。一次成活，不得漏喷、流淌。室内喷涂一般先喷涂顶棚后喷涂墙面，两遍成活，间隔时间2h；外墙喷涂一般为两遍，较好的饰面为三遍，作业分段线设在水落管、接缝、雨罩等处。

4）抹涂

抹涂，是指用钢抹子将涂料抹压到各类物面上的施工方法。

① 抹涂底层涂料。用刷涂、滚涂方法先刷一层底层涂料做结合层；

② 抹涂面层涂料。底层涂料涂饰后2h左右，即可用不锈钢抹压工具涂抹面层涂料，涂层厚度为2~3mm；抹完后，间隔1h左右，用不锈钢抹子拍抹饰面压光，使涂料中的胶粘剂在表面形成一层光亮膜；涂层干燥时间一般为48h以上，期间如未干燥，应注意保护。

6.5.3 裱糊类装饰施工工艺流程

裱糊工程是指在室内平整光洁的墙面、顶棚面、柱体面和室内其他构件表面，用壁纸、墙布等材料裱糊的装饰工程。

1. 施工工艺流程

（1）PVC壁纸裱糊

基层处理→封闭底涂一道→弹线→预拼→裁纸、编号→润纸→刷胶→上墙裱糊→修整表面→养护。

（2）金属壁纸裱糊

金属壁纸是室内高档装修材料，它以特种纸为基层，将很薄的金属箔压合于基层表面加工而成。用以装饰墙面，雍容华贵、金碧辉煌。高级宾馆、饭店、娱乐建筑等多采用。

基层处理→刮腻子→封闭底层→弹线→预拼→裁纸、编号→刷胶→上墙裱贴→修整表面→养护。

（3）锦缎裱糊

锦缎柔软光滑，极易变形，不易裁剪，故很难直接裱糊在各种基层表面。因此，必须先在锦缎背面裱一层宣纸，使锦缎硬朗挺括以后再上墙。

基层处理→刮腻子→封闭底层、涂防潮底漆→弹线→锦缎上浆→锦缎裱纸→预拼→裁纸、编号→刷胶→上墙裱贴→修整墙面→涂防虫涂料→养护。

2. 施工要点（三种裱糊类装饰共同特点）

（1）基层处理

基层表面必须平整光滑，否则需处理后达到要求。混凝土及抹灰基层的含水率＞8％，木基层含水率＞12％时，不得进行粘贴壁纸的施工。新抹水泥石灰膏砂浆基层常温龄期至少需10d以上（冬期需20d以上），普通混凝土基层至少需28d以上，才可裱糊装饰施工。

(2) 刮腻子

厚薄要均匀，且不宜过厚。

(3) 弹线

裱糊类装饰施工前，需在墙面弹好线，以保证裱糊成品顺直。

(4) 裱糊

裱糊材料上墙前，墙面需刷胶，涂胶要均匀。裱贴时需用一定的力度强拉裱糊材料，以免裱糊材料起皱。

裱糊完工后，要去除表面不洁之物，并注意保持温度与湿度适宜。

6.5.4 定制GRG造型板装饰施工工艺流程

此处以顶面GRG造型板安装为例，介绍定制GRG施工工艺流程。

1. 施工流程

弹线→安装膨胀螺栓→固定吊杆→吊杆与连接件连接→安装龙骨→安装GRG板。

2. 操作要点

(1) 弹线

弹线应根据设计图纸进行，主要是弹好水平标高线，龙骨布置线和悬挂点。根据设计标高将水平线弹到墙面上，龙骨和吊杆的位置线弹到楼板上，弹线应清楚、准确，其水平允许误差±5mm。在施工前，应先确定龙骨的标准方格尺寸，然后再根据GRG造型对分格位置进行布置。布置原则：尽量保证龙骨分格的均匀性和完整性，以保证板材有规整的装饰效果。弹线完成以后，应立即固定封边材料，本工程封边材料为特制GRG石膏线条，其造型应符合设计要求，转角处龙骨的接缝要严密，不能有毛齿。

(2) 安装膨胀螺栓

膨胀螺栓根据弹线确定位置。在顶棚或地面上用电钻钻孔，安装专用膨胀螺栓，与吊杆旋转拧紧连接。

(3) 固定吊杆

吊杆布置的要点是考虑吊顶平整度的需要。其间距不宜过大，并应符合设计要求，吊杆至主龙骨的端部距离不得超过300mm，否则应增设吊杆，防止主龙骨下坠。当吊杆与设备相遇时，应调整吊杆构造或增设吊杆，以保证吊顶质量。

(4) 吊杆与连接件连接

通过螺母将吊杆与连接件连接到一起，以作为主龙骨的支撑。

(5) 安装龙骨

1) 安装主龙骨

主龙骨安装时，根据拉好的标高控制线，将主龙骨安装到吊杆的吊挂件上。拧紧吊挂件上的螺丝将主龙骨卡牢，中距应严格按设计要求＜1200mm。为了保证使用过程中的平整、美观，安装吊顶龙骨时，可适当起拱。起拱高度不小于房间短向跨度的1/200。

2) 安装次龙骨

次龙骨垂直于主龙骨，在交叉点用次龙骨吊挂件将其与主龙骨连接固定于主龙骨上。次龙骨之间的连接采用插接，一般用两个条形铝片或两铝角码作为连接件，连接件的两端分别固定在两根次龙骨上即可，固定要用铆钉，连接要牢靠，接缝要严密。

（6）GRG 板安装

GRG 板在制作时已在安装位置预埋防腐木条，将 GRG 造型安装于龙骨上，采用 $\phi 4$ 高强燕尾螺丝或高强自攻螺丝锚固，螺丝间距不大于 300mm，螺丝头低于 GRG 板表面 3mm 左右，便于修补。

GRG 造型接缝处理：接缝处已预留 10mm 宽，5mm 深的修补位置，用专用填缝材料填充并修补平整。

6.5.5 墙柱面干挂罩面板装饰施工工艺流程

本节以墙面干挂石材施工为例，介绍干挂罩面板装饰施工工艺。

1. 干挂石材（传统式）施工

（1）施工流程

出翻样图→进场材料检验→基层检测处理→基层弹线→基层钻孔→安装基层钢架→预排编号→板材开孔或开槽→安装连接件→挂板→嵌缝→清洗板面。

（2）操作要点

1）出翻样图

根据设计图以及墙柱校核实测的规格尺寸，并将饰面板的缝宽度包括在内，计算出板块的排档，并按安装顺序编号，绘制墙、柱面各分块大样图以及节点大样图，作为加工订货的依据和基层弹线安装钢架的依据。

2）进场材料检验

① 对进场材料按加工订货单检验其品种、规格、颜色。

② 对进场材料按订货要求检验其边角垂直度、平整度、光洁度、倒角要求、裂缝、棱角缺陷，应符合订货合同和国家验收规范要求。

3）基层检测处理

基层面检测垂直度和平整度。平整度误差不能大于 10mm。超出部分凿去，凹陷不足部分用高强度水泥砂浆找平。

4）基层弹线

① 水平线必须以一定的标高为起点，四周连通，尤其要注意接缝必须与窗洞的水平线连通。

② 垂直线尽可能按块材尺寸，由阳角端向阴角端方向弹。

5）基层钻孔

混凝土墙体用不锈钢膨胀螺栓固定连接件。孔位要依照弹线尺寸确定，孔径按选用的膨胀螺栓确定，一般比膨胀螺栓胀管直径大 1mm。孔径深度必须达到选用膨胀螺栓胀管的长度。

6）安装基层钢架

① 钢架由膨胀螺栓与基层相连接，螺帽必须拧紧，拧紧后的螺栓再涂强力胶粘剂加固。钢架与基层预埋件相连接，电焊焊缝长度、厚度必须按设计要求进行。

② 钢架安装完毕，必须采用专用防锈漆进行除锈处理。

7) 预排编号

石材安装前必须按翻样图进行预排，石材安装时应保持上下左右颜色、花纹一致，纹理通顺接缝严密吻合，遇有不合格的石材，必须剔除，安置于阴角，底部不显眼的部位。但应保持边上的石材与相邻石材色泽、纹路一致。

8) 板材开孔或开槽

① 板材面积大于 $1m^2$ 设 8 个孔（4 对）；$0.6\sim 1m^2$ 设 6 个孔（3 对），小于 $0.6m^2$ 设 4 个孔（2 对），特殊小尺寸石板不得少于 2 个孔。

② 孔位在板厚的中心线上，两端部的孔位距板两端 1/4 边长处，孔径≥6mm，孔深≥25mm。

③ 板材开槽数 $1m^2$ 设 8 条槽（4 对）；$0.6\sim 1m^2$ 设 6 条槽（3 对），小于 $0.6m^2$ 设 4 条槽（2 对），特殊小尺寸石板不得少于 2 条槽。

④ 板材开槽槽宽 5mm，槽深>7mm。

9) 安装连接件

连接件位置必须准确，连接件安装必须牢固。螺帽必须拧紧。在拧紧的螺栓上再涂强力胶加固。

10) 挂板

① 为了保证离缝的准确性，安装时在每条缝中安放两片厚度与缝宽要求相一致的塑料片（待打硅胶时取出）。

② 板材孔眼中必须填注胶粘剂与销钉相胶合。粘胶必须饱满。

③ 每安装完一块板必须检查它的水平和垂直度。

11) 嵌缝

① 嵌缝前基层面必须清理干净，基层面要干燥，以便确保嵌缝胶与基层良好的粘结。

② 泡沫条直径要大于缝宽 4mm，确保泡沫条顶紧板材两边，不留缝隙。泡沫条要深入板面 10mm。

③ 嵌缝胶要均匀地挤打，一要保证嵌缝胶与基板边粘结牢固，二要使外表呈凹形半圆状态，平整光滑美观。

12) 清洗板面

① 施工时尽可能不要造成污染，减少清洗工作量，有效保护板材光泽。

② 一般的色污可用草酸，双氧水刷洗，严重的色污可用双氧水与漂白粉掺在一起搅成面糊状涂于斑痕处，2～3d 后铲除，色斑可逐步减弱。

③ 清洗完毕必须重新对板材磨光，上光蜡。

2. 干挂石材（背栓式）施工

(1) 施工流程

出翻样图→进场材料检验→基层检测处理→基层弹线→基层钻孔→安装基层钢架→预排编号→背栓扩孔→安装连接件→挂板→嵌缝→清洗板面。

(2) 操作要点

1) 出翻样图

根据设计图以及墙柱校核实测的规格尺寸，并将饰面板的缝宽度包括在内，计算出板块的排档，并按安装顺序编号，绘制墙、柱面各分块大样图以及节点大样图，作为加工订货的依据和基层弹线安装钢架的依据。

2) 进场材料检验

① 对进场材料按加工订货单检验其品种、规格、颜色。

② 对进场材料按订货要求检验其边角垂直度、平整度、光洁度、倒角要求、裂缝、棱角缺陷，应符合订货合同和国家验收规范要求。

3) 基层检测处理

基层面检测垂直度和平整度。平整度误差不能大于 10mm。超出部分凿去，凹陷不足部分用高强度等级水泥砂浆找平。

4) 基层弹线

① 水平线必须以一定标高为起点，四周连通，尤其要注意接缝必须与窗洞的水平线连通。

② 垂直线尽可能按块材尺寸，由阳角端向阴角端方向弹。

5) 基层钻孔

混凝土墙体用不锈钢膨胀螺栓固定连接件或用化学锚固剂固定连接件。孔位要依照弹线尺寸确定，孔径按选用的膨胀螺栓确定，一般比膨胀螺栓胀管直径大 1mm。孔径深度必须达到选用膨胀螺栓胀管的长度。

6) 安装基层钢架

① 钢架由膨胀螺栓与基层相连接，螺帽必须拧紧，拧紧后的螺栓再涂强力胶粘剂加固。钢架与基层预埋件相连接，电焊焊缝长度、厚度必须按设计要求进行。

② 钢架安装完毕，必须采用专用防锈漆进行除锈处理。

7) 预排编号

石材安装前必须按翻样图进行预排，石材安装时应保持上下左右颜色、花纹一致，纹理通顺接缝严密吻合，遇有不合格的石材，必须剔除，安置于阴角，底部不显眼的部位。但应保持边上的石材与相邻石材色泽、纹路一致。

8) 背栓扩孔

① 板材面积小等于 $1m^2$，一般设 4 个对应孔，大于 $1m^2$ 的板材，应该根据受力情况适当增加孔位。

② 孔位应该离板边缘至少 15cm。

③ 孔眼内大外小，使进入孔中的连接杆件无法拔出。

④ 孔深一般应保持 15mm。

⑤ 先用规定粗的钻头打 15mm 深的孔，然后用专用钻头进行孔内扩孔，形成内大外小的连接孔（图 6-15）。

9) 安装连接件

① 在板孔中安装背栓螺丝，背栓螺丝安装入孔中后，在孔内部分会大，形成内大外小的形状，与石材上的孔恰好吻合，为了安全起见，主张在背栓螺丝安装入孔前，先在孔内注入环氧树脂胶，使连接件与石材形成良好的面连接，而且环氧树脂胶还能有效防止石材孔边的受剪破坏。击入式背栓螺丝安装见图 6-16，旋入式背栓螺丝安装见图 6-17。

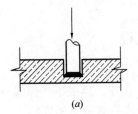
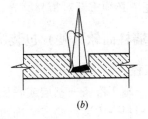

图 6-15 背栓扩孔示意图
(a) 背栓扩孔1；(b) 背栓扩孔2；

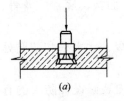
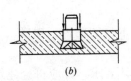
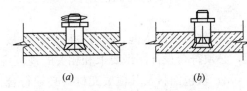

图 6-16 击入式背栓螺丝安装　　　　图 6-17 旋入式背栓螺丝安装

② 在连接件安装牢固后，再套上专用挂件，用螺栓与连接件拧紧。同时，在混凝土基层或钢支架上同样安装对应的专用挂件（图 6-18）。

10）挂板

① 为了保证离缝的准确性，安装时在每条缝中安放二片厚度与缝宽要求相一致的塑料片（待打硅胶时取出）。

② 专用挂件对接完毕，石材边线排列均顺直之后，拧紧限位螺丝，使石材保持最佳的位置。

③ 每安装完一块板必须检查它的水平和垂直度。

11）嵌缝

① 嵌缝前基层面必须清理干净，基层面要干燥，以便确保嵌缝胶与基层良好的粘结。

② 泡沫条直径要大于缝宽 4mm，确保泡沫条顶紧板材两边，不留缝隙。泡沫条要深入板面 10mm。

③ 嵌缝胶要均匀地挤打，一要保证嵌缝胶与基板边粘结牢固，二要使外表呈凹形半圆状态，平整光滑美观。

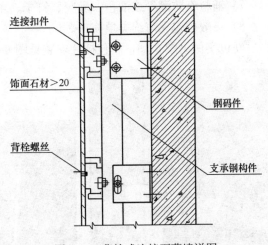

图 6-18 背栓式连接石幕墙详图

12）清洗板面

① 施工时尽可能不要造成污染，减少清洗工作量，有效保护板材光泽。

② 一般的色污可用草酸，双氧水刷洗，严重的色污可用双氧水与漂白粉掺在一起搅成面糊状涂于斑痕处，2～3d 后铲除，色斑可逐步减弱。

③ 清洗完毕必须重新对板材磨光，上光蜡。

6.5.6 墙柱面软（硬）包装饰施工工艺流程

1. 施工流程

材料准备→施工准备→基层或底板处理→吊直、套方、找规矩、弹线→计算用料、套裁面料→粘贴面料→安装贴脸或装饰边线→刷镶边油漆→软包墙面安装。

2. 操作要点

（1）材料准备

1）常用软硬包墙面的组成材料主要有：软包饰面、填充材料、面板、底板、龙骨、木框等。

2）软包墙面木框、龙骨、底板、面板等木材的树种、规格、等级、含水率和防腐处理，必须符合设计图纸要求和相关的规范规定。

3）软包面料及其他填充材料必须符合设计要求，并应符合建筑内装修设计防火的有关规定。

4）龙骨料一般用红白松烘干料，含水率不大于12%，厚度应根据设计要求，不得有腐朽、节疤、劈裂、扭曲等疵病，并预先经防腐处理。

5）面板一般采用胶合板（五合板），厚度不小于3mm，颜色、花纹要尽量相似，用原木板材作面板时，一般采用烘干的红白松、椴木和水曲柳等硬杂木，含水率不大于12%。其厚度不小于20mm，且要求纹理顺直、颜色均匀、花纹近似，不得有节疤。扭曲、裂缝、变色等疵病。

6）外饰面用的压条、分格框料和木贴脸等面料，一般采用工厂加工的半成品烘干料，含水率不大于12%，厚度满足设计要求且外观没毛病的好料，并预先经过防腐处理。

7）辅料有防潮纸或油毡、乳胶、钉子、木螺钉、木砂纸等。

8）一般硬包无海绵类填充料。

硬包实例见图6-19，硬包插片安装见图6-20。

图6-19 硬包实例

图6-20 硬包插片安装实例

(2) 施工准备

1) 混凝土和墙面抹灰已完成，基层按设计要求木砖或木筋已埋设，水泥砂浆找平层已抹完灰并刷冷底油，且经过干燥，含水率不大于8%；木材制品的含水率不得大于12%。

2) 水电及设备，墙顶上预留预埋件已完成。

3) 房间里的吊顶分项工程基本完成，并符合设计要求。

4) 房间里的木护墙和细木装修底板已基本完成，并符合设计要求。

5) 对施工人员进行技术交底时，应强调技术措施和质量要求。大面积施工前。应先做样板间，经质检部门鉴定合格后，方可组织班组施工。

(3) 基层或底板处理

凡做软包墙面装饰的房间基层，大都是事先在结构墙上预埋木砖、抹水泥砂浆找平层、做防潮层、安装50mm×50mm木墙筋（中距为450mm）、上铺五层胶合板。此基层或底板实际是该房间的标准做法。如采取直接铺贴法，基层必须作认真的处理，方法是先将底板拼缝用油腻子嵌平密实，满刮腻子1~2遍，待腻子干燥后用砂纸磨平，粘贴前，在基层表面满刷封闭漆一道。如有填充层，此工序可以简化。

(4) 吊直、套方、找规矩、弹线

根据设计图纸要求，把该房间需要软包墙面的装饰尺寸、造型等通过吊直、套方、找规矩、弹线等工序，把实际设计的尺寸与造型落实到墙面上。

(5) 计算用料、套裁填充料和面料

首先根据设计图纸的要求，确定软包墙面的具体做法。一般做法有两种：一是直接铺贴法（此法操作比较简便，但对基层或底板的平整度要求较高）；二是预制铺贴镶嵌法，此法有一定的难度，要求必须横平竖直、不得歪斜，尺寸必须准确等。放线需要做定位标志以利于对号入座。

(6) 粘贴面料

如采取直接铺贴法施工时，应待墙面细木装修基本完成、边框油漆达到交活条件，方可粘贴面料；如果采取预制铺贴镶嵌法，则不受此限制，可事先进行粘贴面料工作。首先按照设计图纸和造型的要求先粘贴填充料，按设计用料把填充垫层固定在预制铺贴镶嵌底板上，然后把面料按照定位标志找好横竖坐标上下摆正，首先把上部用木条加钉子临时固定，然后把下端和两侧位置找好后，便可按设计要求粘贴面料。

(7) 安装贴脸或装饰边线

根据设计选择和加工好的贴脸或装饰边线，应按设计要求先把油漆刷好（达到交活条件），便可把事先预制铺贴镶嵌的装饰板进行安装，首先经过试拼达到设计要求和效果后，便可与基层固定并安装贴脸或装饰边线，最后修刷镶边油漆成活。

(8) 修整软包墙面

如软包墙面施工安排靠后，其修整软包墙面工作比较简单，如果施工插入较早，由于增加了成品保护膜，则修整工作量较大；例如增加除尘清理、钉粘保护膜的钉眼和胶痕的处理等。

6.6 细 部 工 程

6.6.1 防护栏杆（板）、扶手安装施工工艺流程

按照组成材料划分主要有玻璃护栏及扶手、金属护栏及扶手、木质护栏及扶手和石材护栏及扶手。

不同材料的护栏和扶手可互相搭配，比如玻璃护栏和金属扶手等。根据《民用建筑设计通则》GB 50352—2005 的要求，栏杆应以坚固、耐久的材料制作，并能承受荷载规范规定的水平荷载；临空高度在 24m 以下时，栏杆高度不应低于 1.05m，临空高度在 24m 及 24m 以上（包括中高层住宅）时，栏杆高度不应低于 1.1m；栏杆高度应从楼地面或屋面至栏杆扶手顶面垂直高度计算，如底部有宽度大于或等于 0.22m，且高度低于或等于 0.45m 的可踏部位，应从可踏部位顶面起计算；栏杆离楼面或屋面 0.10m 高度内不宜留空；住宅、托儿所、幼儿园、中小学及少年儿童专用活动场所的栏杆必须采用防止攀登的构造，凡允许少年儿童进入活动的场所，当采用垂直杆件做栏杆时，其杆件净距不应大于 0.11m。

1. 玻璃护栏及扶手

（1）施工流程

材料准备→现场实测→深化设计、电脑排版→基层处理→定位放线→栏板及扶手安装→验收。

（2）操作要点

1）材料准备

材料准备要注意：玻璃护栏由镶嵌在地面基座上的玻璃和不锈钢、铜或其他型材扶手共同组成。玻璃的主要技术性能、外观质量、尺寸允许偏差，应符合国家有关规定，不承受水平荷载的栏板玻璃应使用符合《建筑玻璃应用技术规程》JGJ 113—2009 表 7.1.1-1 的规定，且公称厚度不小于 5mm 的钢化玻璃，或公称厚度不小于 6.38mm 的夹层玻璃；承受水平荷载的栏板玻璃应使用符合《建筑玻璃应用技术规程》表 7.1.1-1 的规定，且公称厚度不小于 12mm 的钢化玻璃或公称厚度不小于 16.76mm 的钢化夹层玻璃。当栏板玻璃最低点离一侧楼地面高度在 3m 或 3m 以上、5m 或 5m 以下时，应使用公称厚度不小于 16.76mm 钢化玻璃；当栏板玻璃最低点离一侧楼地面高度大于 5m 时，不得使用承受水平荷载的栏板玻璃。对玻璃护栏的每一个部件和连接节点都应经设计计算，相关锚固件应做锚栓试验，符合要求后方可使用。

玻璃护栏分为全玻式和半玻式两种，半玻式主要由金属栏杆、玻璃栏板和扶手组成，全玻式由玻璃栏板和扶手组成。

全玻式中的玻璃不仅作为围护构件，同时是受力构件，玻璃的厚度要按《建筑玻璃应用技术规程》经计算确定，尤其要注意嵌固构件的牢固，玻璃下部嵌固深度应大于 100mm；构造设计既要考虑牢固、安装调平，又要兼顾方便更换玻璃的要求。全玻式玻璃栏板构造示意参见图 6-21、图 6-22，扶手把栏板连成整体并起着收口作用；在半玻式的玻璃栏板中，通过栏杆及栏杆上的爪件把玻璃栏板、扶手连成一体，参见图 6-23。

图 6-21 全玻璃栏板、金属扶手示例图
（嵌固端加强型）

图 6-22 全玻璃栏板、木扶手示例图

半玻璃栏板玻璃高度、厚度应符合《民用建筑设计通则》GB 50352—2005、《建筑玻璃应用技术规程》JGJ 113—2009 的强制性要求。钢化玻璃又称强化玻璃，如需在玻璃上切割、钻孔或磨边时，必须在热处理之前完成。夹层玻璃是由两片或多片玻璃合成，玻璃之间嵌涂一层透明的聚乙烯醇缩丁醛（PVB）胶片；夹层玻璃具有强度高、透明、耐光、耐热、耐湿、耐寒等特性。金属扶手的规格、型号、面层质感、亮度应符合设计要求。

2）实测

对楼梯的三维尺寸全面实测，搞清楼梯各部分结构件的实际尺寸。

3）深化设计

根据实测数据对照设计尺寸，对装饰面材料进行深化设计和电脑排版及翻样，经设计师确认"小样"后定样加工；并绘制施工放样图。

4）基层处理

根据设计师确认的深化设计，对基层找平处理，消除土建施工误差，使基层平整牢固。

5）定位放线

应根据施工放样图放样，由于钢化玻璃加工后不能再裁切，所以各段立柱安装尺寸必须准确。

6）栏板、扶手安装

① 安装前，应对进场构件检查，确认几何尺寸正确和原材料质量合格。

图 6-23 半玻式玻璃栏板及扶手构造示例图

② 安装时，应上、下口拉通线找平，保持玻璃垂直。

③ 玻璃预先钻孔位置必须十分准确，固定螺栓与玻璃留孔之间要用胶垫圈或毡垫圈隔开，立放玻璃的下部要有氯丁橡胶垫块，玻璃与边框、玻璃与玻璃之间要有空隙，以适应玻璃热胀冷缩变化。

④ 金属扶手表面应抛光处理。

⑤ 玻璃周边要磨平,外露部分倒角磨光。护栏和扶手转角弧度符合设计要求,接缝严密,表面光滑,色泽应一致。

⑥ 成品保护

栏板和扶手施工过程中和完工后,要有适当围护和醒目警示标记,防止成品受损。

2. 金属护栏及扶手

金属护栏及扶手常用的是不锈钢栏杆和扶手,具有光泽明亮,耐磨性好的特性。金属护栏及扶手的流行趋势是标准化和工厂化生产,现场组装;产品精度高,施工速度快,安装质量好。装配式金属护栏及扶手构造示意见图6-24。

图6-24 装配式金属护栏及扶手

(1) 施工流程

材料准备→现场实测→深化设计→基层处理→定位放线→护栏及扶手安装→验收。

(2) 操作要点

1) 材料准备

材料准备需要注意:按照不锈钢表面的光泽程度,分为镜面不锈钢和亚光不锈钢(又称发纹或拉丝不锈钢)。镜面不锈钢光照反射率达90%以上,亚光不锈钢反射率在50%以下,真空镀膜处理后,会使不锈钢的耐磨性和耐腐蚀性提高;护栏、扶手管壁厚度应大于1.2mm。

2) 实测

对楼梯的三维尺寸全面实测,搞清扶梯各部分结构件的实际尺寸。

3) 深化设计

根据实测数据对照设计尺寸,对装饰面材料进行深化设计和电脑排版,经设计师确认"小样"后定样加工;装配式栏板及扶手要提供加工图和拼装图,并绘制施工放样图。

4) 基层处理

根据设计师确认的深化设计,检查埋件位置是否准确、齐全、牢固,如不符要求,则应按设计需要补做;对基层找平处理,消除土建施工误差,使基层平整、牢固。

5) 定位放线

根据施工放样图放样,在基层(预埋件)上弹出栏杆(立柱)安装的十字中心线,使各段栏杆安装尺寸准确。

6) 栏杆、栏板、扶手安装

① 安装前,应对进场构件进行检查,确保几何尺寸正确和原材料质量符合要求;
② 应先安装起步栏杆和平台栏杆,然后上下拉通线,由下而上安装栏杆和扶手;
③ 打磨和抛光,栏杆和扶手焊缝打磨和抛光要连续均匀;对发纹不锈钢管和镀钛不锈钢管的接头不宜采用焊接,宜选用有内衬的专用配件或套管连接;
④ 对镜面不锈钢管焊缝处的打磨和抛光,应遵循由粗到超细逐步打磨的原则,收头用抛光轮抛光。

7) 成品保护

金属栏杆和扶手安装后,不得当作脚手架使用;对于镜面不锈钢管扶手应用薄膜纸覆盖保护。

3. 石材护栏及扶手

石材楼梯护栏和扶手的主要材料有花岗石、大理石、人造石材等。

(1) 施工流程

材料准备→现场实测→深化设计→基层处理→定位放线→石材构件进场检查→护栏及扶手安装→验收。

(2) 操作要点

1) 材料准备

材料准备需要注意:石材楼梯护栏和扶手质地坚实,耐腐蚀、耐磨、耐久性好,板材色彩丰富,装饰效果醒目。楼梯常用饰面板材厚度为18～20mm。人造石材是仿大理石、花岗石经加工而制成的石材,它具有强度高、重量轻、耐腐蚀、加工性好、表面色彩可选性强等特点,但易老化变形。

2) 实测

对楼梯的三维尺寸全面实测,搞清楼梯各部分结构件的实际尺寸。

3) 深化设计

根据实测数据对照设计尺寸,对石材护栏(石柱)及扶手进行深化设计和电脑排版,经设计师确认"小样"后定样加工;并绘制施工放样图。根据设计师确认的电脑排版图和实测数据,绘制内外侧面展开图,加工时上、下留有余量(图6-25),以便安装时对花对纹调整达到要求后,按照设计尺寸统一弹线,现场切割成型。

4) 基层处理

根据设计师确认的深化设计,检查埋件是否齐全、牢固,孔位是否正确,如不符则应按设计需要补做;对基层找平处理,消除土建施工误差,使基层平整、牢固。

5) 定位放线

应根据施工放样图放样,并弹出护栏立柱或栏板安装的十字中心线,使各段石材立柱或

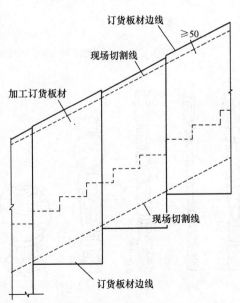

图6-25 石材楼梯外侧护栏订货加工示意图

栏板安装尺寸准确。

6）石材构件进场检查

安装前，应对进场构件进行检查，确保几何尺寸正确和原材料质量符合要求。

7）护栏及扶手安装

基座多采用水泥砂浆粘贴法，施工前基体表面凿毛且洁净，用水湿润，安装时临时固定；栏板与栏杆（石柱）有榫接的，应先安装起步栏杆及上层平台栏杆，然后上下拉通线，确保栏板斜率一致，起步栏杆安装后根据斜率控制线安装第一块栏板，接着再安装栏杆后安装栏板，依次而行由下往上，逐一安装完毕；栏板安装在扶梯侧边外的，根据设计要求，常采用新工艺，安装时焊接钢架后干挂栏板。扶手要用连接件在栏杆立柱上安装牢固。

8）成品保护

护栏及扶手安装后，应防止物体撞击损伤，必要时应覆盖包装纸保护。

4. 木护栏及扶手

木护栏及扶手要考虑实用、讲究美观；同时，能承受规定荷载，确保楼梯通行安全，木护栏木扶梯见图6-26；木护栏、木扶手选型参见图6-27、图6-28。

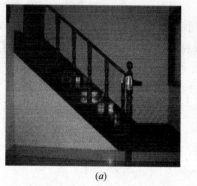 

图 6-26 木护栏

（a）环境色彩对比度适宜的木护栏；（b）与环境色彩融合的木护栏

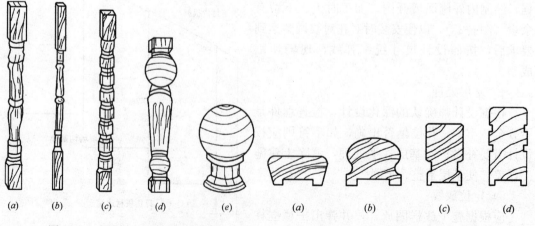

图 6-27 木护栏立柱选型示意图　　　　图 6-28 木扶手断面选型示意图

(1) 施工流程

材料准备→现场实测→深化设计→基层处理→定位放线→木护栏、木扶手构件进场检查→护栏及扶手安装→验收。

(2) 操作要点

1) 材料准备

材料准备需要注意：木护栏和木扶手常用材质密实又易加工的硬木制作，手感好，可漆性强。木护栏和木扶手一般均应工厂化加工生产。

2) 实测

对楼梯的三维尺寸全面实测，搞清楼梯各部分结构件的实际尺寸。

3) 深化设计

根据实测数据对照设计尺寸，对护栏、扶手进行深化设计和电脑排版，经设计师确认"小样"后定样加工；并绘制施工放样图。

4) 基层处理

根据设计师确认的深化设计，检查埋件是否齐全牢固，位置是否正确，如不符要求则应按照设计需要补做；对基层进行找平处理，消除土建施工的误差，同时使基层平整、牢固。

5) 定位放线

应根据施工放样图放样，并在基层（预埋件）上弹出护栏安装的十字中心线，使各段护栏安装尺寸准确。

6) 木护栏、木扶手进场检查

安装前，应对进场构件进行检查，确保几何尺寸正确和原材料质量符合要求。

7) 木护栏和木扶手安装

① 栏杆安装时，应先检查预埋件位置，然后安装接脚，用螺栓连接或焊接立柱接脚件，使接脚平面位置和标高正确，然后将栏杆安装在接脚上，应使栏杆垂直，并在十字中心线上。

② 木扶手安装，先要检查固定木扶手的扁钢是否牢固、平顺。首先安装底层起步弯头和上一层平台弯头，再拉通线，保证斜率，然后由下往上试安装扶手；试安装扶手达到要求后，用木螺钉固定木扶手，木螺钉应拧紧，螺钉头不能外露，螺钉间距宜小于400mm；木扶手断面宽度或高度超过70mm时，宜做暗榫加固；木扶手与墙、柱连接必须牢固，构造参见图6-29。

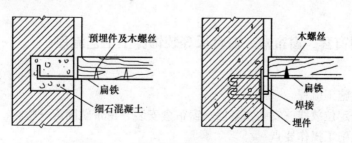

图6-29 木扶手与墙、柱连接示意图

③ 所有木扶手安装好后，要对所有构件连接处进行仔细检查，木扶手的拼接要顺滑，不顺滑处要用细刨加工，再用砂纸打磨光滑。

8）成品保护

木护栏、木扶手安装后，应防止物体撞击损伤，必要时应覆盖包装纸保护，禁止当脚手架使用。

6.6.2 成品卫生间隔断安装施工工艺流程

1. 工艺流程

现场检查→派线确位→安装标高→配件定位→安装调试→清理打胶→安装验收。

2. 施工要点

（1）现场检查：查看图纸复量尺寸，检查图纸与现场是否相符，检查瓷砖，卫生洁具等相关的成品有无损坏之处，特殊工艺的按照甲方和监理确认的施工图施工。

（2）派线确位：标好墙面尺寸，保持水平、垂直、大片应安在 两坑正中间（或按现场要求操作）。

（3）安装标高：根据测量的图纸检查卫生间隔断安装的标高尺寸。

（4）配件定位：按照标高，设计和监理确认通过的五金件（合页、门锁、拉手、支架、横梁）设计确认通过，安支架时保持两边间距尺寸一样，安大片直角时，保证在中间位置（分中），上下两端保持18cm（直角中心点），根据情况有管道，腰线应量好尺寸，再开口，缝口不超过0.1cm（直角），注意不要打坏墙砖或地砖，安合页时，门上下两端保持16cm，门下端与中小片高低一样，合页螺丝安装打眼时应控制在小于1cm深度，然后上螺丝，安锁时应注意如有台阶锁芯的位置距门下端85cm，如有残疾人坑，应与有台阶锁位置一样平行，锁一定要端正，灵活自如，锭横梁应在中小片上固定螺丝或钉子，锭塑板或角铝应从反面安圆头螺丝固定，注意塑板与中小片无缝平整。

（5）安装调试：调试固定门缝应2~2.5mm的距离，小腿固定至少两颗螺丝，门与中小片下端平齐，门的开启轻松自如，回归到位，对隔断门用线进行四边调正，门上下水平垂直，满足施工规范的要求。

（6）清理打胶：打胶时应上下一条线，粗细一样，直角处没有多余的胶，其作用是保证隔板与墙体之间更加的牢固、密封。

（7）安装完毕后指定专人看管，以防其他施工队伍在作业过程中损坏到本产品。

（8）安装验收：安装完的卫生间隔断我方进行自检，经我方检验合格后报予监理、甲方进行验收。

6.6.3 门窗套、窗帘盒、窗台板等装饰施工工艺流程

1. 窗帘盒

（1）窗帘盒施工流程

材料准备→定位放线→安装木基层→窗帘盒安装→窗帘轨固定→验收。

（2）窗帘盒施工操作要点

1）材料准备

材料准备需要注意：以窗帘轨分类时，有单轨、双轨或三轨窗帘盒。单轨窗帘盒的净

宽度不小于120mm，双轨窗帘盒净宽度应大于150mm。窗帘盒的净高度根据不同的窗帘确定，一般净高为120～200mm，垂直百叶窗帘盒和铝合金百叶窗帘盒净高度为150～200mm；窗帘盒长度由窗的洞口宽度确定，比窗的洞口宽度大250～360mm，落地窗帘盒长度为房间净宽。窗帘盒半成品一般是工厂化生产，现场组装施工。窗帘盒主要有木板（宜用多层板）、PVC板、铝合金板等制成。窗帘轨的滑轨通常由合金辊压制品和轧制型材、聚氯乙烯金属层积板或镀锌钢板及钢带、不锈钢钢板等材料制成，有工字式窗帘轨、调节式窗帘轨和封闭式窗帘轨等。

2) 定位放线

根据墙上1m线，测量出窗帘盒的底标高和顶面标高并弹线。将窗帘盒的平面规格投影到顶棚上，对于落地窗帘盒还应根据断面造型尺寸把断面投影到两侧墙面上；根据投影弹出窗帘盒的中心线及固定窗帘盒的位置线。

3) 木基层施工

沿中心线检查墙面预埋件，如缺失应补木楔，固定窗帘盒的埋件（或木楔）中距按窗帘轨层数而定，一般为400～600mm，然后钉木基层板；落地窗帘盒应沿中心线在天棚上钻孔钉入木楔（或安装时直接用膨胀螺栓固定），间隔不大于500mm。木楔和木基层板均应做防潮、防火、防蛀处理。

4) 组装和固定窗帘盒

根据图纸定位线组装，常用固定方法是用膨胀螺栓和木楔配木螺钉固定法。如明装成品窗帘盒过长过重，需用角铁固定牢；窗帘盒构造固定参见明装窗帘盒示意图（图6-30、图6-31）和暗藏窗帘盒示意图（图6-32、图6-33）。塑料窗帘盒、铝合金窗帘盒都有固定孔，通过固定孔将窗帘盒用膨胀螺栓或木螺钉固定于墙面。

5) 窗帘轨安装

① 有预装法和后装法两种，当窗宽大于1.2m时，窗帘轨中间应断开，断开处应煨弯错开，弯曲度应平缓，搭接长度不少于200mm。

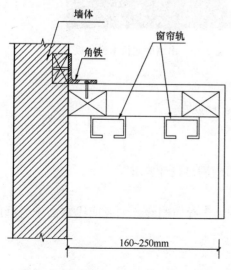

图6-30 明装（双轨）窗帘盒示意图

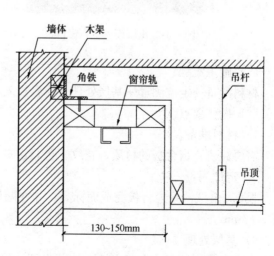

图6-31 暗藏（单轨）窗帘盒示意图

图 6-32 明装窗帘盒实物示例图

图 6-33 暗藏（单轨）窗帘盒实物示例图

② 采用电动窗帘轨，应严格按产品说明书组装调试。

6）成品保护

窗帘盒运到现场未安装前，应放入工地仓库妥善保管；安装后，禁止吊挂物件或搁置脚手板等。

2. 窗台板施工

窗台板宽度应根据窗内墙的宽度而定，有出墙面和平墙面两种装饰方案，一般为150mm，厚度 20~50mm 不等，长度应比窗两端各长出 50~60mm（图 6-34、图 6-35）。

图 6-34 出墙面人造石窗台板

图 6-35 出墙面通长木窗台板

（1）施工流程

材料准备→定位测量→基层处理→窗台板安装→验收。

（2）操作要点

1）材料准备

需要注意：窗台板的材质、花纹、色彩、规格应满足设计要求。

2）定位测量

根据 1m 线测量窗台板完成面标高，并在两侧墙上弹控制线。完成面线宜高于窗框底线 1~2mm。

3）基层处理

木窗台板安装时，在窗台墙上，预先埋入防腐木砖，间距 400mm 左右，每樘窗不少于两块；石材类、陶瓷类窗台板安装前，窗台墙基层应洒水湿润。

4) 窗台板安装

① 窗台板两端伸出的长度应一致，突出墙面尺寸一致；同房间内同标高的窗台板铺设时，应以控制线为基准拉通线找平。

② 室内窗台板面层向室内方向略有倾斜（泛水），坡度约1%。

③ 木窗台板固定用明钉与木砖钉牢，钉帽砸扁，顺木纹冲入板的表面，在窗台板的下面与墙交角处，应钉三角压条；石材类、陶瓷类窗台板安装时，基层做1：2水泥砂浆结合层，背面涂水泥浆料，水灰比0.4～0.5。

④ 窗台板铺设时，不宜伸入窗框底下；铺设后，窗台板与窗框接壤处，嵌防水胶密封。

⑤ 铺设后的窗台板表面平整、洁净、线条顺直、接缝严密、色泽一致，不得有裂缝、翘曲及损坏。

5) 成品保护

安装后，上部不得搁置钢管、脚手板等。

6.6.4 装饰线条施工工艺流程

装饰线条按使用部位分有：踢脚线、挂镜线、门窗套线、吊顶线、阴阳角线、收口收边线等；按材料分主要有各种木装饰线、石膏装饰线、塑料装饰线、金属装饰线和石材装饰线等。

1. 金属装饰线条施工

(1) 施工流程

材料准备→深化设计→基层处理→测量弹线→线条检查→线条安装→验收。

(2) 操作要点

1) 材料准备

材料准备要注意：金属装饰线按颜色分有金黄色、古铜色、银白色等多种；按作用分有压条、嵌条、包边条等；按材质分主要有不锈钢线条、铜合金线条和铝合金线条等。有关金属线条安装构造示意参见图6-36。

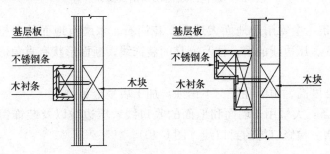

图6-36 有关金属线条安装构造示意图

① 不锈钢线条：不锈钢线条装饰用途广泛，装饰效果好，属高档装饰材料；不锈钢线条具有强度高、耐水、耐磨、耐腐蚀、耐候等特点。主要有角线、槽线和包边线等，用于装饰面的压边、收口、柱角线等处，参见图6-37～图6-39。

 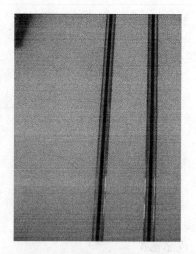

图 6-37　墙面不锈钢压条　　　　图 6-38　用于防火卷帘的不锈钢槽线

图 6-39　玻化砖墙面不锈钢（抛光）嵌条

② 铜合金线条：主要用于地面大理石、花岗石、水磨石地面的分格线，楼梯踏步的防滑条，有压角线、压边线的墙、柱及家具的装饰线；断面形状有直角形、倒 T 形、L 形和槽形等。

铜合金线条强度高、耐磨性好、不锈蚀，加工后呈金黄色。

③ 铝合金线条：大量用于墙面和地面的收口线、压边线以及装饰镜面的包边线、天棚（吊顶）中灯槽、检修口等的封口线（图 6-40）。

2）深化设计

通过电脑深化设计图纸，反映装饰线所用部位的装饰效果，经设计师确认类型和规格后定样加工。

3）基层处理

检查基层面是否牢固，是否有凹凸不平现象，进行必要的修正，要求基层洁静、牢固、平整。

4）测量弹线

测量出装饰线的位置并弹线。

5）线条检查

施工前，对线条进行挑选，尺寸准确、表面无划痕和碰印。不锈钢线条表面一般都贴有一层塑料保护膜，如线条表面没有保护膜，施工前需贴上一层塑料胶带作为保护层，防止在施工中损坏线条表面。

6）不锈钢线条安装

① 一般以木基层作为衬底，均采用表面无钉的收口、收边方法。木衬条的宽、厚尺寸略小于不锈钢线条内径尺寸；在木衬条上涂环氧树脂胶（或专用胶），在不锈钢条槽内涂胶，再将该不锈钢线条安装在木衬条上；有造型的不锈钢线条，相应地木衬条也应做出造型来。

图 6-40　铝合金压边（左）线及收口线（右）

② 不锈钢线条在转角处的对接拼缝，应用 45°角拼，截口时应在 45°定角器上，用钢锯条截断，并注意在截断操作时不要损伤表面。

③ 不锈钢线槽截断操作禁止使用砂轮片切割机，防止受热后变色；对切断后的拼接面，用锉修平。

④ 各种装饰线的自身接口位置，应尽量远离人的视平线，或置于室内不显眼位置处。

7）成品保护

运入现场的不锈钢线条，应堆放平整，防止堆放不当变形，安装后防止受撞击损伤。

2. 木装饰线

木装饰线主要用作封口封边线、阴角线、阳角线、包角线、腰线、镶板线、挂镜线等。

木装饰线按使用要求可制作成直角线、斜角线、半圆线、多角线、雕花线等。木装饰线的规格尺寸及外形很多，阴角线断面构造形状参见图 6-41。

（1）施工流程

材料准备→深化设计→基层处理→测量弹线→线条进场检查与试安装→木装饰线条安装→验收。

（2）操作要点

1）材料准备

材料准备需要注意：木装饰线一般选用木质较硬、易加工、木纹细腻、切面光滑、粘结性好、钉着力强、经干燥处理后耐腐蚀、着色好的木材。因此，木装饰线表面光滑、边角和弧面及线型既挺直又轮廓分明。木装饰线可油漆成木纹木色和多种色彩。

2）深化设计

图纸尽可能通过电脑深化，反映装饰线所用部位的装饰效果，经设计师确认类型和规格后定样加工。

3）基层处理

检查基层面是否固定牢固，对缝处是否有凹凸不平现象；要求基层牢固平整。

4）测量弹线

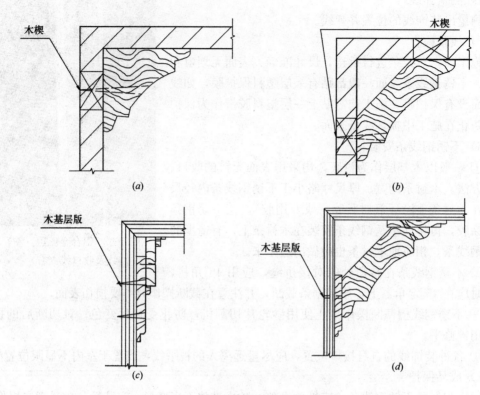

图 6-41 阴角线断面构造形状示例图

测量出木装饰线的位置并弹线。

5）线条检查与试安装

装饰线条进场经验收合格并试安装，检验实际效果达到要求后再继续安装。

6）木装饰线安装固定

① 木装饰线以木基层为衬底，在条件允许时，采取胶粘固定；用钉固定时采用气钉枪钉，将钉头打扁再钉，钉的位置应在木装饰线的凹槽部位或背视线内侧。

② 木装饰线的对拼方式，按部位不同有直拼和角拼。直拼：木装饰线在对口处应开成 45°或 30°角；截面加胶后拼口，拼口处要求光滑顺直，不得有错位现象。角拼：对角拼接时，把木线条放在 45°定位器上，用细锯锯裁，裁口处不得有毛边；两条角拼的木线裁好口后，在截面上涂胶后进行对拼，拼口处同样不得有错位和离缝现象。

③ 对口拼接位置，应置于室内不显眼位置处，远离人的通视范围。

④ 收口线在转角、转位处要连接贯通、圆顺自然、不能断头、错位，或线条宽窄不等。

⑤ 相互平行或垂直的线条应色彩搭配适当、粗细比例适度。

7）成品保护

施工过程要保护木线条，防止受压弯曲变形，不得因施工造成线条外伤。

6.6.5 石膏装饰线条施工

石膏装饰线是以特制熟石膏粉为主要基料,掺入一定比例的外加剂,加入少量增强材料(玻璃纤维),加水搅拌均匀后注入成型模具而制成。形状尺寸可任由设计师定,外观为纯白色。石膏线质地洁白,美观大方,有着独特的装饰效果。

石膏装饰线主要适用于室内顶棚(吊顶)周边装饰、墙壁挂镜线、门窗装饰和柱、梁顶部装饰等,见图 6-42。

石膏装饰线按外观造型分为直线形、圆弧形两种,花纹图案品种多、规格尺寸可选性强。

1. 施工流程

材料准备→深化设计→基层处理→测量弹线→试拼对花→配胶粘剂→石膏装饰线条安装→验收。

2. 操作要点

(1) 材料准备

材料准备需要注意:石膏装饰线具有不变形、不开裂、无缝隙、耐久性强、完整性好、防火、防潮、防蛀、吸声、质轻、不腐、易安装等优点。施工容易,是一种无污染装饰材料。

图 6-42 吊顶周边阴角石膏装饰线示例图

石膏线的主要物理力学性能指标,见表 6-3。

石膏线主要物理力学性能指标表　　表 6-3

技术性能	含水率 (%)	表观密度 (g/m²)	吸湿率 (%)	静曲强度 (N/mm²)	导热系数 W/(m·K)	防火极限 (级)
指标	2.0	1.0	2.5	6.5	均值 0.28	A

(2) 深化设计

图纸尽可能通过电脑翻样,反映装饰线所用部位的装饰效果,经设计师确认类型和规格后定样加工。

(3) 基层处理

检查基层面是否固定牢固,要求基层洁静、牢固、平整。

(4) 测量弹线

在墙面上测量出石膏线的空间位置并弹线。

(5) 试拼对花

对设计有图案要求的石膏线,进入现场后应试拼对花对纹。

(6) 配胶粘剂

在盛少量水的桶中均匀撒石膏粘粉,使其完全覆盖水面,待粘粉刚好被水浸透(或用玻纤石膏水),稍候即可使用。

(7) 铺贴石膏线

严格按弹线位置铺贴，贴线后应采取措施临时固定，静置 10～15min 后可取下支撑。对于不宜使用胶粘的，可用多层板做基层，将石膏线条用螺丝固定于木基层上。

(8) 成品保护

施工过程要保护石膏线条，防止撞击破损。

3. 塑料装饰线条

6.7 幕墙工程

6.7.1 幕墙工程的概述

幕墙是一种悬挂在建筑结构框架外侧的外墙围护构件，它的自重和所承受的风荷载、地震作用等通过锚接点以点传递方式传至建筑物主框架，幕墙构件之间的接缝和连接用现代建筑技术处理，使幕墙形成连续的墙面。建筑幕墙的种类见图 6-43。

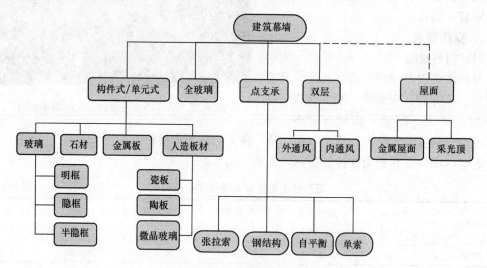

图 6-43 建筑幕墙种类

国家标准《建筑幕墙》GB/T 21086—2007 对建筑幕墙的分类及标记作了规定。

1. 分类及标记

(1) 按主要支承结构形式分类及标记代号见表 6-4。

建筑幕墙主要支承结构形式分类及标记代号　　表 6-4

主要支承结构	构件式	单元式	点支承	全玻	双层
代　号	GJ	DY	DZ	QB	SM

(2) 按密闭形式分类及标记代号见表 6-5。

密闭形式分类及标记代号　　表 6-5

密闭形式	封闭式	开放式
代　号	FB	KF

(3) 按面板材料分类及标记代号：
1) 玻璃幕墙，代号为 BL；
2) 金属板幕墙，代号应符合表 6-6 的要求；
3) 石材幕墙，代号为 SC；
4) 人造板材幕墙，代号应符合表 6-7 的要求；
5) 组合面板幕墙，代号为 ZH。

金属板面板材料分类及标记代号 表 6-6

材料名称	单层铝板	铝塑复合板	蜂窝铝板	彩色涂层钢板	搪瓷涂层钢板	锌合金板	不锈钢板	铜合金板	钛合金板
代号	DL	SL	FW	CG	TG	XB	BG	TN	TB

人造板材材料分类及标记代号 表 6-7

材料名称	瓷板	陶板	微晶玻璃
标记代号	CB	TB	WJ

(4) 面板支承形式、单元部件间接口形式分类及标记代号见表 6-8～表 6-13。

构件式玻璃幕墙面板支承形式分类及标记代号 表 6-8

支承形式	隐框结构	半隐框结构	明框结构
代号	YK	BY	MK

石材幕墙、人造板材幕墙面板支承形式分类及标记代号 表 6-9

支承形式	嵌入	钢销	短槽	通槽	勾托	平挂	穿透	蝶形背卡	背栓
代号	QR	GX	DC	TC	GT	PG	CT	BK	BS

单元式幕墙单元部件间接口形式分类及标记代号 表 6-10

接口形式	插接型	对接型	连接型
标记代号	CJ	DJ	LJ

点支承玻璃幕墙面板支承形式分类及标记代号 表 6-11

支承形式	钢结构	索杆结构	玻璃肋
标记代号	GG	RG	BLL

全玻幕墙面板支承形式分类及标记代号 表 6-12

支承形式	落地式	钢结构
标记代号	LD	GG

双层幕墙分类及标记代号 表 6-13

通风方式	外通风	内通风
代号	WT	NT

2. 标记方法

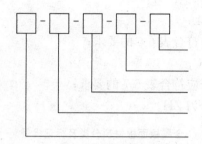

3. 标记示例

GB/T 21086 GJ-YK-FB-BL-3.5（构件式-隐框-封闭-玻璃，抗风压性能 3.5kPa）

GB/T 21086 GJ-BS-FB-SC-3.5（构件式-背拴-封闭-石材，抗风压性能 3.5kPa）

GB/T 21086 GJ-YK-FB-DL-3.5（构件式-隐框-封闭-铝单层板，抗风压性能 3.5kPa）

GB/T 21086 GJ-DC-FB-CB-3.5（构件式-短槽式-封闭-瓷板，抗风压性能 3.5kPa）

GB/T 21086 DY-DJ-FB-ZB-3.5（单元式-对接型-封闭-组合，抗风压性能 3.5kPa）

GB/T 21086 DZ-SG-FB-BL-3.5（点支式-索杆结构-封闭-玻璃，抗风压性能 3.5kPa）

GB/T 21086 QB-LD-FB-BL-3.5（全玻璃-落地-封闭-玻璃，抗风压性能 3.5kPa）

GB/T 21086 SM-MK-NT-BL-3.5（双层-明框-内通风-玻璃，抗风压性能 3.5kPa）

6.7.2 预埋件、连接件及龙骨的安装施工工艺流程

1. 预埋件的安装

（1）为了保证幕墙构架与主体结构连接，设置预埋件的混凝土不宜低于 C30。

（2）预埋件锚板厚度，锚固长度等应经设计计算确定。

（3）一般预埋件的锚筋不少于 4 根，不宜多于 8 根，其直径不宜小于 8mm，也不宜大于 25mm。

（4）锚筋与锚板的焊缝高度不小于 $0.5d$，且不宜大于 6mm。

（5）锚筋长度不宜小于 250mm，当未充分利用锚筋受拉强度或受剪、受压锚筋，其长度不应小于 180mm。

（6）锚板厚度应大于锚筋直径的 0.6 倍。

（7）锚筋中心至锚板边缘距离不应小于 $2d$，且不小于 20mm。

（8）对于受拉和受弯预埋件锚板的厚度应大于两锚筋间距的 1/8，其锚筋的间距和锚筋至构件边缘的距离均不应小于 $3d$，且不小于 45mm。

（9）对于受剪预埋件的锚筋间距不应大于 300mm，且上、下两筋间距和锚筋距构件下边缘距离不应小于 $6d$ 及 70mm，左右两筋间距和锚筋距构件侧边缘距离不应小于 $3d$ 及 45mm。

（10）预埋件的标高偏差不应大于 10mm，预埋件位置与设计位置的偏差不应大于 20mm。预埋件的锚筋应放在外排主筋的内侧。

（11）预埋件、连接件之间的焊缝应平整，焊渣应清除干净。

（12）后置埋件使用化学锚栓锚固时，锚栓的埋设应牢固、可靠，不得露套管。

2. 连接件的安装

（1）在安装幕墙连接件及预埋件的连接时，需预安装，对偏差较大的预埋件可采用焊垫片，或补打膨胀螺栓的方法予以调整，使连接角钢与立柱连接螺孔中心线标高偏差±3mm，角钢上开孔中心垂直方向±2mm，左右方向±3mm，以便在立柱安装时，可三维方向调整，使立柱正、侧面的垂直度、标高达到设计要求。

（2）焊接垫片应有足够的接触面和焊接面，其强度应达到预埋件锚板要求。禁止采用楔形垫片和点焊连接。不允许先用钢板对夹立柱，然后再进行钢板焊接定位的施工工艺，以免造成位移和烧坏立柱氧化膜。

（3）角钢连接件与立柱接触面之间，应加设耐热、耐久、绝缘和防腐的硬质有机材料垫片。不同金属接触面应采用绝缘垫片做隔离措施。螺栓紧固应有防松措施。

（4）预埋件与幕墙连接还应该注意以下事项：

1）连接件、绝缘片、紧固件的规格、数量应符合设计要求。

2）连接件应安装牢固。螺栓应有防松脱措施。

3）连接件的可调节构造应用螺栓固定连接，并有防滑动措施，角码调节范围应符合使用要求。

4）连接件与预埋件之间的位置偏差使用钢板或型钢焊接调整时，构造形式与焊缝应符合设计要求。

5）预埋件、连接件表面防腐层应完整、不破损。

6）预埋件与幕墙连接，应在预埋件与幕墙连接节点处观察，手动检查，并应采用分度值为1mm的钢直尺和焊缝量规测量。

3. 龙骨的安装

（1）龙骨安装时，相邻两根立柱安装标高偏差不应大于3mm，同层立柱标高偏差不应大于5mm。轴线前后偏差不应大于2mm，左右偏差不应大于2mm。

（2）竖向龙骨垂直度偏差：当高度小于30m时，不应大于10mm；高度小于60m时，不应大于15mm；高度小于90m时，不应大于20mm；高度大于90m时，不应大于25mm。

（3）竖向龙骨外表面偏度：相邻三立柱，应小于2mm；当宽度小于20m时，应小于5mm；宽度小于40m时，应小于7mm；宽度小于60m时，应小于9mm；宽度大于60m时，应小于10mm。圆弧形曲面度偏差不应大于2mm。

（4）相邻两根横向龙骨间距：当小于2m时，偏差不大于1.5mm；当大于2m时，偏差不大于2mm。相邻两横向龙骨的水平高差不应大于1mm。同层横向龙骨水平高差：当长度小于35m时，不应大于5mm；当长度大于35m时，不应大于7mm。横向龙骨水平度：当龙骨长度小于2m时，应不大于2mm，龙骨长度大于2m时，不应大于3mm。

（5）竖向龙骨直线度2m内，不大于2.5mm。分格对角线差：当对角线长度小于2m时，应小于3mm；对角线长度大于2m时，应小于3.5mm。

（6）立柱与立柱接头应有一定的空隙，一般控制在20mm，并用密封胶填嵌密实平整。立柱与立柱接头应采用芯柱连接，芯柱应采用铝合金或不锈钢材料，不得采用热镀锌碳素钢或其他钢材。芯柱与上、下柱内壁应紧密接触，其插入上、下柱的长度不少于2倍的立柱截面高度。当立柱需要加强时，其加强材料必须是不锈钢或铝合金，不得采用其他材料，以防电腐蚀。

注：上下立柱之间应有不小于15mm的缝隙，并应采用芯柱连接。芯柱总长度不应小

于 400mm。芯柱与立柱应紧密接触。芯柱与下柱之间应采用不锈钢螺栓固定。

（7）立柱安装调整就位后，应及时紧固。凡焊接或高强度螺栓紧固后，应及时进行防锈处理。凡铝合金接触的螺栓及金属配件应采用不锈钢或轻金属制品。

（8）立柱上固定横梁角码必须水平，位置正确，这是横梁安装准确的保证。横梁与立柱之间应设置橡胶垫，并应安装严密，不渗漏。

注：立柱应采用螺栓与角码连接，并再通过角码与预埋件或钢构件连接。螺栓直径不应小于 10mm，连接螺栓应按现行国家标准《钢结构设计规范》GB 50017 进行承载力计算。立柱与角码采用不同金属材料时应采用绝缘垫片分隔。

6.7.3 玻璃的安装施工工艺流程

1. 材料的检验

（1）玻璃幕墙工程使用的玻璃，应进行厚度、边长、外观质量、应力和边缘处理情况的检验。

（2）玻璃厚度的允许偏差，应符合下表 6-14 规定。

玻璃厚度的允许偏差　　　　　　　　　　表 6-14

玻璃厚度	允许偏差（mm）		
	单片玻璃	中空玻璃	夹层玻璃
5	±0.2	$\Delta<17$ 时±1.0 $\delta=17\sim22$ 时±1.5 $\delta>22$ 时±2.0	厚度偏差不大于玻璃原片允许偏差和中间层允许偏差之和。中间层总厚度小于 2mm，允许偏差±0；中间层总厚度大于或等于 2mm 时，允许偏差±0.2mm
6	±0.2		
8	±0.35		
10	±0.35		
12	±0.4		
15	±0.6		
19	±1.0		

注：δ 是中空玻璃的公称厚度，表示两片玻璃厚度与间隔框厚度之和。

（3）检验玻璃厚度应采用下列方法：

玻璃安装或组装前，可采用分辨率为 0.02mm 的游标卡尺测量被检玻璃每边的中点，测量结果取平均值，修约到小数点后二位。

对已安装的幕墙玻璃，可用分辨率为 0.1mm 的玻璃测厚仪在被检玻璃上随机取 4 点进行检测，取平均值，修约至小数点后一位。

玻璃边长的检验，应在玻璃安装或组装以前，用分度值为 1mm 的钢卷尺沿玻璃周边测量，取最大偏差值。

2. 玻璃板块的安装

玻璃幕墙的安装，必须提交工程所采用的玻璃幕墙产品的空气渗透性能、雨水渗透性能和风压变形性能的检验报告，还应根据设计的要求，提交包括平面内变形性能、保温隔热性能等的检验报告。

每副幕墙均应按不同分格各抽查 5%，且总数不得少于 10 个。

竖向构件或拼缝、横向构件或拼缝各抽查 5%，且不应少于 3 条；开启部位应按种类各抽查5%，且每一种类不应少于3樘。

（1）明框玻璃幕墙安装质量应符合下列规定：

1）玻璃与构件槽口的配合尺寸应符合设计及规范的要求，玻璃嵌入量不得小于15mm。

2）每块玻璃下部应设不少于两块弹性定位垫块，垫块的宽度与槽口的宽度相同，长度不应小于100mm，厚度不应小于5mm。

3）橡胶条镶嵌应平整、密实，橡胶条长度宜比边框内槽口长1.5%～2.0%，其断口应留在四角；拼角处应粘结牢固。

4）不得采用自攻螺钉固定承受水平荷载的玻璃压条。压条的固定方式、固定点数量应符合设计要求。

检验玻璃幕墙的安装质量，应采用观察检查、查施工记录和质量保证资料的方法，也可打开采用分度值为1mm的钢直尺或分辨率为0.5mm的游标卡尺测量垫块长度和玻璃嵌入量。

（2）明框玻璃幕墙拼缝质量应符合下列规定：

1）金属装饰压板应符合设计要求，表面应平整，色彩应一致，不得有变形、波纹和凹凸不平，接缝应均匀严密。

2）明框拼缝外露框料或压板应横平竖直，线条通顺，并应满足设计要求。

3）当压板有防水要求时，必须满足设计要求；排水孔的形状、位置、数量应符合设计要求，且排水通畅。

检查明框玻璃幕墙拼缝质量时，应与设计图纸核对，观察检查，也可打开检查。

（3）全玻幕墙、点支撑玻璃幕墙安装质量检验指标，应符合下列规定：

1）幕墙玻璃与主体结构连接处应嵌入安装槽口内，玻璃与槽口的配合尺寸应符合设计和规范要求，其嵌入深度不小于18mm。

2）玻璃与槽口间的空隙应有支撑垫块和定位垫块，其材质、规格、数量和位置应符合设计和规范要求，不得用硬性材料填充固定。

3）玻璃肋的宽度、厚度应符合设计要求，玻璃结构密封胶的宽度、厚度应符合设计要求，并应嵌填平顺、密实、无气泡、不渗漏。

4）单片玻璃高度大于4m时，应使用吊夹或采用点支撑方式使玻璃悬挂。

5）点支撑玻璃幕墙应使用钢化玻璃，不得使用普通浮法玻璃。玻璃开孔的中心位置距边缘距离应符合设计要求，并不得小于100mm。

6）点支撑玻璃幕墙支撑装置安装的标高偏差不应大于3mm，其中心线的水平差不应大于3mm。相邻两支撑装置中心线间距偏差不应大于2mm。支撑装置与玻璃连接件的结合面水平偏差应在调节范围内，并不应大于10mm。

7）点支撑玻璃幕墙相邻两爪座水平高低差不应大于1.5mm。水平度不应大于2mm。

8）检验全玻璃幕墙、点支撑玻璃幕墙的安装质量，应采用下列方法：

① 用表面应力检测仪检查玻璃应力。

② 与设计图纸核对，检查质量保证资料。

③ 用水平仪、经纬仪检查高度偏差。

④ 用分度值为1mm的钢直尺或钢卷尺检查尺寸偏差。

(4) 开启部位安装质量的检验标准,应符合下列规定:

1) 开启窗、外开门应固定牢固。附件齐全,安装位置正确;窗、门框固定螺丝的间距应符合设计要求并不应大于300mm,与端部距离不应大于180mm;开启窗开启角度不宜大于30°,开启距离不宜大于300mm;外开门应安装限位器或闭门器。

2) 窗、门扇应开启灵活,端正美观,开启方向、角度应符合设计要求;窗、门扇关闭应严密,间隙均匀,关闭后四角密封条均处于压缩状态。密封条接头应完好、整齐。

3) 窗、门框的所有型材拼缝和螺钉孔宜注耐候密封胶,外表整齐美观。除不锈钢材料外,所有附件和固定件应作防腐处理。

4) 窗扇与框架搭接宽度差不应大于1mm。

检查开启部位安装质量时,应与设计图纸核对,观察检查,并用分度值为1mm的钢直尺测量。

(5) 玻璃幕墙与周边密封质量的检验指标,应符合下列规定:

1) 玻璃幕墙四周与主体之间的缝隙,应采用防火保温材料严密填塞,水泥砂浆不得与铝型材直接接触,不得采用干硬性材料填塞。内外表面应采用密封胶连续封闭,接缝严密不渗漏,密封胶不应污染周围相邻表面。

2) 幕墙转角、上下、侧边、封口及与周边墙体的连接构造应牢固并满足密封防水要求,外表应整齐美观。

3) 幕墙玻璃与室内装饰之间的间隙不宜少于10mm。

检查玻璃幕墙与周边密封质量时,应核对设计图纸,观察检查,并用分度值为1mm的钢直尺测量。

(6) 玻璃幕墙外观质量的检验指标,应符合下列规定:

1) 玻璃的品种、规格与色彩应符合设计要求,整幅幕墙玻璃颜色应基本均匀,无明显色差;色差不应大于3Cielab色差单位;玻璃不应有析碱、发霉和镀膜脱落等现象。

2) 钢化玻璃表面不得有伤痕。

3) 热反射玻璃的膜面不得暴露于室外。

4) 热反射玻璃膜面应无明显变色、脱落现象。

5) 型材表面应清洁,无明显擦伤、划伤(要求见表6-15);铝合金型材及玻璃表面不应有铝屑、毛刺、油斑、脱膜及污垢。型材色彩应符合设计要求并应均匀。

型材表面质量要求表 表6-15

项目	质量要求
擦伤,划痕深度	≤氧化膜厚的2倍
擦伤总面积(mm^2)	≤500
划伤总长度(mm)	≤150
擦伤和划伤处数	不超过4处

幕墙隐蔽节点的遮封装饰应整齐美观。

(7) 检验玻璃幕墙外观质量,应采用下列方法:

1) 在较好自然光下,距幕墙600mm处观察表面质量,必要时用精度0.1mm的读数显微镜观测玻璃、型材的擦伤、划痕。

2) 对热反射玻璃膜面，在光线明亮处，以手指按住玻璃面，通过实影、虚影判断膜面朝向。

3) 观察检查玻璃颜色，也可用分光测色仪检查玻璃色差。

(8) 玻璃幕墙保温、隔热构造安装质量的检验指标，应符合下列规定：

1) 幕墙安装内衬板时，内衬板四周宜套装弹性橡胶密封条，内衬板应与构件接缝严密。

2) 保温材料应安装牢固，并应与玻璃保持30mm以上的距离。保温材料的填塞应饱满、平整、不留间隙，其填塞密度、厚度应符合设计要求。在冬季取暖的地区，保温棉板的隔气铝箔面应朝向室内，无隔气铝箔面时应在室内侧有内衬隔气板。

检验玻璃幕墙保温、隔热构造安装质量，应采取观察检查的方法，并应与设计图纸核对，查施工记录，必要时可打开检查。

6.7.4 石材、金属面板的安装施工工艺流程

严禁采用全隐框玻璃幕墙设计；明框和半隐框玻璃幕墙外片玻璃应采用夹层玻璃、均质钢化玻璃或超白玻璃；外开启扇应有防玻璃脱落的构造措施。对石材幕墙应限制其应用高度，严禁建筑外墙石材采用湿贴工艺，无立柱干挂石材高度不得高于30m。

1. 石板的加工质量

(1) 每块板材正面外观缺陷的要求见表6-16。

板材外观缺陷要求表　　　　表6-16

项目	缺陷内容	质量要求
缺棱	长度不超过10mm，宽度不超过1.2mm（长度小于5mm不计，宽度小于1.0不计），周边每米长允许个数（个）	1个
缺角	面积不超过5mm×2mm（面积小于2mm×2mm不计），每块板允许个数（个）	1个
色斑	面积不超过20mm×30mm，（面积小于10mm×10mm不计），每块板允许个数（个）	1个
色线	长度不超过两段顺延至板边总长的1/10，（长度小于40mm的不计），每块板允许条数（条）	2条
裂纹		不允许
窝坑	板面的正面出现窝坑	不明显

检查数量：全数检查。

检查方法：测量、观察。

(2) 石板的加工应符合下列规定：

1) 石板连接部位应无崩坏、暗裂等缺陷；其他部位崩边不大于5mm×20mm，或缺角不大于20mm时可修补后使用，但每层修补的石板数不应大于2%，且宜用于里面不明显部位。

2) 石板的长度、宽度、厚度、直角、异型角、半圆弧形状、异型材及花纹图案造型、石板的外形尺寸均应符合设计要求。

3）石板外表面的色泽应符合设计要求，花纹图案应按样板检查。石板四周不得有明显的色差。

4）火烧石应按样板检查火烧后的均匀程度，火烧石不得有暗裂、崩裂。

5）石板的编号应同设计一致，不得因加工造成混乱。

6）石板应结合其组合形式，并应确定工程使用的基本形式后进行加工。

（3）钢销式安装的石板加工应符合下列规定：

1）钢销的孔位应根据石板的大小而定。孔位距离边端不得小于石板厚度的3倍，也不得大于180mm；钢销间距不宜大于600mm；边长不大于1.0m时每边应设两个钢销，边长大于1.0m时应采用复合连接。

2）石板的钢销孔的深度宜为22～23mm，孔的直径宜为7mm或8mm，钢销直径宜为5mm或6mm，钢销长度宜为20～30mm。

3）石板的钢销孔处不得有损坏或崩裂现象，孔径内应光滑、洁净。

（4）通槽式安装的石板加工应符合下列规定：

1）石板的通槽宽度宜为6mm或7mm，不锈钢支撑板厚度不宜小于3.0mm，铝合金支撑板厚度不宜小于4.0mm；

2）石板开槽后不得损坏或崩裂，槽口应打磨成45°倒角；光滑、洁净。

（5）短槽式安装的石板加工应符合下列规定：

1）每块石板上下边应各开两个短平槽，短平槽长度不应小于100mm，在有效长度内槽深度不宜小于15mm；开槽宽度宜为6mm或7mm；不锈钢支撑板厚度不宜小于3.0mm，铝合金支撑板厚度不宜小于4.0mm。弧形槽的有效长度不应小于80mm。

2）两短槽边距离石板两端部的距离不应小于石板厚度的3倍且不应小于85mm，也不应大于180mm。

3）石板开槽后不得损坏或崩裂，槽口应打磨45°倒角，槽内光滑洁净。

4）已加工好的石板应立置通风良好的仓库内，堆放角度不应小于85°。

（6）石板的转角宜采用不锈钢支撑件或铝合金型材专用件组装，并符合下列要求：

1）当采用不锈钢支撑件组装时，不锈钢支撑件的厚度不应小于3mm；

2）当采用铝合金型材专用件组装时，铝合金型材壁厚不应小于4.5mm，连接部位的壁厚不应小于5mm。

（7）单元石板幕墙的加工组装应符合下列规定：

1）有防火要求的全石板幕墙单元，应将石板、防火板、防火材料按设计要求组装在铝合金框架上；

2）有可视部分的混合幕墙单元，应将玻璃板、石板、防火板及防火材料按设计要求组装在铝合金框架上；

3）幕墙单元内石板之间可采用铝合金T形连接件连接；其厚度应根据石板的尺寸及重量经过计算后确定，且其最小厚度不应小于4.0mm；

4）幕墙单元内，边部石板与金属框架的连接，可采用铝合金L形连接件，其厚度应根据石板尺寸及重量经计算后确定，其最小厚度不小于4.0mm；不锈钢挂件厚度不应小于3.0mm。

注：石板经切割或开槽等工序后均应将石屑用水冲干净，石板与不锈钢挂件间应采用

环氧树脂型石材专用结构胶粘结。云石胶具有快速固化、脆性大等特点，适用于石材定位、修补等非结构承载粘结。由于石材幕墙金属挂件与石材间是结构承载粘结固定，根据国家标准要求不应使用云石胶。

2. 金属板的加工质量

(1) 金属板的表面质量应符合表 6-17 规定。

金属板的表面质量（m²） 表 6-17

序号	项目	质量要求	检查方法
1	明显划伤和长度>100mm 的轻微划伤	不允许	观察
2	长度≤100mm 的轻微划伤	≤8 条	用钢直尺
3	擦伤总面积	≤500mm²	用钢直尺

(2) 金属板的加工质量应符合下列要求：

金属板材的品种、规格及色泽应符合设计要求；铝合金板材表面氟碳树脂涂层厚度应符合设计要求。

金属板材加工允许偏差应符合表 6-18 规定。

金属板材加工允许偏差（mm） 表 6-18

项目		允许偏差
边长	≤2000	±2.0
	>2000	±2.5
对边尺寸	≤2000	≤2.5
	>2000	≤3.0
对角线长度	≤2000	2.5
	>2000	3.0
折弯高度		≤1.0
平面度		≤2/1000
孔的中心距		±1.5

(3) 单层铝板的加工应符合下列规定：

1) 单层铝板折弯加工时，折弯外圆弧半径不应小于板厚的 1.5 倍。

2) 单层铝板加劲肋的固定可采用电栓钉，但应确保铝板外表面不应变形、褪色，固定应牢固。

3) 单层铝板的固定耳子应符合设计要求。固定耳子可采用焊接、铆接或在铝板上直接冲压而成，并应位置准确，调整方便，固定牢固。

4) 单层铝板构件四周边应采用铆接、螺栓或胶粘与机械连接相结合的形式固定，并应做到构件刚性好，固定牢固。

(4) 铝塑复合板的加工应符合下列规定：

1) 在切割铝塑复合板内层铝板和聚乙烯塑料时，应保留不小于 0.3mm 厚的聚乙烯塑料，并不得划伤外层铝板的内表面。

2) 打孔、切口等外露聚乙烯塑料及角缝，应用中性硅酮耐候密封胶密封。

3) 在加工过程中铝塑复合板严禁与水接触。

(5) 蜂窝铝板的加工应符合下列规定：

1) 应根据组装要求决定切口的尺寸和形状，在切除铝芯时不得划伤蜂窝铝板外层铝板的内表面；各部位外层铝板上，应保留 0.3～0.5mm 的铝芯。

2) 直角构件加工，折角应弯成圆弧状，角缝应采用硅筒耐候密封胶密封。

3) 大圆弧角构件的加工，圆弧部位应填充防火材料。

4) 边缘的加工，应将外层铝板折合 180°，并将铝芯包封。

金属幕墙的女儿墙部分，应用单层铝板或不锈钢板加工成向内倾斜的盖顶。

(6) 金属幕墙的吊挂件、安装件应符合下列规定：

1) 单元金属幕墙使用的吊挂件、支撑件，宜采用铝合金件或不锈钢件，并应具备可调整范围。

2) 单元幕墙的吊挂件与预埋件的连接应采用穿透螺栓。

3) 铝合金立柱的连接部位的局部壁厚不得小于 5mm。

3. 幕墙构件的检验

幕墙安装前施工单位应当委托有资质的检测机构进行结构胶相容性检测，以及幕墙气密性能、水密性能、抗风压性能、平面内变形性能和热工性能检测。

金属与石材幕墙构件应按同一种类构件的 5% 进行抽样检查，且每种构件不得少于 5 件。当有一个构件抽检不符合上述规定时，应加倍抽样复验，全部合格后方可出厂。构件出厂时，应附有构件合格证书。

4. 安装施工准备

(1) 搬运、吊装构件时不得碰撞、损坏和污染构件。

(2) 构件储存时应按照安装顺序排列放置，放置架应有足够的承载力和刚度。在室外储存时应采取保护措施。

(3) 构件安装前应检查制造合格证，不合格的构件不得安装。

金属、石材幕墙与主体结构连接的预埋件，应在主体结构施工时按设计要求埋设。预埋件应牢固，位置准确，预埋件的位置误差应按设计要进行复查。当设计无明确要求时，预埋件位置差不应大于 20mm。

5. 幕墙安装

安装施工测量应与主体结构的测量配合，其误差应及时调整。

(1) 金属与石材幕墙龙骨的安装应符合下列规定：

(2) 立柱安装标高偏差不应大于 3mm，轴线前后偏差不应大于 2mm，左右偏差不应大于 3mm。

(3) 相邻两根立柱安装标高偏差不应大于 3mm，同层立柱的最大标高偏差不应大于 5mm，相邻两根立柱的距离偏差不应大于 2mm。

1) 应将横梁两端的连接件及垫片安装在立柱的预定位置，并应安装牢固，其接缝应严密。

2) 相邻两根横梁的水平标高偏差不应大于 1mm。同层标高偏差：当一幅幕墙宽度小于或等于 35m 时，不应大于 5mm；当一幅幕墙宽度大于 35m 时，不应大于 7mm。

(4) 金属板与石板安装应符合下列规定：

1) 应对横竖连接件进行检查、测量、调整。
2) 金属板、石板安装时,左右、上下的偏差不应大于1.5mm。
3) 金属板、石板空缝安装时,必须有防水措施,有符合设计的排水出口。
4) 填充硅酮耐候密封胶时,金属板、石板缝的宽度、厚度应根据硅酮耐候密封胶的技术参数,经计算后确定;
5) 幕墙钢构件施焊后,其表面应采取有效的防腐措施。
(5) 构件式玻璃幕墙允许偏差及检查方法见表6-19。

构件式玻璃幕墙允许偏差及检查方法　　　　表6-19

序号	项目	尺寸范围(m)	允许偏差(mm)	检查方法
1	竖缝及墙面垂直度	高度≤30	≤10	用全站仪或经纬仪或激光仪
		30<高度≤60	≤15	
		60<高度≤90	≤20	
		90<高度≤150m	≤25	
		高度>150	≤30	
2	幕墙水平度	幕墙幅宽≤35	≤5	用水平仪
		幕墙幅宽≥35	≤7	
3	幕墙平面度		≤2.5	用2m靠尺、塞尺
4	幕墙拼缝直线度		≤2.5	用2m靠尺、塞尺
5	胶缝宽度差(与设计值相比)		±2	用卡尺测量
6	相邻面板接缝高低差		≤1.0	用2m靠尺、塞尺

检查数量:不少于工程总数的5‰且不少于10个分格。
(6) 金属与石材幕墙安装质量应符合表6-20规定。

6.7.5 幕墙的"三性"检验

幕墙主要性能试验内容为三项:抗风压变形性能试验、空气渗透性能检测、雨水渗漏性能检测,试验检测方法和标准执行国家标准以及合同约定,并邀请业主、总包、监理代表到现场见证试验过程。

1. 抗风压变形性能试验

抗风压变形性能试验限于玻璃幕墙本身,不涉及幕墙和其他结构之间的接缝部位。

2. 空气渗透性能试验

建筑幕墙的空气渗透性能检测方法:检测对象只限于玻璃幕墙本身,不涉及幕墙和其他结构之间的接缝部位。

3. 雨水渗漏性能检测试验

建筑幕墙的雨水渗漏性能检测方法:检测对象只限于玻璃幕墙本身,不涉及幕墙和其他结构之间的接缝部位。

金属与石材幕墙安装允许偏差及检查方法　　　表 6-20

项目		允许偏差（mm）	检查方法
幕墙垂直度	幕墙高度≤30m	≤10	全站仪，激光经纬仪或经纬仪
	幕墙高度＞30m，≤60m	≤15	
	幕墙高度＞60m，≤90m	≤20	
	幕墙高度＞90m	≤25	
	幕墙高度＞150m	≤30	
竖向板材直线度		≤3	2m靠尺、塞尺
横向板材水平度≤2000mm		≤2	水平仪
同高度相邻两根横向构件高度差		≤1	钢板尺、塞尺
幕墙横向水平度	幕墙幅宽＜35m	≤5	水平仪
	幕墙幅宽≥35m	≤7	
分格框对角线差	对角线长≤2000mm	≤3	3m钢卷尺
	对角线长＞2000mm	≤3.5	

6.8 安装工程

6.8.1 室内给、排水支管施工

1. 室内给水支管施工

室内给水系统按照供水对象分为生产给水系统、消防给水系统和生活给水系统。

（1）室内给水工程安装的一般要求

1）给水管道必须采用与管材相适应的管件，生活给水系统所涉及的材料必须达到饮用水卫生标准。

2）管径≤100 mm 的镀锌钢管应采用螺纹连接，套丝扣时破坏的镀锌层表面及外露螺纹部分应做防腐处理。管径＞100 mm 的应采用法兰或卡套式专用管件连接，镀锌钢管与法兰的焊接处应二次镀锌。

3）给水塑料管和复合管可以采用橡胶圈接口、粘结接口、热熔连接、专用管件连接及法兰连接等形式。塑料管和复合管与金属管件、阀门等的连接应使用专用管件连接，不得在塑料管上套丝。

4）铜管连接可采用专用接头或焊接，当管径＜22mm 时，宜采用承插或套管焊接，承口应迎介质流向安装。当管径＞22mm 时，宜采用对口焊接。

5）冷热水管道同时安装：上、下平行安装时热水管应在冷水管上方，垂直平行安装时热水管应在冷水管左侧，冷热水管道净距应大于 100mm。

（2）给水管道及配件安装施工控制要点

冷水给水系统的管道应采用镀锌钢管、PPR 管、不锈钢钢管和复合管材，见图 6-44。

1）管道及管件焊接的焊缝表面质量应符合下列要求：

①焊缝外形尺寸应符合图纸和工艺文件的规定，焊缝高度不得低于母材表面，焊缝

与母材应圆滑过渡。

② 焊缝及热影响区表面应无裂纹、未熔合、未焊透、夹渣、弧坑和气孔等缺陷。

2) 给水水平管道应有2‰~5‰的坡度坡向泄水装置。

3) 管道的支、吊架安装应平整牢固，其间距应符合规范规定。

4) 水表应安装在便于检修，不受曝晒、污染和冻结的地方。安装螺翼式水表，表前与阀应有不小于8倍水表接口直径的直线管段。水表外壳距墙表面净距为10~30 mm。水表进水口中心标高应按设计要求，允许偏差为±10 mm。

5) 管道试压：室内给水管道的水压试验必须符合设计要求。当设计未注明时，各种材质的给水管道系统试验压力均为工作压力的1.5倍，但不得小于0.6 MPa。铺设、暗装、保温的给水管道在隐蔽前做好水压试验。管道系统安装完后要进行整件水压试验。水压试验时放净空气，充满水后进行加压，当压力升到规定要求时停止加压，进行检查，如各接口和阀门均无渗漏，持续到规定时间，观察其压力下降在允许范围内，通知有关人员验收。然后把水泄净，遭破损的镀锌层和外露丝扣处做好防腐处理，再进行隐蔽工作。

6) 管道冲洗、消毒：管道在试压完成后即可冲洗。冲洗应用自来水连续进行，应保证有充足的流量，并应进行消毒，经有关部门取样检验，符合国家《生活饮用水标准检验方法　总则》方可使用。

7) 管道保温：给水管道明装、暗装的保温形式有三种形式：管道保温防冻、管道防热损失保温、管道防结露保温。其保温材质及厚度均按设计要求，质量应达到国家验收规范标准。

图 6-44　冷水给水系统管材
(a) PPR管；(b) 不锈钢管配件

2. 室内排水支管施工

(1) 室内排水系统设置的一般原则

1) 生活粪便污水不可与雨水合流。

2) 冷却系统的废水可与雨水合流。

3) 被有机杂质污染的生产污水可与生活粪便污水合流。

4) 含大量固体杂质的污水、浓度大的酸性和碱性污水以及含有毒物质或油脂的污水，应设置独立的排水系统，且应经局部处理达到国家规定的排放标准后，方允许排入室外排水管网。

5) 生活污水管道应使用塑料管、铸铁管（由成组洗脸盆或饮用喷水器具的排水短管，可使用钢管），见图6-45。雨水管道宜使用塑料管、铸铁管、镀锌钢管或混凝土管等。悬吊式雨水管道应选用钢管、铸铁管或塑料管。易受振动的雨水管道（如锻造车间等）应使用钢管。

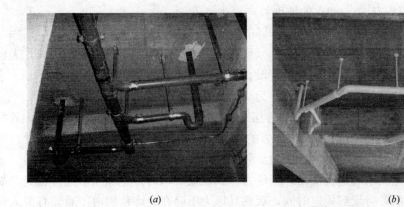

图 6-45 室内排水系统管材
(a) 铸铁管；(b) PVC 管

(2) 排水管道布置与安装施工控制要点

1) 为满足管道工作时的最佳水力条件，排水立管应设在污水水质最差、杂质最多的排水点附近。管道要尽量减少不必要的转角，宜作直线布置，并以最短的距离排出室外。

2) 为使管道不易受损，排水管道不得穿过建筑物的沉降缝、烟道和风道，并避免穿过伸缩缝，否则要采取保护措施。埋地管不得布置在可能受到重物压坏处或穿越设备基础。特殊情况需要穿过以上部位时，则应采取保护措施。

3) 排水塑料管必须按设计要求及位置装设伸缩节。如设计无要求时，伸缩节间距不得大于 4 m。高层建筑中明设的排水塑料管道应按设计要求设置阻火圈或防火套管。

4) 生活污水铸铁管道和塑料管道的坡度必须符合设计或《建筑给水排水及采暖工程施工质量验收规范》GB 50242—2002 中的规定。

(3) 排水管道配件安装施工控制要点

1) 在生活污水管道上设置的检查口或清扫口，当设计无要求时应符合下列规定。

① 在立管上应每隔一层设置一个检查口，但在最底层和有卫生器具的最高层必须设置。如为两层建筑时，可仅在底层设置立管检查口。如有乙字弯管时，则在该层乙字弯管的上部设置检查口。检查口中心高度距操作地面一般为 1m，允许偏差±20mm。检查口的朝向应便于检修。暗装立管，在检查口处应安装检修门。

② 在连接 2 个及 2 个以上大便器，或 3 个及 3 个以上卫生器具的污水横管上应设置清扫口。当污水管在楼板下悬吊敷设时，可将清扫口设在上一层楼地面上，污水管起点的清扫口与管道相垂直的墙面距离不得小于 200 mm。若污水管起点设置堵头代替清扫口时，与墙面距离不得小于 400 mm。

③ 在转角小于 135°的污水横管上，应设置检查口或清扫口。

④ 污水横管的直线管段，应按设计要求的距离设置检查口或清扫口。

⑤ 金属排水管道上的吊钩或卡箍应固定在承重结构上，固定件间距：横管不大于 2m；立管不大于 3m。楼层高度小于或等于 4m，立管可安装 1 个固定件。立管底部的弯

管处应设支墩或采取固定措施。

⑥ 排水塑料管道支、吊架间距应符合表 6-21 的规定。

排水塑料管道支吊架最大间距（m） 表 6-21

管径（mm）	50	75	110	125	160
立管	1.2	1.5	2.0	2.0	2.0
横管	0.5	0.75	1.10	1.30	1.6

2）通气管不得与风道或烟道连接，且应符合下列规定。

① 通气管应高出屋面 300 mm，但必须大于最大积雪厚度。

② 在通气管出口 4 m 以内有门、窗时，通气管应高出门、窗顶 600 mm 或引向无门、窗一侧。

③ 在经常有人停留的平屋顶上，通气管应高出屋面 2 m，并应根据防雷要求设置防雷装置。

④ 屋顶有隔热层应从隔热层板面算起。

3）室内排水的水平管道与水平管道、水平管道与立管的连接，应采用 45°三通或 45°四通和 90°斜三通或 90°斜四通。立管与排出管端部的连接，应采用两个 45°弯头或曲率半径不小于 4 倍管径的 90°弯头。

(4) 排水管道灌水、通球试验

1）灌水试验：为防止排水管道堵塞和渗漏，确保建筑物的使用功能，室内排水管道应进行试漏的灌水试验。隐蔽或埋地的排水管道在隐蔽前必须做灌水试验，其灌水高度应不低于底层卫生器具的上边缘或底层地面高度。试验时，管道满水 15 min 水面下降后，再灌满观察 5 min，液面不降，管道及接口无渗漏为合格。安装在室内的雨水管道安装后也应做灌水试验，灌水高度必须到每根立管上部的雨水斗。试验时，灌水试验持续 1 h，不渗不漏为合格。

2）通球试验：排水主立管及水平干管管道，安装后应作通球试验。通球球径为不小于管内径 2/3 的皮球，从立管顶端投入，球在排出管内不能滚动时，可注入一定量的水到管内，使球顺利随水流出为合格。通球过程中如有堵塞，应查明位置进行疏通，并重新作通球试验，直至球能随水流出为合格。

(5) 应注意的质量问题

1）室内排水管容易造成堵塞，施工期间应封闭排水管管口。防治措施如下：接口时严格清理管内的泥土及污物，甩口应封好堵严。卫生器具的排水口在未通水前应堵好，存水弯的排水丝堵可以后安装。施工排水横管及水平干管应满足或小于最小坡度要求。管件安装时应尽量采用阻力小的 Y 型或 TY 型三通等。

2）冬期施工接口必须采取防冻措施。

6.8.2 卫生器具安装

卫生器具不论档次高低，基本质量要求必须是：内表面光滑、不渗水、耐腐蚀、耐冷热、便于洗刷清洁和经久耐用。除大便器外，卫生器具在排水口处，均应设十字形排水栅，以防止较粗大的杂物进入管内，造成管道阻塞。每一卫生器具下面均应设置存水弯，以阻止臭气逸出。

1. 卫生器具及给水配件安装施工控制要点

（1）卫生器具的安装应采用预埋螺栓或膨胀螺栓安装固定。

（2）固定洗脸盆、洗手盆、洗涤盆和浴缸等排水口接头，应通过旋紧螺母来实现，不得强行旋转落水口，落水口与盆底相平或略低于盆底。

（3）卫生器具的冷热水给水阀门和水龙头，必须面向使用人的右冷左热习惯安装。连接给水配件小铜管的位置、形状均须左右对称一致。

（4）安装镀铬的卫生器具给水配件应使用扳手，不得使用管子钳，以保护镀铬表面完好无损。接口应严密、牢固、不漏水。

（5）卫生设备的塑料和铜质部件安装时不得使用管子钳夹紧，有六角和八角形菱角面的，应用扳手夹持旋动，无棱角面的应制作专用工具夹持旋动。

（6）给水配件应安装端正，表面洁净并清除外露油麻。

（7）浴缸软管淋浴器挂钩的高度，如设计无要求，应距地面 1.8 m。

（8）给水配件的启闭部分应灵活，必要时应调整阀杆压盖螺母及填料。

（9）地漏安装，应符合如下要求：

1）核对地面标高，按地面水平线采用 0.02 的坡度，在低 5～10 mm 处为地漏表面标高；

2）安装后应封堵，防止建筑垃圾进入排水管；

3）地漏安装后，用 1:2 水泥砂浆将其固定。

（10）小便槽冲洗管，应采用镀锌钢管或硬质塑料管。冲洗孔应斜向下方安装，冲洗水流同墙面成 45°角。镀锌钢管钻孔后应进行二次镀锌。

（11）卫生器具安装的共同要求，就是平、稳、准、牢、不漏，使用方便，性能良好。平，就是同一房间同种器具上口边缘要水平，垂直度的偏差不得超过 3 mm；稳，就是器具安装好后无摆动现象；牢，就是安装牢固，无脱落松动现象；准，就是卫生器具平面位置和高度尺寸准确，在设计图纸无明确要求时，特别是同类器具要整齐美观；不漏，即卫生器具上、下水管接口连接必须严格不漏；使用方便，即零部件布局合理，阀门及手柄的位置朝向合理；性能良好，就是阀门、水嘴使用灵活，管内畅通。

（12）卫生器具交工前应做满水和通水试验。

2. 施工注意事项

（1）搬运和安装陶瓷、搪瓷卫生器具时，应注意轻拿轻放，避免损坏。

（2）若需动用气焊时，对已做完装饰的房间墙面、地面，应用铁皮遮挡。

（3）卫生设备安装前，要将上、下水接口临时堵好。卫生设备安装后要将各进入口堵塞好，并且要及时关闭卫生间。

（4）工程竣工前，须将瓷器表面擦拭干净。

6.8.3 照明器具和一般电器安装

照度的概念：照度的高低决定了照明空间的感官亮度。用总的光通量［光通量，简单说就是光源在单位时间（通常是1s）里发出的光的总能量。单位是流明（lm）］，除以照明面积就是照度，单位是勒克斯（lx）。不同的使用区域要求有不同的照度。如办公室要求

500lx、会议室要求 600～800lx、商场 800～1000lx、制图要求 5000～8000lx、卫生间和淋浴间 150lx、一般生产车间 300lx、仓库 200lx，等等。

常用灯具的种类有日光灯、直付式荧光灯、嵌入式荧光灯、吸顶灯、筒灯、高压汞灯、金属卤素灯和花灯等，应用于特殊场合的专用灯具有低压安全灯、应急灯、疏散指示灯和防爆灯等。

1. 普通灯具施工质量控制要点

（1）灯具固定要牢固可靠，不使用木楔。每个灯具固定用螺钉或螺栓不少于 2 个。当灯具绝缘台直径大于 75mm 时，应使用 2 个以上的螺钉或螺栓固定。灯具应在绝缘台中心，偏差不应大于 2mm。不能用钉子固定绝缘台或灯具。

（2）灯具重量大于 3kg 时，应固定在螺栓或预埋吊钩上。软线吊灯，当灯具重量在 0.5kg 及以下时，采用软电线自身吊装；大于 0.5kg 的灯具采用吊链，且软电线编叉在吊链内，使电线不受力，见图 6-46。连接灯具的软线盘扣、搪锡压线，当采用螺口灯头时，相线接于螺口灯头中间的端子上。

 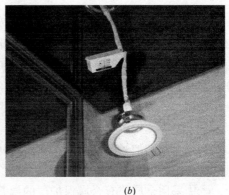

(*a*)　　　　　　　　　　　(*b*)

图 6-46　灯具

(*a*) 大型灯具；(*b*) 筒灯（不得裸线）

（3）当灯具距地面高度小于 2.4m 时，灯具的可接近裸露导体必须接地或接零可靠，并应有专用接地螺栓，且有标识。

（4）每一接线盒应供应一灯具，门口第一个开关应开门口的第一个灯具，灯具与开关应相对应。事故照明灯具应有特殊标志，并有专用供电电源，见图 6-47。每个照明回路均应通电校正，做到灯亮，开启自如。

（5）当灯杆为钢管时，钢管内径不应小于 10 mm，钢管厚度不应小于 1.5 mm。安装在重要场所的大型灯具的玻璃罩，应采取防止玻璃罩碎裂后向下溅落的措施。

（6）花灯吊钩圆钢直径不应小于灯具挂销直径，且不应小于 6 mm。大型花灯的固定及悬吊装置，应按灯具重量的 2 倍做过载试验。

（7）装有白炽灯泡的吸顶灯具，灯泡不应紧贴灯罩。当灯泡与绝缘台间距离小于 5mm 时，灯泡与绝缘台间应采取隔热措施。

2. 专用灯具施工质量控制要点

（1）36 V 及以下行灯变压器外壳、铁芯和低压侧的任意一端或中性点，接地或接零

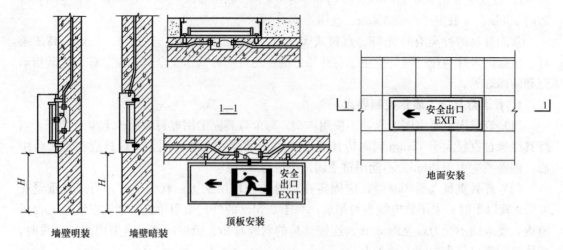

图 6-47 应急疏导标志灯安装

应可靠。行灯灯体及手柄绝缘要良好,要坚固、耐热、耐潮湿。

(2) 手术台上无影灯的供电方式由设计选定,通常为双回路引向灯具。其专用控制箱由多个电源供电,以确保供电绝对可靠。配电箱内装有专用的总开关及分路开关,电源分别接在两条专用的回路上,开关至灯具的电线采用额定电压不低于 750 V 的铜芯多股绝缘电线。施工中要注意多电源的识别和连接,如有应急直流供电的话,要区别标识。

(3) 游泳池及类似场所灯具(水下灯及防水灯具)的局部等电位联结应可靠,且有明显标识,其电源的专用漏电保护装置应全部检测合格。自电源引入灯具的导管必须采用绝缘导管,严禁采用金属或有金属保护层的导管,见图 6-48。

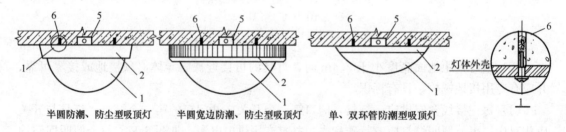

图 6-48 防水、防尘灯具安装示意图
1—灯罩;2—灯罩连接饰圈;3—灯具底座;4—防护栅;5—灯头盒;6—塑料胀塞及自攻螺钉;
注:本图为一般性防护灯具,由塑料胀塞及自攻螺钉借助灯壳体内底部安装孔固定于顶部,
本灯具在安装时正确上好防护垫,以免失去防护性能。

(4) 应急照明灯的电源除正常电源外,另有一路电源供电。应急照明在正常电源断电后,电源转换时间为:疏散和备用照明≤15s(金融商店交易所≤1.5s);安全照明≤0.5s;安全出口标识灯距地面高度不低于 2m,且安装在疏散出口和楼梯口里侧的上方。运行中温度大于 60℃ 的灯具,当靠近可燃物时,应采取隔热、散热等防火措施。

(5) 防爆灯具必须符合防爆要求,必须有出厂合格证。无出厂合格证的不得进行安装。灯具吊管及开关与接线盒螺纹啮合扣数不少于 5 扣,螺纹加工应光滑、完整、无锈蚀，并在螺纹上涂以电力复合脂或导电性防锈脂。

3. 开关、插座、风扇安装施工质量控制要点

(1) 插座接线应符合下列规定。

1) 单相两孔插座，面对插座的右孔或上孔与相线连接，左孔或下孔与零线连接。单相三孔插座，面对插座的右孔与相线连接，左孔与零线连接，见图6-49。

2) 单相三孔、三相四孔及三相五孔插座接地（PE）或接零（PEN）线接在上孔。插座的接地端子不与零线端子连接。同一场所的三相插座，接线的相序应一致。

3) 接地（PE）或接零（PEN）线在插座间不得串联连接。

(2) 开关安装位置应便于操作，开关边缘距门框边缘的距离为0.15～0.2m，开关距地面高度为1.3 m。拉线开关距地面高度为2～3 m，层高小于3 m时，拉线开关距顶板不

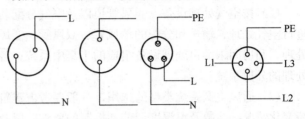

图6-49 插座接线示意图

小于100 mm，拉线出口垂直向下。相同型号并列安装及同一室内开关安装高度应一致，且应控制有序，不错位。并列安装的拉线开关的相邻间距不小于20 mm。

(3) 吊扇挂钩应安装牢固，吊扇挂钩直径不小于吊扇挂销直径，且不小于8 mm。有防振橡皮垫。吊扇扇叶距地面高度不小于2.5 m。壁扇底座采用尼龙塞或膨胀螺栓的数量不少于2个，且直径不小于8 mm，固定牢固可靠。

4. 建筑物照明通电试运行的要求

(1) 电线绝缘电阻测试前电线的接线要完成。

(2) 照明箱（盘）、灯具、开关和插座的绝缘电阻的测试在就位前或接线前要完成。

(3) 备用电源或事故照明电源作空载自动投切试验前应拆除负荷，空载自动投切试验应合格，才能做有载自动投切试验。

(4) 电气器具及线路绝缘电阻测试合格才能通电试验。

(5) 照明全负荷试验必须在上述第（1）、（2）、（4）项完成后进行。

(6) 检查灯具回路控制应与照明箱内回路的标识一致，开关控制应与灯具顺序相对应。

(7) 照明系统通电连续试运行时间，公用建筑为24 h，民用住宅为8 h。所有照明灯具应全部开启，且每2 h记录运行状态一次。

(8) 续试运行时间内应无线路过载、线路过热等故障。

质量验收时应提供以下文件：制造厂产品合格证及产品说明书；隐蔽工程记录表；过载试验记录；安装记录；线路绝缘测试记录；通电试运行记录。

6.8.4 通风与空调工程的施工程序

通风与空调工程是建筑工程的一个分部工程，包括送、排风系统，防、排烟系统，除尘系统空调系统，净化空调系统，制冷系统和空调水系统七个独立的子分部工程。工程的主要施工内容包括：风管及其配件的制作与安装，部件制作与安装，消声设备的制作与安装，除尘器与排污设备安装，通风与空调设备、冷却塔、水泵安装，高效过滤器安装，净

化设备安装，空调制冷机组安装，空调水系统管道、阀门及部件安装，风、水系统管道与设备防腐绝热，通风与空调工程的系统调试等。本部分主要知识点是：通风与空调系统的分类，通风与空调工程一般施工程序和施工要求，通风与空调系统调试与验收要求。

1. 通风与空调系统的分类

（1）接通风的范围可分为全面通风和局部通风，接通风动力分为自然通风和使用机械动力进行有组织的机械通风。例如：热车间排除余热的全面通风，通常在建筑物上设有天窗与风帽，依靠风压和热压使空气流动，是不消耗机械动力、经济的通风方式。

（2）按空气处理设备、通风管道以及空气分配装置的组成，在工程中常见的有：集中进行空气处理、输送和分配的单风管、双风管、变风量等集中式空调系统；集中进行空气处理，和房间末端再处理设备组成的半集中系统；各房间各自的整体式空调机组承担空气处理的分散系统。

（3）通风空调系统类型的选用，一般要考虑建筑物的用途、规模、使用特点、热湿负荷变化情况、参数及温湿度调节和控制的要求，以及工程所在地区气象条件、能源状况以及空调机房的面积和位置、初投资和运行维修费用等因素。近年来，空调的节能成为行业的关注点，变风量空调系统（VAV），变制冷剂流量（VRV）空调系统，新风加冷辐射吊顶空调系统，已被更多地应用在公共建筑之中。

2. 通风与空调工程的一般施工程序和施工要求

（1）通风与空调工程的一般施工程序

施工前的准备—风管、部件、法兰的预制和组装斗风管、部件、法兰的预制和组装的中间质量验收—支吊架制作安装—风管系统安装—通风空调设备安装—空调水系统管道安装—通风空调设备试运转、单机调试—风管、部件及空调设备绝热施工—通风与空调工程系统调试—通风与空调工程竣工验收—通风与空调工程综合效能测定与调整。

（2）施工前的准备工作

1）制定工程施工的工艺文件和技术措施，按规范要求规定所需验证的工序交接点和相应的质量记录，以保证施工过程质量的可追溯性。

2）根据施工现场的实际条件，综合考虑土建、装饰，其他各机电专业等对公用空间的要求，核对相关施工图，从满足使用功能和感观要求出发，进行管线空间管理、支架综合设置和系统优化路径的深化设计，以免施工中造成不必要的材料浪费和返工损失。深化设计如有重大设计变更，应征得原设计人员的确认。

3）与设备和阀部件的供应商及时沟通，确定接口形式、尺寸、风管与设备连接端部的做法。进口设备及连接件采购周期较长，必须提前了解其接口方式，以免影响工程进度。

4）对进入施工现场的主要原材料、成品、半成品和设备进行验收。一般应由供货商、监理、施工单位的代表共同参加，验收必须得到监理工程师的认可，并形成文件。

5）认真复核预留孔、洞的形状尺寸及位置，预埋支、吊件的位置和尺寸，以及梁柱的结构形式等，确定风管支、吊架的固定形式，配合土建工程进行留槽留洞，避免施工中过多的剔凿。

（3）通风与空调工程施工技术要求

1）风管系统的制作和安装要求

风管系统的施工包括风管、风管配件、风管部件、风管法兰的制作与组装；风管系统加工的中间质量检验、运输、进场验收；风管支吊架制作安装；风管主干管安装、支管安装。针对日益增多的风管材料品种和技术素质不一的劳务队伍，施工中必须按《通风与空调工程施工质量验收规范》GB 50243—2002、《通风管道技术规程》JGJ 141—2004 及国家现行的有关强制性标准的规定，严格加以控制，风管安装见图 6-50。

2) 空调水系统管道的安装要求

空调水系统包括冷（热）水、冷却水、凝结水系统的管道及附件。镀锌钢管一般采用螺纹连接，当管径大于 DN100 时，可采用卡箍、法兰或焊接连接。空调用蒸汽管道的安装，应按《建筑给水排水及采暖工程施工质量验收规范》GB 50242—2002 的规定执行，与制冷机组配套的蒸汽、燃油、燃气供应系统和蓄冷系统的安装，还应符合设计文件、有关消防规范以及产品技术文件的规定。风机水管安装见图 6-51。

图 6-50 风管安装

图 6-51 风机水管安装

3) 通风与空调工程设备安装的要求

通风与空调工程设备安装包括通风机，空调机组，除尘器，整体式、组装式及单元式制冷设备（包括热泵），制冷附属设备以及冷（热）水、冷却水、凝结水系统的设备等，这些设备均属通用设备，施工中应按现行国家标准《机械设备安装工程施工及验收通用规范》GB 50231—2009 的规定执行。设备就位前应对其基础进行验收，合格后方能安装。设备的搬运和吊装必须符合产品说明书的有关规定，做好设备的保护工作，防止因搬运或吊装而造成设备损伤。

3. 风管、部件及空调设备防腐绝热施工要求

普通薄钢板在制作风管前，宜预涂防锈漆一遍，支、吊架的防腐处理应与风管或管道相一致，明装部分最后一遍色漆，宜在安装完毕后进行。风管、部件及空调设备绝热工程施工应在风管系统严密性试验合格后进行。空调水系统和制冷系统管道的绝热施工，应在管路系统强度与严密性检验合格和防腐处理结束后进行。

4. 通风与空调系统调试与验收要求

通风与空调工程安装完毕，必须进行系统的测定和调整（简称调试）。系统调试包括：设备单机试运转及调试；系统无生产负荷的联合试运转及调试。

(1) 通风与空调系统调试

1) 通风与空调系统联合试运转及调试由施工单位负责组织实施，设计单位、监理和建设单位参与。对于不具备系统调试能力的施工单位，可委托具有相应能力的其他单位实施。

2) 系统调试前由施工单位编制的系统调试方案报送监理工程师审核批准。调试所用测试仪器仪表的精度等级及量程满足要求，性能稳定可靠并在其检定有效期内。调试现场围护结构达到质量验收标准。通风管道、风口、阀部件及其吹扫、保温等已完成并符合质量验收要求。设备单机试运转合格。其他专业配套的施工项目（如：给水排水、强弱电及油、汽、气等）已完成，并符合设计和施工质量验收规范的要求。

3) 泵统调试主要考核室内的空气温度、相对湿度、气流速度、噪声或空气的洁净度能否达到设计要求，是否满足生产工艺或建筑环境要求，防排烟系统的风量与正压是否符合设计和消防的规定。空调系统带冷（热）源的正常联合试运转，不应少于8h，当竣工季节与设计条件相差较大时，仅作不带冷（热）源试运转，例如：夏季可仅作带冷源的试运转，冬期可仅作带热源的试运转。

(2) 通风与空调工程竣工验收

1) 施工单位通过无生产负荷的系统运转与调试以及观感质量检查合格，将工程移交建设单位，由建设单位负责组织，施工、设计、监理等单位共同参与验收，合格后办理竣工验收手续。

2) 竣工验收资料包括：图纸会审记录、设计变更通知书和竣工图；主要材料、设备、成品、半成品和仪表的出厂合格证明及试验报告；隐蔽工程、工程设备、风管系统、管道系统安装试验及检验记录、设备单机试运转、系统无生产负荷联合试运转与调试、分部（子分部）工程质量验收、观感质量综合检查、安全和功能检验资料核查等记录。见图6-52。

通风、空调安装工程目录

1.	风管制作检查记录	港资 22-1
2.	风管部件及消声器制作检查记录	港资 22-2
3.	风管系统安装检查记录	港资 22-3
4.	通风与空调设备安装检查记录	港资 22-4
5.	空调制冷系统安装检查记录	港资 22-5
6.	空调水系统安装检查记录	港资 22-6
7.	通风与空调工程防腐、绝热施工检查记录	港资 22-7
8.	空调系统调试检查记录	港资 22-8
9.	风管漏光检测记录	港资 22-9
10.	风管漏风检测记录	港资 22-10
11.	通风系统试运转检查记录	港资 22-11
12.	空调系统管道冲洗（吹污）试验检查记录	港资 22-12
13.	设备单机试车检查记录	港资 22-13
14.	空调系统试验调整报告	港资 22-14

图 6-52 通风、空调安装工程目录

3) 观感质量检查包括：风管及风口表面及位置；各类调节装置制作和安装；设备安装；制冷及水管系统的管道、阀门及仪表安装；支、吊架型式、位置及间距；油漆层和绝热层的材质、厚度、附着力等。

(3) 通风与空调工程综合效能的测定与调整

1) 通风与空调工程交工前，在已具备生产试运行的条件下，由建设单位负责，设计、施工单位配合，进行系统生产负荷的综合效能试验的测定与调整，使其达到室内环境的要求。

2) 综合效能试验测定与调整的项目，由建设单位根据生产试运行的条件、工程性质、生产工艺等要求进行综合衡量确定，一般以适用为准则，不宜提出过高要求。

3) 调整综合效能测试参数要充分考虑生产设备和产品对环境条件要求的极限值，以免对设备和产品造成不必要的损害。调整时首先要保证对温湿度、洁净度等参数要求较高的房间，随时作好监测。调整结束还要重新进行一次全面测试，所有参数应满足生产工艺要求。

4) 防排烟系统与火灾自动报警系统联合试运行及调试后，控制功能应正常，信号应正确，风量、正压必须符合设计与消防规范的规定。

6.8.5 精装修工程与水电、通风、空调安装的配合问题

(1) 通风系统安装阶段，在走道吊顶区域会出现通风管道、强弱电桥架、消防管道、给排水管道等共同排布的问题，精装修专业应会同机电单位进行图纸会审和深化，确定最佳的空间排布，保证吊顶的高度和各专业管道排布的合理性，见图 6-53。

图 6-53 风管综合布线的空间布置

(2) 通风系统安装后期阶段，作业面和施工程序与装饰装修工程轮番交叉，要注意风口与装饰工程结合处的处理形式以及对装饰装修工程的成品保护，进行图纸的深化，保证空调功能效果的同时，注意精装修的观感效果。

(3) 吊顶内的空调设备安装时，需单独固定支撑，不允许直接固定在吊顶龙骨，以免空调设备运行时引起吊顶的振动和乳胶漆的开裂。吊顶内的风管不允许直接压在吊顶龙骨上，避免引起吊顶的共振。

(4) 空调的冷凝水管必须进行保温，避免结露产生的水滴落在吊顶上，从而造成吊顶的破坏和观感效果不佳。

(5) 在施工中，往往由于未能及时配合土建施工进行预留预埋，或者在图纸变更时，没有及时核对，导致预埋管或防护套管遗漏，或者施工人员不了解规范要求，而选择钢板厚度有误，或者套管之间的缝隙选用不合格的材料进行封堵，甚至没有进行封堵，一旦发生火灾，不能有效防止火焰或烟气透过，火灾将会蔓延，有些封堵材料燃烧后还会产生毒气，造成对人体有害或物资损失。预埋管或防护套管钢板厚度不够，容易变形并导致后期风管安装及调整困难，且不能修补。又如：在防排烟系统或风管输送高温气体、易燃、易爆气体或穿越易燃、易爆环境的镀锌钢板风管施工时，若技术管理人员未能及时交底，或操作人员没有设置接地或接地不合格，一旦有静电产生，将导致管道内的易燃、易爆气体，或易燃、易爆环境产生爆炸，造成严重损失。

第 7 章 数据抽样、统计分析

在进行建筑工程质量控制的过程中，需要对有关的施工过程和施工成果进行检测与评价，这其中往往要借助数学中的概率和数理统计的方法来对抽样进行统计和分析。用数理统计方法，通过收集、整理质量数据，可以帮助我们分析、发现质量问题，以便及时采取对策措施，纠正和预防质量事故。

7.1 数理统计的基本概念、抽样调查方法

7.1.1 数理统计的基本概念

1. 总体

总体是工作对象的全体，如果要对某种产品进行检测，则总体就是这批产品的全部，它应当是物的集合，通常记作 X。总体是由若干个个体组成的，因此个体是构成总体的基本元素，通常可以记作 N。对待不同的检测对象，所采集的数据也各有不同，应当采集具有控制意义的质量数据，通常把从单个产品采集到的质量数据视为个体，而把该批产品的全部质量数据的集合视为总体。

2. 样本

样本是由产品构成的，是从总体中随机抽出的个体。通过对样本的检测，可以对整批产品的性质做出推断性评价，由于存在随机因素的影响，这种推断性评价往往会有一定的误差。为了把误差控制在允许的范围内，通常要设计出合理的抽样手段。

3. 统计量

统计量是根据具体的统计要求，结合对总体的统计期望进行的推断。由于工作对象的已知条件各有不同，为了能够比较客观、广泛地解决实际问题，使统计结果更为可信。需要研究和设定一些常用的随机变量，这些统计量都是样本的函数，它们的概率密度的解析式比较复杂。

7.1.2 抽样的方法

通常是利用数理统计的基本原理在产品的生产过程中或一批产品中随机的抽取样本，并对抽取的样本进行检测和评价，从中获取样本的质量数据信息。以获取的信息为依据，通过统计的手段对总体的质量情况作出分析和判断（图 7-1）。

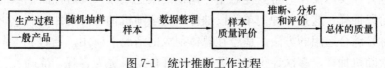

图 7-1 统计推断工作过程

7.2 数理统计的基本方法

7.2.1 质量数据的收集方法

质量数据的收集方法主要有全数检验和随机抽样检验两种方式,在工程上经常采用随机抽样检验的方法。

1. 全数检验

这是一种对总体中的全部个体进行逐个检测,并对所获取的数据进行统计和分析,进而获得质量评价结论的方法。全数检验的最大优势是质量数据全面、丰富,可以获取可靠的评价结论。但是在采集数据过程中要消耗很多人力、物力和财力,需要的时间也较长。如果总体的数量较少、检测项目比较重要,而且检测方法不会对产品造成破坏时,可以采取这种方法;而对总体数量较多,检测用时较长,或会对产品产生破坏作用时,就不宜采用这种评价方法。

2. 随机抽样检测

这是一种按照随机抽样的原则,从总体中抽取部分个体组成样本,并对其进行检测,根据检测的评价结果来推断总体质量状况的方法。随机抽样的方法具有省时、省力、省钱的优势,可以适应产品生产过程中及破坏性检测的要求,具有较好的可操作性。随机抽样应保证抽样的客观性,不能受人为因素的影响和干扰,尽量使每一个个体被抽到的概率基本相同,这是保证检测结果准确性的关键一环。随机抽样的方法主要有以下几种:

(1) 完全随机抽样:这是一种简单的抽样方法,是对总体中的所有个体进行随机获取样本的方法。即不对总体进行任何加工,而对所有个体进行事先编号,然后采用客观形成的方式(如:抽签、摇号等)确定选中的个体,并以其为样本进行检测。

(2) 等距抽样:这是一种机械、系统的抽样方法,通常是将个体按照某一规律进行系统排列、编号,然后均分为若干组(n组),这时每组有$K=N/n$个个体,并在第一组抽取第一件样品,然后每隔一定间隔抽取出其余样品最终组成样本的方法。在抽取时应当注意所选定的间距(K值)不能与总体质量特征值的变动周期一致,以避免抽取到的样品均为同一班次生产的,影响到样本的客观性。

(3) 分层抽样:这是一种把总体按照研究目的的某些特性分组,然后在每一组中随机抽取样品组成样本的方法。由于分层抽样要求对每一组都要抽取样品,因此可以保证样品在总体中分布均匀、具有代表性,适合于总体比较复杂的情况。

(4) 整群抽样:这是一种把总体按照自然状态分为若干组群,并在其中抽取一定数量组成样品,然后再进行检测的方法。这种办法样品相对集中,可能会存在分布不均匀、代表性差的问题,在实际操作时得要注意生产周期的变化规律,规避样品抽取的误差。

(5) 多阶段抽样:这是一种把单阶段抽样(完全随机抽样、等距抽样、分层抽样、整群抽样的统称)综合运用的方法。适合在总体很大的情况下应用。通过在产品生产的不同阶段进行多次随机抽样,多次评价得出数据,使评价结果更为客观、准确。

7.2.2 质量数据统计分析的基本方法

1. 调查表法

调查表法又称为调查分析法,是利用表格进行数据收集和统计的一种方法。表格形式根据需要自行设计,应便于统计和分析。

2. 分层法

分层法又称分类法或分组法,就是将收集到的质量数据按统计分析的需要,进行分类整理,使之系统化、规律化,以便于找到产生质量问题的原因,及时采取措施加以预防。

分层的方法主要有 4 种:按班次、日期分类;按操作者、操作方法、检测方法分类;按设备型号、施工方法分类;按使用的材料规格、型号、供料单位分类。

应根据不同情况灵活选用不同的多种分层方法,也可以用几种方法组合进行分层,以便找出问题的症结,如钢筋焊接质量的调查分析,调查了钢筋焊接点 50 个,其中不合格的 19 个,不合格率为 38%,为了查清不合格原因,将收集的数据分层分析。现已查明,这批钢筋是由三个师傅操作的,而焊条是两个厂家提供的产品,因此,分别按操作者分层和按焊条的供应厂家分层,进行分析。

按操作者分层　　　　　　　　　　　　　　表 7-1

操作者	不合格	合格	不合格率(%)
A	6	13	32
B	3	9	35
C	10	9	53
合计	19	31	38

按供应焊条工厂分层　　　　　　　　　　　表 7-2

操作者	不合格	合格	不合格率(%)
甲	9	14	39
乙	10	17	37
合计	19	31	38

综合分层分析焊接质量　　　　　　　　　　表 7-3

操作者		甲厂	乙厂	合计
A	不合格	6	0	6
	合格	2	11	13
B	不合格	0	3	3
	合格	5	4	9
C	不合格	3	7	10
	合格	7	2	9
合计	不合格	9	10	19
	合格	14	17	31

表 7-1 是按操作者分层,分析结果可看出,焊接质量最好的 B 师傅,不合格率达 25%;表 7-2 是按焊条的供应厂家分层,发现不论是采用甲厂还是乙厂的焊条,不合格率

都很高而且相差不多。为了找出问题症结所在，又进行了更细的分层，表 7-3 是将操作者与焊条的供应厂家结合起来分层，根据综合分层数据的分析，最终找到了核心是焊条的问题。解决焊接质量问题，可采取如下措施：

（1）在使用甲厂焊条时，应采用 B 师傅的操作方法；

（2）在使用乙厂焊条时，应采用 A 师傅的操作方法。

3. 排列图法

排列图法也称为主次因素分析图法。

排列图（图 7-2）由两个纵坐标飞一个横坐标、几个长方形和一条曲线组成。左侧的纵坐标是频数，右侧的纵坐标是累计频率，横坐标则是影响质量的项目或因素，按影响质量程度的大小，从左到右依次排列。其高度为频数，并根据右侧纵坐标，画出累计频率曲线，又称巴雷特曲线。在排列图上，通常把曲线的累计百分数分为三级，与此相对应的因素分三类：A 类因素对应于频率 0%～80%，是影响产品质量的主要因素；B 类因素对应子频率 80%～90%，为次要因素；与频率 90%～100% 相对应的为 C 类因素，属一般影响因素。运用排列图，便于找出主次矛盾，使错综复杂问题一目了然，有利于采取对策，加以改善。

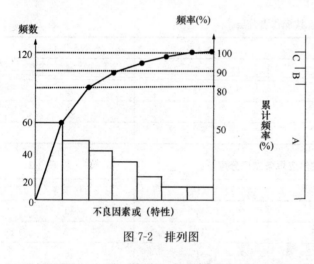

图 7-2 排列图

4. 因果分析图

因果分析图又叫特性要因图、鱼刺图、树枝图，这是一种逐步深入研究和讨论质量问题的图示方法。在工程实践中，任何一种质量问题的产生，往往是多种原因造成的。这些原因有大有小，把这些原因依照大小次序分别用主干、大枝和小枝图形表示出来，便可一目了然地系统观察出产生质量问题的原因。运用因果分析图可以帮助我们制定对策，解决工程质量上存在的问题，从而达到控制质量的目的。

现以混凝土强度不足的质量问题为例来阐明因果分析图的画法（图 7-3）。

（1）决定特性。特性就是需要解决的质量问题，放在主干箭头的前面。

（2）确定影响质量特性的大枝。影响工程质量的因素主要是人、材料、工艺、设备和环境等五方面。

（3）进一步画出中、小细枝，即找出中、小原因。

（4）发扬技术民主，反复讨论，补充遗漏的因素。

（5）针对影响质量的因素，有的放矢地制定对策，并落实到解决问题的人和时间，通过对策计划表的形式列出（表 7-4），限期改正。

5. 相关图

产品质量与影响质量的因素之间，常常有一定的依存关系，但它们之间不是一种严格的函数关系，即不能由一个变量的数值精确地求出另一个变量的数值，这种依存关系称为

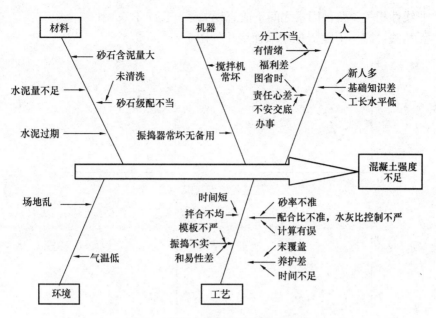

图 7-3 混凝土强度不足的质量问题

相关关系。

对策计划表 表 7-4

项目	序号	问题存在原因	采取对策	负责人	期限
人	1	基本知识差	1. 对新工人进行教育； 2. 做好技术交底工作； 3. 学习操作规程及质量标准		
	2	责任心不强，工人干活有情绪	1. 加强组织工作，明确分工； 2. 建立岗位责任制，采用挂牌制； 3. 关心职工生活		
工艺	3	配合比不准	实验室重新试配		
	4	水灰比控制不严	修理水箱、计量器		
材料	5	水泥量不足	对水泥计量进行检查		
	6	砂石含泥量大	组织人清洗过筛		
设备	7	振捣器、搅拌机常坏	增加设备，及时修理		
环境	8	场地乱	清理现场		
	9	气温低	准备草袋覆盖、保温		

相关图又叫散布图，就是把两个变量之间的相关关系，用直角坐标系表示出来，借以观察判断两个质量特性之间的关系，通过控制容易测定的因素达到控制不易测定的因素的目的，以便对产品或工序进行有效的控制。

相关图的形式有：

(1) 正相关：当 x 增大时，y 也增大 [图 7-4 (a)]；

(2) 负相关：当 x 增大时，y 却减少 [图 7-4 (b)]；

(3) 非线性相关：两种因素之间不成直线关系［图 7-4（c）］；
(4) 无相关：即 y 不随 x 的增减而变化［图 7-4（d）］。

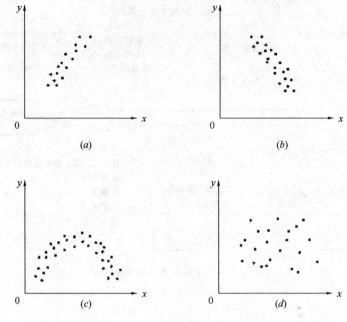

图 7-4 相关图的形式
(a) 正相关；(b) 负相关；(c) 非线性相关；(d) 无相关

除了绘制相关图之外，还必须计算相关系数，以确定两种因素之间的关系的密切程度，相关系数计算公式为：

$$\gamma = \frac{S(XY)}{\sqrt{S(XX)S(XY)}}$$

式中

$$S(XX) = \Sigma(X - \overline{X})^2 = \Sigma X^2 - \frac{(\Sigma X)^2}{n}$$

$$S(YY) = \Sigma(Y - \overline{Y})^2 = \Sigma Y^2 - \frac{(\Sigma Y)^2}{n}$$

$$S(XY) = \Sigma(X - \overline{X}) \cdot (Y - \overline{Y}) = \Sigma XY - \frac{\Sigma X \Sigma Y}{n}$$

相关系数值可以为正，也可以为负。正值表示正相关；负值表示负相关。r 的绝对值总是在 0～1 之间，绝对值越大，表示相关关系越密切。

6. 直方图法

直方图又称质量分布图、矩形图、频数分布直方图，它是将产品质量频数的分布状态用直方形来表示，根据直方的分布形状和与公差界限的距离来探索质量分布规律，分析判断整个生产过程是否正常。

利用直方图，可以制定质量标准，确定公差范围；还可以掌握质量分布规律，判定质量是否符合标准的要求。但其缺点是不能反映动态变化，而且要求收集的数据较多，否则难以体现其规律。

直方图作法：现以大模板边长尺寸误差的测定为例，说明直方图的做法。
(1) 收集实测数据，见表 7-5。

大模板边长尺寸误差表 表 7-5

序号	模板型号	各次实测的边长误差（mm）							
		1	2	3	4	5	6	7	8
1	W_1	−2	−3	−3	−4	−3	0	−1	−2
2	W_2	−2	−2	−3	−1	+1	−2	−2	−1
3	W_3	−2	−1	0	−1	−2	−3	−1	+2
4	W_4	0	−5	−1	−3	0	+2	0	−2
5	W_5	−1	+3	0	0	−3	−2	−5	+1
6	S_1	0	−2	−4	−3	−4	−1	+1	+1
7	S_2	−2	−4	−6	−1	−2	+1	−1	−2
8	S_3	−3	−1	−2	−1	−3	−1	+2	0
9	S_4	−5	−3	−2	−4	0	−3	−1	
10	S_5	−2	0	−3	−4	−2	+1	−1	+1

(2) 计算极差

首先从表列数据中找出最大数和最小数，得出误差范围为 −6～+4mm。

$$R = 4 − (−6) = 10\text{mm}$$

(3) 决定组距和组数

组数 K 根据数据多少而定，一般数据在 50 个以内时为 5～7 组，数据 50～100 个时为 6～10 组；数据 100～250 个时为 7～12 组，数据 250 个以上时为 10～20 组。

本例共收集 80 个数据，K 取 10 组。

组距 h 则为极差与组数的比值，即 $h = \dfrac{R}{K}$

本例：$h = \dfrac{R}{K} = \dfrac{10}{10} = 1\text{mm}$

(4) 确定分组的边界值

所求得的 h 值应为测量单位的整倍数，若不是测量单位的整倍数时可调整其分组数，其目的是为了便组界值的尾数为测量单位的一半，避免数据落在组界上。

组界的确定应由第一组起。

本例：

第一组下界限值 $A_{1\text{下}} = x'\min = −6.5\text{mm}$

第一组上界限值 $A_{1\text{上}} = A_{1\text{下}} + h = −6.5 + 1 = −5.5\text{mm}$

第二组下界限值 $A_{2\text{下}} = A_{1\text{上}} = −5.5\text{mm}$

第二组上界限值 $A_{2\text{上}} = A_{2\text{下}} + h = −5.5 + 1 = −4.5\text{mm}$

其余各组上、下界限值依次类推，本例各组界限值计算结果见表 7-6。

编制频数分布表：按上述分组范围，统计数据落入各组的频数，填入表内，计算各组的频率并填入表内，如表 7-6 所示。

频 数 分 布 表　　　　　　　　表 7-6

组号	分组区间	频数	频率
1	−6.5～−5.5	1	0.0125
2	−5.5～−4.5	3	0.0375
3	−4.5～−3.5	7	0.0875
4	−3.5～−2.5	13	0.1625
5	−2.5～−1.5	17	0.2125
6	−1.5～−0.5	17	0.2125
7	0.5～0.5	12	0.1500
8	0.5～1.5	8	0.0750
9	1.5～2.5	3	0.0375
10	2.5～3.5	1	0.0125

根据频数分布表中的统计数据可作出直方图，图 7-5 是本例的频数直方图。

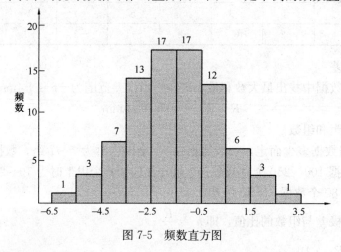

图 7-5　频数直方图

（5）直方图的观察分析

1）直方图的图形分析：直方图形象直观地反映了数据分布情况，通过对直方图的观察和分析，可以看出生产是否稳定及其质量的情况。常见的直方图典型形状有以下几种（图 7-6）：

① 正常型：又称对称型，它的特点是中间高、两边低，并呈左右基本对称，说明相应工序处于稳定状态，见图 7-6（a）。

② 孤岛型：在远离主分布中心的地方出现小的直方，形如孤岛，见图 7-6（b）。孤岛的存在表明生产过程中出现了异常因素，例如原材料发生变化；有人代替操作；短期内工作操作不当等。

③ 双峰型：直方图出现两个中心，形成双峰状。这往往是由于把来自两个总体的数据混在一起作图所造成的。如把两个班组或两台设备的数据混为一批，见图 7-6（c）。

④ 偏向型：直方图的顶峰偏向一侧，故又称偏坡型，它往往是因计数值或计量值只控制一侧界限造成的，见图 7-6（d）。

⑤ 平顶型：在直方图顶部呈平顶状态。一般是由多个母体数据混在一起造成的，或者在生产过程中有缓慢变化的因素在一起作用所造成，如操作者疲劳而造成直方图的平顶状，如图7-6（e）。

⑥ 陡壁型：直方图的一侧出现陡峭绝壁状态。这是由于人为地剔除一些数据，进行不真实的统计造成的，见图7-6（f）。

⑦ 锯齿型：直方图出现参差不齐的形状，即频数不是在相邻区间减少，而是隔区间减少，形成了锯齿状。造成这种现象的原因不是生产上的问题，而主要是绘制直方图时分组过多或测量仪器精度不够而造成的，见图7-6（g）。

2) 对照标准分析比较（图7-7），当工序处于稳定状态时，即直方图为正常型，还需进一步将直方图与质量标准进行对比以判定工序满足标准要求的程度。其主要是分析直方图的平均值。

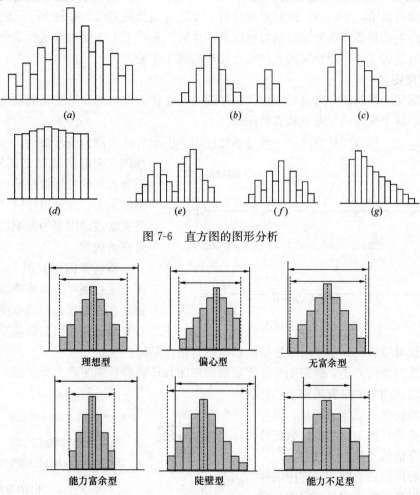

图 7-6 直方图的图形分析

图 7-7 与标准对照的直方图

X 与质量标准中心重合程度，比较分析直方图的分布范围 B 同公差范围 T 的关系，图7-7在直方图中标出了标准范围 T，标准的上偏差 T_U 和下偏差 T_L，实际尺寸范围 B。对照直方图图形可以看出实际产品分布与实际要求标准的差异。各种类型的特点如下：

① 理想型：实际平均值 X 与规格标准中心 u 重合，实际尺寸分布与标准范围两边有一定余量，约为 $T/8$。

② 偏向型：虽在标准范围之内，但分布中心偏向一边，说明存在系统偏差，必须采取措施。如果生产状态发生变化，就可能超出质量标准而出现不合格品。

③ 超出型：此种图形反映数据分布过分地偏离规格中心，已经造成超差，出现不合格品。这是由于工序控制不好造成的，应采取措施使数据中心与规格中心重合。

④ 双侧压线型：又称无富余型。分布虽然落在规格范围之内，但两侧均无余地，稍有波动就会出现超差，出现废品。必须立即采取措施，缩小质量分布范围。

⑤ 能力不足型：又称双侧超越线型。此种图形实际尺寸超出标准线，已产生许多不合格品。说明生产能力不足，应尽快提高能力，缩小质量分布范围。

⑥ 能力富余型：又称过于集中型。实际尺寸分布与标准范围两边余量过大，属控制过严，质量有富余，不经济。此时对原材料、工艺等适当放宽些，有利于降低成本。

以上产生质量散布的实际范围与标准范围比较，表明了工序能力满足标准公差范围的程度，也就是施工工序能稳定地生产出合格产品的工序能力。

7. 管理图法

管理图又叫控制图，它是反映生产工序随时间变化而发生的质量变动的状态，即反映生产过程中各个阶段质量波动状态的图形。

质量波动一般有两种情况：一种是偶然性因素引起的波动称为正常被动，一种是系统性因素引起的波动则属异常波动。质量控制的目标就是要查找异常波动的因素，并加以排除，使质量只受正常波动因素的影响，符合正态分布的规律。

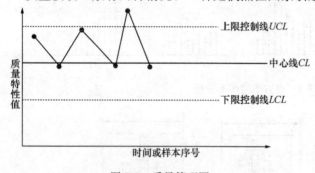

图 7-8 质量管理图

质量管理图（图 7-8）就是利用上下控制界限，将产品质量特性控制在正常质量波动范围之内。一旦有异常原因引起的质量波动，通过管理图就可以看出，能及时采取措施预防不合格产品的产生。

(1) 管理图的分类：管理图分计算量值管理图和计数值管理图两大类（图 7-9）。计算量值管理图适用于质量管理中心的计量数据，如长度、强度、质量、温度等；计数值管理图则适用于计数值数据，如不合格的点数、件数等。

(2) 管理图的绘制：管理图的种类虽多，但其基本原理是相同的，现仅以常用的 $X\text{-}R$ 管理因为例介绍作图的步骤。

$X\text{-}R$ 管理图的作图步骤如下：

1) 收集数据（表 7-7）

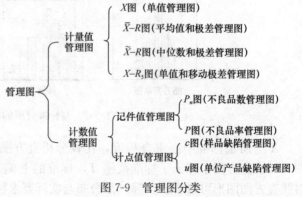

图 7-9 管理图分类

X-R 管理图数据表　　　　　　　表 7-7

样本号	X_1	X_2	X_3	X	R
1	155	166	178	166	23
2	169	161	164	165	8
3	147	152	135	145	17
4	168	155	151	155	17
…	…	…	…	…	…
24	140	165	167	157	27
25	175	169	175	173	6
26	163	171	171	168	8
合计				4195	407

2) 计算样本的平均值

$$\overline{X}_1 = \frac{\sum_{i=1}^{n} X_1}{n}$$

本例第一个样本为：

$$\overline{X}_1 = \frac{155 + 166 + 178}{3} = 166$$

其余类推，计算值列于表 7-7 中。

3) 计算样本极差

$$R_1 = X_{\max} - X_{\min}$$

本例第一个样本为：$R_1 = 178 - 155 = 23$

其余类推，计算值列于表 7-7 中

4) 计算总平均值

$$\overline{X}_1 = \frac{\sum \overline{X}}{K} = \frac{4195}{26} = 161$$

式中为样本总数。

5) 计算极差平均值

$$\overline{R} = \frac{\sum R}{K} = \frac{407}{26} = 16$$

6) 计算控制界限

$\overline{X}$ 管理图控制界限

中心线 $CL = \overline{X} = 161$

上控制界限 $UCL = \overline{X} + A_2\overline{R} = 161 + 1.023 \times 16 = 177$

下控制界限 $LCL = \overline{X} - A_2\overline{R} = 161 - 1.023 \times 16 = 145$

上式中 A_2 为 $\overline{X}$ 管理图系数（表 7-8）

管理图系数表　　　　　　　　　　表 7-8

n	A_2	m_3A_2	D_3	D_4	E_2	d_3
2	1.880	1.880		3.267	2.660	0.853
3	1.023	1.187		2.575	1.772	0.888
4	0.729	0.796		2.282	1.457	0.880
5	0.577	0.691		2.115	1.290	0.864
6	0.483	0.549		2.004	1.184	0.848
7	0.419	0.509	0.076	1.924	1.109	0.833
8	0.373	0.432	0.136	1.864	1.054	0.820
9	0.337	0.412	0.184	1.816	1.010	0.808
10	0.308	0.363	0.223	1.727	0.975	0.797

R 管理图控制界限

中心线 $CL=\overline{R}=16$

上控制界限 $UCL=D_4\overline{R}=2.575\times16=41$

下控制界限 $LCL=D_3\overline{R}=0$（因为 $n=3$，系数表中为 1，故下线不考虑）

式中 D_3，D_4 均为 R 管理图控制界限系数。

7) 绘 $\overline{X}$-R 管理图（图 7-10）。

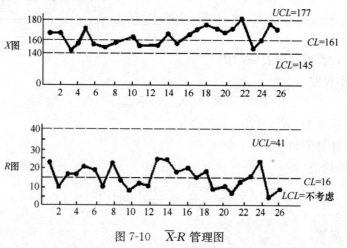

图 7-10　$\overline{X}$-R 管理图

以横坐标为样本序号或取样时间，纵坐标为所要控制的质量特性值，按计算结果绘出中心线和上下控制界限。

其他各种管理图的作图步骤与 $\overline{X}$-R 管理图相同，控制界限的计算公式可参见表 7-9，$UCL=177$。

(3) 管理图的观察与分析

正常管理图的判断规则是：图上的点控制上下限之间，围绕中心作无规律波动，连续 25 个点中，无超出控制界限的点；连续 35 个点中，仅有一点超出控制界限；连续 100 个点中，仅有两点超出控制界限。当点落在控制界限上时，视为超出界限计算。

管理图出现异常的判断规则为：

1) 连续 7 个点在中心线的同侧；
2) 有连续 7 个点上升或下降；
3) 连续 11 点中，有 10 个点在中心线的同一侧；连续 14 个点中，有 12 个点在中心线的同一侧；连续 17 个点中，有 14 个点在中心线的同一侧；连续 20 个点中，有 16 个点在中心线的同一侧；
4) 点围绕其中某一中心作周期波动；
5) 点接近控制界限，落在了 $\mu\pm2\delta$ 和 $\mu\pm3\delta$ 之间。连续 3 点至少 2 点接近控制界限，连续 7 点至少 3 点接近控制界限，连续 10 点至少 4 点接近控制界限。

管理图控制界限计算公式　　　　表 7-9

分　类		图名	中心线	上下控制界限	管理特性
计量值管理图		$\overline{X}$ 图	$\overline{X}$	$\overline{X}\pm A_2\overline{R}$	用于观察分析平均值的变化
		R 图	$\overline{R}$	$D_4\overline{R}$　　$D_3\overline{R}$	用于观察分析宽度和分散变化的情况
		$\widetilde{X}$ 图	$\widetilde{\overline{X}}$	$\widetilde{X}\pm m_3 A_2\overline{R}$	$\widetilde{X}$ 代 $\overline{X}$ 图，可以不计算平均值
		X 图	$\overline{X}$	$\overline{X}\pm E_2\overline{R}$　$X\pm E_2\overline{R}_2$	观察分析单个产品质量分析的变化
		R_S 图	$\overline{R}_S$	$D_4\overline{R}_S$	同 R 图，适用于不能同时取得若干数据的工序
计数值管理图	计件值管理图	P 图	$\overline{P}$	$\overline{P}\pm\sqrt[3]{\dfrac{\overline{P}(1-\overline{P})}{n}}$	用不良品率来管理工序
		P_n 图	$\overline{P}_n$	$\overline{P}_n\pm\sqrt{P_n(1-P)}$	用不良品数来管理工序
	记点值管理图	C 图	$\overline{C}$	$\overline{C}\pm 3\sqrt{\overline{C}}$	对一个样本的缺陷进行管理
		u 图	$\overline{u}$	$\overline{u}\pm\sqrt{\dfrac{\overline{u}}{n}}$	对每一个给定单位产品中缺陷数进行控制

在观察管理图发生异常后，要分析原因，找出原因，找出问题，然后采取措施，使管理图所控制的工序恢复正常。

第 8 章　施工项目管理的基本知识

8.1　施工项目管理的内容及组织

8.1.1　施工项目管理的内容

1. 施工项目管理概述

施工项目管理是指建筑企业运用系统的观点、理论和方法对施工项目进行的决策、计划、组织、控制、协调等全面管理。

施工项目管理具有以下特点：

（1）施工项目管理的主体是建筑企业。其他单位都不进行施工项目管理，例如建设单位对项目和管理称为建设项目管理，设计单位对项目的管理称为设计项目管理。

（2）施工项目管理的对象是施工项目。施工项目管理周期包括工程投标、签订施工合同、施工准备、施工、竣工验收、保修等。施工项目有多样性、固定性和体型庞大等特点，因此施工项目管理具有先有交易活动，后有"生产成品"，生产活动和交易活动很难分开等特殊性。

（3）施工项目管理的内容是按阶段变化的。由于施工项目各阶段管理内容差异大，因此要求管理者必须进行有针对性的动态管理，要使资源优化组合，以提高施工效率和效益。

（4）施工项目管理要求强化组织协调工作。由于施工项目生产活动具有独特性（单件性）、流动性、露天作业、工期长、需要资源多，且施工活动涉及的经济关系、技术关系、法律关系、行政关系和人际关系复杂等特点，因此，必须通过强化组织协调工作才能保证施工活动的顺利进行。主要强化办法是优选项目经理，建立调度机构，配备称职的调度人员，努力使调度工作科学化、信息化，建立起动态的控制体系。

2. 施工项目管理程序

（1）投标、签合同阶段

投标、签订合同阶段的目标是力求中标并签订工程承包合同。该阶段的主要工作包括：

1）由企业决策层或企业管理层按企业的经营战略，对工程项目做出是否投标及争取承包的决策；

2）决定投标后收集掌握企业本身、相关单位、市场、现场诸多方面的信息；

3）编制《施工项目管理规划大纲》；

4）编制投标书，并在投票截止日期前发出投票函；

5）如果中标，则与招标方谈判，依法签订工程承包合同。

(2) 施工准备阶段

施工准备阶段的目标是使工程具备开工和连续施工的基本条件。该阶段的主要工作包括：

1) 企业管理层委派项目经理，由项目经理组建项目经理部，根据工程项目管理需要建立健全管理机构，配备管理人员；

2) 企业管理层与项目经理协商签订《施工项目管理目标责任书》，明确项目经理应承担的责任目标及各项管理任务；

3) 由项目经理组织编制《施工项目管理实施规划》；

4) 项目经理部抓紧做好施工各项准备工作，达到开工要求；

5) 由项目经理部编写开工报告，上报，获得批准后开工。

(3) 施工阶段

施工阶段的目标是完成合同规定的全部施工任务，达到交工验收条件。该阶段的主要工作由项目经理部实施。其主要工作包括：

1) 做好动态控制工作，保证质量、进度、成本、安全目标的全面实现；

2) 管理施工现场，实现文明施工；

3) 严格履行合同，协调好与建设单位、监理单位、设计单位等相关单位的关系；

4) 处理好合同变更及索赔；

5) 做好记录、检查、分析和改进工作。

(4) 验收交工与结算阶段

验收交工与结算阶段的目标是对项目成成果进行总结、评价，对外结清债务，结束交易关系。该阶段的主要工作包括：

1) 由项目经理部组织进行工程收尾；

2) 进行试运转；

3) 接收工程正式验收；

4) 验收合格后整理移交竣工的文件，进行工程款结算；

5) 项目经理部总结工作，编制竣工报告，办理工程交接手续，签订《工程质量保修书》；

6) 项目经理部解体。

(5) 用户服务阶段

用户服务阶段的目标是保证用户正确使用，使建筑产品发挥应有功能，反馈信息，改进工作，提高企业信誉。这一阶段的工作由企业管理层执行。该阶段的主要工作包括：

1) 根据《工程质量保修书》的约定做好保修工作；

2) 为保证正常使用提供必要的技术咨询和服务；

3) 进行工程回访，听取用户意见，总结经验教训，发现问题，及时维修和保养；

4) 配合科研等需要，进行沉陷、抗震性能观察。

3. 施工项目管理的内容及组织

施工项目管理的内容：

施工项目管理包括以下八方面内容：

1) 建立施工项目管理组织

由企业法定代表人采用适当方式选聘称职的施工项目经理;根据施工项目管理组织原则,结合工程规模、特点,选择合适的组织形式,建立施工项目管理机构,明确各部门、各岗位的责任、权限和利益;在符合企业规章制度的前提下,根据施工项目管理的需要,制定施工项目经理部管理制度。

2) 编制施工项目管理规划

在工程投标前,由企业管理层编制施工项目管理大纲,对施工项目管理从投标到保修期满进行全面的纲要性规划。施工项目管理大纲可以用施工组织设计替代。

在工程开工前,由项目经理组织编制施工项目管理实施规划,对施工项目管理从开工到交工验收进行全面的指导性规划。当承包人以施工组织设计替代项目管理规划时,施工组织设计应满足项目管理规划的要求。

3) 施工项目的目标控制

在施工项目实施的全过程中,应对项目质量、进度、成本和安全目标进行控制,以实现项目的各项约束性目标。控制的基本过程是:确定各项目标控制标准;在实施过程中,通过检查、对比,衡量目标的完成情况;将衡量结果与标准进行比较,若有偏差,分析原因,采取相应的措施以保证目标的实现。

4) 施工项目的生产要素管理

施工项目的生产要素主要包括劳动力、材料、设备、技术和资金。管理生产要素的内容有:分析各生产要素的特点;按一定的原则、方法,对施工项目的生产要素进行优化配置并评价;对施工项目各生产要素进行动态管理。

5) 施工项目的合同管理

为了确保施工项目管理及工程施工的技术组织效果和目标实现,从工程投标开始,都要加强工程承包合同的策划、签订、履行和管理。同时,还应做好索赔工作,讲究索赔的方法和技巧。

6) 施工项目的信息管理

进行施工项目管理和施工项目目标控制、动态管理,必须在项目实施的全过程中,充分利用计算机对项目有关的各类信息进行收集、整理储存和使用,提高项目管理的科学性和有效性。

7) 施工现场的管理

在施工项目实施过程中,应对施工现场进行科学有效的管理,以达到文明施工、保护环境、塑造良好的企业形象、提高施工管理水平的目的。

8) 组织协调

协调和控制都是计划目标实现的保证。在施工项目实施过程中,应进行组织协调,沟通和处理好内部及外部的各种关系,排除各种干扰和障碍。

8.1.2 施工项目管理的组织机构

1. 施工项目管理组织的主要形式

施工项目管理组织的形式是指在施工项目管理组织中处理管理层次、管理跨度、部门设置和上下级关系的组织结构的类型。主要的管理组织形式有工作队式、部门控制式、矩阵制式、事业部制式等。

(1) 工作队式项目组织

如图 8-1 所示，工作队式项目组织是指主要由企业中有关项目抽出管理力量组成施工项目经理的方式，企业职能部门处于服务地位。

工作队式项目组成适用于大型项目，工期要求紧，要求多种工、多部门密切配合的项目。

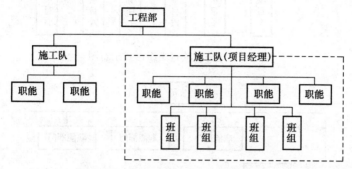

图 8-1　工作队式项目组织形式示意图

(2) 部门控制式项目组织

部门控制式并不打乱企业的现行建制，把项目委托给企业某一专业部门或某一施工队，由被委托的单位负责组织项目实施，其形式如图 8-2 所示。

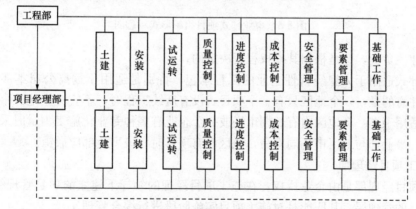

图 8-2　部门控制式项目组织形式示意图

部门控制式项目组织一般适用于小型的、专业性较强、不需涉及众多部门的施工项目。

(3) 矩阵制项目组织

矩阵制项目组织是指结构形式呈矩阵式的组织，其项目管理人员由企业有关职能部门派出并经行业务指导，接受项目经理的直接领导，其形式如图 8-3 所示。

(4) 事业部式项目组织

企业成立事业部，事业部对企业来说是职能部门，对外界来说享有独立的经营权，是一个独立的单位。事业部可以按地区设置，也可以按工程类型或经营内容设置，其形式如图 8-4 所示。

在事业部下面设置项目经理部。项目经理由事业部选派，一般对事业部负责，有的可

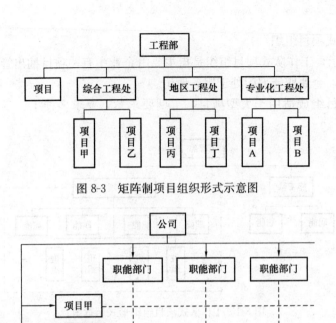

图 8-3 矩阵制项目组织形式示意图

图 8-4 事业部式项目组织形式示意图

以直接对业主负责,这是根据其授权程度决定的。

事业部式适用于大型经营性企业的工程承包,特别是适用于远离公司本部的工程承包。需要注意的是,一个地区只有一个项目,没有后续工程时,不宜设立地区事业部,也就是说它适用于在一个地区内有长期市场或一个企业有多种专业化施工力量时采用。在这种情况下,事业部与地区市场同寿命,地区没有项目时,该事业部应撤销。

2. 施工项目经理部

施工项目经理部是由企业授权,在施工项目经理的领导下建立的项目管理组织机构,是施工项目的管理层,其职能是对施工项目实施阶段进行综合管理。

(1) 项目管理部的性质

施工项目经理部的性质可以归纳为以下三方面:

1) 相对独立性。施工项目经理部的相对独立性主要是指它对企业存在着双重关系。一方面,它作为企业的下属单位,同企业存在着行政隶属关系,要绝对服从企业的全面领导;另一方面,它又是一个施工项目独立利益的代表,存在着独立的利益,同企业形成了一种经济承包或其他形式的责任关系。

2) 综合性。施工项目经理部的综合性主要表现在以下几个方面:

① 施工项目经理部是企业所属的经济组织,主要职责是管理施工项目的各种管理活动。

② 施工项目经理部的管理职能是综合的,包括计划、组织、控制、协调、指挥等多方面。

③施工项目经理部的管理业务是综合的，从横向看包括人、财、物、生产和经营活动，从纵向看包括施工项目寿命周期的主要过程。

3）临时性。施工项目经理部是企业一个施工项目的责任单位，随着项目的开工而成立，随着项目的竣工而解体。

(2) 项目经理部的作用

1）负责施工项目从开工到竣工的全过程施工生产经营的管理，对作业层负有管理与服务的双重责任；

2）为项目经理决策提供信息依据，执行项目经理的决策意图，由项目经理全面负责；

3）项目经理部作为项目团队，应具有团队精神，完成企业所赋予的基本任务——项目管理；凝聚管理人员的力量；协调部门之间、管理人员之间的关系；影响和改变管理人员的观念和行为，沟通部门之间、项目经理部与作业队之间、与公司之间、与环境之间的关系；

4）项目经理部是代表企业履行工程承包合同的主体，对项目产品和建设单位负责。

(3) 建立施工项目经理部的基本原则

1）根据所涉及的项目组织形式设置。因为项目组织形式与项目的管理方式有关，与企业对项目经理部的授权有关。不同的组织形式对项目经理部的管理力量和管理职责提出了不同要求，提供了不同的管理环境。

2）根据施工项目的规模、复杂程度和专业特点设置。例如，大型项目经理部可以设职能部、处；中型项目经理部可以设处、科；小型项目经理部一般只需设只能人员即可。如果项目的专业性强，便可设置专业性强的智能部门，如水电处、安装处、打桩处等。

3）根据施工工程任务需要调整。项目经理部是一个具有弹性的一次性管理组织，锁着工程项目的开工而组建，锁着工程项目的竣工而解体。项目经理部不应有固定的作业队伍，而是根据施工的需要，有企业（或授权给项目经理部）在社会市场吸收人员，进行优化组合和动态管理。

4）适应现场施工的需要。项目经理部的人员配置应面向现场，满足现场的计划于调度。技术与质量。成本与核算。劳务与物资。安全与文明施工的需要。而不应设置专营经营与咨询。研究与发展。政工与人事等与项目施工关系较少的非生产性管理部门。

(4) 施工项目的劳动组织

施工项目的劳动力来源于社会的劳务市场，应从以下三方面进行组织和管理：

1）劳务输入。坚持"计划管理、定向输入、市场调节、双向选择、统一调配、合理流动"的方针。

2）劳动力组织。劳务队伍均要以整建制进入施工项目，由项目经理部和劳务分公司配合，双方协商共同组建栋号（作业）承包队，栋号（作业）承包队的组建要注意大批工种界限，实行混合编组，提倡一专多能，一岗多职。

3）项目经理部对劳务队伍的管理。对于施工劳务分包公司组建的现场施工作业队，除配备专职的栋号负责人外，还要实行"三员"管理岗位责任制：即由项目经理派出专职质量员、安全员、材料员，实行一线职工操作全过程的监控、检查、考核和严格管理。

(5) 项目经理部部门设置

目前国家对项目经理部的设置规模尚无具体规定。结合有关企业推行施工项目管理的实际，一般按项目的使用性质和规模分类。只有当施工项目的规模达到以下要求是才实行施工项目管理：1万 m² 以上的公共建筑、工业建筑、住宅建设小区及其他工程项目投资在500万元以上的，均实行项目管理。

一般项目经理部可设置以下5个部门：

1）经营核算部门。主要负责工程预结算、合同与索赔、资金收支、成本核算、工资分配等工作。

2）技术管理部门。主要负责生产调度、文明施工、劳动管理、技术管理、施工组织设计、技术统计等工作。

3）物资设备供应部门。主要负责材料的询价、采购、计划供应、管理、运输、工具管理、机械设备的租赁配套使用等工作。

4）质量安全监控管理部门。主要负责工程质量、安全管理、消防保卫、环境保护等工作。

5）测试计量部门。主要负责计量、测量、试验等工作。

(6) 项目部岗位设置及职责（图8-5）

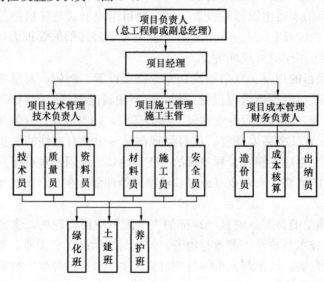

图8-5 某项目部组织机构框图

1）岗位设置

根据项目大小不同，人员安排不同，项目部领导层从上往下设置项目经理、项目技术负责人等；项目部设置做基本的六大岗位：施工员、质量员、安全员、资料员、造价员、测量员，其他还有材料员、标准员、机械员、劳务员等。

2）岗位职责

在现代施工企业的项目管理中，施工项目经理是施工项目的最高责任人和组织者，是决定施工项目盈亏的关键性角色。

一般说来，人们习惯于将项目经理定位于企业的中层管理者或中层干部，然而由于项目管理及项目环境的特殊性，在实践中的项目经理的管理职权与企业职能部门的中层干部往往是有所不同的。前者体现在决策职能的增强上，着重于目标管理；而后者则主要表现为控制职能的强化，强调和讲究的是过程管理。实际上，项目经理应该是职业经理式的任务，是复合型人才，是通才。他应该懂法律、善管理、会经营、敢负责、能公关等，具有各方面的较为丰富的经验和知识，而职能部门的负责人则往往是专才，是某一技术专业领域的专家。对项目经理的素质和技能要求在实践中往往是同企业中的总经理完全相同的。

项目技术负责人是在项目部经理的领导下，负责项目部施工生产、工程质量、安全生产和机械设备管理工作。

施工员、质量员、安全员、资料员、标准员、机械员、劳务员都是项目的专业人员，是施工现场的管理者。

(7) 项目经理部的解体

项目经理部是一次性具有弹性的施工现场生产组织机构，工程临近结尾时，业务管理人员乃至项目经理要陆续撤走，因此，必须重视项目经理部的解体和善后工作。企业工程管理部门是项目经理部解体善后工作的主管部门，主要负责项目经理部的解体后工程项目在保修期间问题的处理，包括因质量问题造成的返（维）修、工程剩余价款的结算以及回收等。

8.2 施工项目的目标控制

施工项目目标控制包括：施工项目进度控制、施工项目质量控制。施工项目成本控制、施工项目安全控制四个方面。

1. 施工项目进度控制

施工项目进度控制指在既定的工期内，编制出最优的施工进度计划，在执行该计划的施工中，经常检查施工实际进度情况，并将其与计划进度相比较，若出现偏差，便分析产生的原因和对工期的影响程度，找出必要的调整措施，修改原计划，不断地如此循环，直至工程竣工验收。施工项目进度控制的总目标是确保施工项目的合同工期的实现，或者在保证施工质量和部因此而增加施工实际成本的条件下，适当缩短工期。

2. 施工项目质量控制

施工项目质量控制是指对项目的实施情况进行监督、检查核测量，并将项目实施结果与事先制定的质量标准进行比较，判断其是否符合质量标准，找出存在的偏差，分析偏差形成原因的一系列活动。项目质量控制贯穿于项目实施的全过程。

3. 施工项目成本控制

施工项目成本控制指在成本形成过程中，根据事先制定的成本目标，对企业经常发生的各项生产经营活动按照一定的原则，采用专门的控制方法，进行指导、调节、限制和监督，将各项生产费用控制在原来所规定的标准和预算之内。如果发生偏差或问题，应及时进行分析研究，查明原因，并及时采取有效措施，不断降低成本，以保证实现规定的成本目标。

4. 施工项目安全控制

施工项目安全控制指经营管理者对施工生产过程中的安全生产工作进行的策划、组织、指挥、协调、控制和改进的一系列活动，其目的是保证在生产经营活动中的人身安全、资产安全，促进生产的发展，保持社会的稳定。安全管理的对象是生产中一切人、物、环境、管理状态，安全管理是一种动态管理。

8.2.1 施工项目目标控制的任务

施工项目目标控制的任务是进行以项目进度控制、质量控制、成本控制和安全控制为主要内容的四大目标控制。这四项目标是施工项目的约束条件，也是施工效益的象征。其中前三项目标是指施工项目成果，而安全目标则是指施工过程中人和物的状态。也就是说，安全既指人身安全，又指财产安全。所以，安全控制既要克服人的不安全行为，又要克服物的不安全状态。

施工项目目标控制的任务见表8-1。

施工项目目标控制的任务　　　　　表 8-1

控制目标	具体控制任务
进度控制	使施工顺序合理，衔接关系适当，连续、均衡、有节奏地施工，实现计划工期，提前完成合同工期
质量控制	使分项工程到达质量检验评定标准的要求，实现施工组织设计中保证施工质量的技术组织措施和质量等级，保证合同质量目标等级的实现
成本控制	实现施工组织设计的降低成本措施，降低每个分项工程的直接成本，实现项目经理部的盈利目标，实现公司利润目标及合同造价
安全控制	实现施工组织的安全设计和措施，控制劳动者、劳动手段和劳动对象，控制环境，实现安全目标，使人的行为安全，物的状态安全，断绝环境危险源
施工现场控制	科学组织施工，使场容场貌、料具堆放与管理、消防保卫、环境饱和及职工生活均符合规定要求

8.2.2 施工项目目标控制的措施

1. 施工项目进度控制的措施

施工项目进度控制的措施主要有组织措施、技术措施、合同措施、经济措施和信息管理措施等。

组织措施主要是指落实各级进度控制的人员及其具体任务和工作责任，建立进度控制的组织系统；按照施工项目的结构、施工阶段或合同结构的层次进行项目分析，确定各分项进度控制的工期目标，建立进度控制的工期目标体系；建立进度控制的工作制度，如定期检查的时间、方法，召开协调会议的时间、参加人员等，并对影响施工实际进度的主要因素进行分析和预测，制定调整施工实际进度的组织措施。

技术措施主要是指应尽可能采用先进的施工技术、方法和新材料、新工艺、新技术，保证进度目标实现；落实施工方案，在发生问题时，能适时调整工作之间的逻辑管理，加快施工进度。

合同措施是指以合同形式保证工期进度的实现，即保持总进度控制目标与合同总工期相一致；分包合同的工期与总包合同的工期相一致；供货、供电、运输、构件加工等合同规定的提供服务时间与有关的进度控制目标相一致。

经济措施是指要制定切实可行的实现施工计划进度所必需的资金保证措施，包括落实实现进度目标的保证资金；签订并实施关于工期和进度的经济承包责任制；建立并实施关于工期和进度的奖惩制度。

信息管理措施是指建立完善的工程统计管理体系和统计制度，详细、准确、定时地收集有关工程实际进度情况的资料和信息，并进行整理统计，得出工程施工实际进度完成情况的各项指标，将其与施工计划进度的各项指标进行比较，定期地向建设单位提供施工进度比较报告。

2. 施工项目质量控制的措施

（1）提高管理、施工及操作人员自身素质

管理、施工及操作人员素质的高低对工程质量起决定性的作用。首先，应提高所有参与工程施工人员的质量意识，让他们树立五大观念，即质量第一的观念、预控为主的观念、为用户服务的观念、用数据说话的观念以及社会效益与企业小于相结合的综合效益观念。其次，要搞好人员培训，提高员工素质。要对现场施工人员进行质量知识、施工技术、安全知识等方面的教育和培训，提高施工人员的综合素质。

（2）建立完善的质量保证体系

工程项目质量保证体系是指现场施工管理组织的施工质量自控系统或管理系统，即施工单位为保证工程项目的质量管理和目标控制，以现场施工管理组织机构为基础，通过质量目标的确定和分解，管理人员和资源的配置，质量管理制度的建立和完善，形成具有质量控制和质量保证能力的工作系统。

施工项目质量保证体系的内容应根据施工管理的需要并结合工程特点进行设置，具体如下：

1）施工项目质量控制的目标体系；
2）施工项目质量控制的工作分工；
3）施工项目质量控制的基本制度；
4）施工项目质量控制的工作流程；
5）施工项目质量计划或施工组织设计；
6）施工项目质量控制点的设置和控制措施的制定；
7）施工项目质量控制关系网络设置及运行措施。

（3）加强原材料质量控制

一是提高采购人员的政治素质和质量鉴定水平，使那些有一定专业知识又忠于事业的人担任该项工作。二是采购材料要广开门路，综合比较，择优进货。三是施工现场材料人员要会同工地负责人。甲方等有关人员对现场设备及材料进行检查验收。特殊材料要有说明书和试验报告。生产许可证，对钢材、水泥、防水材料、混凝土外加剂等必须进行复试和见证取样试验。

（4）提高施工的质量管理水平

每项工程有总体施工方案，每一分项工程施工之前也要做到方案先行，并且施工方案必须实行分级审批制度，方案审完后还要做出样板，反复对样板中存在的问题进行修改，直至达到设计要求方可执行。在工程实施过程中，根据出现的新问题、新情况，及时对施工方案进行修改。

(5) 确保施工工序的质量

工程项目的施工过程，是由一系列相互关联、相互制约的工序所构成，工序质量是构成工作质量的最基本的单元，上道工序存在质量缺陷或隐患，不仅使本工序质量达不到标准的要求，而且直接影响下单工序及后续工程的质量与安全，进而影响最终成品的质量。因此，在施工中要建立严格的交接班检查制度，在每一道工序进行中，必须坚持自检、互检。如监理人员在检查时发现质量问题，应分析产生问题的原因，要求承包人采取合适的措施进行修整或返工。处理完毕，合格后方可进行下一道工序施工。

(6) 加强施工项目的过程控制

施工人员的控制。施工项目管理人员由项目经理统一指挥，各自按照岗位标准进行工作，公司随时对项目管理人员的工作状态进行考核，并如实考查结果存入工程档案之中，依据考核结果，奖优罚劣。

施工材料的控制。施工材料的选购，必须是经过考查后合格的、信誉好的材料供应商，在材料进场前必须先报验，经检测合格后的材料方能使用，从而保证质量，又能节约成本。

施工工艺的控制。施工工艺的控制是决定工程质量好坏的关键。为了保证工艺的先进性、合理性，公司工程部针对分部工程编制作业指导书，并下发各基层项目技术人员，合理安排创造良好的施工环境，保证工程质量。

加强专项检查，开展自检、专检、互检活动，及时解决问题。各工序完工后由班组长组织质检员对本工序进行自检、互检。自检时，严格执行及时交底及现行规程、规范，在自检中发现问题由班组自行处理并填写自检记录，班组自检记录填写完善，自检的问题已确实修正后，方可由项目专职质检员进行验收。

3. 施工项目安全控制的措施

(1) 安全制度措施

项目经理部必须执行国家、行业、地区安全法规、标准，并以此制定本项目的安全管理制度，主要包括：

1) 行政管理方面：安全生产责任制度；安全生产例会制度；安全生产教育制度；安全生产检查制度；伤亡事故管理制度；劳保用品发放及使用管理制度；安全生产奖惩制度；工程开竣工的安全制度；施工现场安全管理制度；安全技术措施计划管理制度；特殊作业安全管理制度；环境保护、工业卫生工作管理制度；锅炉、压力容器安全管理制度；场区交通安全管理制度；防火安全管理制度；意外伤害保险制度；安全检举和控告制度等。

2) 技术管理方面：关于施工现场安全技术要求的规定；各专业工种安全技术操作规程；设备维护检修制度等。

(2) 安全组织措施

1) 建立施工项目安全组织系统；

2) 建立与项目安全组织系统相配套的各专业、各部门、各生产岗位的安全责任系统；

3) 建立项目经理的安全生产职责及项目班子成员的安全生产职责；

作业人员安全纪律：现场作业人员与施工安全生产关系最为密切，他们遵守安全生产纪律和操作规程是安全控制的关键。

（3）安全技术措施

施工准备阶段的安全技术措施见表 8-2，施工阶段的安全技术措施见表 8-3。

施工准备阶段的安全技术措施　　　　　表 8-2

项　目	具　体　内　容
技术准备	1. 了解工程设计对安全施工的要求； 2. 调查工程的自然环境（水文、地址、气候、洪水、雷击等）和施工环境（地下设施、管道及电缆的分布与走向、粉尘、噪声等）对施工安全的影响，及施工时对周围环境安全的影响； 3. 当扩建工程施工与建设单位使用或生产交叉可能造成伤害时双方应签订安全施工协议，搞好施工与生产的协议，以明确双方责任，共同遵守安全事项； 4. 在施工组织设计中，编制切实可行、行之有效的安全技术措施，并严格履行审批手续，送安全部门备案
物资准备	1. 及时供应质量合格的安全防护用品（安全帽、安全带、安全网等）满足施工需要； 2. 保证特殊工种（电工、焊工、爆破工、起重工等）使用工具器械质量合格，技术性能良好； 3. 施工机具、设备（起重机、卷扬机、电锯、平面刨、电气设备）、车辆等需经安全技术性能检测，鉴定合格、防护装置齐全、制动装置可靠，方可进场使用； 4. 施工周转材料（脚手杆、扣件、跳板等）须经认真挑选，不符合安全要求的禁止使用
施工现场准备	1. 按施工总平面图要求做好现场施工准备； 2. 现场各种临时设施和库房的布置，特别是炸药库、油库的布置，易燃易爆品的存放都必须符合安全规定和消防要求，并经公安消防部门批准； 3. 电气线路、配电设备应符合安全要求，有安全用电防护措施； 4. 场内道路应通畅，设交通标志，危险地带设危险信号及禁止通行标志，以保证行人和车辆通行安全； 5. 现场周围和坡度及沟坑处设围栏、防护板，现场入口处设"无关人员禁止入内"的标志及警示标志； 6. 塔吊等起重设备安置应与输电线路、永久的或临设的工程间要有足够的安全距离，避免碰撞，以保证搭设脚手架、安全网的施工距离； 7. 现场设消防栓，应有足够有效的灭火器材
施工队伍准备	1. 新工人、特殊工种工人须经岗位技术培训与安全教育后，持合格证上岗； 2. 高险难作业工人须经身体检查合格后，方可施工作业； 3. 施工负责人在开工前，应向全体施工人员进行入场前的安全技术交底，并逐级签发"安全交底任务单"

施工阶段的安全技术措施　　　　　　　　　　　　　　　　表 8-3

项　目	内　　　容
一般施工	1. 单项工程、单位工程均有安全技术措施，分部分项工程有安全技术具体措施，施工前由技术负责人向有关人员进行安全技术交底； 2. 安全技术应与施工生产技术相统一，各项安全技术措施必须在相应的工序施工前做好； 3. 操作者严格遵守相应的操作规程，实行标准化作业； 4. 施工现场的危险地段应设有防护、保险、信号装置及警示标志； 5. 针对采用的新工艺、新技术、新设备、新结构制定专门的施工安全技术措施； 6. 有预防自然灾害（防台风、雷击、防洪排水、防暑降温、防寒、防冻、防滑等）的专门安全技术措施； 7. 在明火作业（焊接、切割、熬沥青等）现场应有防火、防爆安全技术措施； 8. 有特殊工程、特殊作业的专业安全技术措施，如土石方施工安全技术、爆破安全技术、脚手架安全技术、起重吊装安全技术、电气安全技术、高处作业及主体交叉作业安全技术、焊割安全技术、防火安全技术、交通运输安全技术、安装工程安全技术、烟囱及筒仓安全技术等
拆除工程	1. 详细调查拆除工程结构特点，电线线路，管道设施等现状，制定可靠的安全技术方案； 2. 拆除建筑物之前，在建筑物周围划定危险警戒区域，设立安全围栏，禁止无关人员进入作业现场； 3. 拆除工作开始前，先切断被拆除建筑物的电线、供水、供热、供煤气的通道； 4. 拆除工作应按自上而下顺序进行，禁止数层同时拆除，必要时要对底层或下部结构进行加固； 5. 栏杆、楼梯、平台应与主体拆除程度配合进行，不能先行拆除； 6. 拆除作业工人应站在脚手架上或稳固的结构部分操作，拆除承重梁和柱之间应先拆除其承重的全部结构、并防止其他部分坍塌； 7. 拆下的材料要及时清理运走，不得在旧楼板上集中堆放，以免超负荷； 8. 被拆除的建筑物内需要保留的部分或需保留的设备实现搭好防护棚； 9. 一般不采用推倒方法拆除建筑物，必须采用推倒方法的应采取特殊安全措施

4. 施工项目成本控制的措施

（1）组织措施

施工项目应从组织项目部人员协作部门入手，设置一个强有力的工程项目部和协作网络，保证工程项目的各项管理措施得以顺利实施。首先，项目经理是企业法人在项目上的全权代表，对所负责的项目拥有与公司经理相同的责任和权利，是项目成本管理的第一责任人。因此，选择经验丰富、能力强的项目经理，及时掌握和分析项目的盈亏状况，并迅速采取有效的管理措施是做好成本管理的第一步。其次，技术部门是整个工程项目施工技术和施工进度的负责部门。使用专业知识丰富、责任心强、有一定施工经验的工程师作为工程项目的技术负责人，可以确保技术部门在保证质量、按期完成任务的前提下，尽可能地采用先进的施工技术和施工方案，以求提高工程施工的效率，最大限度地减低工程成本。第三，经营部门主管合同实施和合同管理工作。配置外向型的工程师或懂技术的人员负责工程进度款的申报和催款工作，处理施工赔偿问题，加强合同预算管理，增加工程项目的合同外收入。经营部门的有效运作可以保证工程项目的增收节支。第四，财务部门应减少资金使用费和其他不必要的费用支出。项目部的其他部门和班组也要相应地精心设置和组织,力求工程施工中的每个环节和部门都能为项目管理的实施提供保证,为增收节支尽责尽职。

(2) 技术措施

采取先进的技术措施,走技术与经济相结合的道路,确定科学合理的施工方案和工艺技术,以技术优势来取得经济效益是降低项目成本的关键。首先,制定先进合理的施工方案和施工工艺,合理布置施工现场,不断提高工程施工工业化、现代化水平,以达到缩短工期、提高质量、降低成本的目的。其次,在施工过程中大力推广各种降低消耗、提高工程质量,杜绝返工现象和损失,减少浪费。

(3) 经济措施

1) 控制人工费用。控制人工费的根本途径是提高劳动生产率,改善劳动组织结构,减少窝工浪费;实现合理的奖惩制度和激励办法,提高员工的劳动积极性和工作效率;加强劳动纪律,加强技术教育和培训工作;压缩非生产用工和辅助用工,严格控制非生产人员比例。

2) 控制材料费。材料费用占工程成本的比例很大,因此,降低成本的潜力最大。降低材料费用的主要措施是制订好采购的计划,包括品种、数量和采购时间,减少仓储量、收发、保管等方面的工作,减少材料进场验收和限额领料控制制度,减少浪费;建立结构材料消耗台账,时时监控材料的使用和消耗情况,制定并贯彻节约材料的各种相应措施,合理使用材料,建立材料回收台账,注意工地余料的回收和再利用。另外,在施工过程中,要随时注意发现新产品、新材料的出现,及时向建设单位和设计院提出采用代用材料的合理建议,在保证工程质量的同时,最大限度地做好增收节支。

3) 控制机械费用。在控制机械施工费方面,最主要的是加强机械设备的使用和管理力度,正确和合理利用机械设备,提高机械使用率和机械效率。要提高机械效率必须提高机械设备的完好率和利用率。机械利用率的提供靠人,完好率的提高在于保养和维护。因此,在机械设备的使用和维护方面要尽量做到人机固定,落实机械使用,保养责任制,实行操作员、驾驶员经培训持证上岗,保证机械设备被合理规范的使用,并保证机械设备的使用安全,同时应建立机械设备档案制度,定期对机械设备进行保养维护。另外,要注意机械设备的综合使用费。

4) 控制间接费及其他直接费。间接费是项目管理人员和企业的其他职能部门为该工程项目所发生的全部费用。这一费用的控制注意应通过精简管理机构,合理确定管理幅度与管理层次,业务管理部门的费用通过实行节约承包来落实,同时对涉及管理部门的多个项目实行清晰分账,落实谁受益谁负担,多受益多负担,少受益少负担,不受益不负担的原则。其他直接费包括临时设施费、工地二次搬运费、生产工具用具使用费、检验试验费和场地清理费等,应本着合理计划、节约为主的原则进行严格监控。

8.3 施工资源和现场管理

8.3.1 施工资源管理的方法、任务和内容

施工项目资源,也称施工项目生产要素,是指投入施工项目的劳动力、材料、机械设

备、技术和资金等要素。施工项目生产要素是施工项目管理的基本要素，施工项目管理实际上就是根据施工项目的目标、特点和施工条件，通过对生产要素的有效和有序地组织和管理项目，并实现最终目标、施工项目的计划和控制的各项工作最终都要落实到生产要素管理上。生产要素的管理对施工项目的质量、成本、进度和安全都有重要影响。

1. 施工项目资源管理的内容

（1）劳动力

当前，我国在建筑业企业中设置劳务分包企业资质序列，施工总承包企业和专业承包企业的作业人员按合同由劳务分包公司提供。劳动力管理主要依靠劳务分包公司，项目经理部协助管理。施工项目中的劳动力，关键在使用，使用的关键在提高效率，提高效率的关键是如何调动职工的积极性，调动积极性的最好办法是加强思想政治工作和利用行为科学，从劳动力个人的需要与行为的关系的观点出发，进行恰当的激励。

（2）材料

建筑材料按在生产中的作用可分为主要材料、辅助材料和其他材料。其中主要材料指在施工中被直接加工，构成工程实体的各种材料，如钢材、水泥、木材、砂、石等。辅助材料指在施工中有助于产品的形成，但不构成实体的材料，如促凝剂、隔离剂、润滑剂等。其他材料指不构成工程实体，但又是施工中必需的材料，如燃料、油料、砂纸、棉纱等。另外，还有周转材料（如脚手架材、模板材等）、工具、预制构配件、机械零配件等。建筑材料还可以按其自然属性分类，包括金属材料、硅酸盐材料、电气材料、化工材料等。施工项目材料管理的重点在现场、使用、节约和核算。

（3）机械设备

施工项目的机械设备，主要是指作为大型工具使用的大、中、小型机械，既是固定资产，又是劳动手段。施工项目机械设备管理的环节包括选择、使用、保养、维修、改造、更新。其关键在使用，使用的关键是提高机械效率，提高机械效率必须提高利用率和完好率。利用率的提高靠人，完好率的提高在于保养与维修。

（4）技术

施工项目技术管理，是对各项技术工作要素和技术活动过程的管理。技术工作要素包括技术人才、技术装备、技术规程、技术资料等。技术活动过程指技术计划、技术运用、技术评价等。技术作用的发挥，除决定于技术本身的水平外，极大程度上还依赖于技术管理水平。没有完善的技术管理，先进的技术是难以发挥作用的。施工项目技术管理的任务有四项：1）正确贯彻国家和行政主管部门的技术政策，贯彻上级对技术工作的指示与决定；2）研究、认识和利用技术规律，科学地组织各项技术工作，充分发挥技术的作用；3）确立正常的生产技术秩序，进行文明施工，以技术保证工程质量；4）努力提高技术工作的经济效果，使技术与经济有机地结合。

（5）资金

施工项目的资金，是一种特殊的资源，是获取其他资源的基础，是所有项目活动的基础。资金管理主要有以下环节：编制资金计划，筹集资金，投入资金（施工项目经理部收入），资金使用（支出），资金核算与分析。施工项目资金管理的重点是收入与支出问题，收支之差涉及核算、筹资、贷款、利息、利润、税收等问题。

2. 施工资源管理的任务

（1）确定资源类型及数量。具体包括：

1）确定项目施工所需的各层次管理人员、各工种工人的数量；

2）确定项目施工所需的各种物资资源的品种、类型、规格和相应的数量；

3）确定项目施工所需的各种施工设施的定量需求；

4）确定项目施工所需的各种来源的资金的数量。

（2）确定资源的分配计划。包括编制人员需求分配计划、编制物资需求分配计划、编制施工设备和设施需求分配计划、编制资金需求分配计划。在各项计划中，明确各种施工资源的需求在时间上的分配，以及在相应的子项目或工程部位上的分配。

（3）编制资源进度计划。资源进度计划是资源按时间的供应计划，应视项目对施工资源的需用情况和施工资源的供应条件而确定编制哪种资源进度计划。编制资源进度计划能合理地考虑施工资源的运用，这将有利于提高施工质量，降低施工成本和加快施工进度。

（4）施工资源进度计划的执行和动态调整。施工项目施工资源管理不能仅停留于确定和编制上述计划，在施工开始前和在施工过程中应落实和执行所编的有关资源管理的计划，并视需要对其进行动态的调整。

8.3.2 施工现场管理的任务和内容

施工现场是指从事工程施工活动经批准占用的施工场地。它既包括红线以内占用的建筑用地和施工用地，又包括红线以外现场附近经批准占用的临时施工用地。施工现场管理就是运用科学的思想、组织、方法和手段，对施工现场的人、设备、工艺、资金等生产要素，进行有计划的组织、控制、协调、激励，来保证预订目标的实现。

1. 施工现场管理的任务

建筑施工现场管理的任务，具体可以归纳为以下几点：

（1）全面完成生产计划规定的任务，包括产量、产值、质量、工期、资金、成本、利润和安全等。

（2）按施工规律组织生产，优化生产要素的配置，实现高效率和高效益。

（3）搞好劳动组织和班组建设，不断提高施工现场人员的思想和技术素质。

（4）加强定额管理，降低能源的消耗，减少生产储备和资金占用，不断降低生产成本。

（5）优化专业管理，建立完善管理体系，有效地控制施工现场的投入和产出。

（6）加强施工现场的标准化管理，使人流、物流高效有序。

（7）治理施工现场环境，改变"脏、乱、差"的状况，主要保护施工环境，做到施工不扰民。

2. 施工项目现场管理的内容

（1）规划及报批施工用地。根据施工项目及建筑用地的特点科学规划，充分、合理使用施工现场场内占地；当场内空间不足时，应同发包人按规定向城市规划部门、公安交通部门申请，经批准后，方可使用场外施工临时用地。

（2）设计施工现场平面图。根据建筑总平面图、单位工程施工图、拟定的施工方案、现场地理位置和环境及政府部门的管理标准，充分考虑现场布置的科学性、合理性、可行性，设计施工总平面图、单位工程施工平面图；单位工程施工平面图应根据施工内容和分包单位的变化，设计出阶段性施工平面图，并在阶段性进度目标开始实施前，通过施工协调会议确认后实施。

（3）建立施工现场管理组织。一是项目经理全面负责施工过程中的现场管理，并建立施工项目经理部体系。二是项目经理部应由主管生产的副经理、主任工程师、生产、技术、质量、安全、保卫、消防、材料、环保、卫生等管理人员组成。三是建立施工项目现场管理规章制度、管理标准、实施措施、监督办法和奖惩制度。四是根据工程规模、技术区片划分的施工现场管理责任制，并组织实施。五是建立现场管理例会和协调制度，通过调度工作实施的动态管理，做到经常化、制度化。

（4）建立文明施工现场。一是按照国务院及地方建设行政主管部门颁布的施工现场管理法规和规章，认真管理施工现场。二是按审核批准的施工总平面图布置管理施工现场，规范场容。三是项目经理部应对施工现场场容、文明形象管理作出总体策划和部署，分包人应在项目经理部指导和协调下，按照分区划块原则做好分包人施工用地场容、文明形象管理的规划。四是经常检查施工项目现场管理的落实情况，听取社会公众、近邻单位的意见，发现问题及时处理，不留隐患，避免再度发生，并实施奖惩。五是接受政府住房和城乡建设行政主管部门的考评和企业对建设工程施工现场管理的定期抽查、日常检查、考评和指导。六是加强施工现场文明建设，展示和宣传企业文化，塑造企业及项目经理部的良好形象。

（5）及时清场转移。施工结束后，应及时组织清场，向新工地转移。同时，组织剩余物资退场，拆除临时建筑垃圾，按市容管理要求恢复临时占用土地。

第 9 章 国家工程建设相关法律法规

9.1 《中华人民共和国建筑法》

9.1.1 从业资格的有关规定

1. 《建筑法》关于从业资格的规定

《中华人民共和国建筑法》（以下简称《建筑法》）于 1997 年 11 月 1 日由中华人民共和国第八届全国人民代表大会常务委员会第二十八次会议通过，于 1997 年 11 月 1 日公布，自 1998 年 3 月 1 日起施行。2011 年 4 月 22 日，中华人民共和国第十一届全国人民代表大会常务委员会第二十次会议通过了《全国人民代表大会常务委员会关于修改〈中华人民共和国建筑法〉的决定》，修改后的《中华人民共和国建筑法》自 2011 年 7 月 1 日起施行。

《建筑法》的立法目的在于加强对建筑活动的监督管理，维护建筑市场秩序，保证建筑工程的质量和安全，促进建筑业健康发展。以下是《建筑法》关于从业资格的规定：

第十二条 从事建筑活动的建筑施工企业、勘察单位、设计单位和工程监理单位，应当具备下列条件：

(1) 有符合国家规定的注册资本；
(2) 有与其从事的建筑活动相适应的具有法定执业资格的专业技术人员；
(3) 有从事相关建筑活动所应有的技术装备；
(4) 法律、行政法规规定的其他条件。

第十三条 从事建筑活动的建筑施工企业、勘察单位、设计单位和工程监理单位，按照其拥有的注册资本、专业技术人员、技术装备和已完成的建筑工程业绩等资质条件，划分为不同的资质等级，经资质审查合格，取得相应等级的资质证书后，方可在其资质等级许可的范围内从事建筑活动。

第十四条 从事建筑活动的专业技术人员，应当依法取得相应的执业资格证书，并在执业资格证书许可的范围内从事建筑活动。

2. 建筑业企业的资质

从事土木工程、建筑工程、线路管道设备安装工程、装修工程的新建、扩建、改建等活动的企业称为建筑业企业。建筑业企业资质是指建筑业企业的建设业绩、人员素质、管理水平、资金数量、技术装备等的总称。建筑业企业资质等级是指国务院行政主管部门按资质条件把企业划分成的不同等级。

建筑业企业资质分为施工总承包资质、专业承包资质、施工劳务资质三个序列。

施工总承包资质、专业承包资质按照工程性质和技术特点分别划分为若干资质类别，各资质类别按照规定的条件划分为若干资质等级。施工劳务资质不分类别与等级。

《建筑业企业资质标准》对建筑业企业的业务范围做了如下规定：

(1) 施工总承包工程应由取得相应施工总承包资质的企业承担。取得施工总承包资质的企业可以对所承接的施工总承包工程内各专业工程全部自行施工，也可以将专业工程依法进行分包。对设有资质的专业工程进行分包时，应分包给具有相应专业承包资质的企业。

(2) 设有专业承包资质的专业工程单独发包时，应由取得相应专业承包资质的企业承担，取得专业承包资质的企业可以承接具有施工总承包资质的企业依法分包的专业工程或建设单位依法发包的专业工程。取得专业承包资质的企业应对所承接的专业工程全部自行组织施工，劳务作业可以分包，但应分包给具有施工劳务资质的企业。

(3) 取得施工劳务资质的企业可以承接具有施工总承包资质或专业承包资质的企业分包的劳务作业。

取得施工总承包资质的企业，可以从事资质证书许可范围内的相应工程总承包、工程项目管理等业务。

3. 建筑业企业资质序列及类别

(1) 施工总承包序列设有 12 个类别，分别是：建筑工程施工、公路工程施工、铁路工程施工、港口与航道工程施工、水利水电工程施工、电力工程施工、矿山工程施工、冶金工程施工、石油化工工程施工、市政公用工程施工、通信工程施工、机电工程施工总承包等。

(2) 专业承包序列设有 36 个类别，分别是：地基基础工程、起重设备安装工程、预拌混凝土、电子与智能化工程、消防设施工程、防水防腐保温工程、桥梁工程、隧道工程、钢结构工程、模板脚手架、建筑装修装饰工程、建筑机电安装工程、建筑幕墙工程、古建筑工程、城市及道路照明工程、公路路面工程、公路路基工程、公路交通工程、铁路电务工程、铁路铺轨架梁工程、铁路电气化工程、机场场道工程、民航空管工程及机场弱电系统工程、机场目视助航工程、港口与海岸工程、航道工程、通航建筑物工程、港航设备安装及水上交管工程、水工金属结构制作与安装工程、水利水电机电安装工程、河湖整治工程、输变电工程、核工业、海洋石油工程、环保工程、特种工程专业承包等。

(3) 施工劳务序列不分类别和等级。

4. 建筑业企业资质等级

施工总承包、专业承包各类资质类别按照规定的条件划分为若干资质等级，施工劳务资质不分等级。建筑业企业各资质等级标准和各类别等级资质企业承担工程的具体范围，由国务院建设主管部门会同国务院有关部门制定。

建筑工程、市政公用工程施工总承包企业资质等级均分为特级、一级、二级、三级。

专业承包企业资质等级分类见表 9-1。

承揽业务的范围：

1) 施工总承包企业

施工总承包企业可以承接施工总承包工程。施工总承包企业可以对所承接的施工总承包工程内各专业工程全部自行施工，也可以将专业工程或劳务作业依法分包给具有相应资质的专业承包企业或施工劳务企业。

部分专业承包企业资质等级　　　　　　　　　　　　　　　　表 9-1

企业类别	等级分类	企业类别	等级分类
地基基础工程	一、二、三级	建筑幕墙工程	一、二级
建筑装修装饰工程	一、二级	钢结构工程	一、二级
预拌混凝土	不分等级	模板脚手架	一、二级
古建筑工程	一、二、三级	电子与智能化工程	一、二、三级
消防设施工程	一、二级	城市及道路照明工程	一、二、三级
防水防腐保温工程	一、二级	特种工程	不分等级

建筑工程、市政公用工程施工总承包企业可以承揽的业务范围见表 9-2、表 9-3。

房屋建筑工程施工总承包企业承包工程范围　　　　　　　　　表 9-2

序号	企业资质	承包工程范围
1	特级	可承担各类建筑工程的施工
2	一级	可承担单项合同额 3000 万元及以上的下列建筑工程的施工： 1. 高度 200m 及以下的工业、民用建筑工程； 2. 高度 240m 及以下的构筑物工程
3	二级	可承担下列建筑工程的施工： 1. 高度 200m 及以下的工业、民用建筑工程； 2. 高度 120m 及以下的构筑物工程； 3. 建筑面积 4 万 m^2 及以下的单体工业、民用建筑工程； 4. 单跨跨度 39m 及以下的建筑工程
4	三级	可承担下列建筑工程的施工： 1. 高度 50m 以内的建筑工程； 2. 高度 70m 及以下的构筑物工程； 3. 建筑面积 1.2 万 m^2 及以下的单体工业、民用建筑工程； 4. 单跨跨度 27m 及以下的建筑工程

市政公用工程施工总承包企业承包工程范围　　　　　　　　　表 9-3

序号	企业资质	承包工程范围
1	一级	可承担各类市政公用工程的施工
2	二级	可承担下列市政公用工程的施工： 1. 各类城市道路；单跨 45m 及以下的城市桥梁； 2. 15 万 t/d 及以下的供水工程；10 万 t/d 及以下的污水处理工程；20 万 t/d 及以下的给水泵站、15 万 t/d 及以下的污水泵站、雨水泵站；各类给水排水及中水管道工程； 3. 中压以下燃气管道、调压站；供热面积 150m^2 及以下热力工程和各类热力管工程； 4. 各类城市生活垃圾处理工程； 5. 断面 25m^2 及以下隧道工程和地下交通工程； 6. 各类城市广场、地面停车场硬质铺装； 7. 单项合同额 4000 万元及以下的市政综合工程

续表

序号	企业资质	承包工程范围
3	三级	可承担下列市政公用工程的施工： 1. 各类城市道路（不含快速路）；单跨25m及以下的城市桥梁； 2. 8万t/d及以下的供水工程；6万t/d及以下的污水处理工程；10万t/d及以下的给水泵站、10万t/d及以下的污水泵站、雨水泵站，直径1m及以下供水管道；直径1.5m及以下污水及中水管道； 3. 2kg/cm² 及以下中压、低压燃气管道、调压站；供热面积50m²及以下热力工程，直径0.2m及以下热力管道； 4. 单项合同额2500万元及以下的城市生活垃圾处理工程； 5. 单项合同额2000万元及以下地下交通工程（不包括轨道交通工程）； 6. 5000m² 及以下城市广场、地面停车场硬质铺装； 7. 单项合同额2500万元及以下的市政综合工程

2）专业承包企业

专业承包企业可以承接施工总承包企业分包的专业工程和建设单位依法发包的专业工程。专业承包企业可以对所承接的专业工程全部自行施工，也可以将劳务作业依法分包给具有相应资质的施工劳务企业。

部分专业承包企业可以承揽的业务范围见表9-4。

部分专业承包企业可以承揽的业务范围　　　　表9-4

序号	企业类型	资质等级	承包范围
1	地基基础工程	一级	可承担各类地基基础工程的施工
		二级	可承担下列工程的施工： 1. 高度100m及以下工业、民用建筑工程和高度120m及以下构筑物的地基基础工程； 2. 深度不超过24m的刚性桩复合地基处理和深度不超过10m的其他地基处理工程； 3. 单桩承受设计荷载5000kN及以下的桩基础工程； 4. 开挖深度不超过15m的基坑围护工程
		三级	可承担下列工程的施工： 1. 高度50m以下工业、民用建筑工程和高度70m以下构筑物的地基基础工程； 2. 深度不超过18m的刚性桩复合地基处理或深度不超过8m的其他地基处理工程； 3. 单桩承受设计荷载3000kN以下的桩基础工程； 4. 开挖深度不超过12m的基坑围护工程
2	建筑装修装饰工程	一级	可承担各类建筑装修装饰工程，以及与装修工程直接配套的其他工程的施工
		二级	可承担单项合同额2000万元以下的建筑装修装饰工程，以及与装修工程直接配套的其他工程的施工

续表

序号	企业类型	资质等级	承包范围
3	建筑幕墙工程	一级	可承担各类型的建筑幕墙工程的施工
		二级	可承担单体建筑工程幕墙面积 8000m² 以下建筑幕墙工程的施工
4	钢结构工程	一级	可承担下列钢结构工程的施工： 1. 钢结构高度 60m 以上； 2. 钢结构单跨跨度 30m 以上； 3. 网壳、网架结构短边边跨跨度 50m 以上； 4. 单体钢结构工程钢结构总重量 4000t 以上； 5. 单体建筑面积 30000m² 以上
		二级	可承担下列钢结构工程的施工： 1. 钢结构高度 100m 以下； 2. 钢结构单跨跨度 36m 以下； 3. 网壳、网架结构短边边跨跨度 75m 以下； 4. 单体钢结构工程钢结构总重量 6000t 以下； 5. 单体建筑面积 35000m² 以下
		三级	可承担下列钢结构工程的施工： 1. 钢结构高度 60m 以下； 2. 钢结构单跨跨度 30m 以下； 3. 网壳、网架结构短边边跨跨度 33m 以下； 4. 单体钢结构工程钢结构总重量 3000t 以下； 5. 单体建筑面积 15000m² 以下
5	电子与建筑智能化工程	一级	可承担各类型电子工程、建筑智能化工程的施工
		二级	可承担单项合同额 2500 万元以下的电子工业制造设备安装工程和电子工业环境工程、单项合同额 1500 万元及以下的电子系统工程和建筑智能化工程的施工

3）施工劳务企业

施工劳务企业可以承担各类劳务作业。

9.1.2 建筑安全生产管理的有关规定

1. 法规相关条文

《建筑法》对于建筑工程承包的规定如下：

第二十六条 承包建筑工程的单位应当持有依法取得的资质证书，并在其资质等级许可的业务范围内承揽工程。

禁止建筑施工企业超越本企业资质等级许可的业务范围或者以任何形式用其他建筑施工企业的名义承揽工程。禁止建筑施工企业以任何形式允许其他单位或者个人使用本企业的资质证书、营业执照，以本企业的名义承揽工程。

第二十七条 大型建筑工程或者结构复杂的建筑工程，可以由两个以上的承包单位联合共同承包。共同承包的各方对承包合同的履行承担连带责任。

两个以上不同资质等级的单位实行联合共同承包的，应当按照资质等级低的单位的业务许可范围承揽工程。

第二十八条　禁止承包单位将其承包的全部建筑工程转包给他人，禁止承包单位将其承包的全部建筑工程肢解以后以分包的名义分别转包给他人。

第二十九条　建筑工程总承包单位可以将承包工程中的部分工程发包给具有相应资质条件的分包单位；但是，除总承包合同中约定的分包外，必须经建设单位认可。施工总承包的，建筑工程主体结构的施工必须由总承包单位自行完成。

建筑工程总承包单位按照总承包合同的约定对建设单位负责；分包单位按照分包合同的约定对总承包单位负责。总承包单位和分包单位就分包工程对建设单位承担连带责任。

禁止总承包单位将工程分包给不具备相应资质条件的单位。禁止分包单位将其承包的工程再分包。

2. 建筑业企业资质管理规定

2005年1月1日开始实行的《最高人民法院关于审理建设工程施工合同纠纷案件适用法律问题的解释》第一条规定：

建设工程施工合同具有下列情形之一的，应当根据合同法第五十二条第（五）项的规定，认定无效：

（一）承包人未取得建筑施工企业资质或者超越资质等级的；

（二）没有资质的实际施工人借用有资质的建筑施工企业名义的；

（三）建设工程必须进行招标而未招标或者中标无效的。

3. 联合承包

两个以上的承包单位组成联合体共同承包建设工程的行为称为联合承包。《建筑法》第二十七条规定：大型建筑工程或者结构复杂的建筑工程，可以由两个以上的承包单位联合共同承包。

（1）联合体资质的认定

依据《建筑法》第二十七条规定：两个以上不同资质等级的单位实行联合共同承包的，应当按照资质等级低的单位的业务许可范围承揽工程。

（2）联合体中各成员单位的责任承担

组成联合体的成员单位投标之前必须要签订共同投标协议，明确约定各方拟承担的工作和责任，并将共同投标协议连同投标文件一并提交招标人。否则，依据《工程建设项目施工招标投标办法》，由评标委员会初审后按废标处理。

同时，联合体的成员单位对承包合同的履行承担连带责任。《民法通则》第八十七条规定，负有连带义务的每个债务人，都负有清偿全部债务的义务。因此，联合体的成员单位都负有清偿全部债务的义务。

4. 转包

转包系指承包单位承包建设工程后，不履行合同约定的责任和义务，将其承包的全部建设工程转给他人或者将其承包的全部建设工程肢解以后以分包的名义分别转包给其他单位的承包行为。

《建筑法》禁止转包行为。《建筑法》第二十八条规定：禁止承包单位将其承包的全部建筑工程转包给他人，禁止承包单位将其承包的全部建筑工程肢解以后以分包的名义分别转包给他人。

《最高人民法院关于审理建设工程施工合同纠纷案件适用法律问题的解释》第四条也规定：承包人非法转包、违法分包建设工程或者没有资质的实际施工人借用有资质的建筑施工企业名义与他人签订建设工程施工合同的行为无效。人民法院可以根据民法通则第一百三十四条规定，收缴当事人已经取得的非法所得。

5. 分包

（1）分包的概念

总承包单位将其所承包的工程中的专业工程或者劳务作业发包给其他承包单位完成的活动称为分包。

分包分为专业工程分包和劳务作业分包。专业工程分包是指承包单位将其所承包工程中的专业工程发包给具有相应资质的其他承包单位完成的活动。劳务作业分包是指施工总承包企业或者专业承包企业将其承包工程中的劳务作业发包给劳分包企业完成的活动。

《建筑法》第二十九条规定：建筑工程总承包单位可以将承包工程中的部分工程发包给具有相应资质条件的分包单位。

（2）违法分包

《建筑法》第二十九条规定：禁止总承包单位将工程分包给不具备相应资质条件的单位。禁止分包单位将其承包的工程再分包。

依据《建筑法》的规定，《建设工程质量管理条例》第七十八条进一步将违法分包界定为如下几种情形：

（一）总承包单位将建设工程分包给不具备相应资质条件的单位的；

（二）建设工程总承包合同中未有约定，又未经建设单位认可，承包单位将其承包的部分建设工程交由其他单位完成的；

（三）施工总承包单位将建设工程主体结构的施工分包给其他单位的；

（四）分包单位将其承包的建设工程再分包的。

（3）总承包单位与分包单位的连带责任

《建筑法》第二十九条规定：总承包单位和分包单位就分包工程对建设单位承担连带责任。

连带责任既可以依合同约定产生，也可以依法律规定产生。总承包单位和分包单位之间的责任划分，应当根据双方的合同约定或者各自过错大小确定；一方向建设单位承担的责任超过其应承担份额的，有权向另一方追偿。需要说明的是，虽然建设单位和分包单位之间没有合同关系，但是当分包工程发生质量、安全、进度等方面问题给建设单位造成损失时，建设单位既可以根据总承包合同向总承包单位追究违约责任，也可以根据法律规定直接要求分包音位承担损害赔偿责任，分包单位不得拒绝。

9.1.3 建筑工程质量管理的有关规定

1. 建设工程竣工验收制度

《建筑法》第六十一条规定：交付竣工验收的建筑工程，必须符合规定的建筑工程质量标准，有完整的工程技术经济资料和经签署的工程保修书，并具备国家规定的其他竣工条件。建筑工程竣工经验收合格后,方可交付使用;未经验收或者验收不合格的,不得交付使用。

建设工程项目的竣工验收指在建筑工程已按照设计要求完成全部施工任务,准备交付给建设单位投入使用时,由建设单位或有关主管部门依照国家关于建筑工程竣工验收制度的规定,对该项工程是否符合设计要求和工程质量标准所进行的检查、考核工作。工程项目的竣工验收是施工全过程的最后一道工序,也是工程项目管理的最后一项工作。它是建设投资成果转入生产或使用的标志,也是全面考核投资效益、检验设计和施工质量的重要环节。认真做好工程项目竣工验收工作,对保证工程项目的质量具有重要意义。

2. 建设工程质量保修制度

建设工程质量保修制度是指建设工程竣工经验收后,在规定的保修期限内,因勘察、设计、施工、材料等原因造成的质量缺陷,应当由施工承包单位负责维修、返工或更换,由责任单位负责赔偿损失的法律制度。建设工程质量保修制度对于促进建设各方加强质量管理,保护用户及消费者的合法权益可起到重要的保障作用。

《建筑法》第六十二条规定:建筑工程实行质量保修制度。同时,还对质量保修的范围和期限作了规定:建筑工程的保修范围应当包括地基基础工程、主体结构工程、屋面防水工程和其他土建工程,以及电气管线、上下水管线的安装工程,供热、供冷系统工程等项目;保修的期限应当按照保证建筑物合理寿命年限内正常使用,维护使用者合法权益的原则确定。具体的保修范围和最低保修期限由国务院规定。据此,国务院在《建设工程质量管理条例》中作了明确规定。以下是《建设工程质量管理条例》中关于建设工程质量保修的规定:

第三十九条　建设工程实行质量保修制度。

建设工程承包单位在向建设单位提交工程竣工验收报告时,应当向建设单位出具质量保修书。质量保修书中应当明确建设工程的保修范围、保修期限和保修责任等。

第四十条　在正常使用条件下,建设工程的最低保修期限为:

(一)基础设施工程、房屋建筑的地基基础工程和主体结构工程,为设计文件规定的该工程的合理使用年限;

(二)屋面防水工程、有防水要求的卫生间、房间和外墙面的防渗漏,为5年;

(三)供热与供冷系统,为2个采暖期、供冷期;

(四)电气管线、给排水管道、设备安装和装修工程,为2年。

其他项目的保修期限由发包方与承包方约定。

建设工程的保修期,自竣工验收合格之日起计算。

第四十一条　建设工程在保修范围和保修期限内发生质量问题的,施工单位应当履行保修义务,并对造成的损失承担赔偿责任。

第四十二条　建设工程在超过合理使用年限后需要继续使用的,产权所有人应当委托具有相应资质等级的勘察、设计单位鉴定,并根据鉴定结果采取加固、维修等措施,重新界定使用期。

3. 建筑施工企业的质量责任与义务

《建筑法》关于建筑施工企业的质量责任与义务规定如下:

第五十四条　建设单位不得以任何理由,要求建筑设计单位或者建筑施工企业在工程设计或者施工作业中，违反法律、行政法规和建筑工程质量、安全标准，降低工程质量。

建筑设计单位和建筑施工企业对建设单位违反前款规定提出的降低工程质量的要求，应当予以拒绝。

第五十五条 建筑工程实行总承包的，工程质量由工程总承包单位负责，总承包单位将建筑工程分包给其他单位的，应当对分包工程的质量与分包单位承担连带责任。分包单位应当接受总承包单位的质量管理。

第五十八条 建筑施工企业对工程的施工质量负责。

建筑施工企业必须按照工程设计图纸和施工技术标准施工，不得偷工减料。工程设计的修改由原设计单位负责，建筑施工企业不得擅自修改工程设计。

第五十九条 建筑施工企业必须按照工程设计要求、施工技术标准和合同的约定，对建筑材料、建筑构配件和设备进行检验，不合格的不得使用。

第六十条 建筑物在合理使用寿命内，必须确保地基基础工程和主体结构的质量。

建筑工程竣工时，屋顶、墙面不得留有渗漏、开裂等质量缺陷；对已发现的质量缺陷，建筑施工企业应当修复。

第六十一条 交付竣工验收的建筑工程，必须符合规定的建筑工程质量标准，有完整的工程技术经济资料和经签署的工程保修书，并具备国家规定的其他竣工条件。

建筑工程竣工经验收合格后，方可交付使用；未经验收或者验收不合格的，不得交付使用。

第六十二条 建筑工程实行质量保修制度。

建筑工程的保修范围应当包括地基基础工程、主体结构工程、屋面防水工程和其他土建工程，以及电气管线、上下水管线的安装工程，供热、供冷系统工程等项目；保修的期限应当按照保证建筑物合理寿命年限内正常使用，维护使用者合法权益的原则确定。具体的保修范围和最低保修期限由国务院规定。

《建设工程质量管理条例》对建筑施工企业的质量责任与义务作了进一步的细化：

第二十五条 施工单位应当依法取得相应等级的资质证书，并在其资质等级许可的范围内承揽工程。

禁止施工单位超越本单位资质等级许可的业务范围或者以其他施工单位的名义承揽工程。禁止施工单位允许其他单位或者个人以本单位的名义承揽工程。

施工单位不得转包或者违法分包工程。

第二十六条 施工单位对建设工程的施工质量负责。

施工单位应当建立质量责任制，确定工程项目的项目经理、技术负责人和施工管理负责人。

建设工程实行总承包的，总承包单位应当对全部建设工程质量负责；建设工程勘察、设计、施工、设备采购的一项或者多项实行总承包的，总承包单位应当对其承包的建设工程或者采购的设备的质量负责。

第二十七条 总承包单位依法将建设工程分包给其他单位的，分包单位应当按照分包合同的约定对其分包工程的质量向总承包单位负责，总承包单位与分包单位对分包工程的质量承担连带责任。

第二十八条 施工单位必须按照工程设计图纸和施工技术标准施工，不得擅自修改工程设计，不得偷工减料。

施工单位在施工过程中发现设计文件和图纸有差错的，应当及时提出意见和建议。

第二十九条 施工单位必须按照工程设计要求、施工技术标准和合同约定，对建筑材料、建筑构配件、设备和商品混凝土进行检验，检验应当有书面记录和专人签字；未经检验或者检验不合格的，不得使用。

第三十条 施工单位必须建立、健全施工质量的检验制度，严格工序管理，作好隐蔽工程的质量检查和记录。隐蔽工程在隐蔽前，施工单位应当通知建设单位和建设工程质量监督机构。

第三十一条 施工人员对涉及结构安全的试块、试件以及有关材料，应当在建设单位或者工程监理单位监督下现场取样，并送具有相应资质等级的质量检测单位进行检测。

第三十二条 施工单位对施工中出现质量问题的建设工程或者竣工验收不合格的建设工程，应当负责返修。

第三十三条 施工单位应当建立、健全教育培训制度，加强对职工的教育培训；未经教育培训或者考核不合格的人员，不得上岗作业。

9.2 《中华人民共和国安全生产法》

《中华人民共和国安全生产法》（以下简称《安全生产法》）由中华人民共和国第九届全国人民代表大会常务委员会第二十八次会议于 2002 年 6 月 29 日通过，根据 2009 年 8 月 27 日第十一届全国人民代表大会常务委员会第十次会议关于《关于修改部分法律的决定》第一次修正，根据 2014 年 8 月 31 日第十二届全国人民代表大会常务委员会第十次会议《关于修改〈中华人民共和国安全生产法〉的决定》第二次修正。

《安全生产法》的立法目的，是为了加强安全生产监督管理，防止和减少安全生产事故，保障人民群众生命和财产安全，促进经济发展。《安全生产法》包括总则、生产经营单位的安全生产保障、从业人员的权利和义务、安全生产的监督管理、生产安全事故的应急救援与调查处理、法律责任、附则七章，共九十九条。对生产经营单位的安全生产保障、从业人员的权利和义务、安全生产的监督管理、生产安全事故的应急救援与调查处理四个主要方面做出了规定。

9.2.1 生产经营单位安全生产保障的有关规定

1. 组织保障措施

建立安全生产管理机构，《安全生产法》第二十一条规定：

矿山、金属冶炼、建筑施工、道路运输单位和危险物品的生产、经营、储存单位，应当设置安全生产管理机构或者配备专职安全生产管理人员。

2. 明确岗位责任

（1）生产经营单位的主要负责人的职责

《安全生产法》第十八条规定：

生产经营单位的主要负责人对本单位安全生产工作负有下列职责：

（一）建立、健全本单位安全生产责任制；

（二）组织制定本单位安全生产规章 制度和操作规程；
（三）组织制定并实施本单位安全生产教育和培训计划；
（四）保证本单位安全生产投入的有效实施；
（五）督促、检查本单位的安全生产工作，及时消除生产安全事故隐患；
（六）组织制定并实施本单位的生产安全事故应急救援预案；
（七）及时、如实报告生产安全事故。

第四十七条规定：

生产经营单位发生生产安全事故时，单位的主要负责人应当立即组织抢救，并不得在事故调查处理期间擅离职守。

（2）生产经营单位的安全生产管理人员的职责

《安全生产法》第四十三条规定：生产经营单位的安全生产管理人员应当根据本单位的生产经营特点，对安全生产状况进行经常性检查；对检查中发现的安全问题，应当立即处理；不能处理的，应当及时报告本单位有关负责人，有关负责人应当及时处理。检查及处理情况应当如实记录在案。

（3）对安全设施、设备的质量负责的岗位

第三十条 建设项目安全设施的设计人、设计单位应当对安全设施设计负责。

矿山、金属冶炼建设项目和用于生产、储存、装卸危险物品的建设项目的安全设施设计应当按照国家有关规定报经有关部门审查，审查部门及其负责审查的人员对审查结果负责。

第三十一条 矿山、金属冶炼建设项目和用于生产、储存、装卸危险物品的建设项目的施工单位必须按照批准的安全设施设计施工，并对安全设施的工程质量负责。

矿山、金属冶炼建设项目和用于生产、储存危险物品的建设项目竣工投入生产或者使用前，应当由建设单位负责组织对安全设施进行验收；验收合格后，方可投入生产和使用。安全生产监督管理部门应当加强对建设单位验收活动和验收结果的监督核查。

第三十四条 生产经营单位使用的危险物品的容器、运输工具，以及涉及人身安全、危险性较大的海洋石油开采特种设备和矿山井下特种设备，必须按照国家有关规定，由专业生产单位生产，并经具有专业资质的检测、检验机构检测、检验合格，取得安全使用证或者安全标志，方可投入使用。检测、检验机构对检测、检验结果负责。

3. 管理保障措施

（1）人力资源管理

① 对主要负责人和安全生产管理人员的管理

《安全生产法》第二十四条规定：生产经营单位的主要负责人和安全生产管理人员必须具备与本单位所从事的生产经营活动相应的安全生产知识和管理能力。

危险物品的生产、经营、储存单位以及矿山、金属冶炼、建筑施工、道路运输单位的主要负责人和安全生产管理人员，应当由主管的负有安全生产监督管理职责的部门对其安全生产知识和管理能力考核合格。考核不得收费。

② 对一般从业人员的管理

《安全生产法》第二十五条规定：生产经营单位应当对从业人员进行安全生产教育和培训，保证从业人员具备必要的安全生产知识，熟悉有关的安全生产规章制度和安全操作规程，掌握本岗位的安全操作技能，了解事故应急处理措施，知悉自身在安全生产方面的权利和义务。未经安全生产教育和培训合格的从业人员，不得上岗作业。

③ 对特种作业人员的管理

《安全生产法》第二十七条规定：生产经营单位的特种作业人员必须按照国家有关规定经专门的安全作业培训，取得相应资格，方可上岗作业。

（2）物质资源管理

① 设备的日常管理

《安全生产法》第三十二条规定：生产经营单位应当在有较大危险因素的生产经营场所和有关设施、设备上，设置明显的安全警示标志。

《安全生产法》第三十三条规定：安全设备的设计、制造、安装、使用、检测、维修、改造和报废，应当符合国家标准或者行业标准。

生产经营单位必须对安全设备进行经常性维护、保养，并定期检测，保证正常运转。维护、保养、检测应当作好记录，并由有关人员签字。

② 设备的淘汰制度

《安全生产法》第三十五条的规定：国家对严重危及生产安全的工艺、设备实行淘汰制度，具体目录由国务院安全生产监督管理部门会同国务院有关部门制定并公布。法律、行政法规对目录的制定另有规定的，适用其规定。

省、自治区、直辖市人民政府可以根据本地区实际情况制定并公布具体目录，对前款规定以外的危及生产安全的工艺、设备予以淘汰。

生产经营单位不得使用应当淘汰的危及生产安全的工艺、设备。

生产经营项目、场所、设备的转让管理

《安全生产法》第四十六条规定：生产经营单位不得将生产经营项目、场所、设备发包或者出租给不具备安全生产条件或者相应资质的单位或者个人。

（3）生产经营项目、场所的协调管理

《安全生产法》第四十六条规定：生产经营项目、场所发包或者出租给其他单位的，生产经营单位应当与承包单位、承租单位签订专门的安全生产管理协议，或者在承包合同、租赁合同中约定各自的安全生产管理职责；生产经营单位对承包单位、承租单位的安全生产工作统一协调、管理，定期进行安全检查，发现安全问题的，应当及时督促整改。

4. 经济保障措施

（1）保证安全生产所必需的资金

《安全生产法》第二十条规定：生产经营单位应当具备的安全生产条件所必需的资金投入，由生产经营单位的决策机构、主要负责人或者个人经营的投资人予以保证，并对由于安全生产所必需的资金投入不足导致的后果承担责任。

（2）保证安全设施所需要的资金

《安全生产法》第二十八条规定：生产经营单位新建、改建、扩建工程项目（以下统称建设项目）的安全设施，必须与主体工程同时设计、同时施工、同时投入生产和使用。安全设施投资应当纳入建设项目概算。

（3）保证劳动防护用品、安全生产培训所需要的资金

《安全生产法》第四十二条规定：生产经营单位必须为从业人员提供符合国家标准或者行业标准的劳动防护用品，并监督、教育从业人员按照使用规则佩戴、使用。

（4）保证工伤社会保险所需要的资金

《安全生产法》第四十四条规定：生产经营单位应当安排用于配备劳动防护用品、进行安全生产培训的经费。

5．技术保障措施

（1）对新工艺、新技术、新材料或者使用新设备的管理

《安全生产法》第二十六条规定：生产经营单位采用新工艺、新技术、新材料或者使用新设备，必须了解、掌握其安全技术特性，采取有效的安全防护措施，并对从业人员进行专门的安全生产教育和培训。

（2）对安全条件论证和安全评价的管理

《安全生产法》第二十九条规定：矿山、金属冶炼建设项目和用于生产、储存、装卸危险物品的建设项目，应当按照国家有关规定进行安全评价。

（3）对废弃危险物品的管理

《安全生产法》第三十六条规定：生产、经营、运输、储存、使用危险物品或者处置废弃危险物品的，由有关主管部门依照有关法律、法规的规定和国家标准或者行业标准审批并实施监督管理。

生产经营单位生产、经营、运输、储存、使用危险物品或者处置废弃危险物品，必须执行有关法律、法规和国家标准或者行业标准，建立专门的安全管理制度，采取可靠的安全措施，接受有关主管部门依法实施的监督管理。

（4）对重大危险源的管理

《安全生产法》第三十七条规定：生产经营单位对重大危险源应当登记建档，进行定期检测、评估、监控，并制定应急预案，告知从业人员和相关人员在紧急情况下应当采取的应急措施。

生产经营单位应当按照国家有关规定将本单位重大危险源及有关安全措施、应急措施报有关地方人民政府安全生产监督管理部门和有关部门备案。

（5）对员工宿舍的管理

《安全生产法》第三十九条规定：生产、经营、储存、使用危险物品的车间、商店、仓库不得与员工宿舍在同一座建筑物内，并应当与员工宿舍保持安全距离。

生产经营场所和员工宿舍应当设有符合紧急疏散要求、标志明显、保持畅通的出口。禁止锁闭、封堵生产经营场所或者员工宿舍的出口。

（6）对危险作业的管理

《安全生产法》第四十条规定：生产经营单位进行爆破、吊装以及国务院安全生产监督管理部门会同国务院有关部门规定的其他危险作业，应当安排专门人员进行现场安全管理，确保操作规程的遵守和安全措施的落实。

（7）对安全生产操作规程的管理

《安全生产法》第四十一条规定：生产经营单位应当教育和督促从业人员严格执行本单位的安全生产规章制度和安全操作规程；并向从业人员如实告知作业场所和工作岗位存在的危险因素、防范措施以及事故应急措施。

(8) 对施工现场的管理

《安全生产法》第四十五条规定：两个以上生产经营单位在同一作业区域内进行生产经营活动，可能危及对方生产安全的，应当签订安全生产管理协议，明确各自的安全生产管理职责和应当采取的安全措施，并指定专职安全生产管理人员进行安全检查与协调。

9.2.2 从业人员权利和义务的有关规定

1. 安全生产中从业人员的权利

生产经营单位的从业人员是指该单位从事生产经营活动各项工作的所有人员，包括管理人员、技术人员和各岗位的工人，也包括生产经营单位临时聘用的人员。

生产经营单位的从业人员依法享有以下权利：

(1) 知情权。

《安全生产法》第五十条规定：生产经营单位的从业人员有权了解其作业场所和工作岗位存在的危险因素、防范措施及事故应急措施，有权对本单位的安全生产工作提出建议。

(2) 批评权和检举、控告权。

《安全生产法》第五十条规定：从业人员有权对本单位安全生产工作中存在的问题提出批评、检举、控告。

(3) 拒绝权。

《安全生产法》第五十一条规定：有权拒绝违章指挥和强令冒险作业。

生产经营单位不得因从业人员对本单位安全生产工作提出批评、检举、控告或者拒绝违章指挥、强令冒险作业而降低其工资、福利等待遇或者解除与其订立的劳动合同。

(4) 紧急避险权。

《安全生产法》第五十二条规定：从业人员发现直接危及人身安全的紧急情况时，有权停止作业或者在采取可能的应急措施后撤离作业场所。

生产经营单位不得因从业人员在前款紧急情况下停止作业或者采取紧急撤离措施而降低其工资、福利等待遇或者解除与其订立的劳动合同。

(5) 请求赔偿权。

《安全生产法》第五十三条规定：因生产安全事故受到损害的从业人员，除依法享有工伤保险外，依照有关民事法律尚有获得赔偿的权利的，有权向本单位提出赔偿要求。

另外，《安全生产法》第四十九条规定：生产经营单位与从业人员订立的劳动合同，应当载明有关保障从业人员劳动安全、防止职业危害的事项，以及依法为从业人员办理工伤保险的事项。

生产经营单位不得以任何形式与从业人员订立协议，免除或者减轻其对从业人员因生产安全事故伤亡依法应承担的责任。

(6) 获得劳动防护用品的权利。

《安全生产法》第四十二条规定：生产经营单位必须为从业人员提供符合国家标准或者行业标准的劳动防护用品，并监督、教育从业人员按照使用规则佩戴、使用。

(7) 获得安全生产教育和培训的权利。

《安全生产法》第二十五条规定：生产经营单位应当对从业人员进行安全生产教育和培训，保证从业人员具备必要的安全生产知识，熟悉有关的安全生产规章 制度和安全操作规程，掌握本岗位的安全操作技能，了解事故应急处理措施，知悉自身在安全生产方面的权利和义务。未经安全生产教育和培训合格的从业人员，不得上岗作业。

2. 安全生产中从业人员的义务

（1）自律遵规的义务。

《安全生产法》第五十四条规定：从业人员在作业过程中，应当严格遵守本单位的安全生产规章制度和操作规程，服从管理，正确佩戴和使用劳动防护用品。

（2）自觉学习安全生产知识的义务。

《安全生产法》第五十五条规定：从业人员应当接受安全生产教育和培训，掌握本职工作所需的安全生产知识，提高安全生产技能，增强事故预防和应急处理能力。

（3）危险报告义务。

《安全生产法》第五十六条规定：从业人员发现事故隐患或者其他不安全因素，应当立即向现场安全生产管理人员或者本单位负责人报告；接到报告的人员应当及时予以处理。

9.2.3 安全生产监督管理的有关规定

1. 安全生产监督管理部门

根据《安全生产法》第九条和《建设工程安全生产管理条例》有关规定，国务院负责安全生产监督管理的部门对全国安全生产工作实施综合监督管理。国务院建设行政主管部门对全国建设工程安全生产实施监督管理。国务院铁路、交通、水利等有关部门按照国务院的职责分工，负责有关专业建设工程安全生产的监督管理。

2. 安全生产监督管理措施

《安全生产法》第六十条规定：负有安全生产监督管理职责的部门依照有关法律、法规的规定，对涉及安全生产的事项需要审查批准（包括批准、核准、许可、注册、认证、颁发证照等，下同）或者验收的，必须严格依照有关法律、法规和国家标准或者行业标准规定的安全生产条件和程序进行审查；不符合有关法律、法规和国家标准或者行业标准规定的安全生产条件的，不得批准或者验收通过。对未依法取得批准或者验收合格的单位擅自从事有关活动的，负责行政审批的部门发现或者接到举报后应当立即予以取缔，并依法予以处理。对已经依法取得批准的单位，负责行政审批的部门发现其不再具备安全生产条件的，应当撤销原批准。

3. 安全生产监督管理部门的职权

《安全生产法》第六十二条规定：安全生产监督管理部门和其他负有安全生产监督管理职责的部门依法开展安全生产行政执法工作，对生产经营单位执行有关安全生产的法律、法规和国家标准或者行业标准的情况进行监督检查，行使以下职权：

（一）进入生产经营单位进行检查，调阅有关资料，向有关单位和人员了解情况；

（二）对检查中发现的安全生产违法行为，当场予以纠正或者要求限期改正；对依法应当给予行政处罚的行为，依照本法和其他有关法律、行政法规的规定作出行政处罚决定；

（三）对检查中发现的事故隐患，应当责令立即排除；重大事故隐患排除前或者排除过程中无法保证安全的，应当责令从危险区域内撤出作业人员，责令暂时停产停业或者停止使用相关设施、设备；重大事故隐患排除后，经审查同意，方可恢复生产经营和使用；

（四）对有根据认为不符合保障安全生产的国家标准或者行业标准的设施、设备、器材以及违法生产、储存、使用、经营、运输的危险物品予以查封或者扣押，对违法生产、储存、使用、经营危险物品的作业场所予以查封，并依法作出处理决定。

监督检查不得影响被检查单位的正常生产经营活动。

4. 安全生产监督检查人员的义务

《安全生产法》第六十四条规定：安全生产监督检查人员应当忠于职守，坚持原则，秉公执法。

安全生产监督检查人员执行监督检查任务时，必须出示有效的监督执法证件；对涉及被检查单位的技术秘密和业务秘密，应当为其保密。

9.2.4 安全事故应急救援与调查处理的规定

1. 生产安全事故的等级划分标准

国务院《生产安全事故报告和调查处理条例》第三条规定：根据生产安全事故（以下简称事故）造成的人员伤亡或者直接经济损失，事故一般分为以下等级：

（一）特别重大事故，是指造成30人以上死亡，或者100人以上重伤（包括急性工业中毒，下同），或者1亿元以上直接经济损失的事故；

（二）重大事故，是指造成10人以上30人以下死亡，或者50人以上100人以下重伤，或者5000万元以上1亿元以下直接经济损失的事故；

（三）较大事故，是指造成3人以上10人以下死亡，或者10人以上50人以下重伤，或者1000万元以上5000万元以下直接经济损失的事故；

（四）一般事故，是指造成3人以下死亡，或者10人以下重伤，或者1000万元以下直接经济损失的事故。

国务院安全生产监督管理部门可以会同国务院有关部门，制定事故等级划分的补充性规定。

本条第一款所称的"以上"包括本数，所称的"以下"不包括本数。

2. 施工生产安全事故报告

（1）《安全生产法》关于施工生产安全事故报告的规定如下：

第八十条　生产经营单位发生生产安全事故后，事故现场有关人员应当立即报告本单位负责人。

第八十一条　负有安全生产监督管理职责的部门接到事故报告后，应当立即按照国家有关规定上报事故情况。负有安全生产监督管理职责的部门和有关地方人民政府对事故情况不得隐瞒不报、谎报或者迟报。

第八十二条　有关地方人民政府和负有安全生产监督管理职责的部门的负责人接到生产安全事故报告后，应当按照生产安全事故应急救援预案的要求立即赶到事故现场，组织事故抢救。

（2）《建设工程安全生产管理条例》关于施工生产安全事故报告的规定如下：

第五十条 施工单位发生生产安全事故，应当按照国家有关伤亡事故报告和调查处理的规定，及时、如实地向负责安全生产监督管理的部门、建设行政主管部门或者其他有关部门报告；特种设备发生事故的，还应当同时向特种设备安全监督管理部门报告。接到报告的部门应当按照国家有关规定，如实上报。

实行施工总承包的建设工程，由总承包单位负责上报事故。

3. 应急抢救工作

（1）《安全生产法》关于应急抢救工作的规定如下：

第八十条 单位负责人接到事故报告后，应当迅速采取有效措施，组织抢救，防止事故扩大，减少人员伤亡和财产损失，并按照国家有关规定立即如实报告当地负有安全生产监督管理职责的部门，不得隐瞒不报、谎报或者迟报，不得故意破坏事故现场、毁灭有关证据。

第八十二条 参与事故抢救的部门和单位应当服从统一指挥，加强协同联动，采取有效的应急救援措施，并根据事故救援的需要采取警戒、疏散等措施，防止事故扩大和次生灾害的发生，减少人员伤亡和财产损失。

事故抢救过程中应当采取必要措施，避免或者减少对环境造成的危害。

任何单位和个人都应当支持、配合事故抢救，并提供一切便利条件。

（2）《建设工程安全生产管理条例》关于应急抢救工作的规定如下：

第五十一条 发生生产安全事故后，施工单位应当采取措施防止事故扩大，保护事故现场。需要移动现场物品时，应当做出标记和书面记录，妥善保管有关证物。

4. 事故的调查

《安全生产法》第八十三条规定：事故调查处理应当按照科学严谨、依法依规、实事求是、注重实效的原则，及时、准确地查清事故原因，查明事故性质和责任，总结事故教训，提出整改措施，并对事故责任者提出处理意见。事故调查报告应当依法及时向社会公布。事故调查和处理的具体办法由国务院制定。

《生产安全事故报告和调查处理条例》关于事故调查的规定如下：

第十九条 特别重大事故由国务院或者国务院授权有关部门组织事故调查组进行调查。

重大事故、较大事故、一般事故分别由事故发生地省级人民政府、设区的市级人民政府、县级人民政府负责调查。省级人民政府、设区的市级人民政府、县级人民政府可以直接组织事故调查组进行调查，也可以授权或者委托有关部门组织事故调查组进行调查。

未造成人员伤亡的一般事故，县级人民政府也可以委托事故发生单位组织事故调查组进行调查。

第二十条 上级人民政府认为必要时，可以调查由下级人民政府负责调查的事故。

自事故发生之日起30日内（道路交通事故、火灾事故自发生之日起7日内），因事故伤亡人数变化导致事故等级发生变化，依照本条例规定应当由上级人民政府负责调查的，上级人民政府可以另行组织事故调查组进行调查。

第二十一条 特别重大事故以下等级事故，事故发生地与事故发生单位不在同一个县级以上行政区域的，由事故发生地人民政府负责调查，事故发生单位所在地人民政府应当派人参加。

第二十二条 事故调查组的组成应当遵循精简、效能的原则。

根据事故的具体情况，事故调查组由有关人民政府、安全生产监督管理部门、负有安全生产监督管理职责的有关部门、监察机关、公安机关以及工会派人组成，并应当邀请人民检察院派人参加。

事故调查组可以聘请有关专家参与调查。

第二十三条 事故调查组成员应当具有事故调查所需要的知识和专长，并与所调查的事故没有直接利害关系。

第二十四条 事故调查组组长由负责事故调查的人民政府指定。事故调查组组长主持事故调查组的工作。

第二十五条 事故调查组履行下列职责：

（一）查明事故发生的经过、原因、人员伤亡情况及直接经济损失；

（二）认定事故的性质和事故责任；

（三）提出对事故责任者的处理建议；

（四）总结事故教训，提出防范和整改措施；

（五）提交事故调查报告。

第二十六条 事故调查组有权向有关单位和个人了解与事故有关的情况，并要求其提供相关文件、资料，有关单位和个人不得拒绝。

事故发生单位的负责人和有关人员在事故调查期间不得擅离职守，并应当随时接受事故调查组的询问，如实提供有关情况。

事故调查中发现涉嫌犯罪的，事故调查组应当及时将有关材料或者其复印件移交司法机关处理。

第二十七条 事故调查中需要进行技术鉴定的，事故调查组应当委托具有国家规定资质的单位进行技术鉴定。必要时，事故调查组可以直接组织专家进行技术鉴定。技术鉴定所需时间不计入事故调查期限。

第二十八条 事故调查组成员在事故调查工作中应当诚信公正、恪尽职守，遵守事故调查组的纪律，保守事故调查的秘密。

未经事故调查组组长允许，事故调查组成员不得擅自发布有关事故的信息。

第二十九条 事故调查组应当自事故发生之日起 60 日内提交事故调查报告；特殊情况下，经负责事故调查的人民政府批准，提交事故调查报告的期限可以适当延长，但延长的期限最长不超过 60 日。

第三十条 事故调查报告应当包括下列内容：

（一）事故发生单位概况；

（二）事故发生经过和事故救援情况；

（三）事故造成的人员伤亡和直接经济损失；

（四）事故发生的原因和事故性质；

（五）事故责任的认定以及对事故责任者的处理建议；

（六）事故防范和整改措施。

事故调查报告应当附具有关证据材料。事故调查组成员应当在事故调查报告上签名。

第三十一条 事故调查报告报送负责事故调查的人民政府后，事故调查工作即告结束。事故调查的有关资料应当归档保存。

9.3 《建设工程安全生产管理条例》、《建设工程质量管理条例》

9.3.1 施工单位安全责任的有关规定

1. 有关人员的安全责任

(1) 施工单位主要负责人

《建设工程安全生产管理条例》第二十一条规定：施工单位主要负责人依法对本单位的安全生产工作全面负责。施工单位应当建立健全安全生产责任制度和安全生产教育培训制度，制定安全生产规章制度和操作规程，保证本单位安全生产条件所需资金的投入，对所承担的建设工程进行定期和专项安全检查，并做好安全检查记录。

(2) 施工单位项目负责人

《建设工程安全生产管理条例》第二十一条规定：施工单位的项目负责人应当由取得相应执业资格的人员担任，对建设工程项目的安全施工负责，落实安全生产责任制度、安全生产规章制度和操作规程，确保安全生产费用的有效使用，并根据工程的特点组织制定安全施工措施，消除安全事故隐患，及时、如实报告生产安全事故。

(3) 专职安全生产管理人员

《建设工程安全生产管理条例》第二十三条规定：施工单位应当设立安全生产管理机构，配备专职安全生产管理人员。专职安全生产管理人员是指经建设主管部门或者其他有关部门安全生产考核合格，并取得安全生产考核合格证书，在企业从事安全生产管理工作的专职人员，包括施工单位安全生产管理机构的负责人及其工作人员和施工现场专职安全生产管理人员。

专职安全生产管理人员的安全责任主要包括：对安全生产进行现场监督检查。发现安全事故隐患，应当及时向项目负责人和安全生产管理机构报告；对于违章指挥、违章操作的，应当立即制止。

(4) 总承包单位和分包单位的安全责任

《建设工程安全生产管理条例》第二十四条规定：建设工程实行施工总承包的，由总承包单位对施工现场的安全生产负总责。

① 总承包单位应当自行完成建设工程主体结构的施工。

总承包单位依法将建设工程分包给其他单位的，分包合同中应当明确各自的安全生产方面的权利、义务。总承包单位和分包单位对分包工程的安全生产承担连带责任。

② 分包单位应当服从总承包单位的安全生产管理，分包单位不服从管理导致生产安全事故的，由分包单位承担主要责任。

2. 安全生产教育培训

(1) 管理人员的考核

《建设工程安全生产管理条例》第三十六条规定：施工单位的主要负责人、项目负责人、专职安全生产管理人员应当经建设行政主管部门或者其他有关部门考核合格后方可任职。

(2) 作业人员的安全生产教育培训

① 日常培训

《建设工程安全生产管理条例》第三十六条规定：施工单位应当对管理人员和作业人员每年至少进行一次安全生产教育培训，其教育培训情况记入个人工作档案。安全生产教育培训考核不合格的人员，不得上岗。

② 新岗位培训

《建设工程安全生产管理条例》第三十七条规定：作业人员进入新的岗位或者新的施工现场前，应当接受安全生产教育培训。未经教育培训或者教育培训考核不合格的人员，不得上岗作业。

施工单位在采用新技术、新工艺、新设备、新材料时，应当对作业人员进行相应的安全生产教育培训。

③ 特种作业人员的专门培训

《建设工程安全生产管理条例》第二十五条规定：垂直运输机械作业人员、安装拆卸工、爆破作业人员、起重信号工、登高架设作业人员等特种作业人员，必须按照国家有关规定经过专门的安全作业培训，并取得特种作业操作资格证书后，方可上岗作业。

3. 施工单位应采取的安全措施

(1) 编制安全技术措施、施工现场临时用电方案和专项施工方案

《建设工程安全生产管理条例》第二十六条规定：施工单位应当在施工组织设计中编制安全技术措施和施工现场临时用电方案，对下列达到一定规模的危险性较大的分部分项工程编制专项施工方案，并附具安全验算结果，经施工单位技术负责人、总监理工程师签字后实施，由专职安全生产管理人员进行现场监督：

（一）基坑支护与降水工程；

（二）土方开挖工程；

（三）模板工程；

（四）起重吊装工程；

（五）脚手架工程；

（六）拆除、爆破工程；

（七）国务院建设行政主管部门或者其他有关部门规定的其他危险性较大的工程。

对前款所列工程中涉及深基坑、地下暗挖工程、高大模板工程的专项施工方案，施工单位还应当组织专家进行论证、审查。

本条第一款规定的达到一定规模的危险性较大工程的标准，由国务院建设行政主管部门会同国务院其他有关部门制定。

(2) 安全施工技术交底

《建设工程安全生产管理条例》第二十七条规定：建设工程施工前，施工单位负责项目管理的技术人员应当对有关安全施工的技术要求向施工作业班组、作业人员作出详细说明，并由双方签字确认。

施工现场安全警示标志的设置

《建设工程安全生产管理条例》第二十八条规定：施工单位应当在施工现场入口处、施工起重机械、临时用电设施、脚手架、出入通道口、楼梯口、电梯井口、孔洞口、桥梁

口、隧道口、基坑边沿、爆破物及有害危险气体和液体存放处等危险部位，设置明显的安全警示标志。安全警示标志必须符合国家标准。

(3) 施工现场的安全防护

《建设工程安全生产管理条例》第二十八条规定：施工单位应当根据不同施工阶段和周围环境及季节、气候的变化，在施工现场采取相应的安全施工措施。施工现场暂时停止施工的，施工单位应当做好现场防护，所需费用由责任方承担，或者按照合同约定执行。

施工现场的布置应当符合安全和文明施工要求

《建设工程安全生产管理条例》第二十九条规定：施工单位应当将施工现场的办公、生活区与作业区分开设置，并保持安全距离；办公、生活区的选址应当符合安全性要求。职工的膳食、饮水、休息场所等应当符合卫生标准。施工单位不得在尚未竣工的建筑物内设置员工集体宿舍。

施工现场临时搭建的建筑物应当符合安全使用要求。施工现场使用的装配式活动房屋应当具有产品合格证。

(4) 对周边环境采取防护措施

《建设工程安全生产管理条例》第三十条规定：施工单位对因建设工程施工可能造成损害的毗邻建筑物、构筑物和地下管线等，应当采取专项防护措施。

施工单位应当遵守有关环境保护法律、法规的规定，在施工现场采取措施，防止或者减少粉尘、废气、废水、固体废物、噪声、振动和施工照明对人和环境的危害和污染。

在城市市区内的建设工程，施工单位应当对施工现场实行封闭围挡。

(5) 施工现场的消防安全措施

《建设工程安全生产管理条例》第三十一条规定：施工单位应当在施工现场建立消防安全责任制度，确定消防安全责任人，制定用火、用电、使用易燃易爆材料等各项消防安全管理制度和操作规程，设置消防通道、消防水源，配备消防设施和灭火器材，并在施工现场入口处设置明显标志。

4. 安全防护设备管理

《建设工程安全生产管理条例》第三十三条规定：作业人员应当遵守安全施工的强制性标准、规章制度和操作规程，正确使用安全防护用具、机械设备等。

《建设工程安全生产管理条例》第三十四条规定：施工单位采购、租赁的安全防护用具、机械设备、施工机具及配件，应当具有生产（制造）许可证、产品合格证，并在进入施工现场前进行查验。

施工现场的安全防护用具、机械设备、施工机具及配件必须由专人管理，定期进行检查、维修和保养，建立相应的资料档案，并按照国家有关规定及时报废。

起重机械设备管理：

《建设工程安全生产管理条例》第三十五条规定：施工单位在使用施工起重机械和整体提升脚手架、模板等自升式架设设施前，应当组织有关单位进行验收，也可以委托具有相应资质的检验检测机构进行验收；使用承租的机械设备和施工机具及配件的，由施工总承包单位、分包单位、出租单位和安装单位共同进行验收。验收合格的方可使用。

《特种设备安全监察条例》规定的施工起重机械，在验收前应当经有相应资质的检验检测机构监督检验合格。

施工单位应当自施工起重机械和整体提升脚手架、模板等自升式架设设施验收合格之日起 30 日内,向建设行政主管部门或者其他有关部门登记。登记标志应当置于或者附着于该设备的显著位置。

5. 办理意外伤害保险

《建设工程安全生产管理条例》第三十八条规定:施工单位应当为施工现场从事危险作业的人员办理意外伤害保险。

意外伤害保险费由施工单位支付。实行施工总承包的,由总承包单位支付意外伤害保险费。意外伤害保险期限自建设工程开工之日起至竣工验收合格止。

9.3.2 施工单位质量责任和义务的有关规定

1. 依法承揽工程

《建设工程质量管理条例》第二十五条规定:施工单位应当依法取得相应等级的资质证书,并在其资质等级许可的范围内承揽工程。

禁止施工单位超越本单位资质等级许可的业务范围或者以其他施工单位的名义承揽工程。禁止施工单位允许其他单位或者个人以本单位的名义承揽工程。

施工单位不得转包或者违法分包工程。

2. 建立质量保证体系

《建设工程质量管理条例》第二十六条规定:施工单位对建设工程的施工质量负责。

施工单位应当建立质量责任制,确定工程项目的项目经理、技术负责人和施工管理负责人。

建设工程实行总承包的,总承包单位应当对全部建设工程质量负责;建设工程勘察、设计、施工、设备采购的一项或者多项实行总承包的,总承包单位应当对其承包的建设工程或者采购的设备的质量负责。

《建设工程质量管理条例》第二十七条规定:总承包单位依法将建设工程分包给其他单位的,分包单位应当按照分包合同的约定对其分包工程的质量向总承包单位负责,总承包单位与分包单位对分包工程的质量承担连带责任。

3. 按图施工

《建设工程质量管理条例》第二十八条规定:施工单位必须按照工程设计图纸和施工技术标准施工,不得擅自修改工程设计,不得偷工减料。

施工单位在施工过程中发现设计文件和图纸有差错的,应当及时提出意见和建议。

4. 对建筑材料、构配件和设备进行检验的责任

《建设工程质量管理条例》第二十九条规定:施工单位必须按照工程设计要求、施工技术标准和合同约定,对建筑材料、建筑构配件、设备和商品混凝土进行检验,检验应当有书面记录和专人签字;未经检验或者检验不合格的,不得使用。

5. 对施工质量进行检验的责任

《建设工程质量管理条例》第三十条规定:施工单位必须建立、健全施工质量的检验制度,严格工序管理,作好隐蔽工程的质量检查和记录。隐蔽工程在隐蔽前,施工单位应当通知建设单位和建设工程质量监督机构。

6. 见证取样

《建设工程质量管理条例》第三十一条规定：施工人员对涉及结构安全的试块、试件以及有关材料，应当在建设单位或者工程监理单位监督下现场取样，并送具有相应资质等级的质量检测单位进行检测。

7. 保修

《建设工程质量管理条例》第三十二条规定：施工单位对施工中出现质量问题的建设工程或者竣工验收不合格的建设工程，应当负责返修。

《中华人民共和国合同法》第二百八十一条规定：因施工人的原因致使建设工程质量不符合约定的，发包人有权要求施工人在合理期限内无偿修理或者返工、改建。经过修理或者返工、改建后，造成逾期交付的，施工人应当承担违约责任。

9.4 《中华人民共和国劳动法》、《中华人民共和国劳动合同法》

9.4.1 劳动合同和集体合同的有关规定

1. 劳动合同的概念

劳动合同是劳动者与用人单位确立劳动关系、明确双方权利和义务的协议。这里的劳动关系是指劳动者与用人单位（包括各类企业、个体工商户、事业单位等）在实现劳动过程中建立的社会经济关系。

2. 劳动合同的订立

（1）劳动合同当事人

《中华人民共和国劳动合同法》第十六条规定：劳动合同是劳动者与用人单位确立劳动关系、明确双方权利和义务的协议。

（2）建立劳动关系应当订立劳动合同

《中华人民共和国劳动法实施条例》第四条规定：劳动合同法规定的用人单位设立的分支机构，依法取得营业执照或者登记证书的，可以作为用人单位与劳动者订立劳动合同；未依法取得营业执照或者登记证书的，受用人单位委托可以与劳动者订立劳动合同。

（3）劳动合同的类型

《中华人民共和国劳动合同法》关于劳动合同类型的规定如下：

第十二条　劳动合同分为固定期限劳动合同、无固定期限劳动合同和以完成一定工作任务为期限的劳动合同。

第十三条　固定期限劳动合同，是指用人单位与劳动者约定合同终止时间的劳动合同。

用人单位与劳动者协商一致，可以订立固定期限劳动合同。

第十四条　无固定期限劳动合同，是指用人单位与劳动者约定无确定终止时间的劳动合同。

用人单位与劳动者协商一致，可以订立无固定期限劳动合同。有下列情形之一，劳动者提出或者同意续订、订立劳动合同的，除劳动者提出订立固定期限劳动合同外，应当订立无固定期限劳动合同：

（一）劳动者在该用人单位连续工作满十年的；

（二）用人单位初次实行劳动合同制度或者国有企业改制重新订立劳动合同时，劳动者在该用人单位连续工作满十年且距法定退休年龄不足十年的；

（三）连续订立二次固定期限劳动合同，且劳动者没有本法第三十九条和第四十条第一项、第二项规定的情形，续订劳动合同的。

用人单位自用工之日起满一年不与劳动者订立书面劳动合同的，视为用人单位与劳动者已订立无固定期限劳动合同。

第十五条 以完成一定工作任务为期限的劳动合同，是指用人单位与劳动者约定以某项工作的完成为合同期限的劳动合同。

用人单位与劳动者协商一致，可以订立以完成一定工作任务为期限的劳动合同。

第十八条 劳动合同对劳动报酬和劳动条件等标准约定不明确，引发争议的，用人单位与劳动者可以重新协商；协商不成的，适用集体合同规定；没有集体合同或者集体合同未规定劳动报酬的，实行同工同酬；没有集体合同或者集体合同未规定劳动条件等标准的，适用国家有关规定。

《中华人民共和国劳动合同法实施条例》关于劳动合同类型的规定如下：

第十一条 除劳动者与用人单位协商一致的情形外，劳动者依照劳动合同法第十四条第二款的规定，提出订立无固定期限劳动合同的，用人单位应当与其订立无固定期限劳动合同。对劳动合同的内容，双方应当按照合法、公平、平等自愿、协商一致、诚实信用的原则协商确定；对协商不一致的内容，依照劳动合同法第十八条的规定执行。

（4）订立劳动合同的时间限制

《中华人民共和国劳动合同法》第十条规定：

建立劳动关系，应当订立书面劳动合同。

已建立劳动关系，未同时订立书面劳动合同的，应当自用工之日起一个月内订立书面劳动合同。

用人单位与劳动者在用工前订立劳动合同的，劳动关系自用工之日起建立。

（5）劳动合同的生效

《中华人民共和国劳动合同法》第十六条规定：

劳动合同由用人单位与劳动者协商一致，并经用人单位与劳动者在劳动合同文本上签字或者盖章生效。

劳动合同文本由用人单位和劳动者各执一份。

（6）劳动合同的条款

《中华人民共和国劳动合同法》第十七条规定：劳动合同应当具备以下条款：

（一）用人单位的名称、住所和法定代表人或者主要负责人；

（二）劳动者的姓名、住址和居民身份证或者其他有效身份证件号码；

（三）劳动合同期限；

（四）工作内容和工作地点；

（五）工作时间和休息休假；

（六）劳动报酬；

（七）社会保险；
（八）劳动保护、劳动条件和职业危害防护；
（九）法律、法规规定应当纳入劳动合同的其他事项。

劳动合同除前款规定的必备条款外，用人单位与劳动者可以约定试用期、培训、保守秘密、补充保险和福利待遇等其他事项。

3. 试用期

《中华人民共和国劳动合同法》关于试用期的规定如下：

第十九条 劳动合同期限三个月以上不满一年的，试用期不得超过一个月；劳动合同期限一年以上不满三年的，试用期不得超过二个月；三年以上固定期限和无固定期限的劳动合同，试用期不得超过六个月。

同一用人单位与同一劳动者只能约定一次试用期。

以完成一定工作任务为期限的劳动合同或者劳动合同期限不满三个月的，不得约定试用期。

试用期包含在劳动合同期限内。劳动合同仅约定试用期的，试用期不成立，该期限为劳动合同期限。

第二十条 劳动者在试用期的工资不得低于本单位相同岗位最低档工资或者劳动合同约定工资的百分之八十，并不得低于用人单位所在地的最低工资标准。

4. 劳动合同无效

《中华人民共和国劳动合同法》关于劳动合同无效的规定如下：

第二十六条 下列劳动合同无效或者部分无效：

（一）以欺诈、胁迫的手段或者乘人之危，使对方在违背真实意思的情况下订立或者变更劳动合同的；

（二）用人单位免除自己的法定责任、排除劳动者权利的；

（三）违反法律、行政法规强制性规定的。

对劳动合同的无效或者部分无效有争议的，由劳动争议仲裁机构或者人民法院确认。

第二十七条 劳动合同部分无效，不影响其他部分效力的，其他部分仍然有效。

第二十八条 劳动合同被确认无效，劳动者已付出劳动的，用人单位应当向劳动者支付劳动报酬。劳动报酬的数额，参照本单位相同或者相近岗位劳动者的劳动报酬确定。

5. 劳动合同变更

《中华人民共和国劳动合同法》关于劳动合同变更的规定如下：

第三十三条 用人单位变更名称、法定代表人、主要负责人或者投资人等事项，不影响劳动合同的履行。

第三十四条 用人单位发生合并或者分立等情况，原劳动合同继续有效，劳动合同由承继其权利和义务的用人单位继续履行。

第三十五条 用人单位与劳动者协商一致，可以变更劳动合同约定的内容。变更劳动合同，应当采用书面形式。

变更后的劳动合同文本由用人单位和劳动者各执一份。

6. 劳动合同解除

《中华人民共和国劳动合同法》关于劳动合同解除的规定如下：

第三十六条　用人单位与劳动者协商一致，可以解除劳动合同。

第三十七条　劳动者提前三十日以书面形式通知用人单位，可以解除劳动合同。劳动者在试用期内提前三日通知用人单位，可以解除劳动合同。

第三十八条　用人单位有下列情形之一的，劳动者可以解除劳动合同：

（一）未按照劳动合同约定提供劳动保护或者劳动条件的；

（二）未及时足额支付劳动报酬的；

（三）未依法为劳动者缴纳社会保险费的；

（四）用人单位的规章制度违反法律、法规的规定，损害劳动者权益的；

（五）因本法第二十六条第一款规定的情形致使劳动合同无效的；

（六）法律、行政法规规定劳动者可以解除劳动合同的其他情形。

用人单位以暴力、威胁或者非法限制人身自由的手段强迫劳动者劳动的，或者用人单位违章指挥、强令冒险作业危及劳动者人身安全的，劳动者可以立即解除劳动合同，不需事先告知用人单位。

第三十九条　劳动者有下列情形之一的，用人单位可以解除劳动合同：

（一）在试用期间被证明不符合录用条件的；

（二）严重违反用人单位的规章制度的；

（三）严重失职，营私舞弊，给用人单位造成重大损害的；

（四）劳动者同时与其他用人单位建立劳动关系，对完成本单位的工作任务造成严重影响，或者经用人单位提出，拒不改正的；

（五）因本法第二十六条第一款第一项规定的情形致使劳动合同无效的；

（六）被依法追究刑事责任的。

第四十条　有下列情形之一的，用人单位提前三十日以书面形式通知劳动者本人或者额外支付劳动者一个月工资后，可以解除劳动合同：

（一）劳动者患病或者非因工负伤，在规定的医疗期满后不能从事原工作，也不能从事由用人单位另行安排的工作的；

（二）劳动者不能胜任工作，经过培训或者调整工作岗位，仍不能胜任工作的；

（三）劳动合同订立时所依据的客观情况发生重大变化，致使劳动合同无法履行，经用人单位与劳动者协商，未能就变更劳动合同内容达成协议的。

第四十一条　有下列情形之一，需要裁减人员二十人以上或者裁减不足二十人但占企业职工总数百分之十以上的，用人单位提前三十日向工会或者全体职工说明情况，听取工会或者职工的意见后，裁减人员方案经向劳动行政部门报告，可以裁减人员：

（一）依照企业破产法规定进行重整的；

（二）生产经营发生严重困难的；

（三）企业转产、重大技术革新或者经营方式调整，经变更劳动合同后，仍需裁减人员的；

（四）其他因劳动合同订立时所依据的客观经济情况发生重大变化，致使劳动合同无法履行的。

裁减人员时，应当优先留用下列人员：

（一）与本单位订立较长期限的固定期限劳动合同的；

（二）与本单位订立无固定期限劳动合同的；

（三）家庭无其他就业人员，有需要扶养的老人或者未成年人的。

用人单位依照本条第一款规定裁减人员，在六个月内重新招用人员的，应当通知被裁减的人员，并在同等条件下优先招用被裁减的人员。

第四十二条 劳动者有下列情形之一的，用人单位不得依照本法第四十条、第四十一条的规定解除劳动合同：

（一）从事接触职业病危害作业的劳动者未进行离岗前职业健康检查，或者疑似职业病病人在诊断或者医学观察期间的；

（二）在本单位患职业病或者因工负伤并被确认丧失或者部分丧失劳动能力的；

（三）患病或者非因工负伤，在规定的医疗期内的；

（四）女职工在孕期、产期、哺乳期的；

（五）在本单位连续工作满十五年，且距法定退休年龄不足五年的；

（六）法律、行政法规规定的其他情形。

第四十三条 用人单位单方解除劳动合同，应当事先将理由通知工会。用人单位违反法律、行政法规规定或者劳动合同约定的，工会有权要求用人单位纠正。用人单位应当研究工会的意见，并将处理结果书面通知工会。

7. 劳动合同终止

《中华人民共和国劳动合同法》关于劳动合同终止的规定如下：

第四十四条 有下列情形之一的，劳动合同终止：

（一）劳动合同期满的；

（二）劳动者开始依法享受基本养老保险待遇的；

（三）劳动者死亡，或者被人民法院宣告死亡或者宣告失踪的；

（四）用人单位被依法宣告破产的；

（五）用人单位被吊销营业执照、责令关闭、撤销或者用人单位决定提前解散的；

（六）法律、行政法规规定的其他情形。

9.4.2　劳动安全卫生的有关规定

《中华人民共和国劳动法》关于劳动安全卫生的规定如下：

第五十二条 用人单位必须建立、健全劳动安全卫生制度，严格执行国家劳动安全卫生规程和标准，对劳动者进行劳动安全卫生教育，防止劳动过程中的事故，减少职业危害。

第五十三条 劳动安全卫生设施必须符合国家规定的标准。

新建、改建、扩建工程的劳动安全卫生设施必须与主体工程同时设计、同时施工、同时投入生产和使用。

第五十四条 用人单位必须为劳动者提供符合国家规定的劳动安全卫生条件和必要的劳动防护用品，对从事有职业危害作业的劳动者应当定期进行健康检查。

第五十五条 从事特种作业的劳动者必须经过专门培训并取得特种作业资格。

第五十六条 劳动者在劳动过程中必须严格遵守安全操作规程。

劳动者对用人单位管理人员违章指挥、强令冒险作业，有权拒绝执行；对危害生命安全和身体健康的行为，有权提出批评、检举和控告。

第五十七条 国家建立伤亡事故和职业病统计报告和处理制度。县级以上各级人民政府劳动行政部门、有关部门和用人单位应当依法对劳动者在劳动过程中发生的伤亡事故和劳动者的职业病状况，进行统计、报告和处理。

参 考 文 献

[1] 江苏省建设教育协会组织编写. 施工员专业基础知识(装饰装修). 北京：中国建筑工业出版社，2014
[2] 建筑与市政工程施工现场专业人员职业标准培训教材编审委员会编写. 质量员通用与基础知识(装饰方向). 北京：中国建筑工业出版社
[3] 李红松 邓旭东. 统计数据分析方法与技术. 北京：经济管理出版社，2014
[4] 孙晓鹏. 质量员——装饰装修. 北京：中国电力出版社，2014
[5] 丛培经. 工程项目管理. 北京：中国建筑工业出版社，2011
[6] 全国一级建造师执业资格考试用书编写委员会. 建设工程项目管理. 北京：中国建筑工业出版社，2011
[7] 王先恕. 建筑工程质量控制. 北京：化学工业出版社，2015
[8] 陈东佐. 建筑法规概论. 北京：中国建筑工业出版社，2008